AF666129

EUL VERLAG

KUNDENORIENTIERTE UNTERNEHMENSFÜHRUNG

Herausgegeben von Prof. Dr. Hendrik Schröder, Essen

Band 1
Nadine Berghaus
Eye-Tracking im stationären Einzelhandel – Eine empirische Analyse der Wahrnehmung von Kunden am Point of Purchase
Lohmar – Köln 2005 • 310 S. • € 52,- (D) • ISBN 3-89936-366-3

Band 2
Silvia Zaharia
Multi-Channel-Retailing und Kundenverhalten – Wie sich Kunden informieren und wie sie einkaufen
Lohmar – Köln 2006 • 424 S. • € 57,- (D)
ISBN-13: 978-3-89936-508-5 • ISBN-10: 3-89936-508-9

JOSEF EUL VERLAG

Reihe: Kundenorientierte Unternehmensführung · Band 2

Herausgegeben von Prof. Dr. Hendrik Schröder, Essen

Prof. Dr. Silvia Zaharia

Multi-Channel-Retailing und Kundenverhalten

Wie sich Kunden informieren und wie sie einkaufen

Mit einem Geleitwort von Prof. Dr. Hendrik Schröder, Universität Duisburg-Essen

EUL VERLAG

Bibliographische Information der Deutschen Bibliothek

Die Deutsche Bibliothek verzeichnet diese Publikation in der Deutschen Nationalbibliographie; detaillierte bibliographische Daten sind im Internet über <http://dnb.ddb.de> abrufbar.

Dissertation, Universität Duisburg-Essen, 2005, unter dem Titel: Multi-Channel-Retailing und Kundenverhalten – Ein Beitrag zur Erklärung des Kundenverhaltens in einem Mehrkanalsystem des Einzelhandels aus verhaltenswissenschaftlicher Sicht

ISBN-13: 978-3-89936-508-5
ISBN-10: 3-89936-508-9
1. Auflage August 2006

© JOSEF EUL VERLAG GmbH, Lohmar – Köln, 2006
Alle Rechte vorbehalten

Printed in Germany
Druck: RSP, Troisdorf

JOSEF EUL VERLAG GmbH
Brandsberg 6
53797 Lohmar
Tel.: 0 22 05 / 90 10 6-6
Fax: 0 22 05 / 90 10 6-88
E-Mail: info@eul-verlag.de
http://www.eul-verlag.de

Bei der Herstellung unserer Bücher möchten wir die Umwelt schonen. Dieses Buch ist daher auf säurefreiem, 100% chlorfrei gebleichtem, alterungsbeständigem Papier nach DIN 6738 gedruckt.

Meinen Eltern

Geleitwort

Spätestens seit der Verbreitung des elektronischen Handels ist das Thema „Multi-Channel-Retailing" stärker in das Bewusstsein von Praxis und Wissenschaft gerückt. Allerdings war die Diskussion lange Zeit von der Frage geprägt, welche Kanäle erfolgreich sind und ob man die Aktivitäten in einem der Kanäle zugunsten eines anderen Kanals einschränken soll. Dies mündete nicht selten in Studien nach dem Muster: stationärer Einzelhandel versus Online-Shop. Die Fragen, wie sich Kanäle aus der Sicht der Kunden ergänzen können, welche Kanäle welche Kundenbedürfnisse erfüllen und wie Kunden die Phasen ihrer Kaufprozesse auf die Kanäle verteilen, sind bislang weitgehend offen geblieben. Auf diese Fragen gibt Silvia Zaharia umfassende Antworten.

Die vorliegende Arbeit liefert eine ausführliche theoretisch und empirisch fundierte Analyse des Kundenverhaltens im Multi-Channel-Retailing. Silvia Zaharia setzt sich mit einem der größten Multi-Channel-Retailer in Deutschland auseinander, der seine Leistungen über fünf Kanäle anbietet: drei stationäre Kanäle, Online-Shop und Katalogversand. Sie untersucht, welche Kanäle die Kunden nutzen, um sich über die Angebote zu informieren und um ihre Käufe zu tätigen. Die zentrale Forschungsleistung ist die Konzeptualisierung eines Modells zur Erklärung des Kundenverhaltens im Multi-Channel-Retailing sowie dessen empirische Untersuchung. Silvia Zaharia analysiert, welche Rolle die Einkaufsmotive, die Einstellungen der Kunden gegenüber den Kanälen sowie das Produktinvolvement bei der Kanalwahl spielen. In einer breit angelegten qualitativen und quantitativen empirischen Untersuchung zeigt sie, welchen Einfluss die Einkaufsmotive Erlebnis-, Convenience-, Preis-, Qualitäts- und Beratungsorientierung sowie Risikoabneigung und Streben nach Unabhängigkeit auf die Nutzung der Kanäle haben.

Im Ergebnis erhält der Leser ein umfangreiches Bild darüber, wie und aus welchen Gründen sich Kunden bei einem Multi-Channel-Retailer verhalten: Die Kunden wählen den Einkaufskanal, der ihre momentanen Bedürfnisse am besten erfüllt. Sie wechseln durchaus zwischen den Käufen die Kanäle oder nutzen während eines Kaufs verschiedene Kanäle. So brauchen die stationären Kanäle eines Multi-Channel-Retailers nicht die Kannibalisierung von Umsätzen durch die Distanzkanäle zu befürchten, wenn sie es mit risikoscheuen Kunden zu tun haben. Diese Kunden informieren sich häufig erst im Online-Shop und kaufen anschließend in einem der stationären Kanäle.

Mit ihrem anwendungsorientierten Wissenschaftsverständnis bereichert Silvia Zaharia sowohl die Theorie des Käuferverhaltens als auch die Praxis. Die Wissenschaft erhält vor allem neue Erkenntnisse zu Einkaufsmotiven im Einzelhandel und zum Nutzungsverhalten von Absatzkanälen. Multi-Channel-Retailer erhalten konkrete Hinweise, welche Erwartungen ihre Kunden an sie richten und worauf sie bei der Gestaltung ihrer Absatzkanäle achten sollten. Ein sehr lesenswertes Buch!

Essen, im August 2006 Univ.-Prof. Dr. Hendrik Schröder

Vorwort

Erstmalig mit dem Thema Multi-Channel-Retailing und Kundenverhalten wurde ich 1997 konfrontiert, als ich meine Marketing-Laufbahn bei einem großen deutschen Multi-Channel-Retailer startete. Heute gehört das Unternehmen zu den erfolgreichsten und best-integrierten Multi-Channel-Retailern Deutschlands. Dies war 1997 nicht der Fall. Zum damaligen Zeitpunkt stellte ich bei meiner Arbeit in und mit den unterschiedlichen Vertriebskanälen des Unternehmens fest, dass in jedem Kanal Misstrauen gegenüber den anderen Kanälen herrschte: Die stationären Kanäle befürchteten einerseits die Konkurrenz untereinander. Andererseits vereinte sie aber ihr Argwohn gegenüber den neu gegründeten Distanzkanälen. Der Grund für dieses Misstrauen war die Angst um den Verlust des Kunden. Denn jeder Kunde, der nach Information in einem Kanal in einem anderen Kanal kaufte, war - aus Sicht des Informationskanals - ein verlorener Kunde. Die gesamtunternehmerische Perspektive zum Kunden blieb in den meisten Fällen unberücksichtigt.

Als ich im Herbst 2001 beschloss zu promovieren, musste ich nicht lange über mein Forschungsthema nachdenken. Jetzt hatte ich die Möglichkeit zu analysieren, wie sich die Kunden beim Informieren und Kaufen im Multi-Channel-Retailing „wirklich" verhalten und was sie antreibt. Und ich habe meine Themenwahl nicht bereut: das Thema Kundenverhalten im Multi-Channel-Retailing begeistert mich über den Rahmen der Dissertation hinaus.

Begeistert war ich auch von der Unterstützung, die ich bei meinem Promotionsvorhaben erhielt und möchte mich an dieser Stelle bei einer Reihe von Personen dafür bedanken. Mein besonderer Dank gilt meinem Doktorvater, Herrn Univ.-Prof. Dr. Hendrik Schröder, der die Entstehung der Arbeit maßgeblich beeinflusst hat. Gleichfalls möchte ich Herrn Univ.-Prof. Dr. Werner Nienhüser für seine Tätigkeit als Zweitgutachter und Herrn Univ.-Prof. Dr. Volker Clausen für seine Mitwirkung in der Promotionskommission herzlich danken.

Dank schulde ich ebenso allen Menschen - Experten aus Praxis und Wissenschaft, Kollegen, Freunde und meiner Familie - die mit ihren Anregungen und Hilfestellungen mein Promotionsprojekt unterstützten. Es ist für mich unmöglich, an dieser Stelle eine Bewertung dieser Unterstützung vorzunehmen, da mir jeder auf seine spezifische Art und Weise sehr geholfen hat, deswegen nenne ich sie in alphabetischer Reihenfolge: Dr. Jürgen Betz, Dr. Annette Bohlmann, Dr. Richard Cuthbertson, Mathilde Flecke, Stefanie Flecke, Jenny Fleischer, Nicole Freudenberger, Holger Fricke, Michael Gerling, Dr. Gerd Islei, Annie Janssen, Marc Janssen, Mathieu Janssen, Werner Kaiser, Dr. Siegfried Naundorf, Petra von Strombeck, Dr. Thomas Vollmoeller, Gregor Zimmermann. Vielen Dank!

Ein ganz besonderer Dank gilt meinen Eltern. Ihnen widme ich diese Arbeit.

Silvia Zaharia

INHALTSVERZEICHNIS

ABKÜRZUNGSVERZEICHNIS

BS	Shop-in-Shop-Systeme in Bäckereien
BO	Beratungsorientierung
EO	Erlebnisorientierung
CO	Convenienceorientierung
FL	Filiale(n)
HBR	Harvard Business Review
HH	Haushalt(e)
IJRDM	International Journal of Retail & Distribution Management
JAMS	Journal of the Academy of Marketing Science
JoBR	Journal of Business Research
JoCR	Journal of Consumer Research
JoM	Journal of Marketing
JoMR	Journal of Marketing Research
JoR	Journal of Retailing
JRCS	Journal of Retailing and Consumer Services
KT	Katalogversand
LEH	Lebensmitteleinzelhandel
LS	Shop-in-Shop-Systeme im Lebensmitteleinzelhandel
LZ	Lebensmittelzeitung
Marketing ZFP	Marketing Zeitschrift für Forschung und Praxis
MM-Matrix	Multitrait-Multimethod-Matrix
ON	Online-Shop
PO	Preisorientierung
POP	Point of Purchase
QO	Qualitätsorientierung
RA1	Abwicklungsbezogene Risikoabneigung
RA2	Produktbezogene Risikoabneigung
RA3	Personenbezogene Risikoabneigung
SO	Smart-Shopping-Orientierung
UO	Unabhängigkeitsorientierung
ZfB	Zeitschrift für Betriebswirtschaft
zfbf	Zeitschrift für betriebswirtschaftliche Forschung

1 EINFÜHRUNG

1.1 Ausgangssituation und Problemstellung

Die vorliegende Untersuchung hat die Erforschung des Kundenverhaltens im Multi-Channel-Retailing zum Gegenstand. Mehrkanalsysteme sind keine neue Erscheinung im Einzelhandel.[1] Schon seit Jahrzehnten bieten Einzelhändler ihren Kunden die Möglichkeit, in verschiedenen Kanälen ihre Waren zu kaufen. Das gilt für ein Filialsystem mit mehreren Vertriebslinien im stationären Bereich ebenso wie für eine Handelsunternehmung, die neben ihren Geschäften im stationären Einzelhandel den Katalogversand betreibt. Trotz des Erfolges, den Multi-Channel-Retailer mit dem Katalogversand erreicht haben, hat das Thema Multi-Channel-Retailing lange Zeit nur ein Schattendasein gefristet. Erst mit der Verbreitung des elektronischen Absatzkanals ist das Interesse am Multi-Channel-Retailing in der Unternehmenspraxis und in der Wissenschaft gestiegen. Dieses erhöhte Interesse lässt sich u.a. auch dadurch erklären, dass dem Multi-Channel-Retailing eine zunehmende quantitative Bedeutung zukommt: So betrug der Anteil der Multi-Channel-Retailer unter den Top-30-Unternehmungen des LEH in Europa im Jahr 2001 über 60%.[2] Auch in der Textilbranche waren 2001 knapp 45% der Top-30-Textileinzelhändler in Deutschland Multi-Channel-Retailer.[3] Im Online-Bereich handelte es sich bei knapp 60% der umsatzstärksten deutschen Top-40-Internethändler um Mehrkanal-Handelsunternehmungen.[4] In den USA nutzten 2002 knapp 45% der Handelsunternehmungen drei Absatzkanäle und 51% mindestens drei.[5]

Multi-Channel-Retailing ist eine von mehreren strategischen Optionen für die Gestaltung des Absatzkanalsystems einer Unternehmung. Um einen tieferen Einblick in die Ziele und Gründe einer Multi-Channel-Strategie zu bekommen und den Forschungsbedarf festzustellen, führte die Autorin parallel zur Auswertung der Fachliteratur Gespräche mit vierzehn Experten aus Wissenschaft und Praxis.[6] Die befragten Experten nannten als die wichtigsten Ziele einer Multi-Channel-Strategie die Gewinnung

---

1 Die Begriffe „Multi-Channel-Retailing“ und „Mehrkanalsysteme im Einzelhandel“ werden in dieser Arbeit synonym verwendet.

2 Vgl. M+M Eurodata (2001).

3 Vgl. Textilwirtschaft: Die TW-Rangliste der Größten des deutschen Textileinzelhandels, www.tw-network.de, 13.12.2002.

4 Vgl. Jupiter MMXI (2001).

5 Vgl. Shankar/Winner (2005), S. 2.

6 Siehe ausführlicher Kapitel 3.5.2.1.

neuer Kunden und die Bindung bestehender Kunden.[7] Durch den parallelen Einsatz unterschiedlicher Absatzkanäle erreichen Multi-Channel-Retailer die räumliche, zeitliche und warenbezogene Ausweitung des Absatzmarktes und können damit einen Wettbewerbsvorteil erzielen: Je mehr Kanäle sie einsetzen, desto besser können unterbesetzte Gebiete abgedeckt,[8] zeitliche Restriktionen der Kunden überwunden und kanalspezifische Waren angeboten werden. Der zeitliche Aspekt beim Einsatz eines nichtstationären Kanals (z.B. Internet- oder Katalogversand) spielt insbesondere in jenen Ländern eine große Rolle, deren Ladenschlussregelungen sehr restriktiv sind, wie z.B. in Deutschland.

In den zahlreichen praxisorientierten, aber auch wissenschaftlichen Veröffentlichungen wird zur Begründung eines Mehrkanalsystems argumentiert, dass Multi-Channel-Retailer **Kundenbedürfnisse** besser erfüllen können und dem Kunden einen höheren Gesamtnutzen bieten als Handelsunternehmungen mit nur einem Kanal:

1. Multi-Channel-Retailing ist die geeignete Antwort auf die geänderten Kundenbedürfnisse.[9] Veränderte Rahmenbedingungen im persönlichen Umfeld (soziodemographische Entwicklungen), neue Angebotsformen im Handel, neue Produkte sowie neue Informations- und Kommunikationstechniken trugen dazu bei, dass sich die Bedürfnisse und das Verhalten der Kunden stark gewandelt haben.[10] Aus Sicht des Handels sind die wichtigsten aktuellen Trends des Konsumentenverhaltens die Erlebnisorientierung, die Convenienceorientierung, die Preisorientierung sowie die Multioptionalität.[11] Multi-Channel-Retailer bieten den Kunden eine Vielzahl von Kontaktpunkten zur Handelsunternehmung und dadurch neue Möglichkeiten der Bedürfnisbefriedigung in verschiedenen Kaufsituationen.[12] Damit kommen sie insbesondere den Kunden entgegen, die sich multioptional verhalten.[13] Multioptionale Konsumenten haben an verschiedenen Orten zu verschiedenen Zeiten verschiedene Bedürfnisse.[14] Das multioptionale Konsumentenverhalten (oder auch „mehrdimensionales“ Verhalten genannt) ist vom hybriden Verhalten (oder auch „zwitterhaftes“ Verhalten genannt) zu unterscheiden. Das „hyb-

---

7 Ähnlich auch Zentes/Schramm-Klein (2002), S. 453 f.

8 Vgl. Schröder/Zaharia (2006), S. 1; Willcocks/Sauer (2000), S. 84 f.

9 Vgl. Schramm-Klein (2003), S. 38 ff.

10 Vgl. Redwitz (1999), S. 260 ff.; Eggert (1999), S. 1064 ff.; Schröder/Zaharia (2006), S. 1.

11 Vgl. Zentes/Swoboda (1998), S. 27 ff.; Zentes/Morschett (1998), S. 74 ff.; Redwitz (1999), S. 260 ff.; Eggert (1999), S. 1064 ff.

12 Vgl. u.a. Alba et al. (1997) und Mathwick/Malhotra/Rigdon (2002).

13 Vgl. Schramm-Klein (2003), S. 38 ff.; Schröder/Großweischede (2002), S. 86.

14 Vgl. Schüppenhauer (1998), S. 6 ff.

ride" Konsumentenverhalten kennzeichnet ein Nebeneinander gegensätzlicher Orientierungen, wie z.B. ein Nebeneinander von Billig- und Luxuskauf.[15] Multi-Channel-Retailer bieten multioptionalen Konsumenten, je nachdem welche Bedürfnisse im Vordergrund stehen, die Möglichkeit zwischen convenience-, erlebnis- oder preisorientierten Einkaufsstätten zu wählen. Durch die Bereitstellung mehrerer Absatzkanäle bietet Multi-Channel-Retailing einen Ansatzpunkt, den nach unterschiedlichen Bedürfnissituationen variierenden Anforderungen der Kunden an die Einkaufsstätten zu entsprechen.[16]

2. Multi-Channel-Retailer bieten den Kunden einen höheren Gesamtnutzen im Vergleich zu Single-Channel-Unternehmungen. Verschiedene Kanäle bieten innerhalb eines Kaufprozesses unterschiedliche Nutzen für den Kunden („unique value proposition").[17] Besteht ein hoher Grad der Integration der Kanäle, dann können die Kunden mehrere Kanäle im Rahmen eines Einkaufsprozesses kombinieren. Durch die kanalübergreifende Gestaltung ihres Einkaufsprozesses und Aggregation der jeweiligen Vorteile der Kanäle entsteht für die Kunden ein höherer Gesamtnutzen im Vergleich zur isolierten Nutzung der Kanäle.[18] Hinter diesen Überlegungen stehen folgende Annahmen: Aus Sicht der Kunden bietet Multi-Channel-Retailing eine viel effektivere Art des Einkaufens, weil die Kunden mehr Auswahl und Kontrolle über die Shopping-Erfahrung erhalten.[19] Sie entscheiden, abhängig von den in der Phase im Einkaufsprozess im Vordergrund stehenden Bedürfnissen, welchen Kanal sie in dieser Phase nutzen. Kennt die Multi-Channel-Handelsunternehmung die Bedürfnisse der Kunden auf jeder Stufe des Kaufprozesses, dann können die Kanäle entsprechend gestaltet werden, um einen besseren Kundeninteraktionsprozess zu erreichen, was letztendlich sich auch für die Unternehmung finanziell auszahlt (höherer Umsatz, höhere Profitabilität und Rendite etc.). Gerade dem Online-Kanal wird in verschiedenen Veröffentlichungen eine bedeutende Rolle als Informationsquelle für die Kaufanbahnung im Rahmen des Kaufprozesses zugesprochen. Kritisch ist anzumerken, dass Unternehmungen in der Regel den Beitrag der einzelnen Kanäle nur an deren Umsatz/Absatz messen, nicht aber an der Vorleistung, die diese Kanäle zur Vorbereitung eines Kaufs in einem anderen Kanal erbracht haben. Dies liegt in

[15] Vgl. dazu auch Schmalen (1994), S. 1221 ff.; Schmalen/Lang (1998), S. 5 ff.; Wiswede (1991), S. 34 ff.

[16] Vgl. Schramm-Klein (2003), S. 40.

[17] Vgl. Rasch/Lintner (2001), S. 11; Hyde (2001), S. 4.

[18] Vgl. Schögel/Tomczak (1999), S. 26 ff.; Späth (2000), S. 261 ff.

[19] Vgl. Hyde (2001), S. 3.

den meisten Fällen darin begründet, dass dieser Beitrag (Information zur Kaufvorbereitung in einem anderen Kanal) nur vermutet, aber nicht eindeutig gemessen wird.

Diese möglichen Zusammenhänge wurden empirisch nicht überprüft. Die geführten Expertengespräche ergaben, dass auch in der deutschen Unternehmenspraxis wesentliche Aspekte des Kundenverhaltens im Multi-Channel-Retailing noch nicht untersucht wurden. Die wichtigsten Fragen, die sich für Multi-Channel-Retailer stellen, sind:

- Wie verhalten sich ihre Kunden? Wie nutzen die Kunden die Kanäle des Multi-Channel-Retailers, um sich zu informieren, die Ware zu prüfen, sich zu entscheiden, die Ware zu erhalten und umzutauschen?
- Welche Ursachen prägen dieses Verhalten?
- Was erwarten die Kunden von den einzelnen Kanälen in den einzelnen Phasen des Einkaufsprozesses? Welchen Beitrag leisten einzelne Kanäle zum Gesamtnutzen des Kunden?

Nur wenn diese Fragen beantwortet sind, können Multi-Channel-Retailer die Ressourcen bei der Steuerung der einzelnen Kanäle effizient einsetzen: Kundengruppen lassen sich identifizieren, besser ansprechen und Streuverluste können verringert werden.

Trotz der großen Bedeutung, die dem Kunden und seinem Verhalten in unterschiedlichen Veröffentlichungen und in der Praxis beigemessen wird, fehlen Forschungsarbeiten, die sich mit dem **Kundenverhalten** in Mehrkanalsystemen des Einzelhandels befassen. Die meisten Veröffentlichungen zum Thema Multi-Channel-Retailing konzentrieren sich auf strategische Optionen und organisatorische Fragen und richten sich vorwiegend auf die Unternehmenspraxis.[20] Als wissenschaftliche Untersuchung mit organisatorischem Schwerpunkt sei an dieser Stelle auf die Arbeit von PASSENHEIM (2003) hingewiesen, der einen Ansatz zur Integration des Absatzkanals Internet im Rahmen einer Multi-Channel-Strategie im Lebensmitteleinzelhandel entwickelte. Das Kundenverhalten ist aber nicht Gegenstand seiner Untersuchung.
Die einzige der Autorin bekannte wissenschaftliche Untersuchung zum Kundenverhalten im Multi-Channel-Retailing in Deutschland stammt von SCHRAMM-KLEIN (2003). Sie untersuchte die Wirkung von Mehrkanalsystemen im Handel auf deren Nutzung (Häufigkeiten) sowie auf die Loyalität und Bindung der Kunden. Als Deter-

---

20 Vgl. McMahon (2000); Yulinsky (2000); Lindstrom (2001); Tiernan (2001); Webb (2001).

minanten der Loyalität und Kundenbindung untersuchte sie die psychischen Prozesse von Kunden. In ihrer Arbeit fehlt jedoch eine Phasenbetrachtung des Kaufprozesses und auch die Kundenbedürfnisse (Einkaufsmotive) werden nur am Rande betrachtet.
Die Mehrzahl der Forschungsarbeiten, die das Kundenverhalten zum Gegenstand haben, befasst sich nicht mit Mehrkanalsystemen des Einzelhandels, sondern betrachtet die Absatzkanäle als kompetitive Absatzformate. Bei solchen Untersuchungen liegt der Untersuchungsschwerpunkt auf dem Substitutionspotenzial, das von einem neuen Absatzkanal (z.B. Online-Shop) für etablierte Kanäle ausgeht.[21] Beispielhaft seien hier die Untersuchungen von DACH (2002a, 2002b) genannt. Er untersuchte die Wirkung von Einstellungen auf die Nutzung der Online- und Offline-Vertriebskanäle der Händler durch Internetnutzer. Die untersuchten alternativen Kanäle gehören aber nicht zu einem Multi-Channel-Retailer.

Der Betrachtung der Phasen im Kaufprozess widmen sich lediglich Veröffentlichungen zum Thema Mehrkanalsysteme im Bereich des Retail-Bankings[22] oder in Untersuchungen, bei denen das Hauptaugenmerk auf den Online-Vertriebskanälen liegt. Beispielhaft sei an dieser Stelle die Forschungsarbeit von BETZ (2003) genannt, der die Akzeptanz der Online-Distribution in der Automobilwirtschaft untersuchte.[23]

Zusammenfassend kann festgehalten werden, dass Untersuchungen fehlen, die Multi-Channel-Retailing als ein System komplementärer Kanäle begreifen und das Kundenverhalten entlang des Kaufprozesses in diesem System analysieren. Wesentliche Fragestellungen zum Kundenverhalten im Multi-Channel-Retailing können daher bislang nicht beantwortet werden. Zur Schließung dieser Forschungslücke will die vorliegende Untersuchung einen Beitrag leisten. Die Zielsetzung der Arbeit liegt in der Ableitung eines Ansatzes zur Erklärung des Kundenverhaltens im Multi-Channel-Retailing. Die wichtigsten Fragestellungen in diesem Zusammenhang sind:

- Wie nutzen Kunden die unterschiedlichen Kanäle eines Multi-Channel-Retailers entlang des Kaufprozesses und
- welche Determinanten prägen dieses Verhalten?

---

[21] Vgl. hierzu u.a. Lingenfelder (2001) sowie die in Kapitel. 4.1 dargestellten Untersuchungen.
[22] Vgl. Gronover/Rimp (2001); Spät (2000) sowie Stäger (1999).
[23] Siehe hierzu die Ausführungen in Kapitel 3.4.3.

1.2 Zielsetzung und Ablauf der Untersuchung

Die einleitenden Ausführungen verdeutlichen die große Bedeutung, die dem Verständnis des Kundenverhaltens in Mehrkanalsystemen des Einzelhandels für die Unternehmenspraxis und Wissenschaft zukommt. Gleichzeitig liegen dazu bisher nur wenig wissenschaftlich abgesicherte Erkenntnisse vor. Vor diesem Hintergrund erscheint eine umfassende Auseinandersetzung mit diesem Themenkomplex in der Marketingwissenschaft geboten.

Die allgemeine Zielsetzung der Arbeit, einen theoretischen und empirischen Erklärungsansatz zum Kundenverhalten im Multi-Channel-Retailing zu liefern, lässt sich weiter konkretisieren. Ziel der vorliegenden Arbeit ist die Beantwortung folgender zentraler Untersuchungsfragen zum Kundenverhalten im Multi-Channel-Retailing:

1. Auf welche Kanäle verteilen die Kunden eines Multi-Channel-Retailers die Phasen eines Kaufprozesses?[24]
2. Wie nutzen Kunden die Kanäle eines Multi-Channel-Retailers über mehrere Kaufprozesse hinweg?
3. Wie lassen sich die verschiedenen Verhaltensmuster erklären? Welche Determinanten des Kundenverhaltens beeinflussen die Nutzung der verschiedenen Kanäle eines Multi-Channel-Retailers?

Eine theoretische und empirische Analyse des Kundenverhaltens in Mehrkanalsystemen des Einzelhandels kann allerdings nicht losgelöst von einer allgemeinen Theorie des Konsumentenverhaltens erfolgen. Daher werden die speziellen Aussagen zum Kundenverhalten im Multi-Channel-Retailing in einen umfassenden verhaltenswissenschaftlichen Analyserahmen eingebettet. Die Arbeit ist inhaltlich und thematisch der Konsumentenforschung zuzuordnen. Bei der Erklärung des Kundenverhaltens wird an die Informationsgewinnung, Informationsverarbeitung und den Kaufakt selbst als Teilprozesse eines Kaufentscheidungsprozesses angeknüpft. Daher besteht die Aufgabe im Rahmen der theoretischen, verhaltenswissenschaftlichen Analyse darin, die Informationsgewinnungs- und Informationsverarbeitungsprozesse sowie das anschließende Kaufverhalten mithilfe von Modellen und Konzepten zum Konsumentenverhalten zu analysieren. Dazu wird auf Theorien und Modelle der Ver-

[24] Aus forschungsökonomischen Gründen wird die Untersuchung bei der Betrachtung des Kaufentscheidungsprozesses auf die beiden Phasen „Information vor dem Kauf" und „Kauf" begrenzt. Auf diese beiden Phasen entfallen die meisten Kundenkontakte im Rahmen eines Kaufprozesses. Siehe dazu auch die Ausführungen in Kapitel 4.1.1.

haltensforschung zurückgegriffen, deren Aussagewert für die Erfassung und Einordnung der Wirkungsvariablen im Multi-Channel-Retailing überprüft wird.

Aus den theoretischen Überlegungen leiten wir hypothetische Erklärungen ab und generieren ein Modell zur Erklärung des Kundenverhaltens in Mehrkanalsystemen des Einzelhandels. Die theoretischen Überlegungen untermauern wir durch Erkenntnisse aus der eigenen qualitativen Untersuchung. Anschließend überprüfen wir die abgeleiteten Hypothesen empirisch.

Ziel der vorliegenden Untersuchung ist die Beantwortung der anfangs gestellten Forschungsfragen. Es ist aufgrund forschungsökonomischer Überlegungen nicht Ziel dieser Untersuchung, alle denkbaren Einflussgrößen auf das Kundenverhalten im Multi-Channel-Retailing sowie ihr vieldimensionales Beziehungsgeflecht zu erfassen und zu analysieren. Es ist auch nicht Ziel der Arbeit, die Frage zu beantworten, ob eine Multi-Channel-Strategie im Einzelhandel aus einer konkurrenzorientierten Perspektive sinnvoll ist oder welche Organisationsform für das Multi-Channel-Retailing am besten geeignet ist.

Der Forschungsplan der vorliegenden Untersuchung orientiert sich in seiner Struktur an den drei Elementen der wissenschaftlichen Analyse: Entdeckungs-, Begründungs- und Verwertungszusammenhang.[25]

Zunächst schafft **Kapitel 2** die begrifflichen Grundlagen in Zusammenhang mit Multi-Channel-Retailing (Kapitel 2.1) und stellt die Kanäle eines Multi-Channel-Retailers vor (Kapitel 2.2). Weiterhin wird das Untersuchungsobjekt konkretisiert (Kapitel 2.3). Um Verzerrungen zu vermeiden, die sich durch abweichende Marktauftritte anderer Händler sowie abweichendes Kundenverhalten ergeben können, wurde als Untersuchungsobjekt dieser Arbeit ausschließlich eine Unternehmung ausgewählt. Wir entschieden uns für diese Unternehmung, weil sie sehr erfolgreich im Bereich des Multi-Channel-Retailings ist. Darüber hinaus hat sie mehrere Kanäle (fünf) und verfügt auch in den einzelnen Bereichen (stationär und nichtstationär) über unterschiedliche Kanäle.[26] Der Hauptvorteil der Konzentration auf eine einzige Unternehmung liegt darin, dass die komplexen, facettenreichen Aspekte der Nutzung eines Mehrkanalsystems durch die Kunden empirisch anhand einer realen Multi-Channel-Handelsunternehmung untersucht werden können. Dadurch ist eine tiefergehende

---

25 Vgl. Merten/Teipen (1991), S. 28 f.

26 Für eine detailliertere Begründung für die Wahl dieser Unternehmung siehe Kapitel 2.3.1.

Untersuchung möglich, als es bei einer allgemeinen Betrachtung des Phänomens Multi-Channel-Retailing der Fall wäre. Durch die Auswahl einer Unternehmung können Verzerrungen vermieden werden, die sich durch abweichende Marktauftritte verschiedener Multi-Channel-Retailer ergeben können. Allerdings werden dadurch auch Nachteile im Kauf genommen. Der Hauptnachteil liegt in der begrenzten Reichweite der Aussagen.[27] Daher können auch die Erkenntnisse der Untersuchung nicht ohne weiteres auf alle Multi-Channel-Retailer übertragen werden.[28]

Kapitel 3 entwickelt einen Rahmen zur Erklärung des Kundenverhaltens im Multi-Channel-Retailing. Zu diesem Zweck betrachten wir verhaltenswissenschaftliche Modelle zur Erklärung der Produkt- und Einkaufsstättenwahl sowie des Informations- und Kaufentscheidungsverhaltens der Konsumenten (Kapitel 3.1, 3.2 und 3.3). Weiterhin ziehen wir empirische Untersuchungen aus dem Themenbereich Kundenverhalten im Multi-Channel-Retailing sowie aus verwandten Themengebieten wie Konsumentenverhalten im stationären Einzelhandel und im Versandhandel (E-Commerce und Katalog) heran (Kapitel 3.4). Zur Bildung des Bezugsrahmens in Kapitel 3.6 tragen auch die Ergebnisse der explorativen, qualitativen Untersuchung bei (Kapitel 3.5). Dazu gehören Gespräche mit vierzehn Experten aus Wissenschaft und Praxis, vier Fokusgruppen und dreißig explorative Interviews (mit Endverbrauchern).

Auf der Basis theoretischer Überlegungen und der Erkenntnisse aus der qualitativen Untersuchung erfolgt in **Kapitel 4** die Modellierung und Hypothesenbildung. Die verschiedenen Nutzungsmuster der Kanäle bilden das beobachtbare Verhalten und werden in Hinblick auf ihre empirische Relevanz hin besprochen (Kapitel 4.1). Kapitel 4.2 untersucht vier beobachtbare Determinanten des Kundenverhaltens (Stimuli): die Merkmale der Kanäle, soziodemographische Kundenmerkmale, produktbezogene Kundenmerkmale sowie situative Faktoren. Den Hauptteil des Erklärungsmodells bilden drei psychographische Merkmale (= Konstrukte): das Involvement, die Einkaufsmotive und die Einstellungen (Kapitel 4.3). Für die Modellvariablen beleuchtet die Arbeit die wichtigsten begrifflichen und konzeptionellen Aspekte, verschiedene Messmodelle und -verfahren werden dargestellt sowie die Ergebnisse empirischer Untersuchungen bewertet, bevor wir ein eigenes Messmodell vorschlagen. Anschließend findet die Herleitung der Hypothesen statt.

---

[27] Vgl. zur Allgemeingültigkeit von Aussagen Trommsdorff (2004), S. 24 ff.

[28] Siehe zu den Einschränkungen der Untersuchung auch Kapitel 7.2.1.

Kapitel 5 stellt die Erhebungskonzeption sowie die deskriptiven Ergebnisse der quantitativen Untersuchung dar. Grundlage der quantitativen Untersuchung ist eine telefonische Befragung von 525 Kunden des untersuchten Multi-Channel-Retailers.

Kapitel 6 überprüft das Modell und die aufgestellten Hypothesen. Kapitel 6.1 widmet sich den methodischen Aspekten bei der Operationalisierung der Konstrukte und bei der Hypothesenüberprüfung. Anschließend betrachten wir die drei Konstrukte Involvement (Kapitel 6.2), Einkaufsmotive (Kapitel 6.3) und Einstellungen (Kapitel 6.4) eingehend. Für jedes der drei Konstrukte bilden wir im Rahmen der Operationalisierung valide und reliable Messmodelle. Diese Messinstrumente erlauben die empirische Überprüfung der Hypothesen.

Die Arbeit endet in **Kapitel 7** mit einer Zusammenfassung und Würdigung der Untersuchung. Kapitel 7.1 fasst die zentralen wissenschaftlichen Erkenntnisse der Arbeit zusammen. Aufgrund dieser Erkenntnisse entwickeln wir in Kapitel 7.2 abschließend Implikationen für die Forschung sowie für das Marketing in Mehrkanalsystemen des Einzelhandels. Dabei weisen wir auch auf die Grenzen der eigenen Untersuchung und auf die daraus resultierenden freien Forschungsfelder hin.

Diese Ausführungen lassen erkennen, dass der vorliegenden Arbeit ein differenziertes Forschungsdesign zugrunde liegt. Das umrissene Forschungsvorhaben ist sicherlich für viele Multi-Channel-Retailer von Interesse, ungeachtet ihrer Branchenzugehörigkeit. Vor diesem Hintergrund erheben die konzeptionellen Ausführungen dieser Arbeit den Anspruch, nicht von vornherein auf die untersuchte Handelsunternehmung begrenzt zu sein, sondern auch auf weitere integrierte Mehrkanalsysteme im Einzelhandel übertragbar zu sein. Trotzdem sei an dieser Stelle noch einmal betont, dass mit der Konzentration auf eine Unternehmung auch eine Einschränkung der Aussagenreichweite einhergeht. Daher sind die Erkenntnisse der empirischen Untersuchungen nicht ohne weiteres auf alle Multi-Channel-Retailer übertragbar.

Abbildung 1 gibt einen Überblick über den Aufbau der vorliegenden Arbeit.

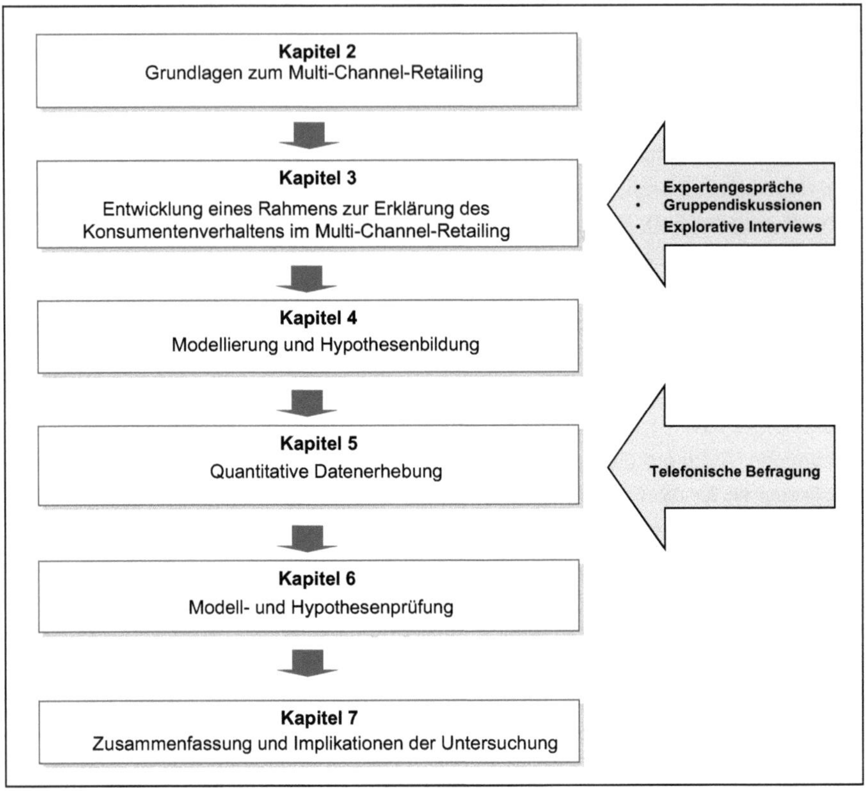

Abbildung 1: Aufbau der vorliegenden Arbeit

2 GRUNDLAGEN ZUM MULTI-CHANNEL-RETAILING

2.1 Definition von Multi-Channel-Retailing

Es gibt eine Vielzahl an praxisorientierten und wissenschaftlichen Veröffentlichungen, die sich entweder schwerpunktmäßig mit dem Thema Multi-Channel-Retailing beschäftigen oder diesen Themenbereich am Rande streifen. Dabei werden unterschiedliche Begriffe und zum Teil auch widersprüchliche Definitionen benutzt.[29] SCHRÖDER (2005)[30] und SCHRAMM-KLEIN (2003)[31] haben sich mit den inhaltlichen und formalen Aspekten dieser unterschiedlichen Arbeiten auseinander gesetzt, Merkmale zur Systematisierung der unterschiedlichen Erscheinungsformen des Multi-Channel-Retailings erarbeitet und Definitionsvorschläge unterbreitet. Die beiden Autoren und hier insbesondere SCHRÖDER (2005) erfassen den Status quo sehr gut und ausführlich und die Verfasserin der vorliegenden Arbeit stimmt inhaltlich mit den dort angeführten Überlegungen überein. Daher wird an dieser Stelle auf eine Diskussion der unterschiedlichen Definitionen in den bisherigen Veröffentlichungen verzichtet und auf die beiden Arbeiten und die dort angeführten Quellen verwiesen.

Bevor Mehrkanalsysteme im Einzelhandel definiert werden und das vorliegende Untersuchungsobjekt eingegrenzt wird, gilt es, in diesem Zusammenhang drei definitorische Begriffe zu klären: „Einzelhandel", „mehr"/„multi" und „Kanal". Dies geschieht in Anlehnung an SCHRÖDER (2005):

- Als **Einzelhandel** wird jede Form der Weiterveräußerung von Waren an Letztverbraucher verstanden. Dabei ist es unerheblich, ob der Anbieter eine Handelsunternehmung im institutionellen Sinne oder ein Produzent ist.[32] Die klassischen Ansätze der Handelsforschung definieren Handelsunternehmungen im institutionellen Sinne als Betriebe, die dadurch gekennzeichnet sind, dass ihre „Hauptaufgabe nicht in der Gütererzeugung, sondern im Umsatz (Beschaffung und Absatz) von Waren ohne wesentliche Be- oder Verarbeitung besteht."[33]

---

[29] Vgl. hierzu u.a. Armbruster/Schober (2002); Gehrt (1999); Grimm/Röhricht (2003); Hurth (2001); Hyde (2001); Friedman/Furey (1999); Ladwig (2002); Passenheim (2003), Rasch/Lintner (2001); Scharmacher (2003); Schögel (2001); Silberberger (2002); Tynan (1994); Webb (2001); Wiedmann/Buxel/Buckler (2001); Yulinsky (2001); Zentes/Swoboda (2001).

[30] Vgl. Schröder (2005), S. 1 ff. sowie die dort angegebenen Quellen.

[31] Vgl. Schramm-Klein (2003), S. 16 ff. sowie die dort angegebenen Quellen.

[32] Vgl. Schröder (2005), S. 5.

[33] Barth/Hartmann/Schröder 2002, S. 1.

- **Mehr** und **multi** bedeuten, dass der Einzelhändler seine Produkte über mindestens zwei Kanäle dem Endverbraucher anbietet. Dabei werden den verschiedenen Ausprägungen, die das Mehrfache der Kanäle ausdrücken, keine qualitativen Unterschiede zugeordnet. Eine qualitative Bedeutung der Attribute „multi", „multiple" oder „mehr" gibt es in Veröffentlichungen, die mit den Begriffen auch eine mehr oder weniger starke Integration der Kanäle verbinden.
- Als **Kanal** wird jeder Absatzweg eines Einzelhändlers verstanden, auf dem ein Kunde eine Leistung kaufen kann. Wichtiges konstitutives Merkmal eines Absatzkanals ist, dass er eine Bestellung (Nachfrage) zulässt. Es werden solche Kanäle ausgegrenzt, die zwar für die Kommunikation oder andere Marketing-Flows (z.B. Geld oder Informationen) geeignet sind, aber den Abschluss eines Kaufes nicht zulassen. In der vorliegenden Untersuchung werden die Begriffe Absatzweg, Absatzkanal, Vertriebsweg, Vertriebskanal, Distributionsweg, Kanal und Channel synonym verwendet.

Nun stellt sich die Frage, welche Erscheinungsformen im Einzelhandel als Mehrkanalsysteme bezeichnet werden können? Was kann alles unter dem Begriff „Kanal" subsumiert werden? Die Systematisierung der Auftritte auf dem Absatzmarkt soll in Anlehnung an SCHRÖDER (2005) anhand dreier Merkmale erfolgen, die als konstitutiv für Mehrkanalsysteme im Einzelhandel angesehen werden:[34] die Zahl der Kontaktprinzipien, die Zahl der Geschäftsbezeichnungen und die Zahl der Vermarktungskonzepte.

Das Merkmal **Kontaktprinzip** veranschaulicht, auf welchem Weg und auf wessen Initiative der Kontakt zwischen Nachfrager (Kunde) und Anbieter (Einzelhandelsunternehmen) entsteht. Es lassen sich vier Prinzipien der Kontaktanbahnung unterscheiden (vgl. Abbildung 2):[35]

1. Das *Residenzprinzip*: Der Kunde sucht den Anbieter in dessen Verkaufsräumlichkeiten auf (⇨ stationärer Einzelhandel).
2. Das *Domizilprinzip*: Der Anbieter sucht den Kunden an dessen Wohnort auf (⇨ ambulanter Einzelhandel).
3. Das *Treffprinzip:* Anbieter und Kunde treffen sich an einem dritten Ort außerhalb von Domizil und Residenz (⇨ halbstationärer Einzelhandel).

[34] Vgl. im Folgenden Schröder (2005), S. 9 ff.
[35] Vgl. hierzu Barth/Hartmann/Schröder (2002), S. 93, und Hansen (1990), S. 269 ff.

4. Das *Distanzprinzip:* Anbieter und Kunde treten physisch nicht in Kontakt. Die räumliche Trennung zwischen dem Einzelhändler und dem Kunden wird durch Medien überbrückt (⇨ Versandhandel).

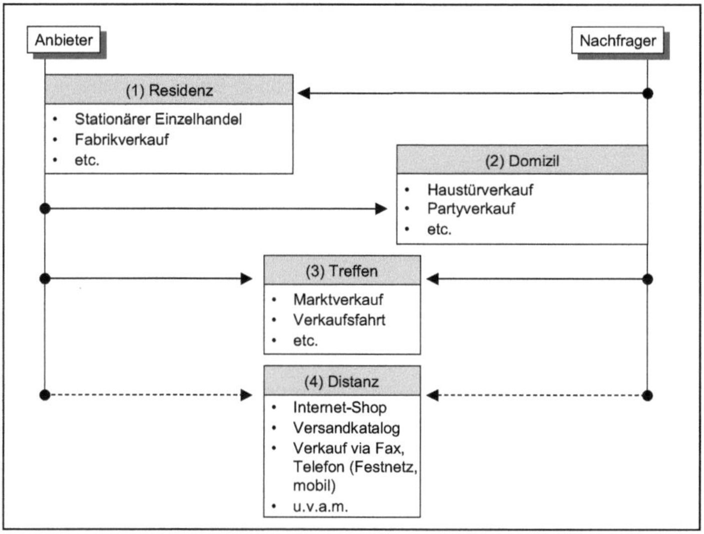

Abbildung 2: Kontaktprinzipen in der Beziehung zwischen Einzelhändler und Endverbraucher
Quelle: Schröder (2005), S. 10

Unter **Geschäftsbezeichnung** versteht man die (Händler-)Marke, unter der eine Handelsunternehmung ihr Absatzkonzept vermarktet. Sie wird auch als Store Brand oder Retail Brand bezeichnet. Ein Anbieter kann mit einer Marke vertreten sein (z.B. *Aldi*)[36] oder mit mehreren Marken (z.B. *Ikea* mit den Geschäftsbezeichnungen *Ikea* und *Habitat*).

Als drittes Systematisierungskriterium gilt die Zahl der **Vermarktungskonzepte**. Um die Vermarktungskonzepte abzugrenzen, bietet es sich an, die Maßnahmen der Marktbearbeitung heranzuziehen. Beispiele für Maßnahmen der Marktbearbeitung sind die Kontaktmittel (persönlich, Printmedien/Katalog, elektronische Medien), das Sortiment in den einzelnen Kanälen (deckungsgleich, Teilmengen, überschneidend,

---

36 An dieser Stelle sei von der Unterscheidung zwischen Aldi Nord und Aldi Süd abgesehen.

abweichend), die zeitpunktbezogene Preisstruktur (standardisiert, differenziert), die Zahlungsarten, die physische Distribution (Abholung, Zustellung) und die Re-Distribution (Ablieferung, Abholung etc.).[37]
Anhand dieses Kriteriums lassen sich auch die im stationären Bereich auftretenden Erscheinungsformen der untersuchten Unternehmung abgrenzen (ein Kontaktprinzip, eine Geschäftsbezeichnung, mehrere Vermarktungskonzepte): eigene Filialen, Shop-in-Shop-Systeme im Lebensmitteleinzelhandel sowie Shop-in-Shop-Systeme in Bäckereien.

Aufgrund dieser Ausführungen wird ein Mehrkanalsystem im Einzelhandel definiert als eine Kombination von Kanälen, die ein Kunde (Letztverbraucher) wahlweise nutzen kann, um Leistungen eines Anbieters nachzufragen. Es werden alle Erscheinungsformen berücksichtigt, bei denen mindestens zwei Kontaktprinzipien oder zwei Ausprägungen eines Kontaktprinzips (differenziert über unterschiedliche Geschäftsbezeichnungen oder Vermarktungskonzepte) auftreten.[38]

Im Sinne dieser Definition sprechen wir vom Multi-Channel-Retailing nicht nur im Falle der Kombination eines Distanzkanals (Online-Shop und/oder Katalogversand) mit einem stationären Kanal, sondern auch wenn es sich um zwei Betriebstypen des stationären Einzelhandels handelt unter zwei Geschäftsbezeichnungen und/oder zwei Vermarktungskonzeptionen (z.B. die Unternehmensgruppe *Schwarz* mit den Vertriebslinien *Lidl, Kaufland* und *Handelshof*) oder um zwei Ausprägungen des Distanzkaufs mit unterschiedlichen Vermarktungskonzeptionen (z.B. *Otto* mit Versandkatalog und Online-Shop[39]) oder um eine Kombination von Kanälen des stationären und des Distanzhandels (z.B. *Douglas* mit stationären Läden und Online-Shop).

---

[37] Vgl. Barth/Hartmann/Schröder (2002), S. 113.
[38] Vgl. Schröder (2005), S. 6 und S. 10.
[39] Die Unternehmung Otto kann aus mehreren Klassifikationsgesichtspunkten als Multi-Channel-Retailer gelten, da es auch unterschiedliche Geschäftsbezeichnungen und unterschiedliche Vermarktungskonzepte gibt (u.a. Eddie Bauer, Sportsheck, Otto Versand etc.).

2.2 Die Kanäle eines Multi-Channel-Retailers

2.2.1 Überblick

Bei der Betrachtung der Kanäle eines Mehrkanalsystems im Einzelhandel sind zwei Sichtweisen möglich: die Sicht des betreibenden Einzelhändlers und die Sicht des Kunden. Aus **Sicht der Handelsunternehmung** benutzt man zur Bezeichnung der Kanäle die Begriffe Betriebstypen, Betriebsformen oder Vertriebslinien. In der Fachliteratur zum Handelsmarketing gibt es keine allgemein verbindlichen Definitionen von Betriebstypen und -formen. Die beiden Begriffe „Betriebstyp" und „Betriebsform" werden von den meisten Autoren synonym verwendet.[40] In der vorliegenden Arbeit wird dieser Auffassung nicht gefolgt, sondern der Auffassung von BARTH/HARTMANN/SCHRÖDER (2002), die die beiden Begriffe streng voneinander unterscheiden.[41] Für diese Arbeit sollen folgende Begriffe gelten: „Betriebstypen" stellen gleichartige absatzpolitische Konzeptionen der Handelsunternehmungen dar (z.B. Supermarkt, Kaufhaus).[42] Unter dem Begriff der „Betriebsform" wird die Tätigkeit einer Handelsunternehmung auf einer bestimmten Handelsstufe (Groß- bzw. Einzelhandel) verstanden.[43] Manche Autoren wie TIETZ (1993) oder LIEBMANN/ZENTES (2001) verwenden neben dem Begriff „Betriebstyp" (für stationäre Betriebe) auch noch den Begriff „Vertriebstyp" (für Betriebe des Distanzhandels). Im Folgenden wird dieser Auffassung nicht gefolgt und, ähnlich wie bei den meisten Autoren, der Begriff Betriebstyp auch für Betriebe des Distanzhandels verwendet. Eine „Vertriebslinie" (Vertriebsschiene) bezeichnet eine Gruppe gleichartiger Geschäftsstätten innerhalb eines Handelssystems. Zur Systematisierung der Vertriebslinien werden häufig Betriebstyp und Branche als Klassifikationsmerkmale verwendet.[44]

Auch die Systematisierung der Betriebstypen ist in der Literatur nicht eindeutig, da unterschiedliche Autoren unterschiedliche Merkmale hinzuziehen. Die in der Praxis am häufigsten verwendeten Merkmale zur Systematisierung der Einzelhandels-Betriebstypen sind: die Sortimentspolitik (Sortimentsbreite und -tiefe), das Preisniveau, das Serviceniveau bzw. das Bedienungsprinzip, die Verkaufsfläche, die Ladengestaltung und der Standort. Die verschiedenen Betriebstypen werden durch un-

---

40 Vgl. u.a. Müller-Hagedorn (1993), S. 23 ff.; Berekoven (1995), S. 28 f.
41 Vgl. Barth/Hartmann/Schröder (2002), S. 44 f.
42 Vgl. z.B. Heinemann (1989), S. 14 ff.; Schröder (2002), S. 19.
43 Vgl. Barth/Hartmann/Schröder (2002), S. 44.
44 Schröder (2005), S. 2.

terschiedliche Ausprägungen dieser Merkmale charakterisiert.[45] Abbildung 3 gibt einen Überblick über diese Ausprägungen bei ausgewählten Betriebstypen.

	Sortimentsbreite	Sortimentstiefe	Preisniveau	Serviceniveau	Standort (Zentralität)	Verkaufsfläche	Ladengestaltung
Discounter	0	--	--	--	0	-	--
Supermarkt	+	-	0	0	0	-	0
SB-Warenhaus	++	+	-	0	-	+/++	0
Kaufhaus	-	++	+	+	+	+	++
Warenhaus	++	+	+	+	++	++	++
Fachmarkt	-	++	-	0	+	+	+
Fachgeschäft	-	++	+	++	+/++	-	++
Convenience Store	+	-	++	k.A.	k.A.	--	k.A.
Versandhandel	++	-	k.A.	k.A.	k.A.	k.A.	k.A.
Online-Shop	k.A.	k.A.	k.A.	k.A.	k.A.	k.A.	k.A.

++ sehr hohe Ausprägung; **+** hohe Ausprägung; **0** neutrale Ausprägung;
-- sehr niedrige Ausprägung; - niedrige Ausprägung, k.A. keine Angabe möglich

Abbildung 3: Ausprägungen wichtiger Betriebstypenmerkmale in ausgewählten Betriebstypen des Einzelhandels
Quelle: Weinberg/Purper (2004), S. 48

Der Fokus der vorliegenden Untersuchung liegt auf dem Kundenverhalten. Daher soll bei der Systematisierung und Charakterisierung der Kanäle der **Sicht des Kunden** gegenüber der Sicht des Mehrkanalsystem-Betreibers der Vorrang gegeben werden. Aus Kundensicht handelt es sich bei den Kanälen eines Einzelhändlers um alternative Einkaufsstätten und Betriebstypen, in denen er die Leistung des Händlers erwerben kann. Aus Kundensicht sollen Betriebstypen des Handels in Anlehnung an GRÖPPEL (1994) als „eine vom Konsumenten mehr oder weniger bewusst vorgenommene Bündelung von Einkaufsstätten verstanden werden, die aufgrund bestimmter, wahrnehmbarer Charakteristika (wie beispielsweise Standort, äußeres Erscheinungsbild der Einkaufsstätte, Bedienungssystem, Größe des Ladens, Warenpräsentation und Ladengestaltung, Werbung) vom Konsumenten als **ähnlich** erlebt werden."[46] Auch wenn sich GRÖPPEL (1994) dabei ausdrücklich auf stationäre Betriebstypen bezieht, so können die aufgeführten Charakteristika durch solche ergänzt werden, die auch für den Distanzhandel gelten, wie z.B. das Kontaktmedium.

Die von den Kunden zur Systematisierung der Betriebstypen herangezogenen Kriterien können, müssen aber nicht mit den Kriterien des Händlers oder der Theorie

45 Vgl. hierzu z.B. AC Nielsen, M+M Eurodata; Katalog E – Begriffsdefinitionen aus der Handels- und Absatzwirtschaft; EHI (2004).

46 Gröppel (1994), S. 382. Die Autorin benutzt den Begriff „Betriebsformen". Um Konsistenz zu wahren, wurde in der vorliegenden Arbeit an dieser Stelle der Begriff „Betriebstypen" benutzt.

übereinstimmen. So stellte GRÖPPEL (1994) empirisch fest, dass Konsumenten Betriebstypen wie Discounter, Fachmarkt oder Warenhaus anhand für sie sichtbarer Strukturmerkmale voneinander unterscheiden, auch wenn sie nicht diese „Fach"-Bezeichnungen benutzen. WEINBERG/PURPER (2004) kamen zu einem unterschiedlichen Ergebnis. Sie stellten fest, dass die in der Literatur angegebenen Merkmalsausprägungen der Betriebstypen des Einzelhandels aus Kundensicht nur bedingt bestätigt werden konnten. So wurden in ihrer Untersuchung Vertreter desselben Betriebstyps (z.B. Kaufhaus) hinsichtlich der untersuchten Systematisierungsmerkmale zum Teil signifikant unterschiedlich beurteilt.[47] Aufgrund dieser Erkenntnisse gilt für die vorliegende Arbeit grundsätzlich, dass bei der Betrachtung der Kanäle die Sicht des Kunden Vorrang hat. Denn nur was der Kunde als ähnlich bzw. unterschiedlich wahrnimmt, wird er auch bei seiner Entscheidung berücksichtigen.

2.2.2 Charakterisierung der Kanäle aus Kundensicht

In diesem Kapitel gilt es, die grundlegenden Charakteristika der beiden Kontaktprinzipien (Residenz und Distanz), die eine Auswirkung auf das Kundenverhalten im Multi-Channel-Retailing haben können, darzustellen. Die Vielzahl an Möglichkeiten, die sich noch aus der Kombination unterschiedlicher Betriebstypen im Rahmen eines Kontaktprinzips ergeben, kann aus Komplexitätsgründen an dieser Stelle nur angedeutet werden, ohne dass auf alle denkbaren Charakteristika der Betriebstypen eingegangen wird. Dies geschieht in Kapitel 2.3.2.2 anhand der Kanäle des konkreten Untersuchungsobjektes.

Charakterisierung der stationären Kanäle (Residenzprinzip)

Ein Kernmerkmal des stationären Handels ist die Existenz eines festen und unflexiblen Standortes (Residenz des Anbieters), an dem ein physisches Angebot der Ware stattfindet. Der Nachfrager muss diesen Ort aufsuchen. Dieser vorhandene Standort erweist sich im stationären Handel als entscheidender Faktor bei der Einkaufsstättenwahl des Nachfragers. Im Geschäft liegt die Ware üblicherweise real vor, so dass sie vom Kunden vor dem Kauf physisch begutachtet und getestet werden kann. Je nach Betriebstyp kann die Bedienung durch vorhandenes Verkaufspersonal (welches u.U. auch Beratung übernehmen kann) oder durch die Kunden selbst (Selbstbedienung) erfolgen. Im stationären Handel ist in der Regel eine unmittelbare Übergabe

---

47 Vgl. Weinberg/Purper (2004), S. 57. Im Originaltext wird der Begriff „Betriebsformen" benutzt.

der gekauften Artikel möglich.[48]

In der Praxis gibt es eine Vielzahl an Betriebstypen des stationären Einzelhandels. Die am häufigsten in der Praxis anzutreffenden wurden bereits in Abbildung 3 dargestellt. Welche stationäre Betriebstypen ein Anbieter von Mehrkanalsystemen im Einzelhandel einsetzt, ist unternehmensspezifisch und somit fallabhängig. Wenn im folgenden Kapitel die Kanäle eines Multi-Channel-Retailers miteinander verglichen werden, dann wird generisch von „stationären Kanälen“ gesprochen und nicht auf alle möglichen Erscheinungsformen eingegangen.

Die Kanäle des Distanzhandels

In dieser Arbeit sollen die Begriffe „nichtstationäre“ Kanäle und „Distanzkanäle“ synonym benutzt werden. Die Kernmerkmale des Distanzhandels sind:[49]

- das mediale Angebot (über Printmedien oder elektronische Medien),
- der Kauf auf Distanz (die räumliche Spannung zwischen Anbieter und Nachfrager wird durch Auftragserteilung auf schriftlichem, telefonischem oder anderweitigem elektronischen Weg überbrückt). Somit besteht auch eine zeitliche Differenz zwischen dem Zeitpunkt der Bestellung (Kaufvertragsabschluss) und dem Zeitpunkt der Warenverfügbarkeit.
- der Versand der Ware an den Kunden durch eigene oder fremde Zustelldienste. Das Gleiche gilt für die Retrodistribution.

Daraus ergeben sich folgende Charakteristika und Unterschiede im Vergleich zum stationären Handel:

- Der persönliche Kontakt (mit dem Verkaufspersonal) entfällt,[50] der Kontakt findet über ein Medium statt (Brief, Fax, Telefon, E-Mail etc.).
- Die Erfassung von individuellen Kundendaten ist nicht nur möglich, sondern unabdingbare Voraussetzung für den Kaufabschluss und die Lieferung der Ware.
- Der Nachfrager kann die Ware vor dem Kauf nicht inspizieren, er hat keine Möglichkeit, die Ware zu sehen, anzufassen und zu probieren.[51] Die Ausnahme bilden digitalisierbare Güter, die auf elektronischem Wege untersucht werden können, oder zur Ansicht zugesandte Ware.[52] Dadurch, dass die Ware nicht physisch präsent ist, können nicht alle relevanten Produktinformationen vermittelt werden,

---

48 Vgl. Mattmüller/Hanser (1999), S. 18 ff.
49 Vgl. BVH (1997), S. 24.
50 Vgl. Barth/Hartmann/Schröder (2002), S. 101.
51 Vgl. Calkins/Farello/Smith Shi (2000), S. 140.
52 Vgl. Barth/Hartmann/Schröder (2002), S. 102.

sondern nur solche, die sich in Bildern oder textlichen Beschreibungen darstellen lassen. Gustatorische, haptische, olfaktorische und (im Falle der Printmedien) auditive Produkteigenschaften können nicht durch diese Medien vermittelt werden.[53]

- Dem Standort des Anbieters (Distanzhändlers) kommt keine nachfragebeeinflussende Bedeutung zu. Als Angebotsort gilt der Ort der Nachfrage.[54] Als Lieferort gilt grundsätzlich der Wohnort des Nachfragers, wobei die Mehrzahl der Distanzhändler heutzutage auch davon abweichende Liefermöglichkeiten (wie z.B. Arbeitsplatz, Freunde und Bekannte oder eher seltener die Selbstabholung an bestimmten Pick-up-Points) anbietet.[55]

Für die vorliegende Untersuchung sollen beide Arten von Distanzkanälen betrachtet werden: sowohl der Katalog- als auch der Online-Versandhandel. Die Abgrenzung zwischen dem Katalogversandhandel und dem Online-Versandhandel (E-Commerce, Internet-Handel etc.) liegt in der Vermarktungskonzeption, genauer in dem genutzten Kontaktmedium: Katalog (unabhängig davon, ob es sich dabei um ein Printmedium oder einen elektronischen Katalog, z.B. in Form einer CD-Rom, handelt) versus elektronische Medien über das Internet (World Wide Web). Im Falle des Online-Versandhandels wird der Fokus der vorliegenden Untersuchung, aufgrund seiner vorherrschenden Bedeutung,[56] auf dem Medium PC liegen. Übrige Formen des E-Commerce wie M-Commerce (über Mobilfunk) oder das interaktive TV-Shopping (über digitales Fernsehen) werden vernachlässigt.

2.2.3 Vergleich der stationären Kanäle und Distanzkanäle

Als Erstes gilt es, um die Kanäle vergleichen zu können, Kriterien für die Bewertung der Kanäle zu erarbeiten. Dies wird im Detail in Kapitel 4.2.1.1 geschehen, wenn es darum geht, die relevanten Eigenschaften der Kanäle (Bewertungsdimensionen) für das Untersuchungsobjekt zu erarbeiten. An dieser Stelle soll auf die von ALBA ET AL. (1997) vorgeschlagenen Kriterien zurückgegriffen werden, da die Autoren die Vorteilhaftigkeit der Kanäle in der Informations-, Kauf- und Abwicklungsphase des Einkaufsprozesses betrachten:[57] Auswahl, Informationsmöglichkeit(en), Bestellung und

---

53 Vgl. De Kare-Silver (2000), S. 73 f.; Burke (1997), S. 356 f.

54 Vgl. Mattmüller/Hanser (1999), S. 19.

55 Vgl. Barth/Hartmann/Schröder (2002), S. 102.

56 Vgl. Bliemel/Fassot/Theobald (2000), S. 2.

57 Vgl. Alba et al. (1997), S. 40. Sie verglichen folgende Betriebstypen (nicht als Kanäle eines Mehrkanalsystems): Supermarket, Department Store, Category Specialist, Catalog, Internet Retailer und Interactive Home Shopping Format. Ähnlich auch Schramm-Klein (2003), S. 78.

Fulfillment (Zeiteinsatz, Kosten und Standort) sowie weitere Vorteile („Other Benefits" = Erlebniswert, soziale Interaktion und persönliche Sicherheit). Anhand dieser Kriterien sollen nicht nur die Kanäle verglichen, sondern auch die Möglichkeiten aufzeigt werden, wo sie sich im Rahmen eines (integrierten) Mehrkanalsystems aus Kundensicht ergänzen können. Es ist nicht Ziel dieses Kapitels, die allgemeinen Vor- und Nachteile der unterschiedlichen Betriebstypen als konkurrierende Erscheinungsformen des Einzelhandels darzustellen.

Auswahl

Damit ist die Sortimentsbreite und -tiefe der jeweiligen Kanäle gemeint. Im Online-Shop kann es eventuell ein breiteres bzw. tieferes Angebot geben, da man an keine räumlichen Restriktionen (wie z.B. Präsentations- und Lagerfläche im stationären Kanal oder begrenzte Seitenzahl im Katalog) gebunden ist (wenn man vom Serverplatz absieht). Andererseits kann es vorkommen, dass Artikel mit einer niedrigen Marge (Kleinteile) in den Distanzkanälen nicht angeboten werden.[58] An dieser Stelle kann keine allgemein gültige Aussage über die Vorteilhaftigkeit einer der Kanäle gemacht werden. Ein Multi-Channel-Retailer kann aber die Unterschiede nutzen, um in einem Kanal (z.B. Katalogversand) darauf hinzuweisen, dass in dem anderen (z.B. Online-Shop) ein breiteres Sortiment angeboten wird.

Informationsmöglichkeiten vor dem Kauf

Die stationären und nichtstationären Kanäle unterscheiden sich zum Teil in der Quantität und Qualität der Informationen, die sie vor dem Kauf liefern, sowie in der Möglichkeit, Produktalternativen zu vergleichen. Im stationären Kanal kann der Kunde die Produkte vor dem Kauf begutachten, anfassen und probieren. Er kann dazu alle seine Sinne benutzen, um Töne, Farben, Bilder, Worte, Duftstoffe, Geschmack, Haptik wahrzunehmen, weswegen auch von der Multisensualität dieses Kanals gesprochen wird.[59] Auch kann der Kunde auf das Verkaufspersonal als Informationsquelle zurückgreifen und auf seine Bedürfnisse zugeschnittene Informationen erhalten.[60] Anzumerken gilt jedoch, dass dies nicht in allen Betriebstypen des stationären Handels der Fall ist: In Betriebstypen wie z.B. LEH-Discounter gibt es wenig Personal und das vorhandene Personal hat in der Regel weder die Zeit noch die Kompetenz für ein Beratungsgespräch. Eine weitere wichtige Informationsquelle im stationären Kanal sind die Schaufenster: Sie dienen als Informationsmedium über die angebote-

---

58 So z.B. bei Lands' End oder Tchibo direct.
59 Vgl. Diehl (2000), S. 40.
60 Vgl. Alba et al. (1997), S. 42.

nen Produkte, liefern aber auch Informationen über das Geschäft selbst.

Im Falle der Distanzkanäle ist der Kunde auf die bildliche Darstellung sowie auf die textliche und im Falle des Online-Shops ggf. verbale Produktbeschreibung des Anbieters angewiesen. Die Informationen sind zum größten Teil visuell und, je nachdem welches Medium benutzt wird, auditiv. Aber auch im Rahmen der Distanzkanäle kann der Kunde mittels Brief, Telefon oder E-Mail eine personalisierte Information erhalten. Im Online-Shop kann es auch Kontakt zum Verkaufspersonal (seien es virtuelle Verkaufsberater oder reales Verkaufspersonal) geben. Beim Kontakt mit dem realen Verkaufspersonal gibt es die Call-Back-Option (der Kunde kann auf der Website den Wunsch äußern, zurückgerufen zu werden) und die Call-Now-Option (der Kunde kann direkt Kontakt mit dem Verkaufspersonal aufnehmen, wenn sein Computer mit Mikrofon und Lautsprecher ausgestattet ist).[61] Der Kontakt zum Verkaufspersonal ist aber unter Umständen mit höheren Kosten bzw. einem höheren Zeitaufwand verbunden.

Zu den aus Kundensicht größten Vorteilen des Internets im Vergleich zu dem Katalogversand zählen die Interaktivität des Mediums (man bekommt die gewünschten Informationen in „real time“ im Gegensatz zur statischen Natur des Katalogs) sowie die Möglichkeit, Informationen zu individualisieren.[62] Dadurch besteht auch die Möglichkeit, ausführlichere (Produkt-)Informationen zu liefern bzw. zu erhalten.[63] Die Betreiber eines Mehrkanalsystems können in ihren Online-Shops das Fehlen des Verkaufspersonals dadurch ausgleichen, dass sie virtuelles Verkaufspersonal einsetzen[64] oder Empfehlungssysteme, die auf Expertenwissen oder auf der Kaufhistorie basieren können.[65]

Die Kunden könnten im Rahmen eines Mehrkanalsystems die Vorteile beider Kontaktprinzipien dadurch nutzen, dass sie sich in einem stationären Kanal informieren bzw. beraten lassen und anschließend in einem Distanzkanal kaufen.

---

61 Vgl. Diehl (2002), S. 67 ff.
62 Vgl. Hyde (2001), S. 4.
63 Vgl. Rasch/Lintner (2001), S. 11.
64 Vgl. Diehl (2000), S.24 ff.
65 Vgl. Gensler/Skiera (2002), S. 243.

Zeitlicher Aspekt

Unter diesem Begriff wird neben dem Zeiteinsatz bzw. der Zeitersparnis beim Einkaufen auch die zeitliche Verfügbarkeit der Shops sowie der Ware (Lieferzeit) subsumiert. Der *Zeiteinsatz beim Einkaufen* setzt sich aus der Zeit zusammen, die zum Aufsuchen einer Einkaufsstätte (Hin- und Rückweg), zum Auswählen bzw. Suchen eines Produkts, zum Kaufabschluss und ggf. zur Rückgabe des Produkts notwendig ist.[66] Grundsätzlich geht man von einer Zeitersparnis beim Nutzen der Distanzkanäle aus: Der Weg zur Einkaufsstätte und zurück entfällt. Auch das Aufsuchen mehrerer Anbieter (Online-Shops oder Katalogversender) soll leichter bzw. mit weniger Zeiteinsatz möglich sein als im stationären Handel (One-stop Shopping).[67]

Bezüglich der *zeitlichen Verfügbarkeit der Shops* sind die Distanzkanäle eindeutig im Vorteil, da die zeitlichen Restriktionen des Ladenschlussgesetzes entfallen. Auswahl und Bestellung der Ware sind zu jeder Zeit möglich.[68] Bezüglich der *zeitlichen Verfügbarkeit der Ware* befinden sich die stationären Kanäle im Vorteil, da die Ware in der Regel direkt verfügbar ist und vom Kunden sofort nach dem Kaufabschluss mitgenommen werden kann. Dadurch kann der Kunde grundsätzlich einen kurzfristigen Bedarf sofort abdecken. Dabei handelt es sich um eine Tendenzaussage, da es auch in stationären Kanälen Produkte geben kann, die nicht sofort verfügbar sind, wie z.B. bei den meisten Möbeln. Im Rahmen eines Mehrkanalsystems könnten die Vorteile beider Kontaktprinzipien in der Form genutzt werden, dass die Information in einem Distanzkanal stattfindet, während der Kauf in einem stationären Kanal durchgeführt wird.

Kosten

Der Kauf in den verschiedenen Kanälen kann bei gleich bleibenden Produktpreisen mit unterschiedlichen Transaktionskosten verbunden sein. Abbildung 4 gibt einen Überblick über Transaktionskosten, die beim Einkaufen in Geschäften des stationären und des Distanzhandels (elektronisch und Katalog) anfallen:

- In Zusammenhang mit dem Kauf in einem stationären Kanal fallen Transaktionskosten in Form von *Reisekosten* an.
- Beim Kauf in einem Distanzkanal fallen normalerweise *Liefer-* bzw. *Versandkosten* an. Deren Höhe ist händlerspezifisch und hängt von einer Vielzahl von Fakto-

66 Vgl. Dach (2002b), S. 142 f.
67 Vgl. Rasch/Lintner (2001), S. 11; Hyde (2001), S. 4; Schröder (2001), S. 16.
68 Vgl. Szymanski/Hise (2002), S. 312; Barth/Hartmann/Schröder (2002), S. 102.

ren ab.[69] Außerdem sind es die Kosten für die Telefon- oder Internetverbindung (wenn der Anbieter keine kostenlose Telefonnummer anbietet bzw. der Kunde über eine Flat Rate verfügt). Ferner können noch *Kosten in der Nachkaufphase* im Distanzkanal entstehen, wie z.B. Beschwerdekosten oder Rückgabekosten.

- *Opportunitätskosten* für die aufgewendete Zeit und Nutzenentgang (sowohl im stationären als auch im Distanzhandel).

<table>
<tr><th colspan="3">Kanal eines Multi-Channel-Retailers, in dem der Kauf getätigt wird</th></tr>
<tr><th>Stationär</th><th>Internet-Shop</th><th>Katalogversand</th></tr>
<tr><td>Fahrtkosten/Anbahnungskosten
• Zeit (Opportunitätskosten)
• Reisekosten (Transportmittel, Parkgebühren etc.)</td><td>Fahrtkosten/Anbanungskosten
• Zeit (Opportunitätskosten)
• Kosten der Internetverbindung</td><td>Fahrtkosten/Anbanungskosten
• Zeit (Opportunitätskosten)
• Kosten für die Telefonverbindung, Brief/Postkarte oder Fax</td></tr>
<tr><td>Kosten für Transportverpackung
• einmalige Verwendung
• wiederholte Verwendung</td><td colspan="2">Lieferkosten, z.B. abhängig von
• Bestellung
• Warengruppenart
• Produktanzahl
• Transportverpackung
• Lieferzeit
• Liefergebiet
• Zahlungsart</td></tr>
<tr><td>Kosten der Beschwerdeführung/Kontrollkosten
(entfallen, soweit Beschwerden durch Kontrollen vor Abschluss des Kaufvorgangs Mängel erkennen und beseitigen lassen)</td><td colspan="2">Kosten der Beschwerdeführung bei mangelhafter Lieferung/Kontrollkosten
• Zeit (Opportunitätskosten)
• Kosten für die Internet- u./o. Telefonverbindung, Brief/Postkarte oder Fax
• sonstige Kosten bei mangelhafter Lieferung:
o Nutzenentgang
o Kosten für Ersatzprodukte</td></tr>
<tr><td>Rückgabekosten bei Nichtgefallen der Ware
<u>Reisekosten</u>, wenn die Ware bereits mit nach Hause genommen worden ist; sonst keine</td><td colspan="2">Rückgabekosten bei Nichtgefallen der Ware
<u>Regelmäßige Kosten</u> bei Anwendung des Widerrufsrechts können dem Käufer auferlegt werden, falls der Kaufbetrag der Rücksendung nicht 40 Euro übersteigt (§ 357 Abs. 2 Satz 3 in Verbindung mit § 312d Abs. 1 Satz 1 BGB[70]).</td></tr>
</table>

Abbildung 4: Vergleich von Transaktionskosten beim Einkauf in Geschäften des stationären und des Distanzhandels (elektronisch und Katalog)

Quelle: in Anlehnung an Schröder (2001), S. 13

---

69 Vgl. für eine Übersicht der unterschiedlichen Lieferkostenmodelle Schröder/Zimmermann (2002), S. 339 ff.

70 Vgl. Becker (2004).

An dieser Stelle ist keine eindeutige Aussage möglich, welcher Kanal von dem Kunden als vorteilhafter empfunden wird. Dies hängt eher vom Multi-Channel-Retailer und der Gestaltung seiner Konditionen bzw. Lieferkostenmodelle ab.

Standorte / Anzahl der Kontaktpunkte / räumliche Nähe

Unter diesem Kriterium subsumieren wir mehr Aspekte als ALBA ET AL. (1997) unter dem Begriff „Location for Placing Orders". Während die stationären Kanäle an eine begrenzte Zahl fixer Standorte gebunden sind, gilt diese Restriktion für die Distanzkanäle nicht. Einen Katalog kann man überall hin mitnehmen und auch der „Gang" ins Internet ist zwar an bestimmte Voraussetzungen gebunden (Vorhandensein eines PCs), aber immer noch von vielen Plätzen aus möglich. Vergleicht man beide Formen des Distanzhandels miteinander, dann wird unterstellt, dass der Kunde des Onlineversandhandels die zum Kauf führenden Prozesse stärker beeinflussen und somit besser kontrollieren kann als im Katalogversand (bewusstes Aufsuchen einer Seite vs. passives Empfangen eines Katalogs).[71] Auch kann man die Seite eines Anbieters, wann immer man möchte, aufrufen, während der Zugang zum Katalogversand davon abhängt, dass man überhaupt über einen Katalog verfügt. Dafür ist der Kunde flexibler, was die Nutzung der Kommunikationsmedien betrifft: Während ein Katalog überall benutzt werden kann, braucht man für das Online-Shopping einen PC (oder ein Mobiltelefon).[72]

Im Allgemeinen wird angenommen, dass die räumliche Nähe und dadurch auch die Erreichbarkeit der Distanzkanäle höher ist als bei den stationären Kanälen,[73] wobei dies fallabhängig sein kann.

Sonstige Vorteile

Die folgenden drei Kriterien werden von ALBA ET AL. unter „Other Benefits" gefasst. Kapitel 4.3.3.5 befasst sich genauer mit der Fähigkeit der Kanäle, Kundenbedürfnisse bzw. Einkaufsmotive zu erfüllen. Deshalb soll an dieser Stelle nur ein kurzer Überblick über diese Vorteile gegeben werden.

---

71 Vgl. Mehler-Bicher/Borhman (1999), S. 54.
72 Vgl. Ward (2001), S. 105.
73 Vgl. Schröder (2001), S. 16.

Erlebniswert / Soziale Interaktion

Spätestens seit STONE (1954) und TAUBER (1972) hat sich die Erkenntnis durchgesetzt, dass Kunden mit „Einkaufengehen" nicht nur den Kauf eines Produkts bezwecken, sondern auch die Befriedigung anderer, davon unabhängiger Bedürfnisse. Einkaufen an sich kann durch die empfundenen angenehmen Gefühle eine spaßbringende Tätigkeit sein.[74] In der Literatur herrscht die Meinung, dass die „reale" Einkaufswelt im stationären Kanal durch die multisensuelle Sinnesansprache (u.a. durch die Einkaufsatmosphäre und Ladengestaltung) der virtuellen Einkaufswelt in den Distanzkanälen überlegen ist. Zu den Hauptvorteilen der stationären Kanäle im Vergleich zu den Distanzkanälen wird die Möglichkeit zur **sozialen Interaktion** mit dem Verkaufspersonal und anderen Kunden gezählt.[75] Wie in Kapitel 4.3.3.4.1 dargestellt wird, bildet dieser Aspekt eine Hauptquelle für Einkaufserlebnisse.

Risiko / Persönliche Sicherheit

Im Allgemeinen herrscht die Meinung, dass das Einkaufen in einem stationären Kanal mit einem geringeren **Risiko** für den Kunden verbunden ist als der Kauf in einem Distanzkanal: Der Kunde kann die Produkte vor dem Kauf begutachten, anfassen und probieren (direkte Produkterfahrung), hat die Möglichkeit zur Barzahlung (keine Vorkasse oder Kreditkartenzahlung), kann die Produkte sofort mitnehmen und empfindet die Rückgabe- und Umtauschmöglichkeiten als tendenziell leichter (er kann im Laden persönlich mit dem Verkäufer sprechen).[76]

Darüber hinaus kann der Kunde beim Kauf in einem stationären Kanal anonym bleiben, falls er es wünscht.[77] Demgegenüber findet beim Direktkauf die Erfassung zahlreicher individueller Daten statt, weswegen beim Verbraucher auch die Angst vor dem „gläsernen Kunden" entsteht. Bei einer Bestellung müssen persönliche Daten wie z.B. Name, Anschrift, Geburtsdatum, evtl. Bankverbindung oder Kreditkartennummer angegeben werden. Für den Kunden besteht das Risiko, dass der Anbieter selbst oder Dritte diese Daten missbrauchen.[78] Daher kann es für den Multi-Channel-Händler von Vorteil sein, wenn der Kunde auch einen seiner anderen Kanäle (in der Regel den stationären Kanal) kennt und dadurch Vertrauen zu dem Anbieter aufbauen konnte.[79]

---

74 Vgl. Tauber (1972), S. 46 sowie die Ausführungen im Kapitel 4.3.3.4.1.
75 Vgl. Christensen/Tedlow (2000), S. 45; Rasch/Lintner (2001), S. 11.
76 Vgl. Hyde (2001), S. 3.
77 Vgl. Culnan/Armstrong (1999), S. 106 f.
78 Vgl. Müller-Hagedorn et al. (2000), S. 38 ff.
79 Vgl. Schramm-Klein (2003), S. 113 f.

Bezüglich der **persönlichen Sicherheit** könnte unter Umständen das Einkaufen im stationären Kanal risikoreicher sein als im Distanzhandel: Der Kunde muss sein Haus verlassen und sich den Risiken der Außenwelt stellen.[80]

Zusammenfassend kann festgehalten werden, dass beide Kontaktprinzipien aus Kundensicht Vor- und Nachteile bieten. Darüber hinaus gibt es auch im Rahmen eines Kontaktprinzips Unterschiede zwischen den verschiedenen Betriebstypen, die auf den unterschiedlichen Vermarktungskonzeptionen basieren und diese Vor- und Nachteile relativieren können.

2.3 Konkretisierung und Eingrenzung des Untersuchungsobjekts

2.3.1 Begründung für die Auswahl des Untersuchungsobjekts

Die Definition des Untersuchungsobjekts (und dadurch auch die Festlegung der Grundgesamtheit[81]) einer empirischen Untersuchung ist abhängig von der Zielsetzung und Fragestellung der Untersuchung.[82] Als Objekt dieser Untersuchung wurde ausschließlich ein Multi-Channel-Retailer ausgewählt. Dadurch sollen Verzerrungen vermieden werden, die sich durch abweichende Marktauftritte anderer Händler und abweichendes Kaufverhalten der Kunden ergeben. Durch die Berücksichtigung unterschiedlicher Unternehmungen mit unterschiedlichen Vermarktungs- und Marketingkonzeptionen kann es zu Verzerrungen kommen. Würde man z.B. Kunden von *Douglas* und *Mediamarkt* befragen, dann könnten die Effekte bei der Auswertung der Daten nicht „sauber" voneinander getrennt werden: Angenommen, man käme bezüglich der Einkaufsmotive zu dem Ergebnis, dass Filial-Kunden stärker erlebnisorientiert sind als die Internetkunden. Für diesen Fall wäre es noch immer nicht eindeutig, ob dies tatsächlich daran liegt, dass die Filial-Kunden stärker erlebnisorientiert sind. Es wäre auch vorstellbar, dass in der Gruppe der Filial-Kunden die *Douglas*-Kunden überwiegen, die stärker erlebnisorientiert sind, während in der Gruppe der Internetkunden die *Mediamarkt*-Kunden überwiegen, die eher preisorientiert sind. Natürlich könnte man versuchen, solche Effekte zu isolieren, indem man z.B. pro Einkaufsmotiv die Unternehmungen getrennt auswerten würde.

80 Vgl. Alba et al. (1997), S. 40.

81 Scheffler (1999, S. 61) definiert den Begriff der Grundgesamtheit als die „Gesamtmenge aller für die untersuchte Fragestellung relevanten Personen, Institutionen etc.".

82 Vgl. Berekoven/Eckert/Ellenrieder (2004), S. 52.

Es bestünde aber das Risiko, anschließend in der Stichprobe nicht genügend Fälle für die einzelnen Untergruppen vorzufinden.

Für die Auswahl der untersuchten Unternehmung sprechen mehrere Gründe: Auf der einer Seite ist sie sehr erfolgreich und Vorreiter im Bereich des Multi-Channel-Retailings. Sie hat nicht nur mehrere Kanäle (fünf), sondern es gibt auch in den einzelnen Bereichen (stationär und nichtstationär) unterschiedliche Kanäle. Darüber hinaus zählte die Unternehmung 2002, als die empirische Untersuchung stattfand, über 20 Mio. Haushalte in Deutschland zu ihren Kunden. Das sind über 55% aller deutschen Haushalte, was als eine ausreichend große Basis angesehen werden kann. Der Bekanntheitsgrad der Marke (als Store- und Product-Brand) lag nach Unternehmensangaben in Deutschland bei 99%. Der Online-Shop der Unternehmung erreichte in Deutschland die meisten Internetnutzer nach dem reinen Internetanbieter Amazon.de. Unter allen deutschen Multi-Channel-Retailern erzielte er die höchste Reichweite. Das waren im Oktober 2002 ca. 10 Prozent und im Oktober 2004 ca. 12 Prozent der deutschen Web-Nutzer.[83]

Allerdings werden durch die Konzentration auf eine einzige Unternehmung auch Nachteile in Kauf genommen. Der Hauptnachteil liegt in der begrenzten Möglichkeit, die Ergebnisse zu verallgemeinern. Daher gilt auch, dass die Erkenntnisse unserer Untersuchung nicht ohne weiteres auf alle Multi-Channel-Retailer übertragbar sind.

2.3.2 Beschreibung des untersuchten Multi-Channel-Retailers

Die betrachtete Handelsunternehmung ist ein Partievermarkter von Non-Food-Artikeln, die ihre Produkte in Deutschland über fünf Kanäle vertreibt. Die Unternehmung vertreibt neben den Non-Food-Artikeln auch Food-Produkte. Die Food-Sparte wird im Rahmen der Untersuchung ausgeblendet. Das Food-Geschäft spielt aber zumindest in der Filiale eine Rolle in dem Sinne, dass es die Shopatmosphäre beeinflusst. Auch kann der Kauf von Food-Artikeln der Anlass für den Besuch der Filialen sein, selbst wenn anschließend auch Non-Food-Produkte gekauft werden.

---

[83] Quelle: Nielsen/NetRatings

2.3.2.1 Das Partievermarktungskonzept

Unter Partievermarktung versteht man eine Strategie der künstlichen Verknappung des Angebots: Das Angebot von Partieprodukten ist zeitlich und mengenmäßig begrenzt. Dadurch strahlt das Angebot Einzigartigkeit aus, ein Effekt, der auch dadurch verstärkt wird, dass die Nachfrage nach Partieware für den Kunden nicht planbar ist. Da es kein „Standardsortiment" gibt, wissen die Kunden erst dann, wann welche Artikel angeboten werden, wenn der Anbieter seine Aktion bewirbt bzw. die Werbung anläuft.[84]

Der untersuchte Multi-Channel-Retailer bietet ein wöchentlich wechselndes Sortiment an Non-Food-Artikeln an, das unter einem bestimmten Thema steht, unter einer Dachmarke. Der Grundgedanke der Kategorienbildung für die wöchentlichen Themenwelten orientiert sich an den Bedürfnissen der Kunden (hinkunftsorientierte Perspektive).[85] Das Angebot gliedert sich u.a. nach Bedürfnisträgern (z.B. Kinder: Spielzeug und Kinderkleider unter dem Motto „Ein Königreich für die Kleinen"), nach Bedürfnisarten (z.B. Trekking-Artikel unter dem Motto „Stell' dich der Natur") oder nach Bedürfnisanlässen (z.B. Gartenparty-Artikel unter dem Motto „Einladung zum Sommerfest"). Die Produkte stammen nicht unbedingt aus der gleichen Warengruppe. Wichtig ist, dass die verschiedenen Artikel einer Phase einen Gleichklang bilden und zueinander passen (im Extremfall kann das verbindende Element auch nur die Farbe sein, wie z.B. „Ansteckend bunt"). Der Phasenauftritt zielt darauf ab, emotionale Wirkung auszulösen (sowohl durch die Schaufenster- und Ladengestaltung als auch über die Kommunikationsmedien). Dadurch unterscheidet sich der Marktauftritt der untersuchten Unternehmung von dem sehr stark rationalen Marktauftritt anderer Partievermarkter.

Im Jahr 2002 wurden u.a. über 400 Artikel aus dem Bereich Bekleidung, ca. 70 aus den Bereichen Auto und Heimwerken, ca. 80 aus dem Bereich Spielzeug, ca. 140 aus dem Bereich Wohnen, ca. 80 aus der Warengruppe Kochen, ca. 120 für Büro und Schule sowie ca. 60 aus dem Gartensektor angeboten. Die Anzahl der Artikel pro Themenwelt ist begrenzt (zwischen 15 und 30). Angeboten wird jeweils nur eine Ausprägung von jedem Produkt. So wird z.B. nur <u>ein</u> Bügeleisen oder <u>eine</u> Ski-Hose angeboten und nicht mehrere verschiedene, unter denen der Kunde sich für einen Artikel entscheiden muss. Das zahlenmäßig begrenzte Angebot soll den Kunden Hil-

---

84 Vgl. Schröder/Mehling (2001), S. 399.

85 Vgl. zu den Prinzipien der Sortimentsbildung Schröder (2002), S. 65.

fe bei der Orientierung geben und die Entscheidung erleichtern. Der untersuchte Multi-Channel-Retailer hat es geschafft, durch die Kombination der Elemente „wöchentliches neues Angebot“, „thematische Ausrichtung“ und „Dachmarke“ das Verhalten seiner Kunden zu konditionieren:[86] Er steht mit seinem Partievermarktungskonzept gleichermaßen für Abwechslung, aber auch für Kontinuität (regelmäßiges Angebot und Dachmarke).[87] Dies führt dazu, dass die Kunden gezielt nach Informationen suchen, was in der laufenden „Aktionsphase“ angeboten wird: Die Prospekte aus den stationären Kanälen werden bewusst mitgenommen und gelesen.[88] Auch wird die Internetseite des Anbieters regelmäßig zu Informationszwecken besucht: So verzeichnet man an dem Tag, wenn die neue Themenwelt „online geht“, eine Verdoppelung der „Visits“ auf der Seite. Oder die Kunden gehen gezielt zu einer Filiale, um sich im Schaufenster zu informieren.[89]

Der Erfolg der Partievermarkter beruht sehr stark darauf, dass die Kunden der angebotenen Partieware ein sehr gutes Preis-Leistungs-Verhältnis bestätigen. Die Kunden empfinden diese Angebote als preiswürdiger im Vergleich zu den Preisen und Leistungen anderer Einzelhändler.[90] Die Preise müssen objektiv nicht immer günstiger sein als bei anderen Anbietern. Wichtiger ist, dass für die Kunden durch das gesamte Vermarktungskonzept das Gefühl entsteht, ein „Schnäppchen“ zu ergattern.[91] Auch die als sehr gut empfundene Qualität der Produkte ist in diesem Fall unabhängig vom objektiven Qualitätsniveau dieser Produkte. Untersuchungen unabhängiger Institute kommen durchaus zu dem Ergebnis, dass z.B. die bessere Bewertung der Qualität der Produkte durch die Kunden objektiv nicht immer haltbar ist.[92]

Aufgrund der künstlichen Verknappung der Angebote sind die Entscheidungsprozesse in der Regel kürzer: Bei den Kunden kann der Eindruck entstehen, dass ihnen eine einmalige Gelegenheit entgeht, wenn sie sich nicht sofort zum Kauf entscheiden und das Angebot verstreichen lassen.

---

86 Vgl. Kroeber-Riel/Weinberg (1999), S. 130.
87 Vgl. Schröder/Mehling (2001), S. 408.
88 Ergebnisse unternehmensinterner Marktforschung (2000).
89 Ergebnisse unternehmensinterner Marktforschung (2000).
90 Vgl. Schröder (1999), S. 924.
91 Vgl. Trommsdorff (2004), S. 106.
92 Vgl. Schröder (1999), S. 925.

2.3.2.2 Charakterisierung der Kanäle

Die untersuchte Unternehmung hat in Deutschland fünf Kanäle: Im Rahmen des Kontaktprinzips Residenz sind es eigene Filialen und Depots nach dem Shop-in-Shop-Prinzip im Lebensmitteleinzelhandel und in Bäckereien. Das Distanzprinzip ist durch Katalogversand und Online-Shop vertreten. Die Unternehmung betrieb 2002 in Deutschland im stationären Bereich ca. 850 Filialen und ca. 45.000 Depots im Lebensmitteleinzelhandel und in Bäckereien. Seit einigen Jahren werden Depots vereinzelt auch in anderen stationären Betriebstypen wie Lotto-Toto-Läden oder Drogerien eröffnet. Abbildung 5 gibt die Kanalstruktur wieder.

		Store-brand	Kommunikation	Preis	Service	Sortiment	Standort	Sonstige Besonderheiten
Stationär	Filialen					++	■ 1-a-Lagen ■ EKZ	■ teilweise mit Coffee Bar ■ Verkaufspersonal
	Shop-in-Shop-Systeme im LEH					+	■ Stadtteillagen ■ Stadtrand	■ Verbundkauf möglich ■ Selbstbedienung
	Shop-in-Shop-Systeme in Bäckereien					+	■ Stadtteillagen	■ teilweise mit Coffee Bar ■ Verkaufspersonal ■ Verbundkauf möglich
Nichtstationär	Online-Shop					++		■ Versandkosten = € 3.95 ■ Bestellung 24/7
	Katalogversand					++		■ Versandkosten = € 3.95 ■ Bestellung 24/7 per Telefon (kostenpflichtig), Fax, Brief

Identisch (Store-brand, Kommunikation, Preis, Service)

++ vollständiges Sortiment
+ reduziertes Sortiment
LEH Lebensmitteleinzelhandel
EKZ Einkaufszentrum

Abbildung 5: Die Absatzkanalstruktur des untersuchten Multi-Channel-Retailers

- Die **Filialen** (FL) sind die „flagship stores" der Unternehmung: Sie verfügen über das breiteste Sortiment, haben eigenes Verkaufspersonal und sind in 1-a-City-Lagen, Einkaufszentren und anderen frequenzstarken Standorten angesiedelt. Teilweise (ca. 250) sind sie mit einer Coffee Bar ausgestattet. Ein weiteres Merkmal der Filialen sind die großen Schaufenster, die mit der aktuellen Themenwelt dekoriert werden. Das Hauptkommunikationsmedium dieses Kanals ist der Prospekt, der in einer Auflage von ca. 1 Mio. wöchentlich in den Filialen ausliegt und die Artikel der aktuellen Themenwelt präsentiert. Zum Zeitpunkt der Untersuchung (2002) enthielten die Prospekte ein wöchentliches Fernsehprogramm sowie redaktionelle Tipps zum jeweiligen Thema. Die Artikel sind mit bestellfähigen Artikelnummern versehen, so dass Kunden auch über die angegebene Telefonnummer oder im Online-Shop bestellen können, falls die Artikel in der Filiale ausverkauft sind.

- Die **Depots im Lebensmitteleinzelhandel** (LS) befinden sich vor allem an Standorten, wo sich Investitionen in Filialen nicht lohnen (Außenbereiche von Städten, ländliche Gebiete etc.). Sie führen ein reduziertes Sortiment, das an die Größe und das Potenzial des Standortes angepasst ist. Die Ware wird in stark frequentierten Regalen platziert. Bei den Geschäften des Lebensmitteleinzelhandels handelt es sich um verschiedene Betriebstypen, von Supermärkten über Verbrauchermärkte bis hin zu den Food-Abteilungen in Warenhäusern (eher selten). In den Geschäften des Lebensmitteleinzelhandels besteht die Möglichkeit, auch andere Artikel als die des untersuchten Multi-Channel-Retailers zu kaufen. Diese Depots verfügen über kein eigenes Kommunikationsmedium.
- Die **Depots in den Bäckereien** (BS) bilden die Mehrheit der Depots. Sie sind an kleineren Standorten angesiedelt, an denen keine anderen stationären Formate vertreten sind, und sind teilweise auch mit einer Coffee Bar ausgestattet. Das Verkaufspersonal des Bäckers kann den Kunden beim Kauf beraten. Auch hier besteht die Möglichkeit, andere Artikel als die des untersuchten Multi-Channel-Retailers zu kaufen. Das Angebot der aktuellen Themenwelt wird in einem kanalspezifischen Prospekt präsentiert.

Im Distanzhandel ist die untersuchte Multi-Channel-Unternehmung mit dem Katalogversand und dem Online-Shop vertreten.

- Der **Katalog** (KT) erreicht Kunden auf dem Land und in anderen Gebieten, die stationär schlecht erschlossen sind. Bestellungen können telefonisch (kostenpflichtig, 24 Stunden pro Tag und 7 Tage pro Woche), per Brief oder per Fax aufgegeben werden. Pro Lieferung trägt der Kunde 3,95 Euro an Versandkosten. Die Lieferzeit beträgt ca. 1 Woche. Die Kataloge bündeln in der Regel vier „Themenwelten“ und werden monatlich an die bestehenden und potenziellen Kunden verschickt. Im Untersuchungsjahr 2002 wurden insgesamt ca. 76,9 Mio. Kataloge verschickt.

- Der **Online-Shop** (ON) bietet dasselbe Angebot zu denselben Konditionen wie der Katalog an. Die Internetseite ist, wie alle Kommunikationsmittel der Unternehmung, emotional (die Artikel sind in stimmungsvollen Bildern eingebettet), aber übersichtlich gestaltet. Auch für die Gestaltung der Seite gilt wie für das ganze Konzept das Ziel, dem Kunden das Einkaufen so einfach wie möglich zu machen. Zur Neukundengewinnung sowie Aktivierung bestehender Kunden wurden 2002 jede Woche 1,2 Mio. Newsletter verschickt.

2.3.2.3 Das Marketing-Konzept

Der Auftritt des Multi-Channel-Retailers in Deutschland kann als ein integriertes Mehrkanalsystem im Einzelhandel beschrieben werden, unter einer Geschäftsbezeichnung, mit zwei Kontaktprinzipien (Distanzhandel und stationärer Handel) und fünf Vermarktungskonzeptionen. Wie bereits beschrieben, hat die untersuchte Unternehmung in Deutschland fünf Kanäle: drei stationäre Kanäle und zwei Distanzkanäle. Die Kanäle werden unter einer Geschäftsbezeichnung geführt und sind weitgehend integriert. Gemeint ist nicht die organisatorische bzw. gesellschaftlich-rechtliche Integration (eine oder mehrere Unternehmungen), sondern die **Integration** und Vereinheitlichung derjenigen Elemente, die von den Kunden wahrgenommen werden.[93] Für die Kunden muss ersichtlich sein, dass die unterschiedlichen Kanäle zusammengehören. Diese Bedingung ist durch die weitgehend gleiche Ausgestaltung des Marketing-Mixes in allen Kanälen gegeben. Durch die Abstimmung und Verbindung von Prozessen und Funktionen zwischen den unterschiedlichen Kanälen entstehen für die Kunden nutzenstiftende Synergieeffekte.[94] Die weitgehende Integration der Kanäle ermöglicht es den Kunden, sich über ein Produkt in einem Kanal zu informieren und in einem anderen zu kaufen.

Wie sieht die Ausgestaltung des Handelsmarketing-Instrumentariums der untersuchten Unternehmung im Einzelnen aus?

[93] Vgl. bezüglich der beiden Variablen „Wahrnehmung der Zusammengehörigkeit der Kanäle“ und „Wahrnehmung der Integration von Prozessen und Funktionen“ Schramm-Klein (2003), S. 82 sowie zur Messung dieser Variablen für die untersuchten Multi-Channel-Retailer Schramm-Klein (2003), S. 223 ff.

[94] Vgl. Schögel (1997), S. 150 f.

1. **Sortimentspolitik:** Das Sortiment in den fünf Kanälen ist im Wesentlichen (Kernsortiment) deckungsgleich, wobei kleine Abweichungen möglich sind (siehe hierzu Abbildung 5). Produkte, die aufgrund ihrer physischen Eigenschaften besondere räumliche oder logistische Anforderungen stellen (z.B. Fernseher, Fahrräder, Möbel), bietet nur der Distanzhandel, sie werden aber auch im stationären Handel beworben.
2. **Preispolitik**: In den fünf Kanälen gelten einheitliche Preise.
3. **Verkaufsraumgestaltung**: In den verschiedenen Kanälen gelten einheitliche Gestaltungselemente, die aber dem Standort bzw. dem Kanaltyp angepasst werden können.
4. **Kommunikationspolitik** (außerhalb und innerhalb der Einkaufsstätte): Über alle Kanäle findet eine integrierte Kommunikation statt, mit einheitlichen Gestaltungselementen, aber den Gegebenheiten der Kanäle angepasst. Die Zusammengehörigkeit der Kanäle (durchgängiges Corporate Design) wird deutlich in allen Kanälen signalisiert und ist für den Kunden erkennbar.[95] Die Absatz- und Kommunikationskanäle des untersuchten Multi-Channel-Retailers sind in einem integrierten Kommunikationskonzept eingebettet: Die TV-Spots haben die Hauptaufgabe, ein Thema stimmungsvoll zu kommunizieren. Das Thema wird durch die Kommunikationsmedien der Kanäle sowie die Gestaltung und Kommunikation am POP (Laden- und ggf. Schaufensterdekoration) aufgegriffen und einheitlich umgesetzt, so dass ein hoher Wiedererkennungseffekt entsteht. Es findet auch kanalübergreifende Werbung statt, indem in einem Kanal auf die anderen Kanäle hingewiesen wird.
5. **Kundendienstpolitik** (z.B. Garantien, Rückgaberechte, Zahlungskonditionen): Auch die Kundendienstpolitik ist grundsätzlich gleich für alle Kanäle. Eine Anmerkung gilt der Retro-Distribution: Bei Rückgaben und Reklamationen nehmen die Filialen und die beiden Distanzkanäle alle Produkte zurück, unabhängig von dem Kanal, in dem sie gekauft wurden. Für die beiden Depot-Systeme gilt dies nicht. Hier wird nur die Ware zurückgenommen, die auch in diesem Kanal gekauft wurde. Dies liegt in den Eigentumsverhältnissen der Kanäle begründet. Während die Filialen und die beiden Distanzkanäle in Eigenregie geführt werden, verkaufen die Depot-Kanäle die Produkte auf Kommissionsbasis.

---

95 Zur Integrierten Kommunikation vgl. Scharmacher (2003), S. 18 ff.; Morschett (2002), S. 107 ff.

Mit seinem Absatzkanalkonzept zählt die untersuchte Unternehmung zu den erfolgreichsten Multi-Channel-Retailern in Deutschland. Sie tätigt ca. 15-20 Prozent ihres Non-Food-Umsatzes im Distanzhandel, wovon ca. 30 Prozent auf den Online-Shop entfallen. Andere Multi-Channel-Retailer können nicht auf ähnlich hohe Anteile verweisen.

Zusammenfassend kann das Untersuchungsobjekt wie folgt charakterisiert werden:

Gegenstand dieser Untersuchung ist ein <u>integriertes</u> Mehrkanalsystem im Einzelhandel, unter <u>einer</u> Geschäftsbezeichnung mit <u>mehreren</u> Kontaktprinzipien (zwei) und <u>mehreren</u> Vermarktungskonzepten (fünf).

3 Entwicklung eines Rahmens zur Erklärung des Kundenverhaltens im Multi-Channel-Retailing

Ziel dieses Kapitels ist die Konzeptualisierung eines Modells zur Erklärung des Kundenverhaltens im Multi-Channel-Retailing. Bevor dies im Kapitel 3.6 geschieht, gilt es, die Analyse des Kundenverhaltens im Multi-Channel-Retailing in einen theoretischen Kontext zu stellen. Den Ausgangspunkt der Überlegungen bilden Modelle zur Erklärung der Produkt- und Einkaufsstättenwahl sowie zum Informationsverhalten der Kunden. Anschließend wird ein Überblick über bestehende Untersuchungen zu dem Thema Multi-Channel-Retailing sowie aus benachbarten Forschungsfeldern gegeben und deren Nutzen für die vorliegende Untersuchung bewertet.

3.1 Überblick über Modellansätze zur Erklärung des Konsumentenverhaltens

In der Literatur trifft man auf verschiedene Begriffe wie „Kunde“, „Konsument“, „Käufer“, „Verbraucher“, „Shopper“ oder „Buyer“. Die vorliegende Untersuchung konzentriert sich auf das Verhalten der **Kunden** eines Multi-Channel-Retailers, d.h. derjenigen Personen, die mindestens einmal bei der betreffenden Unternehmung gekauft haben. Da die meisten Standardwerke wie z.B. TROMMSDORFF (2004) oder KROEBER-RIEL/WEINBERG (2003) vom „Konsumentenverhalten“ sprechen, werden wir diese Begrifflichkeit beibehalten, wenn allgemeine verhaltenswissenschaftliche Modelle dargestellt werden.

Ziel der vorliegenden Untersuchung ist die Erklärung des **Kundenverhaltens** im Multi-Channel-Retailing. Aus diesem Grund wird im Folgenden auch nur auf Untersuchungen eingegangen, die sich explizit mit dem Kundenverhalten auseinander setzen. Institutionenorientierte Ansätze zur Erklärung des Betriebsformenwandels, wie z.B. die Verdrängungs- oder Polarisierungstheorien, werden daher hier nicht betrachtet.[96] Aus der Vielzahl von Typologien zur Erklärung des Konsumentenverhaltens[97] wird für die vorliegende Arbeit auf die grundlegende Unterscheidung zwischen behavioristischen (SR-Modelle), neobehavioristischen (SOR-Modelle) und kognitiven Er-

---

96 Vgl. für einen Überblick sowie kritische Betrachtung dieser Ansätze u.a. Tietz (1993), S. 1318 ff. und Glöckner-Holme (1988), S. 60 ff.

97 Für einen Überblick über Strukturierungsansätze des Konsumentenverhaltens vgl. u.a. Bänsch (1998); Nieschlag/Dichtl/Hörschgen (1997).

klärungsansätzen des Konsumentenverhaltens zurückgegriffen.[98]

Behavioristische Modelle (auch Stimulus-Response-Modelle oder Black-Box-Modelle) beschränken sich in ihrer Analyse auf rein beobachtbare und direkt messbare Variablen des Konsumentenverhaltens und verzichten auf die Einbeziehung psychischer Prozesse. Das Verhalten der Menschen wird als Reaktion (z.B. Besuch einer Einkaufsstätte) auf beobachtbare Stimuli (z.B. Werbeanzeige) interpretiert. Fragen nach dem „Wie“ der Stimulusverarbeitung oder nach dem „Warum“ der Reaktion bleiben unberücksichtigt.

Die **neobehavioristischen Erklärungsansätze** (auch Stimulus-Organismus-Response-Modelle, SOR-, oder SIR-Modelle) beziehen in ihre Betrachtung des Konsumentenverhaltens auch intervenierende Variablen (so genannte hypothetische Konstrukte) ein, die nicht beobachtbar und nur indirekt über Indikatoren messbar sind. Damit wird versucht, die psychischen Prozesse, die im Organismus des Menschen ablaufen, zur Verknüpfung zwischen Stimuli und Reaktion heranzuziehen. So kann z.B. die Reaktion auf eine Werbeanzeige durch das Konstrukt „Einstellung“ erklärt werden. Zu den SOR-Modellen zählen auch *Systemmodelle*, die nach der Anzahl der berücksichtigten Variablen in partielle und in totale Modelle unterteilt werden können: Ein *Totalmodell* beabsichtigt die Erklärung des Konsumentenverhaltens unter Einbeziehung aller relevanten Variablen. Das führt zu hochkomplexen Aussagesystemen, die sich kaum empirisch bestätigen lassen. *Partialmodelle* bilden demgegenüber nur einen Ausschnitt der im Organismus ablaufenden Prozesse ab. Sie sind leichter empirisch überprüfbar und lassen die Herleitung konkreter Marketingmaßnahmen zu.

Kognitive Forschungsansätze sind aus den SOR-Modellen hervorgegangen. Die SOR-Modelle unterstellen, dass die intervenierenden Variablen die eingehenden Stimuli auf eine bestimmte Art verändern, ohne die differenzierten Informationsverarbeitungsprozesse beim Käufer detaillierter zu betrachten. Die kognitiven Forschungsansätze stellen auf Informationsverarbeitungsprozesse im Lang- und Kurzzeitgedächtnis des Konsumenten ab und beziehen kognitive, emotionale und motivationale Prozesse gleichermaßen ein.[99]

---

[98] Vgl. im Folgenden Kroeber-Riel/Weinberg (2003), S. 29 ff.; Meffert (1992a), S. 24 ff.; Trommsdorff (2004), S. 24 ff.

[99] Vgl. Meffert (2000), S. 99.

Auf einer anderen Betrachtungsebene können die **Determinanten des Konsumentenverhaltens** in intra- und interpersonale Determinanten eingeteilt werden. Die *interpersonalen Determinanten* ergeben sich aus der sozialen Abhängigkeit eines Konsumenten von seiner Umwelt und berücksichtigen den Einfluss von Kultur, sozialer Bezugsgruppe, Familie etc.[100] Diese Determinanten können für die Einkaufsstättenwahl relevant sein, doch es wird in der vorliegenden Untersuchung angesichts der Fokussierung auf die Entscheidung individueller Konsumenten auf ihre Analyse verzichtet. Zu den *intrapersonalen Determinanten* gehören aktivierende und kognitive Determinanten. Auf diese so genannten psychographischen Konsumentenmerkmale (auch Konstrukte oder O-Komponenten eines SOR-Modells genannt) wird in Kapitel 4.3 näher eingegangen. An dieser Stelle gilt es, einen ersten Überblick darüber zu geben, da die Mehrzahl der in den folgenden Kapiteln dargestellten Modelle darauf basiert. Die *aktivierenden Determinanten*, zu denen u.a. Emotionen, Involvement, Motive und Einstellungen zählen, treiben das Verhalten an. *Kognitive Determinanten*, wie z.B. Wahrnehmung und Lernen, beziehen sich auf die Vorgänge der Informationsaufnahme, -verarbeitung und -speicherung. Auch die aktivierenden Determinanten laufen mit Beteiligung kognitiver Vorgänge ab, die Zuordnung deutet lediglich auf die Dominanz einer der beiden Komponenten hin.[101] Zu den zeitstabileren Konstrukten, den so genannten Prädispositionen des Konsumentenverhaltens, zählen Werte und Persönlichkeit des Individuums.[102]

Im folgenden Kapitel sollen ausgewählte Modelle zur Erklärung der Produkt- und Einkaufsstättenwahl dargestellt werden.

3.2 Totalmodelle zur Erklärung der Produkt- und Einkaufsstättenwahl

Ziel der vorliegenden Untersuchung ist es, die Nutzung der Kanäle eines Multi-Channel-Retailers nicht nur als Kaufkanäle, sondern auch als Informationskanäle zu analysieren. Daher scheint es sinnvoll, sich als Erstes mit den Totalmodellen zu befassen, die das Konsumentenverhalten sowohl vor als auch nach dem Kauf berücksichtigen. Anzumerken ist, dass es sich bei diesen Modellen nicht um eine spezielle Theorie des Konsumentenverhaltens handelt, die einer empirischen Überprüfung unterzogen werden soll, sondern um den Versuch, die vielfältigen Faktoren, die das

100 Vgl. Meffert (1992a), S. 81.
101 Vgl. Kroeber-Riel/Weinberg (2003), S.49 ff.
102 Vgl. Meffert (1992a), S. 66.

Konsumentenverhalten beeinflussen können, überschaubar darzustellen.[103] Das kognitive Paradigma der Kaufverhaltenstheorie betrachtet Kaufentscheidungen als Problemlösungsprozesse mit mehreren Phasen. Fasst man die unterschiedlichen Ansätze von Phasenmodellen zur Einteilung des Kaufprozesses aus der Literatur zum Konsumentenverhalten zu einem allgemeinen Rahmen zusammen, dann können folgende vier Phasen unterschieden werden: die Informationsphase (vor dem Kauf), die Vereinbarungsphase (Kauf-Phase), die Abwicklungsphase und die After-Sales-Phase (nach dem Kauf eines Produkts oder einer Dienstleistung).[104]

Das bekannteste **Modell der Produktwahl** ist das allgemeine Strukturmodell der individuellen Kaufentscheidung von ENGEL, KOLLAT UND BLACKWELL (EKB). Im Folgenden soll beispielhaft dieses Modell dargestellt werden. Je nach Produktkategorie, persönlichen Merkmalen und situativen Faktoren durchläuft ein Käufer diese Phasen unterschiedlich intensiv. An dieser Stelle können nicht alle Erkenntnisse zum Kaufentscheidungsprozess aus der Marketingliteratur aufgeführt werden, da dies den Rahmen sprengen würde. Wir beschränken uns darauf, die Prozessphasen überblickartig darzustellen, und weisen an den entsprechenden Stellen auf die Standardwerke hin. Im Idealfall eines extensiven Entscheidungsprozesses können folgende Modellphasen unterschieden werden:[105]

1. Problemerkennung (Bewusstwerden eines Bedürfnisses),
2. Informationssuche und -verarbeitung,[106]
3. Alternativenbewertung,
4. Kaufentscheidung und
5. Nachkauf-Bewertung.

1. Der Prozess beginnt mit der **Problemerkennung** (Bewusstwerden eines Bedürfnisses). Ein Bedürfnis entsteht, wenn der Konsument eine Diskrepanz zwischen dem aktuellen und dem als ideal empfundenen Zustand wahrnimmt. Überschreitet dieser Mangelzustand eine bestimmte Hemmschwelle, kommt es zur Aktivierung von Motiven und der Entscheidungsprozess wird in Gang gesetzt. Das Bewusstwerden eines Bedürfnisses kann sowohl durch externe Stimuli (z.B. Wahrnehmung einer Anzeige für DVD-Player) erfolgen als auch vom Konsumenten selbst ausgehen (z.B. Bedürf-

---

[103] Vgl. Engel/Blackwell/Miniard (1995), S. 143; Lusch/Dunne/Gable (1990), S. 128.
[104] Vgl. Korb (2000), S. 35 f. und die dort angegebenen Quellen.
[105] Vgl. Engel/Blackwell/Miniard (1995), S. 146 ff.
[106] Engel/Blackwell/Miniard (1995) teilen die Phase 2 aus didaktischen Gründen in zwei unterschiedliche Phasen, weisen aber darauf hin, dass diese parallel durchlaufen werden.

nis, sich einen DVD-Player anzuschaffen).

2. Anschließend beginnt die **Suche und Verarbeitung von Informationen**. Die Fragen, die der potenzielle Käufer zu beantworten hat, lauten: Welche Produktalternativen gibt es, worin unterscheiden sie sich, welche Merkmale sind (weniger) wichtig, wo sind Informationen erhältlich, wo kann das gewünschte Produkt gekauft werden?

3. Die **Bewertung der zur Auswahl stehenden Produkte** (Hersteller, Marken etc.) erfolgt nach bestimmten Bewertungskriterien in Abhängigkeit von den Bedürfnissen und Motiven der Konsumenten.

4. In der **Kaufentscheidung**sphase wird entschieden, welche Produktalternative gekauft werden soll, und die Transaktion findet statt. Um eine Kaufentscheidung zu treffen, können unterschiedliche Auswahl- und Entscheidungsregeln oder Entscheidungsheuristiken angewandt werden. Wichtig hierbei ist, ob der Konsument sich mit einer befriedigenden Lösung (Minimallösung) zufrieden gibt oder ob er nach der optimalen Lösung sucht.[107]

5. Nach dem Kauf hat der Käufer Erfahrungen mit dem Produkt und der Marke gesammelt, die er zu einer **nachträglichen Bewertung** verarbeitet. Dazu gleicht er seine Erwartungen mit seinen Erfahrungen ab. Das Ergebnis ist ein Zufriedenheitsurteil (Zufriedenheit oder Unzufriedenheit), das er zukünftig bei ähnlichen Entscheidungen berücksichtigt.

Die Käuferverhaltensforschung hat, mit wenigen Ausnahmen, die Entscheidungen der Konsumenten über Produktwahl und Einkaufsstättenwahl weitgehend getrennt behandelt. Die Einkaufsstättenwahl der Konsumenten kann als „die Auswahl einer spezifischen Geschäftsalternative aus einem Set von verfügbaren Alternativen in einer spezifischen Entscheidungssituation" verstanden werden.[108] Die meisten Modelle, welche die **Wahl einer Einkaufsstätte** und das Produktwahlverhalten innerhalb der Einkaufsstätte erklären, haben sich an dem EKB-Phasenmodell orientiert. Dazu zählen u.a. die Modelle von HEINEMANN (1976), LUSCH/DUNNE/GABLE (1990), SCHMITZ/KÖLZER (1996) und LEVY/WEITZ (2001). Im Folgenden soll ein Überblick über die Phasen des Modells von HEINEMANN (1976) gegeben werden:[109]

1. Der Prozess beginnt mit dem **Erkennen eines Einkaufsanlasses**: Einkaufsanlässe sind nicht nur produktbezogen (wie in dem EKB-Modell dargestellt), sondern kön-

---

[107] Vgl. zu einem Überblick über Entscheidungsregeln u.a. Sheth/Raju (1979), S. 147 ff., Sheth (1983), S. 14 f., Kroeber-Riel/Weinberg (2003), S. 377 ff.; Trommsdorff (2004), S. 307 ff.; Engel/Blackwell/Miniard (1995), S. 206 ff.

[108] Thelen/Woodside (1996), S. 342.

[109] Vgl. Heinemann (1976), S. 111 ff. Ähnlich aufgebaut sind die Modelle von Lusch/Dunne/Gable (1990) und Schmitz/Kölzer (1996).

nen auch einkaufsstättenbezogen sowie davon unabhängig sein. Einkaufsstättenbezogene Einkaufsanlässe treten z.B. auf, wenn der Konsument eine neue Einkaufsstätte kennen lernen oder sich über das derzeitige Angebot einer bestimmten Einkaufsstätte informieren möchte. Darüber hinaus kann der Einkaufsgang selbst (Einkaufsbummel) zum Motiv werden, das den Konsumenten zum Aufsuchen einer Einkaufsstätte veranlasst. In den letzten beiden Fällen besteht ein Einkaufsanlass auch ohne dass ein Produktbedarf besteht.

2. **Suche nach Einkaufsstätten-Alternativen:** Wird dem Konsumenten ein Einkaufsanlass, bewusst und verfügt er über keine Erfahrungen in dem Bereich, setzt die Alternativensuche ein. Sie umfasst alle mentalen Prozesse und physischen Aktivitäten, durch die sich der Konsument Informationen über mögliche Handlungsalternativen (hier Einkaufsstätten) verschafft. Die Suchaktivitäten sind allein auf die Feststellung der vorhandenen Alternativen gerichtet. Der Output dieser Phase ist ein Set von Einkaufsstätten-Alternativen, die in der nächsten Phase bewertet werden.

3. **Bewertung der Einkaufsstätten-Alternativen:** Die Alternativenbewertung wird als der Prozess definiert, durch den die Alternativen im Hinblick auf die Bedürfnisse der abwägenden Person beurteilt und ausgewählt werden. Der Bewertungsprozess durchläuft idealerweise die Schritte: Festlegung der Beurteilungskriterien, Bestimmung der wahrgenommenen Kriterienwerte für alle zur Wahl stehenden Alternativen und anschließend Vergleich der Alternativen. Diese Phase ist durch die Konstrukte Bedürfnisse, Einstellungen und Werte geprägt.

4. **Auswahl und Kontaktieren einer Einkaufsstätte:** Die Einkaufsstätten-Alternativen wurden in der vorherigen Phase bewertet. In dieser Phase geht es darum, mehrere akzeptable Alternativen in eine Reihenfolge zu bringen und eine Entscheidung darüber zu treffen, welche Einkaufsstätte besucht werden soll. Anschließend wird die Einkaufsstätte aufgesucht, entweder um Informationen einzuholen oder um einen Kauf zu tätigen.

5. **Nachträgliche Bewertung der Einkaufsstätte:** Nach dem Besuch der Einkaufsstätte und dem Kauf bzw. Nichtkauf hat der Konsument Erfahrungen mit der Einkaufsstätte gesammelt, die er zu einer nachträglichen Bewertung kognitiv verarbeitet. Dazu stellt er seine Erwartungen vor der Kontaktaufnahme seinen Erfahrungen danach gegenüber. Das Ergebnis ist ein Zufriedenheitsurteil (positiv/negativ), das er zukünftig bei ähnlichen Entscheidungen berücksichtigt. Im Zusammenhang mit der nachträglichen Bewertung von Entscheidungen wie der Einkaufsstättenwahl oder dem Kauf eines Produkts spielt die Theorie „kognitiver Dissonanzen“ eine wichtige Rolle. Kognitive Dissonanzen treten dann auf, wenn der Konsument sich bewusst ist,

dass die nicht gewählten Alternativen auch wünschenswerte Eigenschaften besitzen.[110]

Beide dargestellten Entscheidungsprozesse sind idealtypisch. Sie kommen nur im Falle einer innovativen Entscheidung vor, wenn ausgedehnte Such- und Bewertungsvorgänge vor und nach der Entscheidungsfindung stattfinden. Diese Phasen werden u.a. in Abhängigkeit von der Produktkategorie, den persönlichen Merkmalen, den Einkaufsstätten-Eigenschaften und den situativen Faktoren unterschiedlich intensiv durchlaufen. In jeder Phase können Rückkopplungen erfolgen.

Im Modell von LEVY UND WEITZ (2001) werden die Phasen des EKB-Modells zweimal durchlaufen, einmal um die Einkaufsstätte auszuwählen, und ein zweites Mal, um das Produkt bzw. die Marke auszuwählen.[111] Auch wenn der Phasenablauf sequentiell dargestellt ist, so kann es zwischen den beiden Teilmodellen (Einkaufsstättenauswahl und Produktauswahl) Rückkopplungen geben.

Totalmodelle, die versuchen, das Konsumentenverhalten unter Einbeziehung möglichst aller relevanten Variablen in allen denkbaren Situationen zu erklären, lassen sich empirisch nicht überprüfen. Die dargestellten Zusammenhänge können nur ansatzweise empirisch überprüft werden und sind nur bedingt geeignet, konkrete Handlungsempfehlungen abzuleiten.[112] Ihr Erkenntnisbeitrag liegt in der Darstellung der Zusammenhänge und der möglichen Determinanten der Einkaufstättenwahl begründet. Einige der dargestellten Erklärungsvariablen werden im Rahmen der im Kapitel 3.4 dargestellten Partialmodelle empirisch überprüft.

Die Prozesse der Einkaufsstättenwahl können auf den Fall der Kundenentscheidung im Multi-Channel-Retailing übertragen werden. Dabei ist zu berücksichtigen, dass die Entscheidung drei Komponenten aufweist: die nachgefragte Leistung (Produkte), den Händler und den Kanal. Für die vorliegende Untersuchung wird davon ausgegangen, dass die Entscheidung für den Einzelhändler gefallen ist und nun die Entscheidung über den Kanal ansteht. Die Kanäle können, je nach der Phase im Entscheidungsprozess, in der sich der Konsument befindet, auf unterschiedliche Weise benutzt werden: Zum einen können sie von den Kunden als Kommunikations- und Informationsmedien genutzt werden (z.B. Recherche im Online-Shop oder alternativ der Be-

---

110 vgl. Lusch/Dunne/Gable (1990), S. 151; Heinemann (1976), S. 220.
111 Vgl. Levy/Weitz (2001), S. 142.
112 Vgl. Meffert (1992a), S. 28.

such einer Filiale des Multi-Channel-Retailers, um sich über die Eigenschaften eines bestimmten Artikels zu informieren). Zum anderen können die Kanäle als Transaktionsmedium zum Kauf oder zum Umtausch bzw. zur Rückgabe nach dem Kauf genutzt werden.

3.3 Das Informations- und Kaufentscheidungsverhalten der Konsumenten

Informationsprozesse finden in allen Phasen des Kaufprozesses statt: vor, während und nach dem Kauf. Vor dem Kauf und während des Kaufs unterstützen sie die Kaufentscheidung, nach dem Kauf werden sie im Zusammenhang mit dem Kaufergebnis benötigt: Bestätigung des Kaufs, Beseitigung von Unzufriedenheit und kognitiver Dissonanz, Hilfen beim Umtausch etc. Daher widmet sich dieses Kapitel dem Informationsverhalten und seinen Determinanten. Umfang und Intensität des Informationsverhaltens sind eng verbunden mit der Art des Entscheidungsprozesses, den der Kunde durchläuft. Daher werden als Erstes unterschiedliche Kaufentscheidungstypen dargestellt.

3.3.1 Kaufentscheidungstypen

Einen Überblick über die verschiedenen Systematiken von Kaufentscheidungen bieten KUSS (1987), MEFFERT (1992), BÄNSCH (1998), TROMMSDORFF (2004) und KROEBER-RIEL/WEINBERG (2003). Die bekannteste Systematik geht auf KATONA/HOWARD/SHETH zurück: extensive, limitierte, habitualisierte und impulsive Entscheidungen.[113] KROEBER-RIEL/WEINBERG (2003) charakterisieren die vier Entscheidungstypen aufgrund der Verknüpfung von kognitiven und emotionalen Prozessen im Rahmen der Entscheidungsfindung (s. Abbildung 6).[114] Die dominanten psychischen Prozesse, die den Entscheidungsprozess steuern, werden wie folgt definiert:

- emotional: die Aktivierung, die die Entscheidung begleitet und steuert
- kognitiv: die gedankliche Steuerung der Kaufentscheidung
- reaktiv: das automatische Reagieren auf Reize in der Handlungssituation.

---

[113] Vgl. Kuß/Tomczak (2000), S. 93.
[114] Vgl. Kroeber-Riel/Weinberg (2003), S. 370.

Art der Entscheidung	Dominante Prozesse		
	emotional	kognitiv	reaktiv
extensiv	X	X	
limitiert		X	
habitualisiert			X
impulsiv	X		X

Abbildung 6: Dominante psychische Prozesse und Entscheidungsverhalten
Quelle: Kroeber-Riel/Weinberg (2003), S. 370

TROMMSDORFF (2004) systematisiert die Käufe nach der Informationsverarbeitung beim Kauf. Als Extremwerte des Spektrums der kaufbedingten Informationsverarbeitungsmenge sieht er den Involvementkauf, der der extensiven Kaufentscheidung in der Systematik von KATONA/HOWARD/SHETH entspricht, und den Impulskauf.[115] Abbildung 7 gibt den Zusammenhang zwischen der Art der Entscheidung und den wichtigsten kognitiven Prozessen wieder.

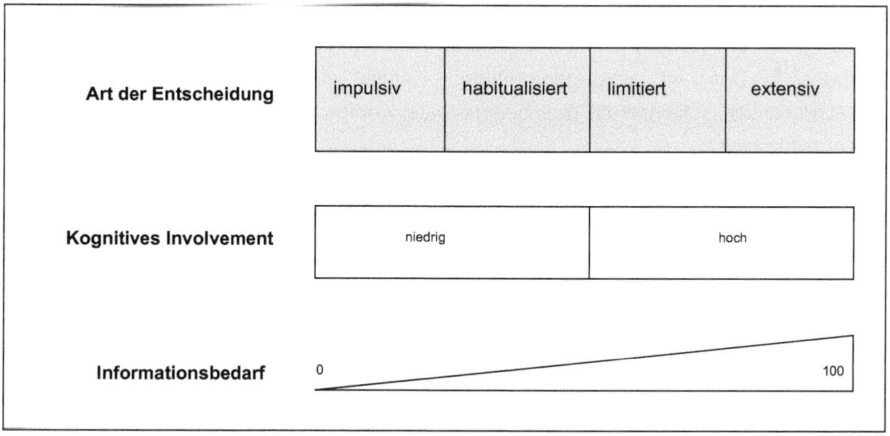

Abbildung 7: Kaufentscheidungen und kognitive Prozesse
Quelle: eigene Erstellung in Anlehnung an Kuß (1987), S. 27, Trommsdorff (2004), S. 319 und Kroeber-Riel/Weinberg (2003), S. 373

115 Vgl. Trommsdorff (2004), S. 319 ff.

Extensive Entscheidungen

Extensive Kaufentscheidungen, auch „echte Entscheidungen", „Suchkauf" oder „meinungskontrollierter Wahlmechanismus" genannt, dominieren in für den Käufer neuartigen Entscheidungssituationen. Das mag der Kauf eines Autos, eines DVD-Players oder eines Weines sein, mit dem er Gäste bewirten will, oder der Kauf anderer Produkte und Dienstleistungen, die teuer sind und bei denen ein hohes Kaufrisiko empfunden wird.[116] Charakteristisch für diese Entscheidungen sind ein hoher Informationsbedarf, ein hohes wahrgenommenes Kaufrisiko, ein hohes Involvement, eine lange Entscheidungsdauer und eine hohe kognitive Steuerung.[117]

Der extensive Entscheidungsprozess wird gedanklich gesteuert, da der Käufer wenig über bewährte Entscheidungsmuster verfügt, auf die er zurückgreifen kann. Damit eine kognitive Auseinandersetzung mit dem Entscheidungsobjekt stattfindet, bedarf die kognitive Steuerung einer emotionalen Schubkraft. Extensive Kaufentscheidungen werden in der Regel nicht reaktiv vollzogen, da zwischen der Stimuluswahrnehmung und der Kaufhandlung ein extensiver Informationsverarbeitungsprozess stattfindet.[118] Das im vorangegangenen Kapitel dargestellte Modell von ENGEL/BLACKWELL/MINIARD ist das bekannteste Kaufprozessmodell für eine extensive Kaufsituation.

Im Falle eines extensiven Kaufprozesses werden in der Regel komplexere Entscheidungsregeln angewandt. Sie sind dann erforderlich, wenn das Individuum über die Konsequenzen seiner Entscheidung nur unvollkommene Informationen besitzt (z.B. wenn ihm Produkte unbekannt sind) und/oder wenn mehrere Ziele angestrebt werden, die einen Konflikt auslösen. Solche motivationalen Konflikte können bei der Beurteilung der positiven und negativen Eigenschaften der Produkt-Alternativen entstehen.[119]

Limitierte Entscheidungen

Limitierte Kaufentscheidungen treten normalerweise dann auf, wenn es sich weder um neuartige noch um schwierige Entscheidungssituationen handelt. Limitierte Kaufentscheidungen werden ebenso wie die extensiven Kaufentscheidungen kognitiv ge-

---

116 Vgl. Sheth/Raju (1979), S. 150.
117 Vgl. Engel/Blackwell/Miniard (1995), S. 156.
118 Vgl. Kroeber-Riel/Weinberg (2003), S. 370 ff.
119 Vgl. zu einem Überblick über Entscheidungsregeln u.a. Sheth/Raju (1979), S. 147 ff., Sheth (1983), S. 14 f.; Kroeber-Riel/Weinberg (2003), S. 377 ff.; Trommsdorff (2004), S. 307 ff.; Engel/Blackwell/Miniard (1995), S. 206 ff.

steuert, d.h., sie werden geplant und überlegt gefällt, der Käufer kann aber auf Wissen und Erfahrung zurückgreifen die er vor allem mit bisherigen Problemlösungstechniken, Entscheidungskriterien, Produkten und Einkaufsstätten erworben hat. Dies bedeutet eine kognitive Entlastung gegenüber der extensiven Kaufentscheidung. Daher spielen die emotionalen und reaktiven Prozesse (im Vergleich zu den kognitiven Prozessen) auch eine untergeordnete Rolle.[120] Der Kaufentscheidungsprozess durchläuft bei einer limitierten Kaufentscheidung die gleichen Phasen wie im Falle einer extensiven Kaufentscheidung. Dadurch, dass dem Konsumenten aus früheren Einkaufssituationen Produkte und Geschäfte (Einkaufsstätten) sowie Kanäle eines Mehrkanalsystems bekannt sind, verkürzt sich aber der kognitive Aufwand und dadurch die Gesamtdauer des Kaufentscheidungsprozesses. Bei der Informationssuche greift der Käufer in erster Linie auf intern gespeicherte Informationen zurück und er konzentriert sich auf das präferierte „evoked set“[121]. Erst wenn die gespeicherten Informationen für eine Kaufentscheidung nicht ausreichen, wird er nach externen Informationen suchen.[122]

Habitualisierte Entscheidungen

Auch bei habitualisierten Kaufentscheidungen greift der Käufer auf bewährte Verhaltensweisen aus gleichen oder ähnlichen Einkaufsanlässen zurück. Der Informationsbedarf ist geringer, die Geschwindigkeit der Informationsverarbeitung höher als bei einer limitierten Kaufentscheidung. Habitualisierte Kaufentscheidungen (auch „Gewohnheitskauf“ genannt) werden meistens von reaktiven Prozessen gesteuert und erfolgen ohne eine nennenswerte kognitive Informationsverarbeitung.[123] Die Entlastung entsteht vor allem durch Treue gegenüber Einkaufsstätten und gegenüber Marken. Je mehr sich der Käufer an eine Einkaufsstätte oder an eine Marke bindet, desto weniger wird und muss er sich mit anderen Wahlmöglichkeiten auseinander setzen. Seine Entscheidung ist insoweit keine kognitive, sondern die automatische Reaktion bei einem bestimmten Bedarf. Da bei habitualisierten Kaufentscheidungen auf bewährte Entscheidungen zurückgegriffen wird, beinhaltet das „evoked set“ in dieser Situation nur eine Einkaufsstätte. So wird nach der Problemerkennung (z.B. Auffüllen des Getränkevorrats) automatisch ein bestimmtes Geschäft bzw. ein bestimmter Kanal aufgesucht.

---

120 Vgl. Kroeber-Riel/Weinberg (2003), S. 384 ff.

121 In der Literatur werden als synonym zum Begriff „evoked set“ noch die Begriffe „consideration set“ oder „relevant set“ genutzt (vgl. Spiggle/Sevall (1987), S. 99 ff., Crowley/Williams (1991), S. 780; Bruhn/Homburg (2004), S. 240 und 130).

122 Vgl. Heinemann (1976), S. 243 f.

123 Vgl. Kroeber-Riel/Weinberg (2003), S. 400 ff.

Impulsive Entscheidungen

Impulsives Entscheidungsverhalten wird definiert als ein unmittelbar reizgesteuertes Entscheidungsverhalten, das in der Regel von Emotionen begleitet wird und ohne eine nennenswerte kognitive Informationsverarbeitung abläuft.[124] Impulsive Kaufentscheidungen entstehen unerwartet und schnell, lösen unmittelbares Verhalten aus und überlagern Bedenken hinsichtlich möglicher negativer Konsequenzen (z.B. finanzielle Belastung, Produktmängel etc.) des Kaufs.[125] Die den Kauf auslösenden Impulse (meistens externe Reize am POP, aber auch interne Impulse) werden zwar als Informationen verarbeitet, aber nicht intensiv und auch nicht bewusst.[126]

Impulskäufe dürfen nicht mit ungeplanten Käufen gleichgesetzt werden. Gerade der Aspekt der kognitiven Kontrolle macht den Unterschied deutlich: Bei ungeplanten Käufen findet eine kognitiv gesteuerte Informationsverarbeitung und Entscheidungsfindung statt, beim Impulskauf sind kognitive Vorgänge weitgehend ausgeschlossen.[127] Anders ausgedrückt: Ein Impulskauf ist immer ungeplant, ein ungeplanter Kauf ist aber nicht immer ein Impulskauf. Erinnern z.B. Reize am POP den Käufer an benötigte, aber nicht geplante Produkte und ist der ungeplante Kauf kognitiv gesteuert, dann handelt es sich nicht um einen Impulskauf. Das Gleiche gilt für den Fall, dass der Käufer sich vornimmt, etwas zu kaufen, aber nicht festlegt, was. Dadurch, dass der Kauf kognitiv gesteuert ist, handelt es sich im Falle dieses „geplanten Impulskaufes" nicht um einen echten Impulskauf.[128]

Für die Begegnung mit einem Mehrkanalsystem stellt sich die Frage, inwieweit der Kauf in einem Kanal auf ein impulsives Verhalten zurückzuführen ist. Bei einer impulsiven Kaufentscheidung entscheidet sich der Käufer spontan für die Nutzung einer Einkaufsstätte bzw. eines Kanals eines Mehrkanalsystems abhängig von der auf ihn einwirkenden Reizkonstellation: So kann z.B. ein schön dekoriertes Schaufenster den Kunden dazu „verführen", ins Geschäft zu gehen und das Produkt zu kaufen (auch wenn er sonst immer diesen Artikel im Katalogversand kauft). Befindet man sich bereits in einem stationären Geschäft, können die Umweltstimuli in dem Laden den Kunden dazu verleiten, sich diesem Impuls hinzugeben, das Produkt, das ihm gefällt, zu nehmen, zur Kasse zu gehen und zu bezahlen. Ähnliche Impulse sind auch in den Kanälen des Distanzhandels denkbar, beim Blättern in einem Katalog

---

124 Vgl. Kroeber-Riel/Weinberg (2003), S. 398 ff.; Sheth/Raju (1979), S. 149.
125 Vgl. Rook (1987), S. 193 ff.
126 Vgl. Trommsdorff (2004), S. 322 ff.
127 Vgl. Kroeber-Riel/Weinberg (2003), S. 409 f.
128 Vgl. Kroeber-Riel/Weinberg (2003), S. 410 f.; Schröder (2005), S. 113.

oder beim Browsen in einem Online-Shop. Nur dürfte der Bestellvorgang in der Regel aufwändiger, komplizierter und länger sein als der Bezahlvorgang im Ladengeschäft. Das Kaufverhalten ist in seiner ganzen Länge nicht mehr schnell, zieht keinen unmittelbaren Kauf nach sich und lässt Zeit für Bedenken, insbesondere bei den mit kognitiver Steuerung begleiteten Bestellvorgängen (schriftlich, telefonisch).

Zusammenfassend kann festgehalten werden, dass ein Käufer in Abhängigkeit vom Kaufentscheidungstyp (extensiv, limitiert, habitualisiert oder impulsiv) die Phasen eines Kaufprozesses unterschiedlich intensiv durchläuft. Auch das Informationsverhalten der Käufer hängt davon ab.

3.3.2 Das Informationsverhalten der Konsumenten

3.3.2.1 Überblick

Unter Informationsverhalten werden alle Vorgänge bezeichnet, die Antworten auf die Frage liefern: „Wer (Person, Gruppe) sucht welche Information (Informationsart), wo (Informationsquellen), wann und wie lange (Phase im Kaufprozess), mit wem (Beteiligte), warum (Bestimmungsgründe der Informationsaufnahme), wie (Ablauf der Informationsaktivitäten), bei welchen Produkten?“[129] Betrachtet man ein Mehrkanalsystem im Einzelhandel, lässt sich die Frage spezifizieren: „Wie viele und welche Kanäle nutzen die Kunden aus welchen Gründen, um sich vor, während und nach dem Kauf zu informieren?“

Unter den Konsumentenforschern herrscht die einheitliche Auffassung, dass das Informationsverhalten als Ablauf eines Prozesses zu interpretieren ist, auch wenn keine Einigung über die Anzahl und Reihenfolge der Phasen dieses Prozesses besteht.[130] Silberer (1981) unterscheidet fünf Phasen des Informationsverhaltens: der Informationsbedarf, die Informationsbeschaffung, die Informationsverarbeitung, die Informationsspeicherung sowie die Informationsweitergabe.[131] Dieses bewusste, kognitiv gesteuerte Informationsverhalten charakterisiert die extensiven und u.U. auch limitierten Kaufentscheidungen. Es gibt aber auch Kaufentscheidungen, bei denen kein bzw. kaum ein Informationsbedarf besteht. Im Folgenden sollen diese Phasen des Informationsverhaltens kurz besprochen werden, bevor in Kapitel 3.3.2.2 auf

---

129 Vgl. Meffert (1979), S. 39.
130 Vgl. Meffert (1979), S. 40.
131 Vgl. Silberer (1981), S. 28 ff.; Roßmanith (2001), S. 27 ff.

die Informationsbeschaffung tiefer eingegangen wird.

Der subjektive **Informationsbedarf** ist der Auslöser des Informationsprozesses. Darunter versteht man die Gesamtheit jener Informationen, spezifiziert nach Art, Menge und Qualität, die der Entscheider will bzw. benötigt, um innerhalb eines bestimmten Zeitraums sein Handlungsziel zu erfüllen.[132] Der Informationsbedarf kann sich sowohl auf die Ermittlung der Entscheidungsalternativen (welche Produkte gibt es überhaupt?) als auch auf Informationen zur Beurteilung der Alternativen beziehen. Ein Informationsbedarf kann sowohl „memory-based" als auch „stimuli-based" entstehen.[133] Der Informationsbedarf bedingt die Stärke der Informationsaktivitäten und gilt daher als zentrale Determinante des Informationsbeschaffungsverhaltens und der Mediennutzung.[134]

Die **Informationsbeschaffung** dient der Deckung des vom Käufer in einer Entscheidungssituation subjektiv wahrgenommenen Informationsbedarfs und bezeichnet alle Handlungen zur Gewinnung von Informationen. Dazu zählen hauptsächlich die *Informationssuche* und *Informationsaufnahme*. Im folgenden Kapitel wird auf diesen (für die vorliegende Untersuchung) Hauptaspekt des Informationsverhaltens genauer eingegangen.

Die **Informationsverarbeitung** und **-speicherung** findet im Gehirn statt. Zur Erklärung der kognitiven Prozesse bei der Informationsaufnahme, der gedanklichen Verarbeitung und der Speicherung von Informationen werden die unterschiedlichen Gedächtniskomponenten (in Analogie zur maschinellen Datenverarbeitung) in einem Drei-Speicher-Modell dargestellt: Die durch das Auge und andere Sinnesorgane aufgenommenen Reize/Informationen werden quasi automatisch für sehr kurze Zeit in dem *Ultrakurzzeitspeicher*, auch sensorischer Informationsspeicher genannt (SIS), gespeichert. Die eigentliche Informationsverarbeitung findet im *Kurzzeitspeicher* (KZS) statt. Der KZS trifft eine Auswahl der Reize aus dem SIS, entschlüsselt und interpretiert diese Reize und wandelt sie in gedanklich verarbeitete Informationen um. Während dieses Verarbeitungsprozesses greift der KZS auf Informationen früherer Erfahrungen zurück, die sich im Langzeitspeicher (LZS) befinden. Die Informationen im KZS werden entweder memoriert (d.h., sie verbleiben im KZS oder gehen in den LZS über) oder werden nach einigen Sekunden gelöscht. Der *Langzeitspeicher*

---

132 Vgl. Gerhard (1995), S. 87.
133 Vgl. Lynch/Srull (1982), S. 19.
134 Vgl. Swoboda (1996), S. 61.

bildet das eigentliche Gedächtnis des Menschen. Hier werden bereits verarbeitete und zu kognitiven Einheiten organisierte Informationen langfristig gespeichert.[135]

Die **Informationsweitergabe** beinhaltet die Weitergabe von aufgenommenen Informationen an Dritte und ist für Entscheidungen unter Beteiligung mehrerer Personen relevant.

3.3.2.2 Inhalt und Umfang der Informationsbeschaffung

Die **Informationsbeschaffung** bezeichnet alle mentalen Prozesse und physischen Aktivitäten, durch die sich der Käufer Informationen über den Beurteilungsgegenstand sowie über mögliche Handlungsalternativen (wie z.B. Produkte, Einkaufsstätten, Kanäle, Händler etc.) verschafft.[136] Die Informationsbeschaffung wird nach den genutzten Informationsquellen in eine interne und eine externe Informationssuche und aufnahme unterteilt. Die interne Informationsaufnahme basiert auf Informationen, die im Gedächtnis gespeichert sind (entweder gelernt aus früheren ähnlichen Entscheidungssituationen oder auf Basis früherer Informationsverarbeitung). Werden diese Informationen benötigt, dann werden sie aus dem Langzeitspeicher (LZS) in den Kurzzeitspeicher (KZS) übernommen und für die aktuelle Entscheidungssituation verarbeitet. Im Rahmen der externen Informationssuche greift der Käufer auf unterschiedliche Quellen zu. Diese lassen sich in neutrale Quellen (z.B. Fachzeitschriften, Internet-Foren etc.), soziale Quellen (z.B. Urteile von Freunden und Bekannten, Familienmitglieder etc.) und unternehmenskontrollierte Quellen unterteilen.[137] Ein Multi-Channel-Retailer bietet seinen Kunden eine Vielzahl an möglichen unternehmenskontrollierten Informationsquellen an:

1. **Kanalübergreifende Kommunikationsmaßnahmen** wie TV-, Print- oder Plakat-Werbung, PR-Maßnahmen etc.
2. **Kanalspezifische Kommunikation**: Dazu zählen im Falle des stationären Kanals: die Gestaltung des Schaufensters, die Warenpräsentation im Laden, das Verkaufspersonal oder die Prospekte, die im Laden ausliegen. Im Falle des Online-Shops: die Gestaltung des Shops, Banner und andere Online-Kommunikationsmittel. Für den Katalogversand kann es z.B. der Katalog selbst sein oder die telefonische Beratungshotline.

---

[135] Vgl. Kroeber-Riel/Weinberg (2003), S. 225 ff.; Meffert (1992a), S. 108 f; Trommsdorff (2004), S. 251 ff.

[136] Vgl. Heinemann (1976), S. 146 f.

[137] Vgl. Gerhard (1995), S. 89 f.; Heinemann (1976), S. 146 f.

Sowohl die interne als auch die externe Informationssuche und -aufnahme können nach ihrer Zielgerichtheit in ein aktives Erinnern bzw. Suchen (zielgerichtet) und ein absichtsloses Erinnern bzw. Übernehmen (ungezielte Suche) unterteilt werden.[138] Während die aktive Informationsaufnahme ein bewusster, zielgerichteter Akt ist, erfolgt sie bei der absichtslosen Aufnahme eher passiv und zufällig. Ob die Informationsbeschaffung schwerpunktmäßig auf dem eigenen Gedächtnis basiert oder auf der Nutzung externer Informationsquellen, ob sie aktiv oder absichtslos stattfindet, hängt von den aktivierenden und kognitiven Determinanten des Informationsverhaltens ab. Aktivierende Vorgänge dienen als Antriebskräfte der Informationssuche, während kognitive Prozesse die Suchstrategien umfassen, nach denen Käufer Informationsquellen bzw. Informationen auswählen.[139] Im Zusammenhang mit der Nutzung des Internets als Informationsmedium wird das Surfverhalten in Abhängigkeit von der gezielten bzw. ungezielten Informationsaufnahme als „Searching“ bzw. „Browsing“ bezeichnet.[140] Die absichtslose Informationsaufnahme wird durch Kommunikationsmaßnahmen der Anbieter (insbesondere durch Werbung) und durch persönliche Kommunikation ausgelöst.[141]

Die verschiedenen Absatzkanäle und Kommunikationsmedien des Multi-Channel-Retailers können auf unterschiedliche Weise zur Informationsaufnahme dienen.

- Beispiel für **interne Informationsaufnahme**: Der Käufer erinnert sich bewusst oder absichtslos an eine Information, die er vor einiger Zeit in einem Kommunikationsmedium/-kanal des Multi-Channel-Händlers aufgenommen hat (z.B. an eine Anzeige in einer Zeitschrift oder ein Bild im Katalog).
- Beispiel für eine **aktive, externe Informationsaufnahme**: Der Käufer sucht von zu Hause aus nach Informationen über ein bestimmtes Produkt im Online-Shop, im Katalog oder ruft die telefonische Hotline an. Er kann auch in ein stationäres Geschäft des Multi-Channel-Retailers gehen und sich beim Verkaufspersonal über ein Produkt informieren, er kann sich das Produkt im Schaufenster oder im Regal anschauen und evtl. auch (aus)probieren.
- Beispiel für eine **passive, externe Informationsaufnahme**: Der Käufer nimmt eine Werbung (TV-Spot, Print-Anzeige, City-Light etc.) des Multi-Channel-Retailers über ein bestimmtes Produkt wahr. Oder er stößt auf eine Anzeige des Retailers oder auf das Produkt beim Browsen im Internet.

---

138 Vgl. Engel/Blackwell/Miniard (1995), S. 149; Kroeber-Riel/Weinberg (2003), S. 249; Lynch/Srull (1982), S. 19; Rowley (2000), S. 23.
139 Vgl. Kroeber-Riel/Weinberg (2003), S. 256.
140 Vgl. Rowley (2000), 22 f.; Esch/Langner/Jungen (1998), S. 132.
141 Vgl. Roßmanith (2001), S. 33.

Umfang der Informationsbeschaffung

Zur Beurteilung des Informationsverhaltens wird u.a. auf die Zahl der pro Entscheidung herangezogenen Informationen und Informationsquellen sowie auf die jeweilige Entscheidungszeit abgestellt.[142] Bei dem bisher beschriebenen Informationsverhalten sind wir von einem (kognitiv gesteuerten) Entscheidungsprozess ausgegangen, bei dem mindestens zwei Phasen unterschieden werden können: Information vor dem Kauf und der Kauf. Zahlreiche Untersuchungen zum Informationsverhalten der Käufer ergaben, dass vielen Kaufentscheidungen entweder gar keine Informationssuche oder nur eine Suche in sehr geringem Umfang vorangeht. Vielmehr scheint es so zu sein, dass einem erheblichen Anteil der Käufe kein Informationsprozess vorausgeht, noch nicht einmal, wenn es sich dabei um einen Erstkauf handelt. Eine Zusammenfassung unterschiedlicher Ergebnisse zur externen Informationsaufnahme von Käufern vor dem Kauf ergab Folgendes:[143]

- Normalerweise suchen ca. 40% bis 60% der Käufer nur ein Geschäft auf, unabhängig davon, ob sie Gebrauchs- oder Verbrauchsgüter kaufen.
- Mindestens 33% der Käufer nutzen bei großen Anschaffungen (wie z.B. von Automobilen, Haushaltsgeräten oder Möbeln) nur eine Informationsquelle. Etwa 40% der Käufer gehören zur Kategorie „geringe Informationssuche".
- Es wird meist nur ein kleiner Teil der erhältlichen Informationen genutzt.
- Häufig ist die Menge der in Betracht gezogenen Alternativen (evoked set) klein im Vergleich zur Gesamtzahl der angebotenen Produkte.
- Bei vielen Gütern, vor allem des täglichen Bedarfs, spielen ungeplante Käufe eine wichtige Rolle.

Die Bereitschaft und Intensität der Informationssuche werden häufig mithilfe des Kosten-Nutzen-Ansatzes erklärt. Käufer beschaffen nur dann (und so lange) Informationen, wenn (und bis) der erwartete Nutzen die erwarteten Kosten rechtfertigt bzw. übersteigt.[144] Der **Nutzen** der Informationssuche bezieht sich u.a. auf das Kennenlernen von Alternativen und deren Eigenschaften (wie z.B. Preis). Der wahrgenommene Nutzen neuer Informationen hängt hauptsächlich vom Umfang der gespeicherten Informationen und vom wahrgenommenen Risiko ab.

---

142 Vgl. Raffée et al. (1979), S. 118.

143 Vgl. Kuß (1987), S. 28 f. Er fasst die Ergebnisse der Studien von Newman (1977); Katona/Mueller (1955); Newman/Staelin (1972) und Claxton/Fry/Portis (1974); Olshawsky (1983); Bettman/Zins (1977); Wells/LoSciuto (1966); Kollat/Willtt (1967); Dahlhoff (1979) zusammen. Vgl. auch Kuß/Tomczak (2000), S.102 f.

144 Vgl. Silberer (1981), S. 36; Hopf (1983), S. 55.

Die **Kosten** der Informationssuche sind vor allem Zeit, physische Anstrengung, ggf. auch Transportkosten sowie „psychologische" Kosten wie z.B. Frustrationen, Unsicherheit etc. So zählen z.B. zu den Suchkosten, die in Verbindung mit einem Online-Shop entstehen: die so genannten „setup"-Kosten der Verbindung mit dem Internet, die Zeit und Anstrengungen des Kunden, um die Online-Adresse des Multi-Channel-Retailers zu finden (durch Nutzung von Suchmaschinen, Links von anderen Seiten oder Informationen durch das Personal im stationären Geschäft, Freunde oder andere Quellen) sowie die Zeit und Anstrengungen des Kunden, um die gewünschten Informationen im Online-Shop zu finden (abhängig von der Gestaltung des Shops/der Seite, vom Traffic auf der Seite etc.).[145] Zu den Suchkosten, die in Verbindung mit einem stationären Shop entstehen, zählen z.B. die Transportkosten zum Geschäft, die Zeit und Anstrengung, die mit dem Finden und Aufsuchen des Geschäfts verbunden sind sowie mit der Informationsbeschaffung im Laden (abhängig u.a. von der Ladengestaltung, dem Verkaufspersonal oder anderen Kunden). Werden bei manchen Käufen keine Informationen eingeholt, dann kann es daran liegen, dass für die Kunden die subjektiven Kosten der Informationsbeschaffung höher liegen als der Nutzen dieser Informationen.

3.3.2.3 Determinanten des Informationsverhaltens

Ein wichtiger Aspekt der Informationsverhaltensforschung aus Sicht eines Anbieters (hier Multi-Channel-Retailer) ist die Frage nach den von den Kunden genutzten Informationsmedien (und hier insbesondere die Nutzung der Kanäle zur Information) und nach den Determinanten dieser Nutzung. Die Suche, Aufnahme und Verarbeitung von Informationen, die einer Kaufentscheidung vorangehen, hängen von dem subjektiv empfundenen Informationsbedarf ab, der seinerseits von einer Vielzahl von Faktoren abhängig ist. Schwerpunktmäßig wurden in empirischen Untersuchungen die unterschiedlichen Einflussgrößen des Informationsverhaltens nach Variablen gruppiert, die sich auf die Person, die Aufgabe, die Merkmale der Informationsquelle und die Situation beziehen.[146] Diese Variablengruppen setzen sich aus zahlreichen Einzelvariablen zusammen, die in empirischen Untersuchungen nicht nur getrennt, sondern auch integriert betrachtet wurden.[147]

---

[145] Vgl. Gupta/Chatterjee (1997), S. 124.

[146] Vgl. Meffert (1992a), S. 107 f.

[147] Für einen Überblick über empirisch untersuchte Einflussvariablen der Informations- und Kaufentscheidung siehe Roßmanit (2001), S. 36 ff.

Im Rahmen **personenbezogener Erklärungsansätze** des Informationsbeschaffungsverhaltens und der Mediennutzung werden *soziodemographische Variablen* (wie z.B. Geschlecht, Alter, Einkommen etc.) und psychographische Variablen herangezogen. Eine zentrale Rolle unter den psychographischen Variablen zur Erklärung des Informationsverhaltens nehmen u.a. das Involvement, die Einstellung zu dem Medium sowie die Motive der Mediennutzung ein.[148] Ein hohes *Involvement* wird als notwendige Voraussetzung der Informationssuche und der Mediennutzung angesehen. Während hoch involvierte Kunden aktiv nach Informationen suchen, zeigen gering involvierte Kunden nur passives Informationsverhalten und versuchen in der Regel, ihren Aufwand zu minimieren. Sie sind kaum bereit, Informationsquellen aktiv zu nutzen.[149] Bezüglich der *Einstellung* zu dem Medium wird angenommen, dass Kunden dasjenige Medium zur Information nutzen, gegenüber dem sie eine positive Einstellung besitzen, bzw. diejenigen Medien vermeiden, denen gegenüber sie negativ eingestellt sind.[150] Die *Motive* sind als gesuchte Gratifikationen ausschlaggebend für die Nutzung bzw. Nichtnutzung eines bestimmten Mediums.[151] Jedes Kommunikationsmedium bietet eine Befriedigungsleistung für bestimmte Motive. Zu diesen Motiven bzw. materiellen oder immateriellen Erfolgserwartungen zählt in erster Linie die Verbesserung der Chance, eine gute Produktwahl zu treffen oder das mit dem Kauf verbundene Risiko zu reduzieren.[152]

Hinsichtlich des konkreten **Aufgabe- oder Produktbezugs** wird angenommen, dass die Zahl der pro Entscheidung herangezogenen Informationen sowie die jeweilige Entscheidungszeit in Abhängigkeit von der Produktart (kurz- vs. langlebige Produkte), der Erklärungsbedürftigkeit des Produkts und der Anzahl gleichartiger Produktalternativen variieren.[153] Als **Merkmale der Informationsquelle** sind an dieser Stelle die Merkmale der Kanäle des Multi-Channel-Anbieters relevant, die als Informationsquellen dienen können. An dieser Stelle sei darauf hingewiesen, dass für die vorliegende Untersuchung die Nutzung der <u>Absatz</u>kanäle eines Multi-Channel-Retailers interessiert. Nicht gemeint sind die Kommunikationskanäle, die keine Transaktion zulassen.[154]

---

148 Vgl. Rowley (2000), 22 f.; Konert (1986), S. 126; Swoboda (1996), S. 67 f.
149 Vgl. Deimel (1989), S. 155 f.
150 Vgl. Swoboda (1996), S. 52.
151 Vgl. Becker (1979), S. 59 ff.; Kippax/Murray (1980), S. 355 ff.
152 Vgl. Silberer (1981), S. 52 f.
153 Vgl. Meffert (1992a), S. 107 f.
154 Siehe auch die Ausführungen in Kapitel 2.1.

Der Einfluss der **Situation** auf das Informationsverhalten wird vor allem unter dem Gesichtspunkt des Zeitdrucks oder der Dringlichkeit des Bedarfs untersucht.[155]

Zusammenfassend kann festgehalten werden, dass die in der Literatur aufgeführten Erklärungsvariablen des Informationsverhaltens in vier Kategorien zusammengefasst werden können: Charakteristika der Person, des Produkts, des Mediums (= Kanal) und der Situation.

3.4 Untersuchungsrelevante Partialmodelle

Dieses Kapitel widmet sich empirischen Untersuchungen, die das bereits besprochene Informations- und Kaufverhalten der Kunden erklären. Bei der Auswahl der relevanten Partialmodelle wurden folgende Forschungsfelder berücksichtigt: Als Erstes werden Untersuchungen zur Erklärung des Kundenverhaltens im Multi-Channel-Retailing vorgestellt und bewertet. Anschließend werden Modelle diskutiert, welche die Wahl stationärer Betriebstypen erklären, bevor auf Modelle eingegangen wird, welche das Kundenverhalten bezüglich des Distanzkaufs begründen.

Folgende Kriterien wurden bei der Auswahl der Modelle für die weitere Berücksichtigung in der vorliegenden Untersuchung herangezogen:

- Die Modelle müssen sich für die Erklärung des Kundenverhaltens sowohl im stationären als auch im Distanzhandel eignen (idealerweise erklären sie das Verhalten im Multi-Channel-Retailing).
- Intrapersonelle Determinanten des Kundenverhaltens (psychographische Merkmale) müssen berücksichtigt werden.
- Die Modelle sollen alle Arten von Kaufentscheidungsprozessen erklären können, d.h., dass die Modelle auch zur Erklärung impulsiver und habitualisierter Entscheidungen geeignet sein sollen.
- Die Modelle sollen von realistischen Bedingungen ausgehen. Eine zu starke Eingrenzung des Verhaltens und der Auswahlmöglichkeiten (wie z.B. vollkommene Rationalität der Kunden, vollkommene Transparenz des Marktes, keine Opportunitätskosten etc.) wird als nicht sinnvoll angesehen.
- Das Modell soll empirisch überprüfbar sein.

---

[155] Vgl. Meffert (1979), S. 40; Katz (1983), S. 4; Rowley (2000), S. 22 f.; Raffée et al. (1979), S. 118.

3.4.1 Ansätze zur Erklärung des Kundenverhaltens im Multi-Channel-Retailing

Soweit der Verfasserin zu diesem Zeitpunkt bekannt ist, hat sich in dem deutschsprachigen wissenschaftlichen Schrifttum nur eine empirische Arbeit mit dem Kundenverhalten im Multi-Channel-Retailing befasst: SCHRAMM-KLEIN (2003). Auch wenn die Arbeit von DACH (2002a) den Begriff Multi-Channel im Titel hat, so betrachtet der Autor zwar das Kauf- und Informationsverhalten von Online-Shoppern im stationären Handel oder in Internet-Shops, die allerdings nicht zur gleichen Unternehmung gehören. Daher wird die Untersuchung der empirischen Analyse des Konsumentenverhaltens im E-Retailing zugeordnet und im folgenden Kapitel besprochen. Die Untersuchung von PASSENHEIM (2003) beschäftigt sich nicht mit dem Kundenverhalten.

Die Untersuchung von SCHRAMM-KLEIN (2003)

Die Autorin definiert das **Untersuchungsobjekt** wie folgt: „Unter Multi-Channel-Retailing wird eine spezifische Ausprägungsform von Mehrbetriebstypenunternehmen des Einzelhandels verstanden, bei der ein paralleler Einsatz mehrerer, nicht zwingend inhaltlich-konzeptionell unterschiedlicher Betriebs- und/oder Vertriebstypen erfolgt. Zwischen den Absatzkanälen des Multi-Channel-Systems besteht ein wesentlicher Sortimentszusammenhang bzw. eine wesentliche Sortimentsüberlappung. Anhand der unterschiedlichen Betriebs- bzw. Vertriebstypen ist somit die Ansprache der gleichen, aber auch unterschiedlicher Kundensegmente (bzw. Zielgruppen) und/oder Kundenbedürfnisse möglich."[156] Im Rahmen der empirischen Untersuchung wurden acht Multi-Channel-Retailer aus dem deutschsprachigen Raum betrachtet, die diese Bedingungen erfüllen und zusätzlich über einen Online-Shop verfügen: *Coop, Douglas, Hussel, MediaMarkt, Otto, Phönix/Buch.de, Quelle* und *Tchibo.*

Zum Untersuchungsdesign und Erklärungsmodell: Es fand eine Online-Befragung von Online-Shoppern (n = 2034) statt. Das Kundenverhalten im Multi-Channel-Retailing wird mithilfe mehrerer Konstrukte erklärt. Somit ist die Arbeit als Partialmodell den neobehavioristischen Forschungsansätzen zuzuordnen.[157] Abbildung 8 gibt einen Überblick über das Erklärungsmodell (angenommene und empirisch bestätigte Wirkungszusammenhänge). An dieser Stelle der Arbeit gilt es,

[156] Schramm-Klein (2003), S. 21.
[157] Wobei es sich bei einer engen Auslegung nicht um ein SOR-Modell, sondern um ein OR-Modell handelt, da sowohl die endogenen als auch die exogenen Variablen als „intervenierende" Variablen dem „Organismus" zuzuordnen sind.

einen ersten Überblick über die in der Literatur behandelten Konstrukte sowie deren Wirkung zu geben. Daher wird an dieser Stelle auch auf die Definition der Autoren zurückgegriffen. Auf einen Teil dieser Konstrukte wird später in der vorliegenden Arbeit detaillierter eingegangen.

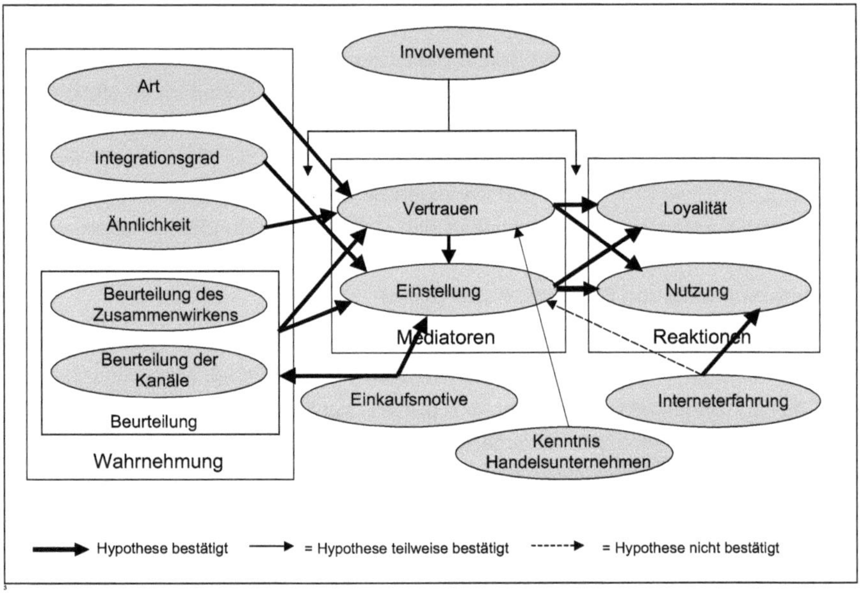

Abbildung 8: Schematische Darstellung der Wirkung von Multi-Channel-Systemen in der Untersuchung von SCHRAMM-KLEIN (2003)
Quelle: Schramm-Klein (2003), S. 327

Das (Kern-)Erklärungsmodell betrachtet folgende **Reaktionsvariablen** (= „Manifestation der Wirkung von Multi-Channel-Systemen"):

- Die Nutzung von Multi-Channel-Systemen, was zum einen die Frequentierung der jeweiligen Absatzkanäle (unabhängig vom Kaufakt) beinhaltet und zum anderen die tatsächliche Kaufhandlung der Kunden umfasst. Die Nutzung des Mehrkanalsystems wurde als tatsächliches Verhalten der Kunden operationalisiert und beinhaltet Fragen zur Häufigkeit der Käufe in den jeweiligen Kanälen, Häufigkeit der Frequentierung der Kanäle (unabhängig von tatsächlichen Käufen), Änderung des Kaufverhaltens in den jeweiligen Kanälen im Vergleich zu „vor einem Jahr" sowie die Häufigkeit der Cross-Channel-Nutzung im Rahmen eines Kaufprozesses.[158]

- Die Loyalität der Kunden gegenüber Multi-Channel-Systemen, die als „die langfristige Bindung an ein Unternehmen"[159] verstanden wird. Die Loyalität der Kunden gegenüber dem Multi-Channel-Retailer wurde bezogen auf die einzelnen Kanäle des Systems auf Basis der Verhaltensintention (als „Weiterempfehlung") operationalisiert.[160]

Als unmittelbare Determinanten der Reaktionsvariablen konnte die Wirkung der so genannten **Mediatoren** (gleichzeitig abhängige und unabhängige Variablen) nachgewiesen werden. Das sind die Konstrukte Vertrauen und Einstellung.

- Das Vertrauen der Kunden zum Multi-Channel-System wird als Erwartung bzw. als Grad der Überzeugung des Kunden definiert, dass die Handelsunternehmung als Gegenpartei zuverlässig und ehrlich ist.[161]
- Die Einstellung zum Multi-Channel-System bildet die innere Bereitschaft des Kunden, auf bestimmte Stimuli (in diesem Falle auf die untersuchten Multi-Channel-Handelsunternehmungen) konsistent positiv oder negativ zu reagieren.[162]

Die **Erklärungsvariablen**, die in der Untersuchung einen nachgewiesenen Einfluss auf die Mediator-Variablen haben, sind die spezifischen Dimensionen der Wahrnehmung von Multi-Channel-Systemen:

- die wahrgenommene Art der Kanäle (stationäre Geschäfte, Kataloge und Online-Shops),
- die wahrgenommene Ähnlichkeit des in den Kanälen eingesetzten Handelsmarketing-Mix,
- der wahrgenommene Integrationsgrad von Funktionen zwischen den Kanälen (Warenprozesse, Produkt-, Preis- und Orientierungsinformationen sowie Kundenkarte),
- die Beurteilung der einzelnen Kanäle des Multi-Channel-Systems (Kernleistungen, Kommunikation/Gestaltung und Service/Convenience),
- die Beurteilung des Zusammenwirkens der Kanäle (= wahrgenommener Integrationsgrad von Funktionen x Wichtigkeit der Integration bestimmter Funktionen).

---

158 Vgl. Schramm-Klein (2003), S. 275 ff.
159 Schramm-Klein (2003), S. 136.
160 Vgl. Schramm-Klein (2003), S. 210 f.
161 Vgl. Schramm-Klein (2003), S. 107 ff.
162 Vgl. Schramm-Klein (2003), S. 126 ff.

Zusätzlich zu diesen Komponenten eines Kernmodells werden noch folgende Konstrukte betrachtet: das Involvement, die Einkaufsmotive sowie die Erfahrung der Kunden mit der Handelsunternehmung und deren Erfahrung mit dem Internet.

- Die Autorin definiert **Involvement** als den Grad der wahrgenommenen persönlichen Relevanz bzw. Wichtigkeit eines Stimulus (in diesem Falle handelt es sich um eine Warengruppe), der den Grad der Ich-Beteiligung bzw. des persönlichen Engagements des Kunden kennzeichnet. Die von der Autorin angenommene verstärkende Wirkung des Involvements (als Moderator) auf die Beziehung zwischen den fünf Antezedenzvariablen und den zwei Mediatoren (Vertrauen und Einstellungen) werden teilweise widerlegt. Auch die angenommene positiv moderierende Wirkung des Involvements auf die Beziehung zwischen den Mediatoren (Vertrauen und Einstellung) auf die Reaktionsvariablen (Loyalität und Nutzung) wurde teilweise widerlegt: Je höher das (Produkt-)Involvement ist, umso enger sind die jeweiligen Beziehungen zwischen Vertrauen bzw. Einstellung und Loyalität sowie zwischen Vertrauen und Nutzung, jedoch nicht die Beziehung zwischen Einstellung und Nutzung des Multi-Channel-Systems.[163]
- **Einkaufsmotive** stellen Motive dar (d.h. grundlegende Antriebskräfte, die das Verhalten in eine bestimmte Richtung lenken), die durch Einkaufsaktivitäten befriedigt werden können.[164] Die Autorin zeigt, dass die Einkaufsmotive die Beurteilung der Kanäle der Multi-Channel-Retailer (Antezedenzvariable) sowie die Einstellung der Kunden gegenüber der Handelsunternehmung (Mediator) signifikant beeinflussen. Die direkte Wirkung der Einkaufsmotive auf die Reaktionsvariablen wurde jedoch nicht untersucht.
- Bezüglich der **Erfahrung mit der Handelsunternehmung** konnte die Autorin die Hypothese beibehalten, dass die Dauer der Kenntnis eines Kanals das Vertrauen der Kunden in diesen Kanal stärkt. Darüber hinaus soll die Erfahrung der Kunden mit den stationären Geschäften des Multi-Channel-Retailers deren Vertrauen in die weiteren Kanäle fördern. Die Kenntnis von Distanzkauf-Kanälen soll nur einen begrenzten Vertrauenstransfer auf die weiteren Kanäle eines Multi-Channel-Systems ausüben können. Der postulierte Einfluss der Interneterfahrung auf die Einstellung zum Multi-Channel-System konnte widerlegt werden. Beibehalten werden konnte aber der postulierte Einfluss der Interneterfahrung auf die Nutzung des Multi-Channel-Systems.[165]

---

163 Vgl. Schramm-Klein (2003), S. 314 f.
164 Vgl. Schramm-Klein (2003), S. 166 ff.
165 Vgl. Schramm-Klein (2003), S. 294 ff.

Abbildung 9 gibt einen Überblick über die in der Untersuchung berücksichtigten Modellvariablen.

Untersuchungsobjekt	**Abhängige Modellgrößen**	**Erklärungsvariablen**
Multi-Channel-Retailing	- Loyalität geg. dem Multi-Channel-Retailier - Nutzungsverhalten des Mehrkanalsystems	• Vertrauen • Einstellungen • Involvement • Einkaufsmotive • Erfahrung (mit der Handelsunternehmung und mit dem Internet) • Wahrnehmungen

Abbildung 9: Zusammenfassende Darstellung der Modellvariablen aus der Untersuchung von SCHRAMM-KLEIN (2003)

Bewertung der Erkenntnisse aus der Untersuchung von Schramm-Klein (2003) für die vorliegende Arbeit

Die Untersuchung von SCHRAMM-KLEIN liegt bezüglich des Untersuchungsobjektes „Multi-Channel-Retailing“ und der Variablen des Erklärungsmodells der vorliegenden Untersuchung sehr nahe, hat aber einen anderen Schwerpunkt: Während die Arbeit von SCHRAMM-KLEIN das Entscheidungsverhalten der Kunden bei der Wahl zwischen <u>mehreren</u> Multi-Channel-Retailern untersucht und erklärt, betrachtet die vorliegende Untersuchung das Entscheidungsverhalten der Kunden bei der Wahl zwischen den Vertriebskanälen <u>eines</u> Multi-Channel-Retailers (das heißt, dass die Entscheidung für eine Handelsunternehmung gefallen ist). SCHRAMM-KLEIN beantwortet die Frage: „Welche Eigenschaften der Multi-Channel-Systeme und der Kunden führen dazu, dass die Kunden einen Multi-Channel-Retailer einem anderen bevorzugen (sprich: Nutzung seiner Kanäle und Loyalität der Unternehmung gegenüber)?“

In der vorliegenden Untersuchung stehen die Fragen im Mittelpunkt:

- Warum nutzt der Kunde in einer Situation den Kanal A eines Multi-Channel-Retailers und nicht Kanal B?
- Warum informiert er sich in Kanal A und kauft anschließend in Kanal A oder B dieser Multi-Channel-Unternehmung?

Darüber hinaus untersucht SCHRAMM-KLEIN nicht konkrete Kaufakte bzw. Kaufprozesse, sondern stellt Fragen zu den Unternehmungen im Allgemeinen. Auch die einzelnen Phasen des Einkaufsprozesses werden nicht getrennt berücksichtigt. Zwar erfasst die Autorin die Häufigkeit der Cross-Channel-Nutzung im Rahmen eines Kaufprozesses, verzichtet aber auf die Untersuchung der unterschiedlichen Nutzungsmuster sowie deren Determinanten.[166]

Aus den dargestellten Gründen sollen die Erkenntnisse der Untersuchung von SCHRAMM-KLEIN bei der Konstruktion eines eigenen Erklärungsmodells berücksichtigt werden. Im Rahmen der Beschreibung von Erklärungsvariablen (sowohl bezüglich der Konzeptualisierung und der Operationalisierung von Konstrukten als auch bezüglich der Wirkung dieser Variablen) wird darauf zurückgegriffen.

3.4.2 Ansätze zur Erklärung der Betriebstypenwahl im stationären Handel

Die folgenden Ansätze beziehen sich auf das Kundenverhalten bei der Wahl eines bestimmten Betriebstyps des stationären Einzelhandels. Die verhaltensorientierte Analyse der Determinanten der Wahl eines Betriebstyps ist ein bisher nur wenig bearbeitetes Feld in der Handelsforschung.[167] HEINEMANN (1976) hat bei der bisherigen Analyse der Einkaufsstättenwahl aus Sicht der Theorie des Kundenverhaltens einen umfangreichen Beitrag zur Strukturierung vorhandener Modellansätze geleistet, die sowohl SR- als auch SOR-Modelle umfassen.[168] Die meisten davon sind SR-Modelle und genügen den Zielen und Anforderungen der vorliegenden Untersuchung nicht, da sie die intrapersonellen, psychographischen Determinanten des Kundenverhaltens nicht berücksichtigen. Auch die dargestellten SOR-Modelle erfüllen nicht die anfangs formulierten Anforderungen. Daher wenden wir uns im Folgenden neueren neobehavioristischen und kognitiven Modellen zu. Folgende Abbildung gibt einen Überblick über die in neueren empirischen Untersuchungen angewandten Konstrukte.

Während in den 1980ern und zu Beginn der 1990er Jahre **Werte** und **Wertorientierungen** als die zentralen Variablen zur Erklärung der Wahl der Betriebsform bzw. des Betriebstyps herangezogen wurden, dominieren in den neueren Untersuchungen Konstrukte wie Einkaufsmotive (auch Motive des Kaufs genannt oder einfach Motive), Involvement oder Präferenzen. An dieser Stelle auf jede Untersuchung einzugehen würde den Rahmen sprengen. Daher soll im Folgenden die empirisch belegte

---

[166] Vgl. Schramm-Klein (2003), S. 275 ff.
[167] Vgl. Gröppel (1994), S. 380.
[168] Vgl. Heinemann (1976).

Relevanz der einzelnen Konstrukte für die Betriebstypenwahl kurz dargestellt werden.

Konstrukte zur Erklärung der Betriebstypenwahl	Autor (Jahr)
Werte, Wertorientierungen und Lebensstile	Gierl (1991) Bruchmann (1990)
Einkaufsmotive	Gröppel (1993, 1998)
Involvement und wahrgenommenes Risiko	Schmalen (1994, 1999) Schmalen/Lang (1998)
Präferenzen	Lausberg (2002) Kreller (2000) Swoboda (2000) Gördt (1999)

Abbildung 10: Neuere empirische Untersuchungen zur Erklärung der Betriebstypenwahl (Auswahl)

Werte werden von TROMMSDORFF als „zentral in der Persönlichkeit verankerte, ziemlich dauerhafte grundsätzliche Überzeugungen“[169] definiert. Die Untersuchungen zum Zusammenhang von Werten und Betriebstypenwahl bzw. Betriebsformenwahl konzentrieren sich hauptsächlich auf die Wirkung des Werte<u>wandels</u> im Rahmen der Betriebstypenwahl. GIERL (1991) konstatiert eine Polarisierungserscheinung im Bekleidungseinzelhandel („Verlust der Mitte“), die sich in rückläufigen Marktanteilen von Kauf- und Warenhäusern ausdrückt und die auf den Wandel der Werte und Wertorientierungen zurückzuführen sei.[170] Kritisch ist dabei zu beachten, dass empirisch mit den vorliegenden Daten kaum differenzierte Aussagen getroffen werden können: Pro Auskunftsperson wird lediglich ein Einkaufsstättentyp berücksichtigt; die vier berücksichtigten Wertorientierungen werden nur mit je einem Statement operationalisiert und das Spektrum der betrachteten Betriebsformen ist relativ begrenzt (Fach-/Spezialgeschäft, Waren-/Kaufhaus und Versandhandel). Untersuchungsgegenstand ist dabei nicht die Betriebstypenwahl, sondern eher der Betriebstypenwandel. BRUCHMANN (1990) stellt für die Einkaufsstättenwahl im Lebensmitteleinzelhandel fest, dass „Werte als lediglich schwache Signale für Verhaltensbereitschaften“[171] angesehen werden können.

---

169 Vgl. Trommsdorff (1986), S. 4.
170 Vgl. Gierl (1991), S. 304 f.
171 Bruchmann (1990), S. 177.

Für die vorliegende Untersuchung ist die Erklärungskraft dieses Konstrukts als unbefriedigend einzustufen: Das Werte-Konstrukt ist so allgemein, dass „die Bezüge zum Konsumentenverhalten unscharf werden“[172]. Aufgrund von Werten könnte eventuell die Nutzung bzw. Nicht-Nutzung eines bestimmten Kanals erklärt werden, aber nicht, warum Kunden z.B. zwei unterschiedliche Kanäle im Rahmen eines Einkaufsprozesses kombinieren.

Einkaufsmotive werden als grundlegende, sich im Organismus des Einzelnen abspielende, zielorientierte Antriebskräfte, die beim Einkaufen befriedigt werden können, definiert.[173] GRÖPPEL (1993, 1998) untersuchte die Relevanz der Einkaufsmotive für die Betriebstypenwahl am Beispiel des Möbeleinzelhandels und stellte empirisch fest, dass die diversen Betriebstypen des Handels unterschiedliche Einkaufsmotive befriedigen.[174] Dieses Konstrukt scheint eine Antwort auf die anfangs gestellte Frage zu liefern, ob die Kanäle eines Multi-Channel-Retailers unterschiedliche Bedürfnisse befriedigen. Das Konstrukt der Einkaufsmotive ist das zentrale Konstrukt der vorliegenden Untersuchung und wird in Kapitel 4.3.3 ausführlich behandelt.

Dem **Involvementkonstrukt** kommt eine Schlüsselrolle zur Erklärung des Kundenverhaltens zu und kann als das innere Engagement definiert werden, mit dem sich ein Individuum einem Meinungsgegenstand widmet.[175] SCHMALEN (1994, 1999) sowie SCHMALEN/LANG (1998) unterscheiden vier verschiedene Arten von Käufen, in Abhängigkeit von dem Produktinvolvement (niedrig vs. hoch) und dem Kaufinvolvement (niedrig vs. hoch). Die Autoren definieren *Produktinvolvement* als die Wichtigkeit des Produkts für den Käufer und das *Kaufinvolvement* als das in einer konkreten Kaufsituation subjektiv empfundene Risiko. Das wahrgenommene Risiko ist umso höher, je größer die Wahrscheinlichkeit für einen Fehlkauf ist und je schwerwiegender die Konsequenzen davon sind. Die Autoren nehmen an, dass Käufer bei einem hohen Produktinvolvement bestimmte Marken bevorzugen, und operationalisieren Produktinvolvement mit Markenpräferenz. Analog nehmen sie an, dass Käufer bei einem hohen Kaufinvolvement zur Absicherung des Kaufs durch Beratung, Auswahl und Service neigen und bereit sind, zur Reduzierung des Risikos einen höheren Kaufpreis zu bezahlen. Aus diesem Grund operationalisieren sie Kaufinvolvement mit

---

172 Trommsdorff (1986), S. 4.
173 Vgl. Gröppel (1994), S. 387.
174 Vgl. Gröppel-Klein (1998), S. 115 f. Die Autorin spricht von Betriebsformen. Nach der in dieser Arbeit vorgenommenen Abgrenzung handelt es sich dabei aber um Betriebstypen.
175 Vgl. Kroeber-Riel/Weinberg (2003), S. 92. Dies ist eine aus zahlreichen unterschiedlichen Involvement-Definitionen.

Preisbereitschaft.[176] Sie erklären die Betriebstypenwahl in einer konkreten Kaufsituation mit den unterschiedlichen Kaufarten: Empfindet der Käufer z.B. ein hohes Produkt- und Kaufinvolvement, dann wählt er einen Betriebstyp, der Beratung und große Markenauswahl bietet (z.B. Fachgeschäft).

Auch wenn es einige Kritikpunkte an diesem Ansatz gibt, scheint folgende Überlegung für die vorliegende Untersuchung interessant: Unterschiedliche Käufer verbinden mit unterschiedlichen Produkten unterschiedlich starke Produkt- und Kaufinvolvements. In Abhängigkeit von dieser Stärke des Produkt- und Kaufinvolvements entstehen bei den Kunden unterschiedliche Anforderungen an die Einkaufsstätten (Kanäle eines Multi-Channel-Retailers) bezüglich Beratung, Auswahl etc. Diese Konstrukte könnten einen Erklärungsbeitrag für die anfangs gestellten Untersuchungsfragen liefern, da die Kanäle diese Motive auf unterschiedliche Art und in unterschiedlichem Umfang erfüllen können. In Kapitel 4.3.2 wird detaillierter auf das Involvementkonstrukt eingegangen.

Ein neuerer Ansatz der Konsumentenverhaltensforschung, der die informationsverarbeitenden Vorgänge im Organismus berücksichtigt, ist das Präferenzkonstrukt. **Präferenz** kann als eindimensionaler „Indikator, der das Ausmaß der Vorziehenswürdigkeit eines Beurteilungsobjektes [...] zum Ausdruck bringt“[177] definiert werden. Das Präferenzkonstrukt ist dem Einstellungskonstrukt sehr ähnlich. Während Einstellungen ein absolutes Urteil bilden, das auch ohne ein Vergleichsobjekt Gültigkeit hat, erfordert ein Präferenzurteil mindestens zwei Handlungsmöglichkeiten (z.B. zwei Kanäle) und ist das Ergebnis eines Bewertungsvorganges. Darüber hinaus gelten Präferenzen nur für einen bestimmten Zeitraum und für festgelegte Bedingungskonstellationen.[178] Mehrere aktuelle Studien konnten den Einfluss des Präferenzkonstrukts auf die Einkaufsstättenwahl im stationären Handel sowohl für etablierte Betriebstypen (seien es einzelne Einkaufsstätten oder Gruppen von Einkaufsstätten (Agglomerationen))[179] als auch für neuere Betriebformen im Handel wie z.B. Factory Outlet Center[180] bestätigen. Präferenzen haben aber einen für unsere Untersuchung großen Nachteil: Sie setzen einen kognitiv gesteuerten Einkaufsprozess voraus. Impulsive und habitualisierte Wahlentscheidungen können mithilfe des

---

176 Vgl. Schmalen (1994), S. 1226 f. und Schmalen/Lang (1998), S. 6.
177 Böcker (1986), S. 556.
178 Vgl. Huber (1977), S. 17; Lausberg (2002), S. 68 f.
179 Vgl. u.a. Kreller (2000); Swoboda (2000); Goerdt (1999).
180 Vgl. Lausberg (2002).

Präferenzkonstrukts nur unzureichend erklärt werden.[181] Dieses Konstrukt erfüllt somit nicht die Anforderung, alle Arten von Kaufentscheidungsprozessen erklären zu können.

Die **Einstellungs-** bzw. **Imagemessung** hat lange Zeit in Forschung und Praxis zur Erklärung der Einkaufsstättenwahl besondere Beachtung gefunden. Auch wenn das Konstrukt mittlerweile seine Dominanz verloren hat[182] und in jüngerer Zeit durch das kognitive Präferenz-Konstrukt ersetzt wurde, soll an dieser Stelle ein kurzer Überblick gegeben werden. Einstellungen können als „subjektiv wahrgenommene Eignung eines Gegenstandes zur Befriedigung einer Motivation"[183] umschrieben werden. Die Begriffe Einstellung und Image werden in den meisten Untersuchungen synonym benutzt.[184] In den (meist älteren) Studien dienen Einstellungen bzw. Images als zentrale Erklärungsgröße für die Wahl bestimmter Einkaufsstätten, Gruppen von Einkaufsstätten (z.B. Innenstadthandel, Malls) oder Betriebstypen.[185] In Kapitel 4.3.4 werden dieses Konstrukt sowie seine Eignung, das Kundenverhalten im Multi-Channel-Retailing zu erklären, tiefgehender betrachtet.

3.4.3 Ansätze zur Erklärung der Nutzung von Distanzkanälen

Einen wichtigen Beitrag zum Verständnis des Kundenverhaltens im Multi-Channel-Retailing liefern Untersuchungen, die sich allein auf den Distanzhandel beziehen oder die Wahlentscheidung der Kunden zwischen den Betriebstypen des stationären und Distanzhandels erklären. Sie liefern Bezugsrahmen, Variablen und Erkenntnisse aus Kanälen, die Bestandteile vieler Multi-Channel-Systeme sind. Auch wenn es schon seit längerer Zeit einzelne Untersuchungen zum Kundenverhalten im Versandhandel gibt, so liegt der Fokus vieler Untersuchungen (gerade aus der jüngsten Vergangenheit) auf dem Electronic Retailing, und hier insbesondere auf dem Internet-Shopping. Abbildung 11 gibt einen Überblick über die wichtigsten Studien sowie die angenommenen und tatsächlichen Zusammenhänge zwischen den Erklärungsvariablen und der tatsächlichen bzw. beabsichtigten Nutzung der Distanzkaufkanäle. Im Vergleich zu den empirischen Untersuchungen zum Kataloghandel gibt es eine Fülle

181 Vgl. Lausberg (2002), S. 77.
182 Vgl. Schnedlitz/Kotzab/Cerha (1999), S. 195.
183 Kroeber-Riel/Weinberg (2003), S. 169.
184 Meffert (1992a), S. 55; Trommsdorff (2004), S. 168; Kroeber-Riel/Weinberg (2003), S. 168 und S. 196 f.; Hammann/Erichson (1994), S. 268 f.
185 Vgl. u.a. Martineau (1958); Mazursky/Jacoby (1986); Jungwirth (1997), S. 115 ff.

an Untersuchungen zur Akzeptanz von Online-Shops. Die Tabelle stellt nur eine Auswahl der Untersuchungen dar mit der Zielsetzung, Erklärungskomponenten aufzuführen. Darüber hinaus gibt es auch andere Untersuchungen, die zu ähnlichen Ergebnisse kommen (d.h., sie würden zu keinem Erfahrungszuwachs führen, wenn man sie hier aufnehmen würde). Sie alle hier aufzuführen würde den Rahmen sprengen.[186]

In den betrachteten empirischen Arbeiten fungieren als abhängige, zu erklärende Variablen entweder beobachtbare Größen (**R**-Variablen) wie die tatsächliche Nutzung der Distanzkanäle zum Kauf und/oder Information oder nichtbeobachtbare Konstrukte (**O**-Variablen) wie die Absicht, diesen Kanal zu nutzen, die Einstellung zu dem Kanal (hier Internet) bzw. die Akzeptanz des Kanals.

Die Mehrzahl der dargestellten Untersuchungen greift zur Erklärung des Kundenverhaltens in Zusammenhang mit Distanzkaufkanälen auf mehrere Variablen zurück. Diese Erklärungsvariablen lassen sich grob in zwei Kategorien gruppieren: Zur ersten Kategorie zählen soziodemographische Kundenmerkmale – wie z.B. Alter, Geschlecht, Berufstätigkeit, Einkommen etc. Die zweite Kategorie bilden nichtbeobachtbare Konstrukte aus der Konsumentenverhaltensforschung: Einstellungen, Einkaufsmotive bzw. Shopping Orientations, wahrgenommenes Risiko, Flow-Erlebnis, Involvement, Zufriedenheit mit dem stationären Einzelhandel oder dem Distanzkauf-Kanal sowie weitere Wahrnehmungen (des Nutzens, der Vorteile, der Komplexität etc.). Darüber hinaus gibt es noch Konstrukte, die mit der Neuartigkeit des Mediums Internet zusammenhängen, wie z.B. „Erfahrung mit dem Distanzkauf-Medium", „Intensität der PC- bzw. der Internet-Nutzung" etc. Kritisch ist anzumerken, dass nicht jedes Modell von dem jeweiligen Autor sachlichrichtig in einen theoretischen Rahmen eingebunden wurde. Deshalb lassen sich manche Determinanten schwer einordnen bzw. es gibt mehrere Bezeichnungen für den gleichen Sachverhalt.

---

186 Exemplarisch seien als weitere Quellen genannt: Shamdasani/Yeov (1995), Jarvenpaa/Todd (1997); Hoffmann/Novak (1997); Balabanis/Vasileiou (1999); Bauer/Grether/Borrmann (2001) sowie aus dem Bereich der Unternehmensberatungen Rasch/Lintner (2001); OC&C (2001); Yulinsky (2000). Eine Übersicht weiterer Untersuchungen zur Kennzeichnung von Nutzern von Betriebstypen des Distanzhandels (insbesondere Btx.) findet sich bei Lingenfelder/Loevenich (2001b), S. 143 f.

Autoren	Forschungsdesign	Unabhängige Variable(n)	Abhängige Variable(n)
Darian (1987)	• Untersuchungsobjekt: Distanzkauf (In-Home-Shopping) • Datenerhebung: Schriftliche Befragung • Datenbasis: Distanzkäufer USA (n = 1001 HH) • Datenanalyse: Chi-Quadrat-Test; Logitmodell	**Soziodemographische Merkmale**: 1. Berufstätigkeit der Frau *(+) n.s.* 2. Anzahl der Kinder unter 6 Jahren *(+) *** 3. Anzahl der Kinder unter 18 Jahren *(+) n.s.* 4. Wohnorttyp (auf dem Land) *(+) *** 5. Alter *(+) n.s.* 6. Ausbildung *(+) n.s.* 7. Einkommen *(+) n.s.* 8. Geschlecht (Männer) *(+) n.s.*	• **Tatsächlicher** Distanzkauf im letzten Monat ➧ **R**-Variable
Li/Kuo/ Russell (1999)	• Untersuchungsobjekt: Electronic Retailing • Datenerhebung: Online-Befragung • Datenbasis: Internetnutzer USA (n = 999) • Datenanalyse: Explorative Faktorenanalyse; einfache Varianzanalyse (ANOVA); multiple Regressionsanalyse	**Shopping Orientations**: 1. Recreational Orientation *(0) n.s.* 2. Convenience Orientation *(+) *** 3. Experiential Orientation („Touch & Feel") *(-) *** 4. Economic Orientation *(0) n.s.* **Perceived Channel Utilities** (Internet): 5. Communication Utility *(+) n.s.* 6. Distribution Utility *(+) *** 7. Accesibility *(+) *** 8. Channel Knowledge *(+) *** **Demographics**: 9. Education *(+) *** 10. Gender (Männer) *(+) **.* 11. Income *(+) *** 12. Age *(0) n.s.*	• **Tatsächliche Nutzung** des Internets zum Kauf in den letzten 3 Monaten ➧ **R**-Variable

Anmerkungen: (+)/(-)/(0): hypothetisch unterstellte Wirkungsrichtung der unabhängigen auf die anhängige(n) Modellvariable(n): (+) positive / (-) negative / (0) keine Wirkung

*** signifikant p < 0,01; ** signifikant p < 0,05; * signifikant p < 0,10; n.s. nicht signifikant

Lesebeispiel: In der Untersuchung von Darian (1987) wird angenommen, dass die Erklärungsvariable „Berufstätigkeit der Frau" einen positiven Einfluss auf die Nutzung von Distanzkaufkanälen hat. Dieser Zusammenhang stellte sich in der Untersuchung als empirisch nicht signifikant heraus.

Autoren	Forschungsdesign	Unabhängige Variable(n)	Abhängige Variable(n)
Bauer/ Fischer/ Sauer (2000)	• Untersuchungsobjekt: Electronic Retailing • Datenerhebung: Schriftliche Befragung • Datenbasis: Studenten D/USA (n = 316) • Datenanalyse: Binomiales Probit- bzw. Logitmodell	**Technologiezugang** 1. Schwierigkeit des Technologiezugangs *(-) n.s.* **Technologie-Involvement und -erfahrung** 2. Intensität der PC-Nutzung *(+) *** 3. Intensität der Internetnutzung *(+) n.s.* 4. Bisherige Erfahrung im Umgang mit dem Internet *(+) ** **Wahrgenommene Risiken des Transaktionsprozesses** 5. Finanzielles Kaufrisiko *(-) n.s.* 6. Informationsrisiko *(-) n.s.* **Soziodemographische Merkmale**: 7. Alter *(+) n.s.* 8. Anteil Männer *(+) *** **Aktivierung** 9. Interesse für Internet-Werbung *(+) **	• **Tatsächliche Nutzung** des Internets zum Kauf von Produkten ➧ **R**-Variable
Vellido/ Lisboa/ Meehan (2000)	• Untersuchungsobjekt: Electronic Retailing • Datenerhebung: Online-Befragung • Datenbasis: 9th GVU WWW User Survey (USA) • Datenauswertung: Diskriminanzanalyse und neuronale Netze	1. Wahrgenommenes Kaufrisiko *(-) **** 2. Einkaufserlebnis im Internet *(+) **** 3. Kosten des Internetzugangs *(-) **** 4. Kundenservice *(+) **** 5. Bequemlichkeit *(+) **** **Soziodemographische Merkmale** 6. Alter *(-) n.s.* 7. Einkommen *(+) n.s.*	• **Tatsächliche Nutzung** des Internets zum Kauf von Produkten ➧ **R-Variable**
Childers et al. (2001)	• Untersuchungsobjekt: Electronic Retailing • Datenerhebung: Schriftliche Befragung • Datenbasis: Onlinekäufer eines Multi-Channel-Versandhändlers (n = 266) • Datenanalyse: lineare Strukturgleichungsanalyse	**Shopping Motives** 1. Usefulness of Internet *(+) *** 2. Ease of Use of Internet *(+) *** 3. Enjoyment of Internet *(+) ***	• **Einstellung** zum Internet ➧ **O-Variable**

Anmerkungen: (+)/(-)/(0): hypothetisch unterstellte Wirkungsrichtung der unabhängigen auf die anhängige(n) Modellvariable(n): (+) positive / (-) negative / (0) keine Wirkung

*** signifikant p < 0,01; ** signifikant p < 0,05; * signifikant p < 0,10; n.s. nicht signifikant

Autoren	Forschungsdesign	Unabhängige Variable(n)	Abhängige Variable(n)
Lingenfelder/Lövennich (2001a)	• Untersuchungsobjekt: Electronic Retailing (zwei Produktkategorien) • Datenerhebung: Schriftliche Befragung • Datenbasis: Online-Kunden eines Multi-Channel-Versandhändlers (n = 855) • Datenanalyse: lineare Strukturgleichungsanalyse	1. Perceived Risk *(-) B: ** / CE: *** 2. Satisfaction with Local Shopping *(-) B: ** / CE : n.s.* **Shopping Orientations**[187] 3. Convenience Orientation *(+) B: n.s. / CE: *** 4. Experiential Shopping Orientation *(-) B: n.s. / CE: n.s.* 5. Price Consciousness *(+) B: n.s. / CE: n.s* 6. Importance of Personal Serving *(-) B: n.s. / CE: *** 7. Brand Orientation *(+) B: n.s. / CE: n.s.* 8. Shopping Flexibility *(+) B: ** / CE: *** *Ergebnisse für zwei Produktkategorien: B = Bekleidung / CE = Consumer Electronic*	1. **Einstellung** zum Einkaufen über das Internet ➧ **O**-Variable
		Einstellung zum Einkaufen über das Internet *(+) B: ** / CE: *** *Ergebnisse für zwei Produktkategorien: B = Bekleidung / CE = Consumer Electronic*	2. **Absicht zur Substitution** der stationären Kanäle durch das Internet zur Informationssuche und zum Kauf ➧ **O**-Variable
Verhoef/ Langerak (2001)	• Untersuchungsobjekt: Electronic Retailing • Datenerhebung: Schriftliche Befragung • Datenbasis: Lebensmittelkäufer / NL (n = 415) • Datenanalyse: lineare Strukturgleichungsanalyse	1. Physical Effort *(+) *** 2. Time Pressure *(+) *** 3. Shopping enjoyment *(-) n. s.* 4. Perceived relative advantage (Internet) *(+) *** 5. Perceived compatibility (Internet) *(+) *** 6. Perceived complexity (Internet) *(-) ***	• **Absicht** zur Nutzung des Internets zum Kauf von Lebensmitteln ➧ **O**-Variable

Anmerkungen: (+)/(-)/(0): hypothetisch unterstellte Wirkungsrichtung der unabhängigen auf die anhängige(n) Modellvariable(n): (+) positive / (-) negative / (0) keine Wirkung

*** signifikant p < 0,01; ** signifikant p < 0,05; * signifikant p < 0,10; n.s. nicht signifikant

187 Als Erklärungsvariablen für die "Shopping Orientations" wurden die Konstrukte "Enduring Involvement" und „Time Pressure" genutzt.

<table>
<tr><th>Autoren</th><th>Forschungsdesign</th><th>Unabhängige Variable(n)</th><th colspan="4">Abhängige Variable(n)</th></tr>
<tr><td rowspan="2">Shim et al. (2001)</td><td rowspan="2">• <u>Untersuchungsobjekt</u>: Electronic Retailing
• <u>Datenerhebung</u>: Schriftliche Befragung
• <u>Datenbasis</u>: PC-Besitzer USA (n = 684)
• <u>Datenanalyse</u>: lineare Strukturgleichungsanalyse</td><td>1. Attitude toward Internet Shopping
(+) **
2. Subjective Norm[188]
(+) n.s.
3. Perceived Behavioral Control
(+) **
4. Internet Purchase Experience
(+) **</td><td colspan="4">1. Absicht zur Nutzung des Internets zur Produkt-Informationssuche

➧ O-Variable</td></tr>
<tr><td>Absicht zur Nutzung des Internets zur Produkt-Informationssuche
(+) **</td><td colspan="4">2. Absicht zur Nutzung des Internets zum Kauf

➧ O-Variable</td></tr>
<tr><td>Dach (2002b)</td><td>• <u>Untersuchungsobjekt</u>: Electronic Retailing
• <u>Datenerhebung</u>: Online-Befragung
• <u>Datenbasis</u>: deutsche Internetuser (n = 1.239)
• <u>Datenanalyse</u>: Kontingenzanalyse, Mittelwertanalyse (t-Test)</td><td>• Einstellung gegenüber dem stationären Handel und dem Online-Shop
(+) ***</td><td colspan="4">• Verhaltensabsicht zur Nutzung des Internets und des stationären Handels zum Kauf von Produkten

➧ O-Variable</td></tr>
<tr><td rowspan="16">Betz (2003)</td><td rowspan="16">• <u>Untersuchungsobjekt</u>: Electronic Retailing
• <u>Datenerhebung</u>: Schriftliche Befragung
• <u>Datenbasis</u>: Neuwagen-Käufer (D); (n = 848)
• <u>Datenanalyse</u>: lineare Strukturgleichungsanalyse</td><td rowspan="2"></td><td colspan="4">Akzeptanz des Online-Kanals in der Phase</td></tr>
<tr><td>Information</td><td>Anbahnung</td><td>Transaktion</td><td>After-Sales</td></tr>
<tr><td>Flow-Erlebnis</td><td>(+) ***</td><td>(+) ***</td><td>(+) ***</td><td>(+) ***</td></tr>
<tr><td>Soziale Wechselbarrieren</td><td>(-) ***</td><td>(-) ***</td><td>(-) ***</td><td>(-) ***</td></tr>
<tr><td>Relativer Vorteil</td><td></td><td></td><td></td><td></td></tr>
<tr><td>Preis</td><td>(+) ***</td><td>(+) ***</td><td>(+) n.s.</td><td>(+) *</td></tr>
<tr><td>Leistung</td><td>(+) ***</td><td>(+) n.s.</td><td>(+) n.s.</td><td>(+) n.s.</td></tr>
<tr><td>Bequemlichkeit</td><td>(+) n.s.</td><td>(+) n.s.</td><td>(+) ***</td><td>(+) ***</td></tr>
<tr><td>Verhandlung</td><td>(+) n.s.</td><td>(+) **</td><td>(+) ***</td><td>(+) **</td></tr>
<tr><td>Nutzungsbarrieren</td><td></td><td></td><td></td><td></td></tr>
<tr><td>Technische</td><td>(-) n.s.</td><td>(-) **</td><td>(-) **</td><td>(-) n.s.</td></tr>
<tr><td>Funktionale</td><td>(-) ***</td><td>(-) ***</td><td>(-) **</td><td>(-) ***</td></tr>
<tr><td>Emotionale</td><td>(-) n.s.</td><td>(-) **</td><td>(-) ***</td><td>(-) *</td></tr>
<tr><td>Rechtliche</td><td>(-) n.s.</td><td>(-) n.s.</td><td>(-) n.s.</td><td>(-) n.s.</td></tr>
<tr><td></td><td colspan="4">➧ O-Variablen</td></tr>
<tr><td colspan="7">Anmerkungen: (+)/(-)/(0): hypothetisch unterstellte Wirkungsrichtung der unabhängigen auf die anhängige(n) Modellvariable(n): (+) positive / (-) negative / (0) keine Wirkung

*** signifikant p < 0,01; ** signifikant p < 0,05; * signifikant p < 0,10; n.s. nicht signifikant</td></tr>
</table>

Abbildung 11: Ausgewählte empirische Studien zum Kundenverhalten im Distanzhandel

[188] Unter „Subjective Norm“ verstehen die Autoren, unter Bezug auf die „Theory of Planned Behavior“ von Ajzen, den Einfluss von Bezugspersonen: „subjective norm, a function of normative beliefs, represents a person's perception of whether significant referents approve or disapprove of a behavior“ (Shim et al. (2001), S. 400). Zur Messung des Konstrukts sollten die Befragten „the importance of referents (i.e., important friends, family, etc.) approving of their use of the Internet for shopping“ angeben (Shim et al. (2001), S. 405).

An dieser Stelle sollen nur die beeinflussenden, unabhängigen Variablen zusammengefasst werden, deren Einfluss auf die tatsächliche bzw. beabsichtigte Nutzung des Internets bzw. des Online-Shops als Informations- und/oder Kaufkanal empirisch festgestellt wurde. Auf die Erkenntnisse aus den einzelnen Untersuchungen soll im Laufe der Arbeit bei der Konzeptualisierung eines eigenen Erklärungsmodells tiefer eingegangen werden.

- Die **Einstellung** gegenüber dem stationären Handel oder dem Internet dient nicht nur als abhängige, sondern auch als unanhängige Variable. So wurde in den Untersuchungen von DACH (2002b) und LINGENFELDER/LÖVENICH (2001a) empirisch festgestellt, dass die Einstellung zum Internet einen positiven Einfluss auf die Absicht zur Nutzung des Internets als Kauf-Kanal ausübt. In Kapitel 4.3.4 wird näher darauf eingegangen.
- Die **Einkaufsmotive / Shopping Orientations** dienen in den dargestellten Untersuchungen entweder als Erklärungsvariable für die Nutzung/Akzeptanz des Internets (so bei LI/KUO/RUSSEL (1999), VELLIDO/LISBOA/MEEHAN (2000) und VERHOEF/LANGERAK (2001)) oder als Erklärungsvariable für die Einstellung zum Internet (wie bei CHILDERS ET AL. (2001) und LINGENFELDER/LÖVENICH (2001a)). Für manche Einkaufsmotive konnte der angenommene signifikante Einfluss (positiv bzw. negativ) empirisch bestätigt werden, auch wenn die Ergebnisse der Untersuchungen manchmal widersprüchlich sind. Das Konstrukt Einkaufsmotive wurde schon bei der Untersuchung von SCHRAMM-KLEIN erwähnt. In Kapitel 4.3.3 wird näher darauf eingegangen.
- Das **wahrgenommene Risiko**[189] wird in den Untersuchungen von VELLIDO/LISBOA/MEEHAN (2000), LINGENFELDER/LÖVENICH (2001a) und BAUER/FISCHER/SAUER (2000) als Barriere zur Nutzung der Distanzkanäle betrachtet. Das wahrgenommene Kaufrisiko beschreibt die Unsicherheit des Käufers bezüglich der (unter Umständen negativen) Konsequenzen eines Kaufes in einer bestimmten Situation. Nicht alle Untersuchungen konnten einen signifikanten negativen Einfluss des Konstrukts auf die abhängige Variable nachweisen. Auch ein Teil der in der Untersuchung von BETZ (2003) genannten „funktionalen Nutzungsbarrieren“ wurde als Risiko-Wahrnehmungen operationalisiert.
- Wahrgenommener Nutzen bzw. **Vorteile des Internets** im Vergleich zu den stationären Kanälen (z.B. LI/KUO/RUSSEL (1999)). Diese Variablen entsprechen der Operationalisierung der Kanaleigenschaften. Sie werden näher in Kapitel 4.2.1.2 für alle Kanäle, nicht nur für den Online-Kanal, betrachtet.

---

[189] Vgl. Meffert (2000), S. 124.

- Eine weitere Variable, der ein Einfluss auf die Nutzung des Internets zugesprochen wird, bildet die Gruppe der **situativen Faktoren**, wie z.B. Zeitdruck (bei VERHOEF/LANGERAK (2001)). In Kapitel 4.2.4 wird näher auf diese Erklärungsvariable eingegangen.
- In der Untersuchung von BETZ (2003) wird dem Konstrukt **Flow-Erlebnis** bei der Nutzung des Internets ein positiver Einfluss auf die Akzeptanz dieses Mediums (Nutzungsabsicht) in den einzelnen Phasen des Kaufprozesses zugesprochen. Das „Flow"-Konstrukt stammt aus der Motivationspsychologie. „Das Flow-Erleben kennzeichnet einen besonderen Erlebniszustand, in dem eine Person voll auf eine Aufgabe konzentriert ist, sie geht ganz in der Handlung auf und lässt sich von äußeren und inneren Störreizen kaum beeinflussen."[190] HOFFMANN/NOVAK (1996) stellten empirisch fest, dass Personen, die beim Surfen im Internet Flow-Erlebnisse hatten, das Internet zur Bestellung einer Vielzahl von Produktkategorien in signifikantem Maße gegenüber einem Kauf per Katalog oder in stationären Einkaufsstätten bevorzugen.[191] Zu ähnlichen Ergebnissen gelangen auch BAUER/GRETHER/BORRMANN (2001): Die Autoren ermittelten einen signifikanten Zusammenhang zwischen Aspekten des Flow-Erlebnisses und der Absicht von Internetnutzern, ihre Ticketbuchungen für Flugreisen zukünftig über das Internet zu tätigen.[192] Trotzdem wird das Konstrukt in der vorliegenden Untersuchung nicht betrachtet. Ein Grund dafür liegt darin, dass das Flow-Erlebnis mit dem Motiv-Konstrukt verwandt ist (originär ist es ein Erklärungsmodell der psychologischen Motivationsforschung). Wir gehen davon aus, dass viele Aspekte des Flow-Konzeptes durch die Analyse der Einkaufsmotive in Kapitel 4.3.3 berücksichtigt werden. Darüber hinaus kann dieses Konstrukt nur die Bevorzugung des Kanals Internet gegenüber anderen Kanälen erklären, aber nicht die Nutzung aller Kanäle.

An dieser Stelle sei auf die Untersuchung von BETZ (2003) hingewiesen, welche die einzige der Autorin bekannte Untersuchung ist, bei der der Verfasser ausdrücklich die unterschiedlichen Phasen des Einkaufsprozesses sowie den Einfluss der unabhängigen Variablen auf die abhängige Variable getrennt nach den Prozessphasen untersucht.[193]

---

190 Diehl (2002), S. 162.
191 Vgl. Hoffmann/Novak (1997), S. 26 ff.
192 Vgl. Bauer/Grether/Borrmann (2001), S. 24 f.
193 Zwar berücksichtigt Dach (2001a) in seiner Untersuchung auch unterschiedliche Phasen des Kaufprozesses, liefert aber keine Erklärungsvariablen dafür.

3.4.4 Zusammenfassung

In diesem Kapitel wurden mehrere Partialmodelle zur Erklärung des Kundenverhaltens im Multi-Channel-Retailing, bei der Nutzung von Distanzkaufkanälen und der Einkaufsstättenwahl im stationären Bereich dargestellt. In den Modellen wurden mehrere Erklärungsvariablen des Kundenverhaltens beleuchtet. Dazu zählen soziodemographische Kundenmerkmale. Eine weitere Kategorie bilden Konstrukte aus der Konsumentenverhaltensforschung: Werte, Einstellungen, Einkaufsmotive, Involvement, wahrgenommenes Risiko, Präferenzen, Flow-Erlebnis, Zufriedenheit mit dem stationären Einzelhandel oder dem Distanzkauf-Kanal sowie weitere Wahrnehmungen (der Vorteile, der Komplexität etc.).

Aus Gründen der Forschungsökonomik muss eine Auswahl der in der Literatur gefundenen Erklärungsvariablen vorgenommen werden. Aufgrund der anfangs formulierten Kriterien und der Bewertungen der Ansätze in Kapitel 3.4 werden folgende Konstrukte für die vorliegende Untersuchung vorgeschlagen: Einkaufsmotive, Einstellungen und Involvement. Das Konstrukt „wahrgenommenes Risiko" soll nicht zur Erklärung des Kundenverhaltens im Multi-Channel-Retailing berücksichtigt werden, obwohl es die anfangs formulierten Kriterien erfüllt. Der Aspekt des wahrgenommenen Kaufrisikos für ein bestimmtes Produkt wird im Rahmen der Operationalisierung des Involvementkonstrukts berücksichtigt (siehe auch die Ausführungen im Kapitel 4.3.2.2). Ein ähnliches Konstrukt, das Einkaufsmotiv „Risikoabneigung", findet im Rahmen des Kapitels 4.3.3.4 Berücksichtigung (dort findet auch die Abgrenzung der beiden Konstrukte statt). Darüber hinaus befasst sich eine andere Untersuchung am Lehrstuhl für Marketing und Handel der Universität Essen-Duisburg mit dem Konstrukt wahrgenommenes Risiko.[194]

Fasst man die Erkenntnisse aus den Kapiteln 3.3 und 3.4 zusammen, kann aufgrund der Auswertung der Fachliteratur folgender Rahmen zur Erklärung des Kundenverhaltens im Multi-Channel-Retailing entwickelt werden:

- Als beobachtbare Reaktion wird die Kanalnutzung (das Informations- und Kaufverhalten der Kunden) betrachtet.
- Als Stimuli die Merkmale der Vertriebskanäle, die soziodemographischen Kundenmerkmale, die Produktmerkmale sowie situative Faktoren.
- Als nichtbeobachtbare Variablen die Konstrukte Involvement, Einkaufsmotive und Einstellungen.

---

194 Siehe hierzu die Untersuchung von Bohlmann (2005).

3.5 Explorative, qualitative Untersuchung

3.5.1 Zielsetzung und Vorgehensweise

Im Rahmen der qualitativen Phase der Untersuchung wurden Expertengespräche mit Vertretern aus der Wissenschaft und aus der Praxis durchgeführt sowie Gruppendiskussionen und explorative Interviews mit Kunden des untersuchten Multi-Channel-Retailers.

Mit der Durchführung der qualitativen Untersuchung werden mehrere Ziele verfolgt. Als Erstes gilt es, in einem frühen Stadium der Untersuchung einen Überblick über das Untersuchungsthema zu gewinnen, das Thema einzugrenzen sowie die Forschungsfragen der vorliegenden Untersuchung zu formulieren. Dies ist das Hauptziel der Expertengespräche. Zweitens sollen Erkenntnisse über die Nutzungsmuster des Mehrkanalsystems und zur Operationalisierung der Stimuli und der Konstrukte gewonnen werden. Und drittens sollen Erkenntnisse über das Wirkungsgeflecht zwischen den verschiedenen Variablen gewonnen werden, die zur Formulierung von Hypothesen führen. Dazu dienen hauptsächlich die Gruppendiskussionen und die explorativen Interviews. Folgende Fragen gilt es zu beantworten:

- Welche Nutzungsmuster eines Mehrkanalsystems gibt es? In welchem Kanal kauft der Kunde, wo informiert er sich und wo fällt er die Kaufentscheidung?
- Welche Gründe gibt es für diese Verhaltensmuster (Determinanten der Kanalnutzung)? Erklären die Konstrukte Involvement, Einkaufsmotive und Einstellungen dieses Verhalten oder gibt es andere bzw. weitere Erklärungsvariablen?
- Welche Vor- und Nachteile haben die Kanäle? Warum werden nicht andere Kanäle genutzt? Welche Barrieren gibt es für die Nutzung anderer Kanäle? Welche Attribute/Eigenschaften der Kanäle sind für die Kunden relevant? Nach welchen Kriterien findet die Bewertung der Kanäle statt? Welche Einstellungen haben die verschiedenen Kundengruppen (Nutzungsmuster) zu den Kanälen? Welchen Einfluss haben diese Einstellungen auf die Nutzung der Kanäle?
- Welche Einkaufsmotive bzw. Motivbündel sind für diese Nutzungsmuster ausschlaggebend? Welche motivationalen Unterschiede bzw. Ähnlichkeiten gibt es zwischen den einzelnen Mustern? Wie können die Einkaufsmotive operationalisiert werden? Wovon hängen die unterschiedlichen Einkaufsmotive ab?
- Wie sehen die Kaufentscheidungsprozesse aus? Wovon hängen sie ab? Wie beeinflussen Produkte bzw. das Produktinvolvement die Kaufentscheidungsprozesse? Welchen Einfluss haben situative Faktoren auf den Kaufentscheidungsprozess?

Die Ergebnisse aus der qualitativen Untersuchung fließen in die Phasen der Modellierung und Hypothesenbildung ein. Sie bilden auch die Basis für die Formulierung des Fragebogens für die quantitative Untersuchung. Daher werden in diesem Kapitel nicht alle Ergebnisse im Einzelnen dargestellt, sondern es wird in den folgenden Kapiteln an den entsprechenden Stellen darauf hingewiesen.

3.5.2 Erhebungskonzeption und Durchführung

3.5.2.1 Expertengespräche

Als Erstes fanden vierzehn Expertengespräche mit Vertretern aus der Wissenschaft und der Praxis statt. Das Expertengespräch als ein nichtstandardisiertes Befragungsverfahren bildet eine Unterkategorie der explorativen Interviews.[195] Im Rahmen der Expertengespräche berichteten Fachleute über ihre Erfahrungen, Einsichten und Meinungen zum Thema Kundenverhalten im Multi-Channel-Retailing. Die Erkenntnisse aus den Experteninterviews halfen der Autorin, sich einen Überblick über die praktische Relevanz des Themas und den Status quo in der wissenschaftlichen und praxisorientierten Forschung zu verschaffen. Sie bildeten u.a. die Basis für die Formulierung der Forschungsfragen der vorliegenden Untersuchung. Des Weiteren halfen sie bei der Grobkonzeptualisierung des Modells, da sie Erkenntnisse über Nutzungsmuster der Kanäle der Multi-Channel-Retailer und deren Determinanten aus der Sicht verschiedener Multi-Channel-Retailer lieferten.

Die Experten stammen aus den Bereichen Wissenschaft, Multi-Channel-Handelsunternehmungen und Beratung und wurden nach folgenden Kriterien ausgewählt. Sie sollten

- als Wissenschaftler oder Berater im Bereich Handelsforschung bzw. Handelsmarketing tätig sein oder
- in führenden Positionen bei einer Unternehmung tätig sein, die erfolgreiche Multi-Channel-Konzepte verfolgt oder
- für die Untersuchung relevante Erfahrungen besitzen.

---

195 Vgl. u.a. Berekoven/Eckert/Ellenrieder (1996), S. 277; Hüttner (1989), S. 39 f.; Hammann/Erichson (1994), S. 395.

Die Vertreter der **Wissenschaft** repräsentieren die führenden Handels-Forschungsinstitute in Deutschland (Euro Handelsinstitut – EHI) und Großbritannien (The Oxford Institute of Retail Management – OXIRM). Die Experten aus der **Praxis** vertreten vier erfolgreiche deutsche Multi-Channel-Handelsunternehmungen (*Otto, Tchibo, Kaufhof, Douglas*), einen erfolgreichen deutschen Markenartikelhersteller, der die Einführung eigener Markenshops plant (Beiersdorf), eine führende internationale Strategieberatungsfirma (McKinsey) und eine deutsche Unternehmensberatung im Bereich des Handels (BBE Consulting). Parallel dazu befand sich die Verfasserin in einem stetigen inhaltlichen Austausch mit den Mitarbeitern des Lehrstuhls für Marketing und Handel an der Universität Duisburg-Essen, Campus Essen.

Die vierzehn Gespräche wurden als freie (offene), persönliche Gespräche durch die Verfasserin geführt und dauerten zwischen 1,5 und 2,5 Stunden. Sie wurden durch die Autorin schriftlich zusammengefasst.

3.5.2.2 Gruppendiskussionen

Unter einer Gruppendiskussion wird eine Diskussionsrunde im Rahmen einer Kleingruppe unter der Leitung eines entsprechend geschulten Moderators verstanden.[196] Die Gruppendiskussionen werden in der Regel auf Ton- und Videobändern aufgezeichnet. Die Videoaufzeichnungen bieten verschiedene Vorzüge: Zum einen stellen sie eine intersubjektive Nachprüfbarkeit durch eine permanente Verfügbarkeit des Datenmaterials sicher. Zum anderen erlauben sie auch die Auswertung nonverbaler Reaktionen der Teilnehmer und der Meinungsbildungsprozess kann ggf. im Nachhinein besser begriffen werden.

Der Erfolg der Gruppendiskussionen wird maßgeblich von der Erhebungskonzeption, insbesondere von der **Anzahl und Zusammensetzung** der Gruppen, beeinflusst. Die Bestimmung der Zusammensetzung der Gruppen sowie der Anzahl der durchzuführenden Gruppendiskussionen hängt vom Untersuchungsziel ab. Die Grundgesamtheit bilden die Non-Food-Kunden des untersuchten Multi-Channel-Retailers. Da sich die Hauptuntersuchungsfrage auf die Nutzung der Kanäle bezieht, musste sichergestellt werden, dass die Auskunftspersonen Einkaufserfahrungen in den fünf

---

196 Vgl. Kepper (1996), S. 64. Für eine ausführliche Einleitung und Beschreibung der Vorgehensweise vgl. u.a. Dreher/Dreher (1982); Salcher (1995), S.46 ff.; Lamnek (1998); Dammer/Szymkowiak (1998); Morgan (1998); Krueger (1998). Vom englischen Begriff „focus group“ ausgehend wird auch im Deutschen der Begriff „Fokusgruppe“ synonym verwendet.

Kanälen des untersuchten Multi-Channel-Retailers hatten. Die Basis für die Rekrutierung der Auskunftspersonen und deren Einteilung in die einzelnen Gruppen war das beobachtbare Kundenverhalten: die Nutzung des Mehrkanalsystems beim Kauf von Non-Food-Artikeln über mehrere Kaufprozesse (Einkanal- vs. Mehrkanal-Käufer). Zwar interessiert in der vorliegenden Untersuchung vor allem die Frage, wie Kunden die unterschiedlichen Kanäle im Rahmen eines Kaufprozesses (zur Information und zum Kauf) nutzen. Um zu verhindern, dass sich die Teilnehmer schon im Vorfeld bereits intensiv mit der Unternehmung auseinander setzen und dadurch in den Gruppendiskussionen Artefakte generiert werden, wurden den Teilnehmern bei der Rekrutierung noch keine Hinweise über die zu besprechende Unternehmung gegeben. Auf dem Rekrutierungsbogen wurden Fragen zu der Nutzung mehrerer Multi-Channel-Unternehmungen gestellt. Aus diesem Grund konnte nicht bereits in der Auswahlphase detailliert auf das Nutzungsmuster im Rahmen eines Kaufprozesses eingegangen werden.

Die wichtigste Frage bei der Zusammensetzung der Gruppen ist die nach der Homogenität der Probanden innerhalb der Gruppen. Im Falle *homogener (heterogener)* Gruppen gleichen (unterscheiden) sich die Gruppenmitglieder bezüglich eines oder mehrerer als wichtig erachteter Merkmale. Üblicherweise werden soziodemographische Merkmale eingesetzt. Es können aber auch „externe" Homogenitätskriterien herangezogen werden.[197] Als externes Homogenitätskriterium wurde in der vorliegenden Untersuchung die Nutzung der Kanäle eines Multi-Channel-Retailers benutzt. Sowohl homogene als auch heterogene Gruppenstrukturen haben ihre Vorteile: Der Hauptvorteil heterogener Gruppen ist, dass diese methodisch und theoretisch fruchtbarer sind. Erst in der engagierten, kontroversen und häufig emotional geführten Diskussion und im Austausch von Argumenten sollen die eigentlichen Hintergründe für bestimmte Verhaltensweisen deutlich werden. Zu den Vorteilen der homogenen Gruppenstruktur gehört eine konvergierende Gruppenmeinung, eine einheitliche Sprache sowie ein einheitliches und klar zu fassendes Meinungsbild.[198] Bei der Zusammensetzung der einzelnen Gruppen wurden hinsichtlich der Kanalnutzung sowohl homogene als auch heterogene Gruppenstrukturen gebildet. Aus der Zielsetzung, alle möglichen Nutzungsmuster (Kanal-Kombinationen) in den Gruppen abzubilden, ergab sich eine Mindestzahl von drei Fokusgruppen: Einkanal-Käufer, Mehrkanal-Käufer und die Kombination von Ein- und Mehrkanal-Käufern. Um die grup-

---

197 Vgl. Lamnek (1998), S. 96.

198 Vgl. Dreher/Dreher (1982), S. 149; Dammer/Szymkowiak (1998), S. 15 ff.; Lamnek (1998), S. 96 f. und Salcher (1995), S. 46 f.

pendynamischen Prozesse vergleichen zu können, wurde die Gruppe der Ein- und Mehrkanal-Käufer dupliziert.[199]

Als ideale Größe wird eine Anzahl von 6-10 *Teilnehmern pro Gruppe* empfohlen.[200] Die Anzahl der Teilnehmer pro Gruppe beträgt in diesem Fall 7 bis 10 und ergibt sich aus den Kriterien für die Zusammensetzung der Gruppen. Abbildung 12 gibt einen Überblick über die Zusammensetzung der Fokusgruppen. Bezüglich *soziodemographischer Merkmale* waren 80% der Teilnehmer weiblich und die Altersspanne lag zwischen 25 und 50 Jahren.

Gruppe	Nutzungsmuster	Beispiele für die Kanalnutzung	Anzahl Teilnehmer
1: homogen[201]	**Einkanal-Käufer** (Stationär- und Distanzkäufer)	- Kauf nur in Filialen - Kauf nur im Katalogversand	**8** (2 männlich)
2: heterogen	**Ein- und Mehrkanal-Käufer - STATIONÄR** (nur stationäre Käufer ohne Distanzkanäle)	- Kauf in Filialen + Depots in Bäckereien	**7** (2 männlich)
3: heterogen	**Mehrkanal-Käufer** (mit Distanzkanälen; ohne die Kombination „nur stationär")	- Kauf in Filialen + Online-Shop	**10** (0 männlich)
4: heterogen[202]	**Ein- und Mehrkanal-Käufer - STATIONÄR** (nur stationäre Käufer ohne Distanzkanäle)	- Kauf in Filialen + Depots im LEH	**10** (3 männlich)

Abbildung 12: Struktur der Gruppen

Die Gruppendiskussionen dauerten jeweils 2,5 Stunden und wurden Ende Mai 2002 in Hamburg durchgeführt. Die Diskussion wurde inhaltlich mithilfe eines Leitfadens vorstrukturiert (siehe Anhang A.1). Die Diskussionsleitung teilten sich die Autorin und eine externe hauptberufliche Moderatorin.

199 Es wurde die Gruppe der Ein- und Mehrkanal-Käufer dupliziert, weil aus einer früheren Untersuchung bekannt war, dass diese Struktur die Mehrheit der Kunden repräsentiert.

200 Kepper (1999), S. 173.

201 Die Homogenität bezieht sich auf die Anzahl der genutzten Vertriebskanäle zwecks Kauf. Bezüglich anderer Variablen (Nutzungsmuster der Vertriebskanäle zwecks Information oder soziodemographische Merkmale) sind die Gruppen heterogen.

202 Strukturgleich mit Gruppe 2.

3.5.2.3 Explorative Interviews

Im Anschluss an die Gruppendiskussionen wurden dreißig explorative Interviews durchgeführt. Die explorativen Interviews sind nichtstandardisierte qualitative Befragungsverfahren.[203] Mit ihrer Hilfe sollten Fragen beantwortet werden, die im Rahmen der Gruppendiskussionen nicht in der Tiefe geklärt werden konnten. Während im Rahmen der Gruppendiskussionen ein breites Spektrum an Erkenntnissen über die Kanäle des Multi-Channel-Retailers, das Involvement und die verschiedenen Entscheidungstypen, die Einkaufsmotive und die Einstellungen zu den Kanälen zutage gefördert wurde, galt es, im Rahmen der Interviews mehr über die Hintergründe und die Determinanten dieser Variablen bzw. Konstrukte zu erfahren. Auch wurden einzelne Formulierungen für den Fragebogen auf ihre Richtigkeit und Verständlichkeit hin überprüft.

Bei der Rekrutierung der Auskunftspersonen wurde Wert darauf gelegt, soziodemographische Merkmale, die in den Gruppendiskussionen unterrepräsentiert waren, überzugewichten. In den Gruppendiskussionen dominierten zahlenmäßig die Frauen (80%), die Auskunftspersonen wohnten im norddeutschen Raum (Großraum Hamburg) und waren zwischen 25 und 50 Jahre alt. Um mögliche Abweichungen zu erfassen, die sich aus dem Geschlecht, dem Alter oder dem Wohnort ergeben könnten, wurden im Rahmen der explorativen Interviews überdurchschnittlich mehr Männer befragt (12 Personen = 40%) im Vergleich zum Unternehmensdurchschnitt (ca. 20%). Bezüglich des Alters waren 50% der Auskunftspersonen älter als 50 Jahre (die Altersspanne lag zwischen 31 und 73 Jahren). Auch wurden zwei Drittel der Interviews (20) im süddeutschen Raum (Nürnberg) durchgeführt.

Die Verfasserin führte im Zeitraum vom 17.06. – 21.07.2002 die explorativen Interviews als semistrukturierte Interviews in verschiedenen Filialen der untersuchten Unternehmung in Hamburg und Nürnberg durch. Die Interviews dauerten ca. 30 Minuten und wurden auf Tonbändern aufgezeichnet.

---

[203] Vgl. Hron (1982), S. 128.

3.5.3 Methodische Aspekte und Auswertung

Die Auswertungen erfolgten im Anschluss an die Durchführung der einzelnen Untersuchungen. Als Erstes wurden die Experteninterviews ausgewertet. Dies erfolgte weniger formalisiert und gab der Verfasserin ein erstes „Gefühl“ für das Thema.

In einem zweiten Schritt wurden die Gruppendiskussionen ausgewertet und anschließend die explorativen Interviews. Die Auswertung der Gruppendiskussionen und explorativen Interviews erfolgte in Anlehnung an die Empfehlung von SALCHER[204] in zwei Etappen: Zuerst wurde im Rahmen einer Längsschnittsanalyse jede einzelne Fokusgruppe bzw. jedes einzelne Interview ausgewertet. Die zweite Etappe bildete eine Querschnittsanalyse: Einzelne Themen bzw. Kategorien wurden über alle Fokusgruppen bzw. alle Interviews hinweg verfolgt und ausgewertet.

Die **Längsschnittsanalyse** der Fokusgruppen erfolgte nach der Methode der qualitativen Inhaltsanalyse nach MAYRING.[205] Grundlage der Analyse waren die Transkripte der Videoaufzeichnungen, wobei zwecks Klärung an manchen Stellen der Text mit den Originalaufzeichnungen verglichen wurde. Als inhaltsanalytische Haupttechnik wurde die „inhaltliche Strukturierung“ angewandt. Ziel dieser Technik ist es, die aus der Fragestellung der Arbeit theoriegeleitet entwickelten Kategorien aus dem Material herauszufiltern und zusammenzufassen.[206] Die Analyse erfolgte in neun Schritten:[207]

1. *Bestimmung der Analyseeinheit*: In diesem Fall bildet jede Fokusgruppe eine Analyseeinheit.
2. *Theoriegeleitete Festlegung der inhaltlichen Hauptkategorien*: Die Hauptkategorien sind die aus dem theoretischen Bezugsrahmen relevanten Aspekte. Als Stimuli die Eigenschaften der Kanäle, soziodemographische Merkmale, Produkte sowie situative Faktoren. Als nichtbeobachtbare Variablen Einkaufsmotive, Einstellungen und Involvement sowie als beobachtbare Variablen das Kundenverhalten bei der Nutzung der Kanäle (sowohl im Rahmen eines Kaufprozesses als auch über mehrere Prozesse hinweg).

---

204 Vgl. Salcher (1995), S. 41 f.
205 Vgl. zur Vorgehensweise Mayring (1999) S. 42 ff.
206 Vgl. Mayring (1999), S. 83. Laut Mayring gibt es drei verschiedene inhaltsanalytische Strategien: die Zusammenfassung, die Explikation und die Strukturierung.
207 Vgl. Mayring (1999), S. 83 ff. Für die Schritte 1-7 siehe auch Morgan (1998), S. 89 ff.

3. *Bestimmung der Unterkategorien*: Diese ergaben sich ebenfalls aus den theoretischen Überlegungen. So bilden z.B. für die Hauptkategorie Einkaufsmotive die einzelnen Einkaufsmotive (Erlebnisorientierung, Convenienceorientierung, Beratungsorientierung etc.) die Unterkategorien.
4. *Formulierung von Definitionen, Ankerbeispielen und Kodierregeln zu den einzelnen Kategorien*: Dieser Schritt erfolgte weniger formell, da es kein Auswertungsteam gab, sondern nur einen einzelnen Auswerter (die Autorin).
5. *Materialdurchlauf:* Fundstellenbezeichnung, Bearbeitung und Extraktion der Fundstellen
6. *Überarbeitung, ggf. Revision von Kategoriensystemen und -definitionen*
7. *Paraphrasierung des extrahierten Materials*
8. *Zusammenfassung pro Kategorie*
9. *Zusammenfassung pro Hauptkategorie*

Als Grundlage für die Längsschnittsanalyse der explorativen Interviews dienten die Aufzeichnungen der Autorin sowie die Tonbänder. Für die Analyse wurde auf die bereits im Rahmen der Auswertung der Fokusgruppen gebildeten Kategorien zurückgegriffen.

Im Rahmen der **Querschnittsanalyse** wurden die Aussagen aus den Haupt- und Unterkategorien über die 4 Fokusgruppen verglichen.[208] Anschließend wurden die Haupt- und Unterkategorien mit Erkenntnissen aus den explorativen Interviews ergänzt.

Die Ergebnisse der Gesamtanalyse wurden nach den inhaltlichen Hauptkriterien gegliedert und in einem Ergebnisprotokoll zusammengefasst. Aufgrund der explorativen Untersuchung konnten realistische Nutzungsmuster der Kanäle zur Information und zum Kauf sowie ihre Determinanten beleuchtet werden. Des Weiteren konnte ein Modell zur Erklärung dieser Nutzungsmuster ausgearbeitet werden (inkl. Hypothesenbildung). Aufgrund dieser Erkenntnisse konzentriert sich die weitere Untersuchung auf folgende Modellelemente: als Stimuli auf die Eigenschaften der Kanäle, die soziodemographischen Kundenmerkmale, die Produkte und die situativen Faktoren, als nichtbeobachtbare Variablen des Kundenverhaltens auf die Einkaufsmotive,

---

208 Vgl. zur Vorgehensweise u.a. Krueger (1998) S. 17 f.

die Einstellungen gegenüber den Kanälen und das Produktinvolvement.

Folgende allgemeine Zusammenhänge konnten aufgrund der Erkenntnisse der explorativen Untersuchung formuliert werden (Arbeitshypothesen):

- In welchem Kanal sich der Kunde in einer konkreten Kaufsituation informiert und in welchem Kanal er anschließend kauft, hängt von seinen **Einkaufsmotiven** ab. Kunden nutzen einen Kanal, um sich zu informieren, und den gleichen oder einen anderen, um ein Produkt zu kaufen in Abhängigkeit von ihren Einkaufsmotiven.
- Kunden kaufen am häufigsten in den Kanälen, denen gegenüber sie die besten **Einstellungen** haben.
- Die Produkte beeinflussen nicht direkt die Kanalwahl. Das heißt, dass Aussagen der Art „Kleider werden bevorzugt in der Filiale gekauft, während Fernseher eher über Katalogversand bestellt werden" nicht gemacht werden können. Die Produkte beeinflussen eher indirekt die Kanalwahl durch das Konstrukt **Produktinvolvement**. Auch können die Produkte einige Einkaufsmotive (z.B. Beratungsorientierung oder Preisorientierung) beeinflussen.
- Auch die soziodemographischen Kundenmerkmale beeinflussen nicht direkt die Kanalwahl. Aussagen der Art „Frauen ziehen es vor, in der Filiale zu kaufen, während Männer eher das Internet bevorzugen" können nicht gemacht werden. Die soziodemographischen Merkmale beeinflussen aber die Einkaufsmotive. So könnte man z.B. folgende Aussage formulieren: „Frauen mit Kleinkindern sind stärker convenienceorientiert, weswegen sie eher das Informieren und Kaufen über den Katalogversand oder das Internet bevorzugen."

Darüber hinaus konnten die wichtigsten Vor- und Nachteile der Kanäle aus Kundensicht sowie diejenigen Eigenschaften der Kanäle, die die Kunden bei der Einstellungsbildung als relevant erachten, identifiziert werden. Auch konnten Erkenntnisse für die Operationalisierung der Konstrukte gewonnen werden.

3.6 Bezugsrahmen der Untersuchung

An dieser Stelle kann anknüpfend an die Ausführungen aus den vorangegangenen Kapiteln ein verhaltenswissenschaftlicher Untersuchungsrahmen (SOR-Modell) aufgespannt werden, der die Nutzung der Kanäle eines Multi-Channel-Retailers als Ergebnis von Wahlprozessen des Kundenverhaltens berücksichtigt (vgl. Abbildung 13).

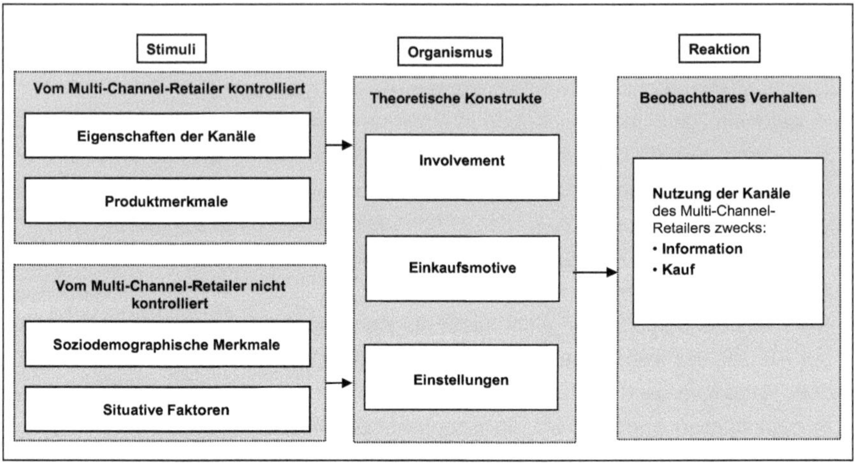

Abbildung 13: Bezugsrahmen der Untersuchung

Zu den in der vorliegenden Untersuchung betrachteten Stimuli zählen die Eigenschaften der Kanäle des Multi-Channel-Retailers und die Produktmerkmale (als vom Anbieter kontrollierte Stimuli) sowie die soziodemographischen Kundenmerkmale und die situativen Faktoren (als vom Anbieter nicht kontrollierte Stimuli). Die Stimuli beeinflussen das Geschehen im Inneren des Organismus, die nichtbeobachtbaren, theoretischen Konstrukte. Dazu zählen das Involvement, die Einkaufsmotive sowie die Einstellungen gegenüber den Kanälen.
Die Reaktion auf die Vorgänge im Organismus bildet das beobachtbare Kundenverhalten, nämlich die Nutzung der Kanäle des Multi-Channel-Anbieters in den Kaufentscheidungsphasen Information und Kauf.[209]

An dieser Stelle sei nochmals betont, dass diese Erklärungsvariablen nur einen Ausschnitt aus allen möglichen Determinanten des Kundenverhaltens im Multi-Channel-Retailing bilden. Ihre Auswahl fand im Hinblick auf die Forschungsfragen, nach den dargestellten Kriterien und Bewertungen statt. Im nächsten Kapitel gilt es, die Variablen eingehender zu beleuchten und die Arbeitshypothesen auszuformulieren.

[209] Es bestehen mehrere Möglichkeiten, die Nutzung der Kanäle zu betrachten. Warum eine Konzentration auf diese beiden Phasen stattfindet, wird in Kapitel 4.1 erläutert.

4 MODELLIERUNG UND HYPOTHESENBILDUNG

In diesem Kapitel werden die im Bezugsrahmen der Arbeit dargestellten abhängigen und unabhängigen Variablen näher beleuchtet und Hypothesen bezüglich der Wirkungszusammenhänge formuliert. Als Erstes wird das beobachtbare Verhalten (R-Variablen) betrachtet (Kapitel 4.1). In Kapitel 4.2 werden dann die Stimuli-Variablen und deren Einfluss auf das nichtbeobachtbare Verhalten untersucht. Anschließend widmet sich Kapitel 4.3 den O-Variablen, d.h. den drei psychographischen Merkmalen, von denen angenommen wird, dass sie das Nutzungsverhalten der Kanäle des Multi-Channel-Retailers bestimmen.

4.1 Die Nutzung der Kanäle als beobachtbares Verhalten

4.1.1 Single- und Multi-Channel-Nutzung

Im Hinblick auf die Nutzung der Kanäle eines Mehrkanalsystems stellt sich als Erstes die Frage, welches Nutzungsverhalten erklärt werden soll: Soll nur ein Kaufprozess oder sollen mehrere konsekutive Kaufprozesse eines Kunden bei der untersuchten Mehrkanal-Unternehmung betrachtet werden? Auch muss in diesem Zusammenhang der Begriff der „Multi-Channel-Kunden" bzw. der „Multi-Channel-Nutzung" konkretisiert werden. Von einer **Multi-Channel-Nutzung** der Kanäle kann in zwei Fällen gesprochen werden (siehe Abbildung 14 und Abbildung 15):

- Ein Kunde nutzt mehrere Kanäle während eines Kaufprozesses (auch Cross-Channel-Nutzung genannt).
- Ein Kunde nutzt verschiedene Kanäle im Rahmen unterschiedlicher Kaufprozesse.

Im Kapitel 3.2 wurde ein Kaufentscheidungsprozess dargestellt, dessen Phasen vereinfacht als die Informationsphase (vor dem Kauf), die Vereinbarungsphase (Kauf-Phase), die Abwicklungsphase und die After-Sales-Phase (nach dem Kauf) bezeichnet werden können. Bei der Abwicklung dieser Phasen können die Kunden eines Multi-Channel-Retailers seine Kanäle auf unterschiedliche Weise nutzen. Grundsätzlich gibt es folgende Kundentypen: [210]

---

[210] Vgl. Schröder/Großweischede (2002), S. 86.

- *Kundentyp A* nutzt für den gesamten Kaufprozess über mehrere Kaufakte hinweg den gleichen Kanal (z.B. nur Katalogversand).
- *Kundentyp B* wickelt den gesamten Kaufprozess über einen Kanal ab, wechselt aber den Kanal über mehrere Kaufakte (z.B. ein Kaufprozess im stationären Kanal und der nächste im Online-Shop).
- *Kundentyp C* verteilt die Phasen eines Kaufprozesses über mehrere Kanäle (z.B. Information im Online-Shop, Kauf im stationären Kanal und Reklamation wiederum im stationären Kanal).

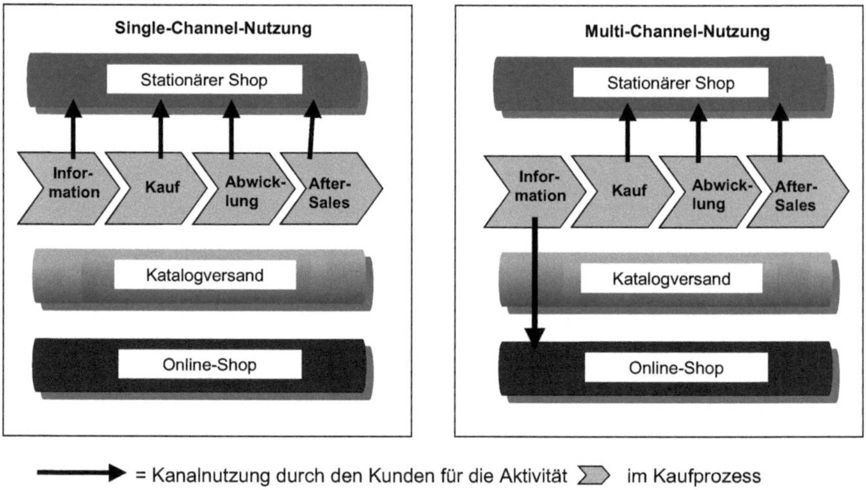

Abbildung 14: Beispielhafte Nutzung der Kanäle eines Multi-Channel-Retailers im Rahmen eines Kaufprozesses
Quelle: eigene Erstellung in Anlehnung an Schröder (2005), S. 65

Während es sich bei dem Kundentyp A eindeutig um Single-Channel-Nutzer und bei dem Kundetyp C eindeutig um Multi-Channel-Nutzer handelt, hängt die Einordnung des Kundentyps B von dem Betrachtungswinkel ab: Steht ein Kaufprozess im Fokus, dann handelt es sich um einen Single-Channel-Nutzer. Werden mehrere Kaufprozesse betrachtet, dann handelt es sich um Multi-Channel-Nutzer.

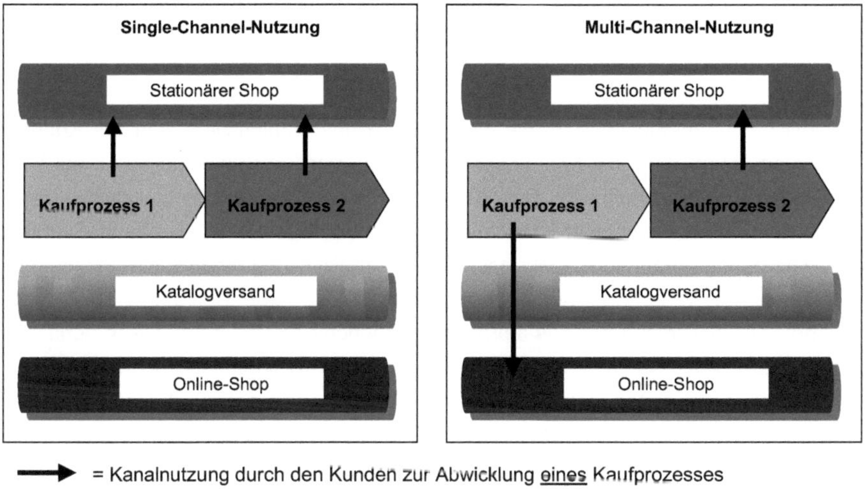

Abbildung 15: Beispielhafte Nutzung der Kanäle eines Multi-Channel-Retailers im Rahmen mehrerer Kaufprozesse

Den Schwerpunkt der vorliegenden Untersuchung bildet das Verhalten im Rahmen eines Kaufprozesses. Aus forschungsökonomischen Gesichtspunkten wird die Untersuchung bei der Betrachtung des Kaufentscheidungsprozesses auf die beiden Phasen **„Information vor dem Kauf“** und **„Kauf“** begrenzt. Ist im Folgenden von Single-Channel-Nutzer bzw. Multi-Channel-Nutzer die Rede, dann folgt die Einteilung danach, in welchem Kanal die Kunden sich informieren und in welchem Kanal sie kaufen: Single-Channel-Nutzer (Single-Channel-Kunden) informieren sich und kaufen in demselben Kanal (im Rahmen eines Kaufprozesses), Multi-Channel-Nutzer (Multi-Channel-Kunden) nutzen mehrere Kanäle dazu (im Rahmen eines Kaufprozesses). Wenn eine andere Perspektive gewählt wird, dann wird dies eindeutig gekennzeichnet.

4.1.2 Ergebnisse empirischer Untersuchungen

Nun stellt sich die Frage, wie die alternativen Kanäle eines Mehrkanalanbieters genutzt werden. Empirische Untersuchungen, die sich mit dem Informations- und Kaufverhalten der Kunden im Multi-Channel-Retailing befasst haben, sind, wie im Kapitel 1.1.1 dargestellt, selten. Dazu gehört die bereits erwähnte Untersuchung von SCHRAMM-KLEIN (2003). Es gibt aber eine Fülle von Untersuchungen, die das Electronic-Retailing im Fokus haben; u.a. die Studien von Cambridge Technology Partners (Silberberger (2002)), *Dach* (2002a), *Boston Consulting Group* (Rasch/Lintner (2001)) sowie KPMG (Burke (2000)).

Ein Blick auf Untersuchungen, die sich mit dem Informationsverhalten der Kunden befassten, zeigt, dass die Informationsnachfrage mehr oder weniger stark auf verschiedene Kanäle verteilt wird. Bei der Frage, wie sich die Kunden hinsichtlich Informationen und Kaufabschlüssen im Internet und im stationären Einzelhandel verhalten, wird häufig darauf verwiesen, dass der elektronische Kanal als Informations- und der stationäre Kanal als Kaufort genutzt wird. Die *Boston Consulting Group* formuliert: „The online channel has a profound influence on consumers' offline behavior, and therefore will play an integral role in an increasingly Multi-Channel world."[211] Allerdings geht aus vielen Untersuchungen nicht hervor, ob der Kunde beide Aktivitäten bei demselben oder bei unterschiedlichen Händlern ausübt. Nur im ersten Fall liegen Erkenntnisse für ein Mehrkanalsystem vor. So wird in der zitierten Untersuchung der *Boston Consulting Group* festgestellt, dass 35 % derjenigen Kunden (n = 3.003), die sich im E-Shop eines Händlers informiert haben, auch bei demselben Händler offline (stationär) gekauft haben (31 % dasselbe Produkt und dieselbe Marke, 4 % ein anderes Produkt oder eine andere Marke). 66% der Kunden haben allerdings nach der Informationsphase den Anbieter gewechselt und bei einem anderen Händler gekauft.

Anteil der Browser, die nach einer Information im Online-Shop offline gekauft haben ...	**bei demselben Händler**	**bei einem anderen Händler**
das gleiche Produkt/Marke	31%	54%
verschiedene Produkte/Marken	4%	11%

Lesebeispiel: 4 Prozent der Kunden, die sich in einem Online-Shop über ein bestimmtes Produkt informiert haben, haben im stationären Geschäft desselben Händlers ein anderes Produkt gekauft.

Anzahl Offline-Käufer = 3.003 / n_{gesamt} = 10.821

Abbildung 16: Informations- und Kaufverhalten in Mehrkanalsystemen
Quelle: Rasch/Lintner (2001), S. 16

DACH (2002a) hat das Informations- und Kaufverhalten in Bezug auf verschiedene Kanäle untersucht, wobei es sich nicht nur um die Kanäle desselben Anbieters han-

[211] Rasch/Lintner (2001), S. 7.

delte. Grundlage waren die Antworten aus einer Online-Befragung von Internetnutzern (n = 1.239). Die Online-Shopper und Nicht-Online-Shopper (Internetnutzer, die keine Waren über das Internet kaufen) wurden nach ihrem letzten Einkauf im Internet oder in einem stationären Geschäft befragt (Branchen: vor allem Bücher, Drogerieartikel, Bekleidung und Möbel). Für Multi-Channel-Retailer stellt DACH (2002a) fest, dass knapp 11% der Kunden der stationären Geschäfte sich zuvor im Online-Shop dieses Händlers informiert hatten, während den umgekehrten Weg 2,6% der Kunden genommen haben.[212] Betrachtet man hingegen grundsätzlich alle Kanäle, unabhängig zu welchem Händler sie gehören, ist der Anteil der Kunden, die sich erst im stationären Geschäft informieren und dann im Online-Shop kaufen, mit über 28% deutlich höher. Insoweit hat die Verknüpfung beider Kanäle in dieser Form für die Kunden eine nicht zu vernachlässigende Bedeutung.

Die amerikanische Unternehmungsberatung *Cambridge Technology Partners* hat für den Bereich Handel im Juni 2001 untersucht, welche Informationskanäle die Kunden vor, beim und nach dem Kauf nutzen (Abbildung 17). Die Antworten stammen von 560 als „junge Konsumenten" bezeichneten Personen, die in den vergangenen 12 Monaten eine CD, ein Buch oder Kinokarten gekauft haben.[213] Für das Verständnis der Ergebnisse ist wichtig, dass gefragt wurde, inwieweit der jeweilige Kanal mindestens einmal (!) während der letzten 12 Monate genutzt wurde. Daher erlauben die Ergebnisse keine Aussagen über das Informationsverhalten während eines Kaufprozesses und sie liefern auch keine Erkenntnisse über Multi-Channel-Retailer, sondern allenfalls über die Nutzung verschiedener Kanäle durch die Kunden.

Kaufphase / **Informationsquelle**	**Pre-Sales**	**Sales**	**After-Sales**
persönlicher Kontakt	89%	100%	89%
telefonischer Kontakt	13%	14%	53%
Website	62%	38%	28%
Brief/Fax	4%	7%	9%

Abbildung 17: Nutzung von Kanälen zur Deckung des Informationsbedarfs innerhalb eines Jahres
Quelle: Silberberger (2002), S. 34

Zu ähnlichen Ergebnissen gelangt eine Studie, die im Auftrag der amerikanischen Unternehmensberatung *KPMG* an der *Indiana University (USA)* durchgeführt wurde und an der 2.120 Personen eines US-amerikanischen Online-Panels von Mai bis Ju-

212 Vgl. Dach (2002a), S. 34.
213 Vgl. Silberberger (2002), S. 43.

ni 2000 teilnahmen. Sie antworteten u.a. auf die Frage, welche Kanäle sie gerne nutzen würden (!), um die verschiedenen Phasen des Kaufprozesses beim Kauf von 10 unterschiedlichen Produktkategorien abzuwickeln.[214] Die Befragten bevorzugen den stationären Handel, um Anregungen über neue Produkte zu erhalten (76%), Ware zu kaufen und bezahlen (91%), Produkte zu empfangen (91%) und zurückzubringen (89%). Das Internet eignet sich, um Produktinformationen zu suchen (90%) und Alternativen zu vergleichen (83%). Auch im Falle dieser Untersuchung gilt, dass die Ergebnisse keine Aussagen über das Informationsverhalten <u>während</u> eines Kaufprozesses ermöglichen und dass nicht die Kanäle <u>eines</u> Multi-Channel-Retailers analysiert wurden.

SCHRAMM-KLEIN (2003) untersucht als Reaktionsvariable ihres in Kapitel 1.1.1 dargestellten Modells die „Nutzung der Kanäle von Mehrkanalsystemen". Die Nutzung des Mehrkanalsystems wurde als tatsächliches Verhalten der Kunden erfasst und beinhaltet Fragen zur: Häufigkeit der Käufe in den jeweiligen Kanälen, Häufigkeit der Frequentierung der Kanäle (unabhängig von tatsächlichen Käufen), Änderung des Kaufverhaltens in den jeweiligen Kanälen im Vergleich zu „vor einem Jahr" sowie „Häufigkeit der Cross-Channel-Nutzung" im Rahmen eines Kaufprozesses. Die „Häufigkeit der Cross-Channel-Nutzung", welche für die Fragestellung der vorliegenden Untersuchung sehr relevant ist, wird von SCHRAMM-KLEIN nicht detailliert erhoben: Es wurde nicht erfasst, in welchem Kanal die Informationsphase stattfand und in welchem der Kauf. Die „Häufigkeit der Cross-Channel-Nutzung" wurde lediglich über folgendes Item erfasst: „Wenn ich mich bei dem Unternehmen online oder offline informiert habe, habe ich oft in einem der anderen Vertriebskanäle des Unternehmens das Produkt gekauft." Die Antworten wurden auf einer 5er-Ratingskala von „Stimme vollständig zu" bis „Stimme überhaupt nicht zu" erhoben.[215]

Interessant für die vorliegende Untersuchung sind SCHRAMM-KLEINS Erkenntnisse bezüglich der „Häufigkeit der Cross-Channel-Nutzung" im Rahmen eines Kaufprozesses. Über alle acht betrachteten Multi-Channel-Unternehmungen zeigt sich, dass über die Hälfte der Kunden sehr häufig oder häufig unterschiedliche Kanäle des betrachteten Multi-Channel-Retailers im Rahmen von Einkaufsprozessen kombiniert hat. Eine Kontingenzanalyse bezüglich der Unterschiede in der Cross-Channel-Nutzung nach Unternehmungen zeigt signifikante Unterschiede bezüglich der Unternehmungen *Tchibo*, *Douglas* und *Otto*, bei denen eine häufige Kombination von Ka-

[214] Vgl. Burke (2000), S. 7 und 24.
[215] Vgl. Schramm-Klein (2003), S. 398.

nälen im Rahmen eines Einkaufsprozesses erfolgt. Die höchste Cross-Channel-Nutzung weist der Multi-Channel-Retailer *Tchibo* auf: So gaben 28,6% bzw. 36,2% der befragten *Tchibo*-Kunden an, sehr häufig bzw. häufig im Rahmen eines Kaufprozesses zwischen den Kanälen zu wechseln.[216] Kritisch anzumerken ist, dass die Frage ziemlich vage formuliert wurde und sich auf unterschiedliche Kaufprozesse bezog. Darüber hinaus liefert die Autorin keine Erklärung für diesen Sachverhalt. Sie äußert die Vermutung, dass er darauf zurückzuführen sei, dass die Unternehmungen *Tchibo* und *Otto* bezüglich der Kanäle signifikant als stärker integriert wahrgenommen werden und dass die Kanäle der beiden Multi-Channel-Retailer auch als ähnlicher wahrgenommen werden.

Zusammenfassend kann festgehalten werden: Die empirischen Untersuchungen, die sich mit dem Informationsverhalten der Kunden im Multi-Channel-Retailing oder im E-Commerce befasst haben, zeigen, dass die Informationsnachfrage mehr oder weniger stark auf verschiedene Kanäle verteilt wird. Werden ein stationärer Kanal und ein Distanzkanal eines Händlers im Rahmen eines Kaufprozesses kombiniert, dann wird der Online-Kanal öfter als Informationskanal genutzt als umgekehrt. Die Untersuchung von SCHRAMM-KLEIN bestätigt dem Untersuchungsobjekt der vorliegenden Arbeit eine hohe Cross-Channel-Nutzung.

4.2 Stimuli als mittelbare Determinanten der Kanalnutzung

In den neobehavioristischen Modellen wird davon ausgegangen, dass beobachtbare Variablen, die so genannten Stimuli (die sich außerhalb des Körpers manifestieren), das menschliche Verhalten beeinflussen. Als die wichtigsten Stimuli werden im Allgemeinen die Merkmale des Objektes, der Person sowie die situativen Faktoren aufgeführt.[217] Wie in dem Bezugsrahmen dargestellt, werden in der vorliegenden Untersuchung vier Kategorien von Stimuli betrachtet: die Merkmale der Kanäle (in Kapitel 4.2.1) und der Produkte (in Kapitel 4.2.3), die soziodemographischen Personenmerkmale (in Kapitel 4.2.2) sowie situative Faktoren (in Kapitel 4.2.4).

---

216 Vgl. Schramm-Klein (2003), S. 284.
217 Vgl. Meffert (1992a), S. 24 f.

4.2.1 Merkmale der Kanäle

Die Eigenschaften der Kanäle des Multi-Channel-Retailers können die Vorteilhaftigkeit der einzelnen Kanäle für den Kunden in einer bestimmten Entscheidungssituation beeinflussen. Es wird angenommen, dass die Nutzung der Kanäle von der Eignung der Kanäle abhängt, bestimmte Bedürfnisse und Einkaufsmotive der Kunden zu befriedigen. Für den Multi-Channel-Retailer ist es wichtig, diejenigen Eigenschaften der Kanäle zu ermitteln, die das Wahlverhalten der Kunden beeinflussen. Kennt er diese Eigenschaften, dann kann er über den Einsatz seines Handelsmarketing-Instrumentariums Einfluss auf den Entscheidungsprozess der Kunden im Sinne seiner Zielsetzungen nehmen. Nun stellt sich die Frage, welche Eigenschaften der Kanäle von den Kunden in ihren Urteilen berücksichtigt werden. Was ist ihnen wichtig (d.h. entscheidungsrelevant), was nicht bzw. zweitrangig? Daher gilt es zunächst, diese relevanten Eigenschaften zu ermitteln, bevor anschließend die Kanäle charakterisiert werden.

4.2.1.1 Erfassung relevanter Eigenschaften der Kanäle

Bevor die Eigenschaften der Kanäle, die für die Kunden eines Mehrkanalsystems entscheidungsrelevant sind, ausgewählt werden, soll als Erstes ein Überblick über die in der Literatur zum Multi-Channel-Retailing und zur Einkaufsstättenwahl genannten Kriterien gegeben werden. Die meisten Kataloge mit relevanten Einkaufsstätten-Merkmalen (Leistungsdimensionen) werden an die Beurteilung der absatzpolitischen Instrumente angelehnt und stammen aus Untersuchungen, die sich mit stationären Betriebstypen auseinander setzen. Einen Überblick über die Ergebnisse aktueller empirischer Untersuchungen und deren relevanten Merkmale gibt Abbildung 18.

Verfasser (Jahr)	**Untersuchungsobjekt** Betriebstypen (Produkte)	Leistungsmerkmale
Schramm-Klein (2003)	Multi-Channel-Systeme aus stationären Geschäften, Kataloge und Internet-Shops	- Auswahl - Preis-Leistungs-Verhältnis - Kommunikationspolitik - Verkaufsraum-Gestaltung - Servicepolitik
Thang/Tan (2003)	Stationäre Betriebstypen	- Sortiment - Erreichbarkeit - Reputation - (in-store) Service - Atmosphäre
Baker/ Parasuraman/ Grewal/Voss (2002)	Stationäre Betriebstypen (Card-and-Gift Store)	- Store-Design - Verkaufspersonal - Musik - Kosten (Zeit, Anstrengung) - Atmosphäre - Preis - Service (Qualität) - Warenqualität - Preis-Leistungs-Verhältnis
Dach (2002b)	Stationäre Betriebstypen vs. Internet Retailing	- Qualität (des Produkts) - Kosten - Lieferzeit - Convenience - Zeiteinsatz - Schutz der Privatsphäre - Einkaufsvergnügen - Persönliche Sicherheit - Auswirkungen auf die Umwelt
Popkowsky Leszczyc/ Timmermans (2001)	Specialty/Convenience Stores vs. „Combination Stores“ (General merchandises & Drogerieartikel)	- Preis - Sortiment (Anzahl an Marken) - Parkmöglichkeiten - Anfahrtszeit - Länge der Schlangen (Check-out) - Promotions (Preisreduktionen)
Swoboda (2000)	Supermarkt, Discounter, Convenience Shop (Güter des täglichen Bedarfs)	- Warenpräsentation - Zusatzleistungen - Qualität des Angebots - Zeitdauer des Einkaufs - Preisniveau - Sortiment - Bedienung - Öffnungszeiten

Abbildung 18: Überblick über die Leistungskataloge bei aktuelleren Studien zur stationären und nichtstationären Einkaufsstättenwahl (Auswahl)

Fasst man die Ergebnisse dieser und weiterer Meta-Analysen zusammen, dann sind die wichtigsten Leistungsdimensionen, die für die Einkaufsstättenwahl relevant sind, die folgenden:[218]

- Auswahl (Breite und Tiefe des Sortiments)
- Convenience: Erreichbarkeit/Lage des Geschäfts, Öffnungszeiten, Zeitdauer des Einkaufens, Stress beim Einkaufen
- Qualität der Ware
- Preis der Ware
- Bedienungspersonal: Freundlichkeit und Beratungskompetenz
- Atmosphäre: Laden- und Schaufenstergestaltung, Musik
- Warenpräsentation
- Werbung, Sales Promotions
- Service-Leistungen: Kundendienst, Garantieleistungen, Liefer- und Rückgabemöglichkeiten, Kreditmöglichkeiten etc.
- Risiko

Nicht alle oben erwähnten Einkaufsstätten-Merkmale sind für jeden Kunden in jeder Situation gleichermaßen relevant. Die Eigenschaften einer Einkaufsstätte, die einen Einfluss auf das Verhalten ausüben, werden als „salient" bezeichnet.[219] In konkreten Entscheidungssituationen werden nicht immer alle salienten Bewertungskriterien vom Kunden auch berücksichtigt. Unterscheiden sich Alternativen bezüglich eines Kriteriums nicht (z.B. wenn das angebotene Sortiment über unterschiedliche Kanäle eines Mehrkanalsystems gleich ist), dann wird dieses Kriterium bei der Bewertung der Kanäle nicht berücksichtigt. Die salienten Merkmale (Bewertungskriterien), die zwischen den Alternativen diskriminieren, werden als „determinierend" bezeichnet.[220]

Nun stellt sich die Frage, welche Eigenschaften der Kanäle des untersuchten Multi-Channel-Retailers für die Kunden relevant sind. Die Antwort auf diese Frage lieferten die Kunden im Rahmen der Fokusgruppen. Folgende **Eigenschaften der Kanäle** des untersuchten Mehrkanalsystems stellten sich als entscheidungsrelevant heraus (der Reihenfolge der Darstellung kommt keine Bedeutung im Sinne einer Gewichtung zu):

- Einkaufsatmosphäre in dem Kanal
- Warenpräsentation in dem Kanal
- Beratungskompetenz des Verkaufspersonals in dem Kanal

---

[218] Vgl. auch McGoldrick (2002), S. 93 ff.; Heinemann (1976), S. 158 ff. und Lusch/Dunne/Gable (1990), S. 139, die die Ergebnisse einer Meta-Analyse von mehr als 20 Studien von Lincoln/Samli (1979, S. 430 ff.) darstellen.

[219] Vgl. Müller-Hagedorn (1998), S. 333.

[220] Vgl. Schweikl (1985), S. 96 ff.

- Freundlichkeit des Verkaufspersonals in dem Kanal
- Auswahl an Non-Food-Artikeln in dem Kanal
- Service-Leistungen
- Erreichbarkeit des Kanals
- Öffnungszeiten
- Bequemlichkeit des Einkaufens

Die meisten Begriffe sind selbsterklärend bzw. aus dem Alltagsgebrauch bekannt. Zur detaillierteren Erläuterung und Darstellung des Einflusses der Einkaufsstätten-Merkmale bzw. der Handelsmarketing-Instrumente auf die Einkaufsstättenwahl wird auf die Fachliteratur hingewiesen.[221] An dieser Stelle sollen die Begriffe nur kurz erläutert werden, bevor in den folgenden Kapiteln die Kanäle des Multi-Channel-Retailers anhand dieser Kriterien charakterisiert werden.

Die „spezifische Eigenschaft von Verkaufsräumen, angenehme Gefühle hervorzurufen"[222], wird als (angenehme) **Einkaufsatmosphäre** bezeichnet. In den stationären Kanälen lässt sich die Atmosphäre durch Außengestaltungselemente (Architekturstil, Umgebung etc.), Ladenstrukturelemente im Inneren (Warenanordnung, Wege etc.), Warenpräsentation (Dekoration, Warenaufbau etc.) sowie atmosphärische Umfeldelemente (Musik, Farben, Düfte, Sauberkeit, Aktionen etc.) gestalten.[223] Wenn die Befragten von Einkaufsatmosphäre sprachen, dann wurde in einem Atemzug auch ein weiterer Begriff genannt, der eng damit verbunden ist: das Einkaufserlebnis. Eine angenehme Einkaufsatmosphäre scheint einen starken Einfluss auf das empfundene Einkaufserlebnis auszuüben.[224] Nicht nur im Zusammenhang mit den stationären Kanälen kann von Einkaufsatmosphäre gesprochen werden, sondern auch in Zusammenhang mit Distanzkanälen. Nur die genannten Gestaltungselemente variieren je nachdem, ob es sich dabei um einen „realen" oder virtuellen Laden[225] handelt oder um die Gestaltung des Versandkatalogs.[226] Das von den Befragten als entscheidungsrelevant erachtete Merkmal **Warenpräsentation** ist, wie bereits dargestellt,

---

221 Vgl. hierzu u.a. Barth/Hartmann/Schröder (2002); Berekoven (1995); Hansen (1990); Müller-Hagedorn (1993 und 1998); Oehme (2001); Schröder (2002).

222 Kotler (1973), S. 50.

223 Vgl. Bost (1987), S. 11.

224 Dieser enge Zusammenhang zwischen der Einkaufsatmosphäre und dem empfundenen Einkaufserlebnis wurde auch in mehreren empirischen Studien nachgewiesen (vgl. u.a. Benkenstein/Bastian (1997), S. 209 ff. und Heinemann (1989), S. 196 f.).

225 Zur Gestaltung und Wirkung virtueller Läden im Vergleich zu „realen" Läden vgl. u.a. Diehl (2002), S. 77 ff.

226 Zu den Determinanten der Wahrnehmung von stationären und Distanz-Einkaufsstätten (Online-Shop und Katalogversand) siehe auch Schröder (2005), S. 108 f.

vom Merkmal Einkaufsatmosphäre nicht unabhängig.

Das **Verkaufspersonal** erfüllt in einer Einkaufsstätte aus Kundensicht mehrere Funktionen: erstens eine Informations-, Beratungs- und Hilfefunktion, zweitens eine soziale Kontakt- und Belohnungsfunktion sowie drittens eine atmosphärische Funktion (in dem Sinne, dass der Laden aktivierender und emotional ansprechender wirkt, wenn Verkaufspersonal integriert ist).[227] Der dritte Aspekt wurde schon unter dem Merkmal Einkaufsatmosphäre aufgefasst. Bei der Bewertung von Einkaufsstätten ist es für die Befragten wichtig, dass das Verkaufspersonal seine Informations- und Beratungsfunktion kompetent wahrnimmt und freundlich ist. Die Beratungskompetenz und Freundlichkeit des Verkaufspersonals sind nicht nur in stationären, sondern auch in Distanzkanälen wichtig. Bei der untersuchten Multi-Channel-Handelsunternehmung gehen ca. 80% der Bestellungen aus dem Katalogversand per Telefon ein. Dabei kommt dem Verkaufspersonal eine wichtige Rolle nicht nur bei der Entgegennahme der Bestellungen, sondern auch bei der Beratung zu. Im Online-Shop kann es ebenfalls Kontakt zum Verkaufspersonal geben. Bei dem untersuchten Multi-Channel-Retailer kann dies der Fall sein, wenn der Kunde von der Option Gebrauch macht, sich telefonisch oder per E-Mail beraten zu lassen.

Wie bereits bei der Darstellung der untersuchten Unternehmung aufgezeigt wurde, ist die **Auswahl** an Non-Food-Artikeln in den Kanälen unterschiedlich (auch wenn grundsätzlich ein standardisiertes Sortiment verfolgt wird). Andere Aspekte des Sortiments (wie Preis oder Qualität der Produkte) scheinen in diesem Fall für die Kunden nicht entscheidungsrelevant zu sein, wenn sie über alle Kanäle hinweg gleich sind.[228]

Im Hinblick auf die **Service-Leistungen** in den Kanälen gilt es anzumerken, dass manche Autoren auch die Andienungsform (Selbstbedienung, persönliche oder mediale Bedienung) als Serviceaspekt betrachten.[229] Dieser Aspekt ist von den Kunden hier nicht gemeint, sondern die bereits genannten Aspekte: Kundendienst, Garantieleistungen, Liefer-, Umtausch- und Rückgabemöglichkeiten sowie Kreditmöglichkeiten.

Die Fokusgruppen-Teilnehmer nannten einige Einkaufsstätten-Merkmale, die von

---

227 Vgl. Diehl (2000), S. 79.

228 Die Auswahl in den Kanälen ist bei den meisten deutschen Multi-Channel-Retailern unterschiedlich. Für einen Überblick über die Situation bei 25 der größten deutschen Multi-Channel-Retailer siehe auch Scharmacher (2003), S. 29 ff.

229 Vgl. Meyer/Mattmüller (1987), S. 130 f.

den meisten Autoren unter dem Sammelbegriff Convenience subsumiert werden: Erreichbarkeit, Öffnungszeiten und Bequemlichkeit des Einkaufens. Unter der **Erreichbarkeit** eines Kanals versteht man den Aufwand (Zeit, physischer Aufwand und evtl. Kosten), der mit der Nutzung eines Kanals verbunden ist. Die Erreichbarkeit kann innerhalb eines stationären Betriebstyps, je nach Standort der einzelnen Geschäfte bzw. Wohnort der Kunden, unterschiedlich sein. Die subjektiv empfundene Erreichbarkeit einer Einkaufsstätte kann nicht mit objektiven Entfernungsangaben gleichgesetzt werden.[230] Aspekte wie die Verfügbarkeit von Parkplätzen bzw. die Anbindung an öffentliche Verkehrsmittel können ebenfalls eine Rolle spielen.[231] Auch in Zusammenhang mit den Distanzkanälen spricht man von „Erreichbarkeit“:[232] Um einen Online-Shop zu erreichen, benötigt man einen PC oder Multimedia-TV und Kenntnisse über das Surfen im Internet. Um aus einem Versandkatalog zu bestellen, muss man über eine Telefonverbindung verfügen bzw. ein Fax-Gerät oder einen Brief/eine Karte abschicken. Mit unterschiedlichen Erreichbarkeiten sind unterschiedliche Kosten verbunden, wobei diese nicht nur monetär zu bewerten sind.[233] Die Erreichbarkeit einer Einkaufsstätte ist nicht unabhängig von dem Merkmal **Öffnungszeiten**.

4.2.1.2 Charakterisierung der Kanäle des untersuchten Multi-Channel-Retailers

In Kapitel 2.2.2 wurden die Kanäle eines Multi-Channel-Retailers in Abhängigkeit von den Kontaktprinzipien Residenz und Distanz charakterisiert und in Kapitel 2.3 wurden die fünf Kanäle des Untersuchungsobjektes kurz porträtiert. In den folgenden Kapiteln gilt es, die fünf Kanäle der untersuchten Multi-Channel-Unternehmung anhand der erarbeiteten, entscheidungsrelevanten Merkmale zu charakterisieren. Dabei wird, wie im Rahmen der gesamten Untersuchung, die Sicht des Kunden eingenommen. Es wird nicht das aus Anbietersicht objektive Leistungsangebot dargestellt, sondern die subjektiven, von den Kunden wahrgenommenen[234] Kanaleigenschaften, so wie sie sich aus den Gruppendiskussionen sowie den explorativen Interviews ergaben.[235]

---

230 Vgl. Müller/Beeskow (1982), S. 416.
231 Vgl. Monheim (1991), S. 19 ff.
232 Vgl. u.a. Li/Kuo/Russel (1999), S. 3.
233 Vgl. McGoldrick (2002), S. 96, sowie die Ausführungen in Kapitel 2.2.3.
234 Siehe zur „Wahrnehmung“ auch Kroeber-Riel/Weinberg (2003), S. 266.
235 Dabei werden nur solche Ergebnisse dargestellt, die im direkten Zusammenhang mit den Untersuchungsfragen stehen. Weitere Informationen, die sich nicht darauf beziehen, werden an dieser Stelle nicht berichtet. Für alle Kanäle wurde z.B. bemängelt, dass die Ware manchmal ausverkauft ist und dass man Kleidungsstücke nicht anprobieren kann (verpackte Artikel).

Filialen

Als erstes Ergebnis der Diskussionen kann festgehalten werden, dass sich die Filialen von allen stationären Kanälen der höchsten Beliebtheit zu erfreuen scheinen. Der Besuch der Filialen wird von den Kunden auch als Freizeitbeschäftigung beschrieben. Die Gründe dafür liegen in den *Stärken* dieses Kanals:

- Angenehme Einkaufsatmosphäre: Diese basiert auf den zum Teil vorhandenen Coffee Bars, auf der Ladengestaltung (inklusive ansprechender Gestaltung der Schaufenster) sowie auf dem Vorhandensein des Verkaufspersonals und anderer Kunden.
- Die Freundlichkeit des Verkaufspersonals („wir lachen da viel") sowie dessen Beratungskompetenz
- Die angebotenen Serviceleistungen: sowohl die Möglichkeit, sich Ware reservieren zu lassen, als auch die Möglichkeit, bei Reklamation die Ware zurückzugeben
- Die übersichtliche Warenpräsentation im Laden
- Positiv werden auch die sofortige Verfügbarkeit der Ware bewertet sowie die Möglichkeit, das Produkt vor dem Kauf zu probieren und anzufassen.

Zu den *Schwächen* dieses Kanals zählt die geringere Convenience i.S. eines bequemen und zeitsparenden Einkaufs: Unter Umständen gibt es Schlangen an den Kassen und es ist überfüllt.[236] Auch müssen die Kunden große und/oder schwere Gegenstände selbst nach Hause befördern.

Shop-in-Shop-Systeme im Lebensmitteleinzelhandel

Mit diesem Kanal verbinden die Kunden funktionelles Einkaufen (= Problemlösung). Daher zählen zu den größten *Stärken* dieses Kanals:

- Gute Erreichbarkeit der Läden (da sehr hohe Distributionsdichte)
- Gute Öffnungszeiten
- Weitere Convenience-Aspekte, wie die Möglichkeit zum Verbundkauf mit Lebensmitteln (One-Stop-Shopping) sowie zur Selbstbedienung (das positive Gefühl, nicht unter Kaufzwang zu stehen, da kein Verkäufer anwesend ist).

Zu den *Schwächen* der Shop-in-Shop-Systeme im Lebensmitteleinzelhandel zählen diejenigen Aspekte, die Spaß beim Einkaufen machen könnten und nicht vorhanden sind, wie z.B.

- Fehlende Einkaufsatmosphäre und keine ansprechende, übersichtliche Warenpräsentation

---

236 Zum negativen Einfluss dieses als „Crowding" bekannten Aspektes auf das Einkaufserlebnis siehe auch Esch/Thelen (1997), S. 299 f.

- Zu wenig und nicht beratungskompetentes Verkaufspersonal
- Begrenzte Auswahl und begrenzte Serviceleistungen.[237]

Shop-in-Shop-Systeme in Bäckereien

Dieser Kanal scheint eine Kombination der beiden bereits vorgestellten Kanäle zu sein. Zu den größten *Stärken* der Shop-in-Shop-Systeme in Bäckereien zählen sowohl Convenience- als auch Erlebnisaspekte:

- Gute Erreichbarkeit und Möglichkeit zum Verbundkauf
- Angenehme Einkaufsatmosphäre
- Freundliches Verkaufspersonal („ich habe ein persönliches Verhältnis mit den Angestellten")
- Serviceleistungen, da man die Ware auch reservieren lassen kann.

Die *Schwächen* der Shop-in-Shop-Systeme in Bäckereien ähneln denen des Shop-in-Shop-Systems im Lebensmitteleinzelhandel:

- Manchmal unübersichtliche Warenpräsentation („in eine Ecke gequetscht, meistens nicht so viel Platz")
- Fehlende Beratung durch das Verkaufspersonal, da das Personal nicht immer die Fähigkeit zur Beratung besitzt
- Beschränkte Auswahl (bedingt durch die Sortimentspolitik der Unternehmung).

Online-Shop

Zu den *Stärken* dieses Kanals zählen die so genannten Convenience-Aspekte:

- Keine Öffnungszeiten (Die Kunden können zeitunabhängig/rund um die Uhr sich informieren und einkaufen)
- Bequeme, entspannte Bestell- und Liefermöglichkeiten von und zu dem vom Kunden gewünschten Ort
- Große Auswahl an Produkten (bedingt durch die Sortimentspolitik der Unternehmung)
- Schöne Ladengestaltung („ist schön gemacht, hochwertig") und eine übersichtliche Warenpräsentation auf der Seite. Die Artikel der aktuellen Phase befinden sich gleich auf der Startseite, so dass der Kunde sich nicht durch verschiedene Auswahlfenster „durchquälen" muss, um das zu finden, was er sucht.
- Als weitere Vorteile wurden genannt: keine Barzahlung, anonym (z.B. beim Kauf

---

[237] Bei diesem Aspekt handelt es sich um eine Abweichung der Kundenwahrnehmung von der tatsächlichen (bzw. theoretischen) Situation. Eigentlich werden in diesem Format die gleichen Service-Leistungen angeboten wie in der Filiale auch. Wahrscheinlich „färben" die Service-Leistungen des Lebensmitteleinzelhandels auf das Shop-in-Shop-Format ab.

von Dessous), sofortige Rückmeldung, ob die Ware noch vorhanden ist, sowie die Möglichkeit zur Vorabinformation.

Zu den *Schwächen* des Online-Shops zählen:

- Höheres Risiko aufgrund fehlender Möglichkeit, die Ware im Voraus zu inspizieren („man weiß nicht, ob es einem in real gefällt, da man nichts anfassen kann", „man kann nicht mit allen fünf Sinnen einkaufen"), aber auch aufgrund der empfundenen Sicherheitslücken im Internet (ein Fokusgruppen-Teilnehmer sprach sogar von der „Rechtslosigkeit" im Internet)
- Fehlende persönliche (Face-to-Face-)Beratung
- Fehlendes Einkaufserlebnis und fehlende Kommunikation im Allgemeinen („da siehst du keinen, sprichst mit keinem")
- Zusatzkosten (Versandkosten und Internetkosten)
- Lieferzeiten
- Einschränkung der Convenience dadurch, dass der Zeitpunkt der Lieferung vom Kunden nicht beeinflusst werden kann (er aber bei der Lieferung anwesend sein muss). Im Falle einer Rücksendung erhöht sich der Zeitaufwand (einpacken, Gang zur Postfiliale etc.).

Katalogversand

Der Katalogversand ähnelt in seinen Stärken und Schwächen dem Online-Shop. Zu den *Stärken* des Katalogversands zählen, genauso wie beim Online-Shop, die Convenience-Aspekte:

- Keine Öffnungszeiten
- Bequeme, entspannte Bestellmöglichkeiten, man braucht schwere Gegenstände nicht selbst tragen/befördern
- Große Auswahl an Produkten.

Zu den *Schwächen* des Katalogversandes wurden auch hier genannt:

- Höheres Risiko aufgrund fehlender Möglichkeit, die Ware im Voraus zu inspizieren
- Fehlendes Einkaufserlebnis
- Zusatzkosten (Versand- und Telefonkosten)
- Lieferzeiten und die zum Teil eingeschränkte Convenience durch die beschränkten Möglichkeiten, die Lieferung der Ware zu beeinflussen bzw. im Falle einer Rücksendung.

In Abbildung 19 werden die Kanäle aus Kundensicht anhand der ausgewählten Merkmale miteinander verglichen. Wichtig ist klarzustellen, dass es sich dabei um Tendenzaussagen der Teilnehmer aus den Fokusgruppen handelt und nicht um „harte“ Fakten.

Die Eigenschaften der Kanäle beeinflussen nicht direkt deren Nutzung durch die Kunden. Erst durch die Wahrnehmung und Bewertung dieser Eigenschaften durch die Kunden (Einstellungskonstrukt) sowie durch die (bewusste oder unbewusste) Beurteilung ihrer Fähigkeit, Einkaufsmotive zu befriedigen, wird eine Wirkung auf die Kanalwahl ausgeübt. Auf Basis dieser Erkenntnisse werden weitere Überlegungen angestellt und die Hypothesen formuliert.

	Filiale	Shops im LEH	Shops in Bäckereien	Online-Shop	Katalog-versand
Einkaufsatmosphäre	+	-	+	-	-
Warenpräsentation	+	-	-	-	-
Freundlichkeit des Verkaufspersonals	+	-	+	?	?
Beratungskompetenz des Personals	+	-	-	?	?
Auswahl an Gebrauchsartikeln	+	-	-	+	+
Service-Leistungen	+	-	+	+	+
Öffnungszeiten	-	+	?	+	+
Bequemlichkeit des Einkaufens	-	?	?	+	+
Erreichbarkeit	-	+	+	+	+
Lieferzeit und Lieferkosten	+	+	+	-	-
Risiko	+	+	+	-	-

+ (-) Tendenzielle Stärke (Schwäche) dieses Kanals
? Aussage ist zu diesem Zeitpunkt nicht möglich

Abbildung 19: Vergleich der Kanäle des Multi-Channel-Retailers anhand ausgewählter Merkmale (aus Kundensicht)

4.2.2 Soziodemographische Kundenmerkmale

Wie in Kapitel 3.4 dargestellt, werden soziodemographische Kundenmerkmale häufig zur Erklärung des Kundenverhaltens bei der Wahl eines Betriebstyps eingesetzt. Bei den soziodemographischen Merkmalen lässt sich zwischen demographischen und sozioökonomischen Merkmalen differenzieren. Typische demographische Merkmale sind Geschlecht, Alter, Familienstand, Anzahl der Kinder (Haushaltsgröße) sowie geographische Kriterien wie Wohnortgröße oder Region. Zu den am meisten gebrauchten sozioökonomischen Merkmalen zählen Ausbildung, Beruf und Einkommen.[238]

Die soziodemographischen Kriterien werden auch in kombinierter Form eingesetzt.

[238] Vgl. Freter (1983), S. 49 ff.

So wird anstelle der demographischen Kriterien Alter, Familienstand und Zahl der Kinder häufig das Konzept des **Familien-Lebenszyklus** angewandt. Bei dem Familien-Lebenszyklus wird auf die einzelnen Phasen abgestellt, die die Menschen in zeitlicher Folge in einem eigenständigen Haushalt durchlaufen.[239] Auch die sozioökonomischen Merkmale Ausbildung, Beruf und Einkommen wurden in früheren Untersuchungen zur **sozialen Schicht** zusammengefasst. Darunter versteht man „relativ dauerhafte, wesentliche, homogene Gesellschaftsgruppen mit ähnlichen Wertvorstellungen, Interessen, Lebensstilen und Verhaltenmustern“[240]. Aufgrund der in der letzten Zeit zunehmenden Polarisierung und Individualisierung des Konsumentenverhaltens findet das Konzept der sozialen Schichtung (Ober-, Mittel- und Unterschicht) in jüngeren Untersuchungen immer weniger Anwendung.[241]

Die **Verhaltensrelevanz der soziodemographischen Merkmale** wird aufgrund vieler empirischer Untersuchungen als mangelhaft eingestuft, denn sie können in den meisten Fällen keine Erklärung für das Kaufverhalten liefern.[242] In Bezug auf die Verhaltensrelevanz der soziodemographischen Merkmale bei der Einkaufsstättenwahl sind die Ergebnisse verschiedener empirischer Untersuchungen widersprüchlich. Dies gilt für den Fall der Wahl sowohl stationärer als auch nichtstationärer Betriebstypen. Eine Übersicht über die Ergebnisse aller empirischen Untersuchungen zu diesem Themenbereich ist aufgrund des beträchtlichen Umfangs an dieser Stelle nicht möglich. Es soll vielmehr beispielhaft auf die Ergebnisse ausgewählter Studien aus den unterschiedlichen Schwerpunktbereichen (stationäre und nichtstationäre Betriebstypen) eingegangen werden.

In manchen Untersuchungen wird der Einfluss einiger soziodemographischer Merkmale wie z.B. Alter[243], Geschlecht[244], Haushaltsgröße und Einkommen[245] auf die Einkaufsstättenwahl im stationären Bereich bestätigt. Das Gleiche gilt für die Kombination dieser Merkmale zum Lebenszyklus-Konzept[246] bzw. zum Konzept der sozialen Schicht.[247] Andererseits wird gerade in Veröffentlichungen zum „hybriden" bzw.

---

239 Vgl. Freter (1983), S. 54. Zur Übersicht über mögliche Kombination der Kriterien zur Bildung von Lebenszyklusphasen siehe auch Müller-Hagedorn (1984), S. 564.

240 Freter (1983), S. 54.

241 Vgl. Meffert (2000), S. 194.

242 Vgl. Freter (1983), S. 56.

243 Vgl. u.a. Lumpkin/Greenber/Goldstucker (1985), S. 75 ff.

244 Vgl. u.a. Dholakia (1999), S. 162; Popkowski Leszczyc/Timmermans (1997), S. 201 f.; Torres/Summers/Belleau (2001), S. 205 ff.; Othnes/McGarth (2001), S. 113.

245 Vgl. u.a. Bell/Lattin (1998), S. 83 ff.; Bell/ Ho/Tang (1998), S. 355 ff.

246 Vgl. u.a. Müller-Hagedorn (1984), S. 565 f.

247 Vgl. u.a. Kroeber-Riel/Weinberg (2003), S. 467 ff.

„multioptionalen“ Konsumenten betont, dass die soziodemographischen Merkmale keinen Einfluss auf die Einkaufsstättenwahl im stationären Bereich haben: „Statistisch erfassbare Größen wie die Kaufkraft des Einzelnen sowie seine Zugehörigkeit zu einer sozialen Schicht haben ihre Aussagekraft weitgehend verloren.“[248] Auch die Prüfung der soziodemographischen Einflüsse bei Einkaufsstättenpräferenzen in Bezug auf die durch Aggregation gewonnenen Konstrukte des Lebenszyklus und der sozialen Schicht erweist sich in einigen neueren Untersuchungen als nicht signifikant.[249]

Das gleiche uneinheitliche und nicht immer konsistente Bild ergibt sich bezüglich der Wahl von nichtstationären Einkaufsstätten (Internet- und Versandhandel). Je nachdem, welche soziodemographischen Merkmale untersucht wurden und um welchen Distanzkanal es sich handelt, wird den soziodemographischen Merkmalen entweder kein signifikanter Einfluss auf die Nutzung der Kanäle bescheinigt oder es wird für ausgewählte Merkmale doch ein Einfluss bestätigt.[250]

Im Folgenden soll auf ausgewählte soziodemographische Merkmale eingegangen und deren Wirkung auf die Einkaufsstättenwahl dargestellt werden. Aufgrund des Schwerpunkts der vorliegenden Untersuchung interessieren hier insbesondere solche Merkmale, die die Nutzung der Kanäle eines Multi-Channel-Retailers mit stationären und nichtstationären Kanälen erklären können. Folgende soziodemographische Merkmale sollen berücksichtigt werden: Alter, Geschlecht, Haushaltsgröße[251], Anzahl der Kinder unter 18 Jahren, Berufstätigkeit, Ausbildungsniveau, Einkommen und Wohnortgröße. Anzumerken ist, dass die Merkmale nicht unkorreliert sind. So hängt natürlich die Größe des Haushalts mit der Anzahl der Kinder unter 18 Jahren, die im Haushalt wohnen, zusammen. Das Einkommen hängt im großen Maße von der Ausbildung sowie von der Berufstätigkeit ab.

Alter

Hinsichtlich des Alters wird argumentiert, dass ältere Kunden eher dazu tendieren, im Versandhandel zu kaufen, als jüngere.[252] Sie sollen diesen Distanzkanal dem Kauf in

---

248 Sluiter (1987), S. 32.
249 Vgl. Kreller (2000), S. 233 ff.
250 Vgl. hierzu die Ergebnisse der ausgewählten empirischen Untersuchungen zum Kundenverhalten im Distanzhandel in Abbildung 11 auf S. 69.
251 Da in den letzten Jahren ein Trend hin zur Lebenspartnerschaft ohne Trauschein zu verzeichnen ist, scheint das Kriterium Haushaltsgröße (Anzahl der im Haushalt lebenden Personen) ein geeigneter Ersatz für das Merkmal Familienstand.
252 Vgl. Jasper/Lan (1992), S. 64 f.

stationären Kanälen vorziehen, weil sie nicht aus dem Haus gehen müssen und dadurch Energie und physische Anstrengung sparen können. Dies soll für ältere Kunden aufgrund ihrer beschränkten Mobilität wichtig sein.[253] Auch sollen ältere Kunden eher zur Geschäftsstättentreue neigen und weniger zur Adoption neuer Betriebstypen des Einzelhandels bereit sein. Der Grund dafür läge u.a. in der mit dem Alter zunehmenden Trägheit im Verhalten.[254]

Andererseits wurde bezüglich des Einkaufens im Internet in der so genannten „populären“ Presse argumentiert, dass dies eher eine Domäne jüngerer Verbraucher sei. Ältere Kunden wären eher nicht willig und/oder fähig, innovative Technologien und damit verbundene Einkaufsformen zu nutzen. Allerdings konnte in den meisten empirischen Untersuchungen kein signifikanter Einfluss des Alters auf die Nutzung des Internet- oder des Katalogversandhandels festgestellt werden.[255]

Geschlecht

Bezüglich des Einflusses des Geschlechts auf die Nutzung des Distanzhandels wird begründet, dass Männer eher dazu tendieren, im Katalogversandhandel zu kaufen, weil sie weniger Spaß am Einkaufen hätten als Frauen. Dieser direkte Einfluss des Geschlechts auf den Kauf im Katalogversandhandel konnte empirisch nicht belegt werden.[256] Die meisten Reports zur soziodemographischen Struktur der Internetnutzer (sowohl in Deutschland als auch im Ausland) zeigen, dass es immer noch Unterschiede bezüglich der Geschlechter-Struktur gibt, obwohl sich diese immer mehr glätten. So haben Männer ein ausgeprägteres Nutzungsverhalten des Internets als Frauen.[257] Der Grund dafür läge darin, dass Frauen weniger technisch interessiert seien als Männer. Die Ergebnisse der empirischen Untersuchungen sind nicht einheitlich. Die meisten konnten aber den positiven Zusammenhang zwischen dem Geschlecht (männlich) und der Nutzung des Internetkanals zum Einkaufen bestätigen.[258]

Signifikante Unterschiede zwischen den Geschlechtern wurden auch bei der Substi-

---

253 Vgl. Akaah/Korgoankar/Lund (1995), S. 213.

254 Vgl. Bauer/Fischer/Sauer (2000), S. 12.

255 Vgl. u.a. Darian (1987), S. 174; Akaah/Korgoankar/Lund (1995), S. 216; Jarvenpaa/Todd (1997), S. 141 ff.; Li/Kuo/Russel (1999), S. 13 f.; Morganovsky/Cude (2000), S. 23; Bauer/Fischer/Sauer (2000), S. 28. Vgl. hierzu auch die Darstellung der Ergebnisse in Abbildung 11 auf S. 69.

256 Vgl. Darian (1987), S. 172 ff.

257 Vgl. u.a. Klietmann (2001), S. 12 f.; Gupta/Chatterjee (1997), S. 130.

258 Vgl. Li/Kuo/Russel (1999), S. 13 f.; Bauer/Fischer/Sauer (2000), S. 28.

tution des Internet-Kanals mit verschiedenen stationären und nichtstationären Betriebstypen beobachtet. So steht bei Frauen das Internet mit dem Katalogversandhandel in einer höheren Substitutionskonkurrenz als bei Männern. Bei Männern hingegen fallen die Substitutionseffekte zu den Betriebstypen des stationären Einzelhandels und hier insbesondere zu Fachgeschäften und Boutiquen größer als bei Frauen aus.[259]

Haushaltsgröße und Anzahl der Kinder unter 18 Jahren

Die Größe des Haushalts sowie die Anzahl der Kinder unter 18 Jahren sollen einen positiven Einfluss auf die Wahl eines nichtstationären Kanals haben: Kunden, die in größeren Haushalten wohnen, haben weniger Zeit, um einkaufen zu gehen. Oder wenn sie die Zeit haben, dann ist das Einkaufengehen trotzdem ein im Vergleich zu Singles oder Kunden ohne Kleinkinder höherer Aufwand. Der Zusammenhang zwischen der Haushaltsgröße sowie der Anzahl der Kinder unter 18 Jahren wurde sowohl für den Katalogversand als auch für den Online-Kanal empirisch bestätigt.[260]

Einkommen und Ausbildungsniveau

Diese zwei sozioökonomischen Merkmale, die nicht voneinander unabhängig sind, werden entweder zusammen oder getrennt zur Erklärung der Einkaufsstättenwahl herangezogen. In mehreren Studien wird gezeigt, dass Bezieher höherer Einkommen und Personen mit einer besseren Ausbildung eher im Internet oder im Versandhandel einkaufen als die Bezieher niedrigerer Einkommen. Die Haupterklärung läge darin, dass sie weniger risikoabgeneigt seien als die Bezieher niedrigerer Einkommen. Darüber hinaus würden sie ihre Freizeit lieber für andere Aktivitäten, die nicht mit dem Einkaufen verbunden sind, nutzen als Kunden mit einem geringeren Ausbildungsniveau.[261] Die empirischen Ergebnisse bezüglich des Einflusses des Einkommens und des Ausbildungsniveaus auf die Nutzung der nichtstationären Kanäle sind widersprüchlich.[262]

---

259 Vgl. Lingenfelder (2001), S. 169.

260 Vgl. Darian (1997), S. 174 f.; Raijas/Tuunainen (2001), S. 263.

261 Vgl. Blabanis/Vassileiou (1999), S. 374.

262 Vgl. zu Untersuchungen, die keinen signifikanten Zusammenhang bestätigen konnten, u.a. Darian (1987), S. 174; Akaah/Korgoankar/Lund (1995), S. 216; Velido/Lisboa/Meehan (1999), S. 100. Ein signifikanter Zusammenhang konnte von Blabanis/Vassileiou (1999), S. 374; Raijas/Tuunainen (2001), S. 263 sowie Li/Kuo/Russel (1999), S. 13 f. festgestellt werden.

Berufstätigkeit

Zum Einfluss der Berufstätigkeit auf die Kanalwahl wird begründet, dass Berufstätige eher dazu tendieren, in einem Distanzkanal zu kaufen, als Nichtberufstätige, weil sie weniger Zeit zum Einkaufen hätten. Dieser Zusammenhang konnte empirisch nicht bestätigt werden.[263]

Wohnortgröße

Es wird argumentiert, dass die Größe des Wohnortes einen Einfluss auf die Nutzung der Distanzkanäle haben soll: Kunden, die in kleineren Orten oder auf dem Land wohnen, sollen eher zum Distanzkauf tendieren als diejenigen, die in größeren Städten wohnen, weil sie weniger Einkaufsmöglichkeiten vor Ort haben. Dieser Zusammenhang konnte für den Katalogversandhandel bestätigt werden.[264]

Zusammenfassend kann festgehalten werden, dass in der Fachliteratur keine eindeutige Meinung herrscht, ob und ggf. welchen Einfluss die soziodemographischen Merkmale Alter, Geschlecht, Haushaltsgröße, Anzahl der Kinder unter 18 Jahren, Berufstätigkeit, Ausbildungsniveau, Einkommen und Wohnortgröße auf die Einkaufsstättenwahl (stationär und nichtstationär) ausüben.

Eine Erklärung für die nicht immer vorhandene Verhaltensrelevanz der soziodemographischen Merkmale bei der Wahl eines stationären bzw. nichtstationären Betriebstyps ist, dass die soziodemographischen Merkmale nicht direkt auf das Verhalten wirken. Mit den unterschiedlichen soziodemographischen Merkmalen bzw. deren Kombination gehen unterschiedliche Wertschätzungen der absatzpolitischen Instrumente der Einzelhandelsbetriebe einher. Diese unterschiedlichen Wertschätzungen basieren auf unterschiedlichen Bedürfnisstrukturen der Kunden in den einzelnen Lebenszyklusphasen[265] bzw. in Abhängigkeit von anderen soziodemographischen Merkmalen. In den meisten Untersuchungen werden die soziodemographischen Merkmale daher auch als Einflussfaktoren der psychographischen Kundenmerkmale und hier insbesondere der Einkaufsmotive[266] aufgefasst. Die psychographischen Kundenmerkmale ihrerseits beeinflussen dann das Verhalten, hier die Nutzung der Kanäle. So zeigte sich z.B. in mehreren empirischen Studien, dass jüngere, weibli-

---

263 Vgl. Darian (1987), S. 172 ff.
264 Vgl. Darian (1987), S. 172 ff.
265 Vgl. Müller-Hagedorn (1984), S. 565.
266 Vgl. Trommsdorff (2004), S. 130; Dholakia (1999), S. 155.

che und besser ausgebildete Kunden überproportional erlebnisorientiert sind.[267] Oder dass Hausfrauen und in Teilzeit arbeitende Frauen mit kleinen Kindern stärker convenienceorientiert (im Sinne zeitlicher und örtlicher Flexibilität) sind.[268] Auch sollen jüngere Kunden ein niedrigeres Risiko in Verbindung mit dem Kauf über das Internet empfinden, während Kunden, mit einer besseren Ausbildung, ein höheres Risiko empfinden.[269] Aufgrund dieser Überlegungen und der Erkenntnisse aus den Fokusgruppen und explorativen Interviews nehmen wir an, dass die acht ausgewählten soziodemographischen Merkmale die Einkaufsmotive der Kunden beeinflussen, und stellen folgende Hypothese auf:

H_{SD}: *Die soziodemographischen Kundenmerkmale Alter, Geschlecht, Haushaltsgröße, Anzahl der Kinder unter 18 Jahren, Berufstätigkeit, Ausbildungsniveau, Einkommen und Wohnortgröße haben einen signifikanten Einfluss auf die Einkaufsmotive der Kunden.*

4.2.3 Produktbezogene Merkmale

In der Marketingliteratur existieren zahlreiche Ansätze zur Systematisierung von Produkten, die sich unter Anwendung unterschiedlicher Kriterien bilden lassen.[270] Im Folgenden sollen drei ausgewählte Ansätze zur Systematisierung von Produkten näher betrachtet werden: Systematisierungen nach Produktelementen, nach dem Einkaufsverhalten sowie anhand informationsökonomischer Produkteigenschaften.

a) Systematisierung von Produkten nach den Produktelementen

Ein Produkt kann als Kombination physischer, symbolischer und dienstleistungsmäßiger Eigenschaften aufgefasst werden.[271] Die Betrachtung dieser Produkteigenschaften sowie deren mögliche Auswirkung auf die Kanalwahl sind Gegenstand dieses Abschnitts.

---

267 Vgl. u.a. Bellenger/Korgaonkar (1980), S. 84, Diller (1990), S. 150.
268 Vgl. u.a. Darian (1987), S. 182.
269 Vgl. Jarvenpaa/Todd (1997), S. 146. Aber, wie bereits erwähnt, wird von manchen Autoren auch das Gegenteilige behauptet nämlich, dass Konsumenten mit einem höheren Einkommen eher weniger risikoabgeneigt sind.
270 Vgl. hierzu u.a. Meffert (2000), S. 331 ff.; Kotler et al. (2001), S. 461 ff.
271 Vgl. Meffert (1992b), S. 17.

a.1) Physikalische und funktionale Produkteigenschaften

Dazu zählen u.a. chemisch-physikalische Produkteigenschaften, technisch-funktionale Eigenschaften und sensorische Produkteigenschaften. Zu den *chemisch-physikalischen Produkteigenschaften* gehören Eigenschaften wie z.B. die Größe der Produkte, deren Haltbarkeit oder Digitalisierbarkeit. So geht man davon aus, dass es bei großen, sperrigen Produkten eine Tendenz zu kürzeren Beschaffungswegen gibt.[272] Aufgrund dieser Überlegung ist es vorstellbar, dass Käufer einen Kanal nutzen, der leicht erreichbar ist oder auf eine andere Weise eine conveniente Beschaffung ermöglicht, wie z.B. ein Distanzkanal oder ein stationärer Kanal, bei dem auch nach Hause geliefert wird. Auch wird angenommen, dass leicht verderbliche Ware, wie z.B. frische Lebensmittel, sich nur bedingt für den Vertrieb über einen Distanzkanal eignet.[273] Die Digitalisierbarkeit der Produkte[274] spielt eine wichtige Rolle im Zusammenhang mit dem Einkauf über das Medium Internet, weil dadurch die Beschaffungszeit und der Beschaffungsaufwand erheblich reduziert werden können.[275]

Technisch-funktionale Eigenschaften, wie z.B. technische Kompliziertheit des Produkts, führen zu hoher Erklärungsbedürftigkeit des Produkts und dementsprechend zu hohem Beratungsbedarf auf Seiten der Kunden. Daher wird angenommen, dass bei solchen Produkten Kunden Einkaufsstätten bzw. Kanäle mit einer hohen Beratungskompetenz des Verkaufspersonals (wie z.B. Fachgeschäfte) auswählen. In diesem Zusammenhang wird auch vom „product-channel fit“ gesprochen.[276] Die Beratungsbedürftigkeit hängt u.a. auch von den Kenntnissen des Kunden ab. Auch im Online-Shop oder Katalog können Informationen zu erklärungsbedürftigen Produkten zur Verfügung gestellt werden, sei es über Links zu weitergehenden Produktbeschreibungen oder telefonische Beratung durch das Verkaufspersonal.[277]

Unter *sensorischen Produkteigenschaften* versteht man „an innate set of characteristics that makes a primary appeal to the consumer's senses“[278]. Folgende fünf Produkteigenschaften können in Abhängigkeit von dem menschlichen Sinnesorgan, mit dem sie wahrgenommen werden, differenziert werden: visuelle Eigenschaften (Seh-

---

[272] Vgl. Ahlert (1996), S. 40.
[273] Vgl. Diehl (2002), S. 368.
[274] Unter der Produktdigitalisierung versteht man die Umwandlung der Daten in digitale Daten, die sich über das Internet übertragen lassen und dann beim Konsumenten wieder in die ursprüngliche Form zurückwandeln lassen.
[275] Vgl. Diehl (2002), S. 368 f.
[276] Vgl. hierzu Friedman/Furey (1999), S. 45 f.
[277] Vgl. u.a. Berres (1997), S. 134 f.; Gupta/Chatterjee (1997), S. 129.
[278] De Kare-Silver (2000), S. 73.

sinn), auditive Eigenschaften (Hörsinn), olfaktorische Eigenschaften (Geruchssinn), gustatorische Eigenschaften (Geschmackssinn) und haptische Eigenschaften (Tastsinn).[279] Es gibt Produkte, die überwiegend einen Sinn ansprechen, wie z.B. Malereien, Musik oder Parfüm, während andere Produkte, wie z.B. Lebensmittel und Kleider, mehrere Sinne gleichzeitig ansprechen. Ist die Bewertung dieser Eigenschaften beim Kauf eines Produkts wichtig, dann wird davon ausgegangen, dass der Kunde denjenigen Kanal auswählt, bei dem er diese Eigenschaften am besten beurteilen kann.[280] Möchte z.B. ein Kunde ein Parfüm vor dem Kauf probieren (riechen), dann wird er denjenigen Betriebstyp wählen, wo dies möglich ist (vermutlich eher eine Parfümerie als einen Supermarkt).

Vergleicht man die Kontaktprinzipien Residenz vs. Distanz miteinander, dann wird davon ausgegangen, dass die Wahl eines Distanzkanals von der **medialen Vermittelbarkeit von Produkteigenschaften** abhängt.[281] Ein Kunde wird nur dann ein Produkt medial ordern, wenn er durch das Medium (hier Internet/PC oder Katalog) subjektiv ausreichend Informationen bezüglich der interessierenden Eigenschaften erhält. Im stationären Handel können grundsätzlich alle fünf sensorischen Eigenschaften vermittelt werden. Welche Eigenschaften können aber durch die Medien im Distanzhandel vermittelt werden? Nicht medial über das Internet oder den Versandkatalog präsentieren lassen sich haptische, olfaktorische und gustatorische Eigenschaften.[282] Medial über das Medium Internet, nicht aber über das Medium Katalog präsentieren lassen sich auditive Eigenschaften.[283] Visuelle Eigenschaften können sowohl durch das Medium Internet als auch über das Medium Katalog vermittelt werden. Das Kriterium der medialen Vermittelbarkeit von Produkteigenschaften kann zwar u.U. Unterschiede zwischen der Nutzung der beiden Kontaktprinzipien (Residenz und Distanz) erklären, es kann aber nicht erklären, weshalb einige Kanäle anderen vorgezogen werden, obwohl sie vom gleichen Kontaktprinzip geprägt sind (z.B. unterschiedliche stationäre Kanäle).

---

279 Vgl. Wilke (2000), S. 57 ff.

280 Vgl. De Kare-Silver (2000), S. 73.

281 Vgl. Rohrbach (1997), S. 85.

282 Vgl. De Kare-Silver (2000), S. 73; Wilke (2000), S. 59. Eine Ausnahme wäre denkbar, wenn dem Katalog Produktproben beigelegt werden, wodurch diese Eigenschaften auch über den Katalog vermittelbar wären. Grundsätzlich aber sind diese Eigenschaften nicht unmittelbar mit dem Medium Print-Katalog verbunden (und der dargestellte Fall bildet eher die Ausnahme).

283 Auch in diesem Fall wäre der Ausnahmefall denkbar, dass dem Katalog eine CD beigelegt ist, wodurch auch solche Eigenschaften vermittelt werden könnten.

Es wird deutlich, dass die Betrachtung der physischen Produkteigenschaften ohne Betrachtung der Person wenig sinnvoll ist. Gleiche Produkteigenschaften können bei unterschiedlichen Personen zu unterschiedlichem Verhalten führen. Kleider und Kosmetika sind gute Beispiele für Produkte mit überwiegend nichtmedialen Eigenschaften im Online-Shop und Katalog: Bei Bekleidung möchten die Kunden die Passform überprüfen sowie die Haptik des Materials, während bei Kosmetika olfaktorische Eigenschaften eine wichtige Rolle spielen.[284] Darüber hinaus soll gerade bei Kosmetika, zumindest für den Erstkauf, die Beratung durch das Fachpersonal von Bedeutung sein. Aus diesen Gründen wären diese beiden Produktgruppen eigentlich nicht zum Distanzkauf geeignet. Trotzdem belegten sie 2001 Rang 1 (Bekleidung) und Rang 3 (Kosmetika) der gefragtesten Artikel im Versandhandel (inkl. Electronic Commerce).[285]

a.2) Symbolische Produkteigenschaften

Unter den symbolischen Produkteigenschaften können sowohl soziale Eigenschaften (= symbolische Eigenschaften i.e.S.) als auch kulturelle und ästhetische Eigenschaften subsumiert werden. *Soziale Eigenschaften* bezeichnen die Fähigkeit von Produkten, dem Besitzer gesellschaftliche Anerkennung zu verschaffen bzw. soziale Risiken zu vermeiden. In diesem Zusammenhang wird auch von Prestige- und Snobbedürfnis gesprochen. *Kulturelle* Produkteigenschaften dienen dem geistigen und ästhetischen Empfinden der Verbraucher.[286] Ist bei Produkten der Anteil dieser symbolischen Eigenschaften hoch, dann ist von einer möglichen Irradiation des Einkaufsstätten-Images auf das Qualitätsimage des Produkts auszugehen.[287] Möchte ein Kunde z.B. ein Geschenk machen, um seine Wertschätzung dem Geschenkten gegenüber auszudrücken, dann ist anzunehmen, dass er denjenigen Kanal zum Kauf auswählen wird, der das höherwertige Image besitzt (vermutlich eher Filialen als Supermarkt). Wie hoch der Anteil symbolischer Eigenschaften bei bestimmten Produkten ist, kann nicht allgemein festgelegt werden, sondern ist u.a. personenabhängig.[288]

---

[284] Vgl. Dach (2002), S. 119.

[285] Vgl. Abrolat/Heinick (2003), S. 76. Bei Bekleidung waren es 72% der Nennungen und bei Kosmetika 22% der Nennungen (Frage: Was wurde im Versandhandel gekauft?, Mehrfachnennungen möglich).

[286] Vgl. Ahlert (1996), S. 41.

[287] Vgl. Ahlert (1996), S. 42.

[288] So können z.B. bei einer Armbanduhr für eine Person funktionale Aspekte wie Genauigkeit im Vordergrund stehen (z.B. Kauf einer Uhr für 10 Euro bei *Aldi*), während bei einer anderen Person eher die symbolischen Aspekte im Vordergrund stehen und die Uhr eher als ein Schmuckstück anzusehen ist (z.B. Kauf einer „Rolex"-Uhr für 5.000 Euro beim Juwelier).

a.3) Dienstleistungsbezogene Produkteigenschaften

Zu den dienstleistungsbezogenen Produkteigenschaften zählen verschiedene Service-Aspekte wie Kreditgewährung, Lieferung, Aufbau/Installation, Garantien, Kundendienst etc.[289] Diese Eigenschaften können die Kanalwahl beeinflussen, wenn sie nicht kanalübergreifend gleich sind. Ein Teil dieser Dienstleistungen wurde bereits unter dem Aspekt der Service-Leistungen als Kanaleigenschaft berücksichtigt (siehe Kapitel 4.2.1.1).

Zusammenfassend kann festgehalten werden: Die physischen und symbolischen Produkteigenschaften an sich haben keinen unmittelbaren Einfluss auf die Kanalwahl, sondern indirekt über die Bedürfnisse, die sie beim Kunden hervorrufen oder befriedigen können, bzw. über das Produktinvolvement, dass mit ihnen einhergeht.

b) Systematisierung von Produkten nach dem Einkaufsverhalten

Dieser Ansatz untersucht zur Erklärung des Käuferverhaltens Kaufprozesse in Abhängigkeit von der Beschaffenheit, den Eigenschaften und dem Verwendungszweck von Produkten.[290] Nach diesem Ansatz werden Produkte in Convenience, Shopping, Specialty und Preference Goods unterteilt, wobei zwischen den Autoren keine Einheitlichkeit bezüglich der Definitionen herrscht.[291]

- **Convenience Goods** sind in der Regel Verbrauchsgüter, die bekannt sind und mit geringer Beschaffungsmühe verbunden sind. Dies gilt in der Regel für Waren des kurzperiodischen, laufenden Bedarfs mit einem geringen Wert wie z.B. Lebens- und Reinigungsmittel. Diese Produkte werden vom Käufer eher als unbedeutend und risikolos empfunden und er verfügt bereits über Kauferfahrung. In der Regel handelt es sich um einen habitualisierten Kaufentscheidungsprozess und der Kauf findet gewohnheitsmäßig in der unmittelbaren Umgebung statt.[292]
- **Shopping Goods** sind Gebrauchsgüter und Waren, deren technische oder modische Gestaltung sich in einem erheblichen Wandel befindet. Dies veranlasst die Kunden, vor dem Kauf bestimmte Produktmerkmale wie z.B. Qualität/Ausstattung, Preis, Design in alternativen Einkaufsstätten zu vergleichen. Als Beispiel gelten Güter des periodischen Bedarfs wie z.B. Kleider, Schuhe etc. Mit diesen Produk-

---

289 Kotler et al. (2001), S. 460.

290 Vgl. Weiber (1996), S. 44.

291 Vgl. im Folgenden Bucklin (1963), S. 50 ff.; Depenbrock-Naumann (1982), S. 118 ff.; Kreller (2000), S. 91 f.; Weiber (1996), S. 46 f. und die dort angegebenen Quellen.

292 Hier handelt es sich um eine Verallgemeinerung. Auch der Samstagsgroßeinkauf auf der grünen Wiese kann zur Deckung dieses Bedarfs stattfinden und sollte nicht ausgeschlossen werden. Wichtig ist hier der Aspekt der Mühelosigkeit, der mit dem Kaufakt verbunden ist.

ten gehen eher ein niedriges bis mittleres Involvement und ein geringes bis mittleres Risikoempfinden einher und es handelt sich in der Regel um einen limitierten Kaufentscheidungsprozess.

- **Specialty Goods** veranlassen den Kunden vor der endgültigen Kaufentscheidung zu einer umfassenden Informationssammlung und -verarbeitung und sind mit einem besonderen Kaufaufwand verbunden. Dazu werden in der Regel hochwertige, langlebige Gebrauchsgüter des aperiodischen Bedarfs gezählt wie z.B. größere Elektrogeräte, Autos etc. Mit diesen Produkten korrespondiert in der Regel ein hohes Involvement und ein starkes Risikoempfinden und es handelt sich um einen extensiven Kaufentscheidungsprozess.
- **Preference Goods** sind kurzlebige Verbrauchsgüter, bei denen die Kunden ein hohes Risiko wahrnehmen, aber mit deren Kauf eine geringe Anstrengung einhergeht. Diese Produkte werden vom Käufer als sehr wichtig und risikobehaftet empfunden (z.B. ein spezielles, allergenfreies Lebensmittel für einen Allergiker) und er verfügt bereits über Kauferfahrung. In der Regel handelt es sich dabei um einen habitualisierten Kaufentscheidungsprozess.

Dieser Ansatz geht davon aus, dass unterschiedliches Verhalten (sowohl Produkt- als auch Einkaufsstättenwahl) durch unterschiedliche Produkteigenschaften zu erklären ist. Der Kunde erachtet unterschiedliche Merkmale der Einkaufsstätte als wichtig, je nachdem zu welcher Kategorie ein Produkt gehört. Handelt es sich um Convenience oder Preference Goods, dann sind in der Regel die Erreichbarkeit und das Führen des präferierten Produkts der wichtigste Faktor für die Einkaufsstättenwahl. Handelt es sich um ein Shopping Good, dann spielen Faktoren wie z.B. Auswahl (Breite und Tiefe des Sortiments), Preis, Erreichbarkeit und Service eine wichtige Rolle. Im Falle der Specialty Goods spielen die persönliche Beratung und Größe der Auswahl (Tiefe des Sortiments in der interessierenden Produktkategorie) eine wichtige Rolle, während die Erreichbarkeit eine untergeordnete Rolle bei der Einkaufsstättenwahl spielt.[293]

Schwierigkeiten bereitet die Tatsache, dass ein Produkt <u>nicht</u> per se einer der drei Kategorien bzw. Kaufprozesstypen personen- und situationsunabhängig zugeordnet

---

[293] Vgl. Bucklin (1963), S. 53 ff.

werden kann.[294] Der Hauptbeitrag dieses Ansatzes liegt darin begründet, dass er darauf aufmerksam macht, dass in Abhängigkeit von den Produkteigenschaften, den Merkmalen der Person (wie z.B. Involvement oder wahrgenommenes Produktrisiko) sowie situativen Faktoren (wie z.B. Dringlichkeit des Bedarfs) unterschiedliche Kaufprozesstypen Anwendung finden. Und in Abhängigkeit von diesen Kaufprozesstypen werden unterschiedliche Betriebstypen oder Kanäle ausgewählt.

c) Systematisierung von Produkten anhand informationsökonomischer Produkteigenschaften

Neben dieser verhaltenswissenschaftlichen Betrachtung lässt sich der Einfluss des Produkts auf das Ausmaß und die Vorgehensweise bei der Informationssuche durch die Ansätze der *Informationsökonomie* analysieren. Ausgangspunkt dieser Ansätze ist die Unsicherheit des Kunden bezüglich der Beurteilung von Produkten. Die Informationsökonomie unterscheidet zwischen den Such-, den Erfahrungs- und den Vertrauenseigenschaften von Gütern, wobei diese Eigenschaften in einem komplementären Verhältnis zueinander stehen. Produkte oder Dienstleistungen sind durch Eigenschaften aller drei Kategorien gekennzeichnet, in der Regel dominiert aber eine bestimmte Eigenschaftskategorie:[295]

- **Such-** oder **Inspektionseigenschaften** sind Eigenschaften, die vom Kunden vor dem Kauf durch Inspektion oder Informationssuche vollständig beurteilt werden können. Beispiele für Suchgüter (d.h. Güter, bei denen die Sucheigenschaften dominieren) sind Waren, die unterschiedlich ausfallen können (z.B. Obst), Waren, deren Passform nicht sicher ist oder die der Kunde aus ästhetischen Gründen anprobieren möchte (z.B. Schuhe oder Bekleidung).
- **Erfahrungseigenschaften** sind Eigenschaften, die vom Kunden erst nach dem Kauf durch Erfahrung bei Ge- und Verbrauch bzw. Inanspruchnahme der Leistung beurteilt werden können. Ein Beispiel für Erfahrungsgüter sind unbekannte Weine, Lebensmittel etc.
- **Vertrauenseigenschaften** sind Eigenschaften, die sich sowohl vor als auch nach dem Kauf einer faktischen Beurteilung durch den Kunden entziehen. Die Kunden können nur darauf vertrauen, dass diese Eigenschaften tatsächlich vorhanden sind. Typische Beispiele für Vertrauensgüter sind Bio-Produkte oder Lebensversi-

294 Genauso wenig, wie im vorangegangenen Kapitel pauschal davon auszugehen ist, dass eine Armbanduhr einen hohen Anteil an symbolischen Eigenschaften hat, können wir bei diesem Ansatz eine Armbanduhr pauschal einer der drei Kategorien zuordnen: Die Armbanduhr, die man beim Handwerkern trägt, kann als Convenience oder Shopping Good angesehen werden, während die Armbanduhr, die man sich als Selbstbelohnung kauft, ein Specialty Good sein kann.

295 Vgl. Kaas (1990), S. 544; Weiber/Adler (1995), S. 54; Kaas/Busch (1996), S. 243 f.

cherungen.

Die Kanäle eines Multi-Channel-Retailers eignen sich in unterschiedlichem Maße zur Vermittlung von Informationen entsprechend den Such-, Erfahrungs- und Vertrauenseigenschaften der Produkte, wobei der Kanal selbst die Art dieser Eigenschaften beeinflussen kann.[296] So ist z.B. der Geruch eines neuen, unbekannten Parfüms in einem stationären Kanal eine Sucheigenschaft, wenn die Möglichkeit zum Probieren besteht, während es bei einem Kanal des Distanzhandels eher als Erfahrungseigenschaft einzustufen ist. Aber eine dichotome Betrachtung stationäre vs. Distanzkanäle ist zu vereinfachend. Besteht die Möglichkeit zur Versendung einer Probe vor dem Kauf, dann handelt es sich bei dem Parfümgeruch auch bei dem Distanzkanal um eine Sucheigenschaft. Handelt es sich bei dem Parfüm um einen Wiederholungskauf, dann scheint aus informationsökonomischer Sicht keiner der Kanäle einen Vorteil zu bieten, da keine Informationen über das Produkt, in diesem Fall den Geruch, gewünscht sind.

In den meisten Veröffentlichungen wird davon ausgegangen, dass die stationären Kanäle besser geeignet sind, Sucheigenschaften zu übermitteln. Im Falle der Erfahrungs- und Vertrauensgüter seien Distanzkanäle genauso gut für die Übermittlung von Informationen zu den relevanten Eigenschaften geeignet, da die Produktqualität auch im stationären Kanal vor dem Kauf nicht überprüft werden kann.[297] Allerdings sind diese Aussagen zu allgemein und wurden nicht empirisch überprüft. An dieser Stelle sollte nur kurz auf die Existenz und Hauptaussagen dieses Forschungsansatzes aufmerksam gemacht werden. Da der Schwerpunkt unserer Untersuchung verhaltenswissenschaftlicher Natur ist, gehen wir hier nicht weiter ins Detail.[298]

Als Fazit kann festgehalten werden, dass es unterschiedliche theoretische Ansätze zum Einfluss der Produktmerkmale auf die Wahl eines Betriebstyps bzw. eines Kanals gibt. Allerdings beeinflussen die Produktmerkmale nicht direkt diese Wahl, sondern mittelbar über ihren Einfluss auf Konstrukte wie z.B. Einkaufsmotive oder Involvement.[299] Daher wird in der vorliegenden Untersuchung nicht versucht, einen Ein-

---

[296] Vgl. Alba et al. (1997), S. 43.

[297] Vgl. Rohrbach (1997), S. 76 ff.

[298] Für eine detaillierte empirische Untersuchung zur Auswirkung der informationsökonomischen Produkteigenschaften auf das wahrgenommene Risiko und dadurch auf die Kanalwahl in einem Mehrkanalsystem siehe die Untersuchung von Bohlmann (2005).

[299] Auch Auswertungen der Produktabsätze in den unterschiedlichen Kanälen der untersuchten Unternehmung haben keine signifikanten Zusammenhänge zwischen den Produkten und den Kanälen erkennen lassen.

fluss der Produkte auf die Kanalnutzung zu messen. Der Einfluss der Produktmerkmale wird aber bei der Operationalisierung der Konstrukte „Einkaufsmotive“ und „Produktinvolvement“ berücksichtigt.

4.2.4 Situative Faktoren

Untersuchungen haben gezeigt, dass Kunden eines Multi-Channel-Retailers manchmal im Rahmen verschiedener Einkaufsprozesse unterschiedliche Kanäle nutzen. Dieses Verhalten kann u.U. darauf zurückgeführt werden, dass Kunden in unterschiedlichen Situationen unterschiedliche Bedürfnisse oder Motive haben.[300] Der Einfluss von Situationsvariablen auf die Betriebstypen- bzw. Einkaufsstättenwahl wurde schon in mehreren empirischen Untersuchungen belegt.[301] **Situationen** (synonym auch Situationsvariablen oder situative Charakteristika) können definiert werden als „... all those factors particular to a time and place of observation which do not follow from a knowledge of personal (intraindividual) and stimulus (choice alternative) attributes and which have a demonstrable and systemic effect on current behaviour“[302].

Die Systematisierung der situativen Faktoren/Variablen ist nicht einheitlich. Dies liegt auch daran, dass je nach Untersuchungsschwerpunkt andere Aspekte der Situation im Fokus stehen. So zählen ESCH/THELEN (1997) zu den situativen Charakteristika, die den Suchprozess in Outlets des stationären Einzelhandels beeinflussen, das Crowding (= „subjektive Stresserfahrung aufgrund unzureichenden Raumes“), die Zahl und Art der Einkaufsbegleiter sowie die Verkaufsförderungsaktionen des Handels. Andere relevante situative Variablen wie verfügbare Zeit und den subjektiv empfundenen Zeitdruck, die Aufgabenkomplexität sowie die mit dem Kauf verfolgten Ziele (Versorgungskauf vs. Erlebniskauf) subsumieren sie unter Merkmale des Kaufs.[303] MONHEMIUS (1992) unterteilt z.B. die kaufsituationsbezogenen Faktoren danach, ob sie konsumenteninhärent sind (Motive, Involvement, Risiko) oder mit dem Kaufort verbunden sind (Verfügbarkeit, Produktmerkmale, Beratung).[304] Eine Reihe relevanter Einflüsse wie z.B. Zeitdruck oder soziale Einflussfaktoren fehlen allerdings in ihrer Systematisierung. Der Vorteil dieser beiden Systematiken liegt darin, dass sie

---

300 Vg. Nicholson/Clarke/Blakemore (2002), S. 135.
301 Vgl. hierzu die Arbeiten von Belk (1975); Miller/Ginter (1979); Huber/Holbrook/Schiffman (1982); Van Kenhove/De Wulf/Van Waterschoot (1999).
302 Belk (1974), S. 157.
303 Vgl. Esch/Thelen (1997), S. 303 ff.
304 Vgl. Monhemius (1992), S. 91 ff.

Ansatzpunkte zur Beeinflussung situativer Variablen liefern: Der Anbieter kann sich an die internen Einflussfaktoren der Kunden anpassen und gleichzeitig externe Faktoren, die mit der Einkaufsstätte verbunden sind, gezielt beeinflussen. Eine umfassendere Systematisierung der situativen Variablen liefert BELK (1975), der fünf Gruppen situativer Variablen liefert: Physical Surroudings, Social Surroundings, Temporal Perspective, Task Definition und Antecedent States.[305] Im Folgenden sollen diese fünf situativen Variablen kurz dargestellt sowie deren mögliche Berücksichtigung in unserem Modell besprochen werden.

Unter die **physische Umgebung** fallen solche Elemente, die in einem stationären Kanal vom Retailer gestaltet werden können wie z.B. der geographische Ort (Standort), die Ladengestaltung, Geräusche, Aromen/Gerüche, Beleuchtung, Warenpräsentation, aber auch solche, die er nicht beeinflussen kann, wie z.B. das Wetter. In Zusammenhang mit den Distanzkanälen können darunter solche Aspekte, wie die Umgebung, in der eine Person einen Katalog blättert oder auf die Internetseite des Anbieters geht, subsumiert werden. Die meisten dieser Aspekte werden in der vorliegenden Untersuchung unter der Variablen Merkmale des Kanals schon berücksichtigt. So kann es z.B. dazu kommen, dass man in einem Laden durch die Atmosphäre doch zum Kauf „verführt“ wird, obwohl man eigentlich ohne Kaufabsicht nur reingegangen ist, um sich über die neusten Trends zu informieren.

Die **soziale Umgebung** umfasst die Anwesenheit anderer Personen, deren Charakteristika, deren Rollen sowie die interpersonelle Interaktion während des Einkaufens. Auch dieser Faktor kann sich auf das Verhalten bei der Nutzung sowohl stationärer als auch von Distanzkanälen auswirken. So kann z.B. die Anwesenheit eines weinenden Kleinkindes dazu führen, dass der Kunde einen Laden sofort verlässt, ohne das Gewünschte gekauft zu haben.

Der **zeitliche Aspekt** kann nach verschiedenen Zeit-Messeinheiten spezifiziert werden wie z.B. Tages- oder Jahreszeit, Zeit seit dem letzten Einkauf etc. Viel bedeutender scheinen in diesem Zusammenhang die Aspekte des in einer Situation empfundenen Zeitdrucks sowie der Kaufdringlichkeit. Empfindet der Käufer Zeitdruck, dann kann es dazu kommen, dass der Kaufentscheidungsprozess sich verkürzt und er eine Kaufentscheidung schneller als unter „normalen“ Umständen fällt.[306] Empfundener Zeitdruck und Dringlichkeit eines Bedarfs führen auch dazu, dass der Kunde

---

305 Belk (1975), S. 170 f.
306 Vgl. Steffenhagen (1978), S. 595 f.

besonderen Wert auf Convenience-Aspekte legt. So kann er sich für einen Kanal entscheiden, der in der Situation gut erreichbar ist oder von dem er weiß, dass der Kaufvorgang wenig Zeit in Anspruch nehmen wird[307] (z.B. keine Wartezeiten an der Kasse oder eine übersichtliche Warenpräsentation, die dazu führt, dass er das gesuchte Produkt schnell finden kann). Auch wird der Kunde vermutlich kaum über einen Distanzkanal kaufen, wenn er die Ware in einigen Stunden braucht.

Mit **Problem- bzw. Aufgabenstellung** (Task Definition) in einer Einkaufssituation ist der Einkaufsanlass gemeint. Einkaufsanlässe können nicht nur produktbezogen sein. HEINEMANN (1976) unterscheidet drei Arten von Einkaufsanlässen:[308]

- Bei *produktbezogenen* Einkaufsanlässen besucht der Kunde eine Einkaufsstätte, weil er ein bestimmtes Produkt benötigt.
- *Firmenbezogene (einkaufsstätteninduzierte)* Einkaufsanlässe treten z.B. auf, wenn der Kunde eine neue Einkaufsstätte kennen lernen oder sich über das neue Angebot einer bestimmten Einkaufsstätte informieren möchte. Dies kann gerade im Falle der Partievermarktung, bei der das Angebot in regelmäßigen Abständen geändert wird, ein wichtiger Auslöser sein.
- Darüber hinaus kann der Einkaufsgang selbst (Shoppengehen/Bummeln) Anlass sein, eine Einkaufsstätte aufzusuchen. Als Beispiele für diese *produkt- und firmenunabhängigen* Einkaufsanlässe seien der Wunsch nach Zeitvertreib oder nach Entspannung sowie der Wunsch, andere Menschen zu treffen, genannt.

In empirischen Untersuchungen findet häufig eine Klassifizierung der Kunden abhängig von dem Einkaufsanlass statt, so z.B. bei MATHWICK ET AL. (2002), die die Kunden in „goal-oriented" und „experientials" einteilten. Sie untersuchten den Einfluss des Einkaufsanlasses auf den von den Kunden (Versand- und Internet-Shopper eines Distanzhändlers) empfundenen Nutzen einer Shopping-Erfahrung. MATHWICK ET AL. (2002) kamen zu dem Ergebnis, dass „goal-oriented"-Kunden einen größeren funktionalen Nutzen („higher return on their investment of time, effort and money") empfanden, während diejenigen Kunden, die eine „experiential shopping task" hatten, mehr Spaß empfanden.[309] Sie definieren die *„goal-oriented"*-Kunden als „Respondents who indicated that they intended to purchase a general category of product or a specific brand ..." und die *„experientials"* als „Respondents who reported initiating their retail encounter by browsing with no intent to purchase and those with a

307 Vgl. Alpert (1971), S. 184 ff.; Van Kenhove/De Wulf (2000), S. 149 ff.
308 Vgl. Heinemann (1976), S. 131 f.
309 Vgl. Mathwick/Malhotra/Rigdon (2002), S. 56 f.

purchase intention but no product in mind“[310]. Dabei wird deutlich, dass sich die Situationsvariable „Einkaufsanlass“ konzeptionell mit dem Konstrukt „Einkaufsmotive“ überschneidet, das in Kapitel 4.3.3 näher betrachtet wird.

Antecedent States wie z.B. Stimmungen (Spaß, Niedergeschlagenheit, Angst, Feindlichkeit, Aufregung) und Zustände (Müdigkeit, Krankheit) können die Wahl eines Kanals dadurch beeinflussen, dass sie überhaupt erst den Anlass bilden, einkaufen zu gehen. So kann Shopping als eine Art „Therapie gegen schlechte Laune“ eingesetzt werden.[311]

Die einzige der Verfasserin bekannte empirische Studie, die den Einfluss von situativen Variablen auf das Kundenverhalten im Multi-Channel-Retailing untersucht, ist die von NICHOLSON/CLARKE/BLAKEMORE (2002). Die Autoren kommen in ihrer explorativen, longitudinalen Untersuchung des Kanalwahlverhaltens von Kunden eines englischen Multi-Channel-Retailers, der drei Kanäle betreibt (stationäre Shops, Katalogversand und Online-Shop) zu der Erkenntnis, dass „individual shopping channels satisfy particular needs and requirements in specific situations“[312]. Auf Basis von Fokusgruppen und „monthly shopping diaries“ untersuchten sie den Einfluss der situativen Variablen nach BELK auf die Wahl der Kanäle. Allerdings wird dem Leser schnell klar, dass es sich bei den vermeintlichen Situationsvariablen eigentlich um Einkaufsmotive handelt. So verbirgt sich hinter den situativen Variablen „social setting“ und „antecedent states“ das Einkaufsmotiv „Erlebnisorientierung“: „Overwhelmingly, then the store-based option is the preferred shopping mode in mood-dependent social situations, often as a component in a combined leisure experience.”[313] Hinter der situativen Variable „temporal setting“ verbirgt sich das Einkaufsmotiv „Convenienceorientierung“: „the company's Internet site shares all of the temporal benefits of the catalogue option, i.e. convenience of ordering, consumer delivery time specification, etc.“[314].

Zusammenfassend kann festgehalten werden:

- Dem situativen Kontext wird in den Untersuchungen zur Wahl eines Betriebstyps bzw. einer Einkaufsstätte eine empirische Relevanz zugesprochen.
- Die Konzeptualisierung situativer Variablen ist nicht überschneidungsfrei zu ande-

---

310 Mathwick/Malhotra/Rigdon (2002), S. 55.
311 Vgl. hierzu den Aspekt des „gratification shopping“ bei Arnold/Reynolds (2003), S. 80.
312 Nicholson/Clarke/Blakemore (2002), S. 135.
313 Nicholson/Clarke/Blakemore (2002), S. 141.
314 Nicholson/Clarke/Blakemore (2002), S. 142.

ren in dieser Arbeit berücksichtigten Erklärungsvariablen (wie z.B. Eigenschaften der Kanäle und Einkaufsmotive).

- Es ist nicht Ziel der vorliegenden Untersuchung, für jedes einzelne beobachtbare Verhalten eine Erklärung zu liefern. Die Zielsetzung lautet, für den untersuchten Multi-Channel-Retailer verallgemeinerungsfähige Erkenntnisse über die Determinanten des Kundenverhaltens auszuarbeiten, auf deren Basis Handlungsempfehlungen formuliert werden können. Daher erscheint es nicht als sinnvoll zu versuchen, alle situativen Einflüsse zu berücksichtigen. Dabei handelt es sich um solche Aspekte, die <u>nicht</u> verallgemeinerungsfähig sind (weil sie z.B. nur für eine einzige Situation gelten) bzw. vom Retailer <u>nicht</u> beeinflussbar sind (überspitzt formuliert, weil z.B. der Kunde in einer bestimmten Einkaufssituation Kopfschmerzen hat). Diese situativen Aspekte, die weder verallgemeinerungsfähig noch vom Retailer beeinflussbar sind, müssen aber isoliert werden, damit die Aussagefähigkeit des Modells nicht beeinträchtigt wird. Dies geschieht in der vorliegenden Untersuchung, indem Fälle ausgeschlossen werden, in denen der Kunde einen anderen Kanal genutzt hat als den erstgewählten, weil Produkte in dem gewählten Kanal ausverkauft waren oder dort nicht geführt wurden. Würde man solche Aussagen nicht aus der Bewertung ausschließen, dann käme es zu einer Verzerrung der Ergebnisse.

Aufgrund dieser Überlegungen verzichten wir in der vorliegenden Untersuchung auf die Messung des Zusammenhangs zwischen den situativen Faktoren und der Nutzung der Kanäle. Situative Aspekte werden aber bei der Operationalisierung einzelner Variablen beachtet, so z.B. bei der Berücksichtigung des Einkaufsanlasses bei der Operationalisierung des Konstrukts Kaufentscheidungsprozess (s. Kapitel 4.3.2.4).

4.3 Psychographische Merkmale als unmittelbare Determinanten der Kanalnutzung

4.3.1 Überblick

Die sich im Organismus des Individuums abspielenden, psychischen Determinanten des Kundenverhaltens (psychographische, nicht direkt beobachtbare Merkmale der Kunden) werden theoretische Konstrukte genannt.[315] **Theoretische Konstrukte** werden in der Fachliteratur unterschiedlich strukturiert. So unterscheiden KROEBER-RIEL/WEINBERG (2003) zwischen aktivierenden und kognitiven Prozessen. Die *aktivierenden Prozesse* umfassen die Konstrukte Aktivierung, Involvement, Emotion, Motivation und Einstellung. Zu den *kognitiven Prozessen* gehören die Aufnahme, die Verarbeitung und die Speicherung von Informationen.[316] TROMMSDORFF (2004) unterteilt die theoretischen Konstrukte in Zustände und Prozesse. Zu den *Zustandskonstrukten,* die als statische Erklärungsgrößen des Kundenverhaltens dienen, zählen Aktiviertheit/Involvement, Emotionen/Gefühle, Motive/Bedürfnisse, Einstellungen/Image, Werte und Lebensstil/Persönlichkeit. Den *Prozessen* als dynamische Erklärungsgrößen werden Informationsaufnahme, Wahrnehmung, Lernen, Denken, Entscheiden und Verhalten zugeordnet.[317]

Im Rahmen der Konstruktforschung wird zwischen der Konzeptualisierung eines Konstrukts, d.h. der „Erarbeitung der Konstruktdimensionen", und der Operationalisierung, d.h. der darauf aufbauenden Entwicklung eines Messinstrumentariums, unterschieden.[318] Hinsichtlich der Konzeptualisierung von Konstrukten unterscheidet man die Ebenen des Konstrukts, der Dimensionen, der Faktoren und der Indikatoren (Ebene der beobachtbaren Variablen). Im Falle eines einfaktoriellen Konstrukts entspricht das Konstrukt genau einem Faktor, d.h., alle beobachtbaren Variablen lassen sich direkt auf der Ebene des Konstrukts verdichten. Hingegen wird ein mehrfaktorielles Konstrukt mithilfe von zwei oder mehreren, voneinander abgrenzbaren Faktoren erfasst. Dabei können zwei weitere Unterfälle differenziert werden: Im Falle eines eindimensionalen Konstrukts kann jeder Faktor einer einzigen theoretischen Dimension des Konstrukts zugeordnet werden, während im Falle eines mehrdimensionalen Konstrukts mehrere theoretische Dimensionen existieren, die

---

315 Vgl. Bänsch (1998), S. 5.
316 Vgl. Kroeber-Riel/Weinberg (2003), S. 49 ff.
317 Vgl. Trommsdorff (2004), S. 35 ff. Es stellt sich allerdings die Frage, ob es sich beim Verhalten noch um ein theoretisches Konstrukt oder um eine beobachtbare Variable handelt.
318 Vgl. Homburg/Giering (1996), S. 5.

ihrerseits aus mehreren Faktoren bestehen.[319]

Im Mittelpunkt dieses Kapitels stehen drei Zustandskonstrukte, bei denen aufgrund der dargestellten theoretischen Erkenntnisse und der durchgeführten qualitativen Untersuchung angenommen wird, dass sie das Kundenverhalten im Multi-Channel-Retailing determinieren: Involvement, Einkaufsmotive und Einstellungen. Die Vorgehensweise ist im Allgemeinen ähnlich: Als Erstes erfolgt die Betrachtung der begrifflichen und konzeptionellen Grundlagen des Konstrukts, als Zweites die Darstellung der Verfahren zur Konstruktmessung und als Drittes die Vorstellung der Ergebnisse empirischer Untersuchungen zur Wirkung des Konstrukts im Mehrkanalsystem (oder in benachbarten Forschungsbereichen). Wird es als erforderlich betrachtet, dann wird anschließend ein eigener Vorschlag zur Konzeptualisierung der Konstrukte erarbeitet, bevor die Hypothesen zur Wirkung der Konstrukte auf die Kanalnutzung formuliert werden.

4.3.2 Involvement

4.3.2.1 Begriffliche und konzeptionelle Grundlagen der Involvementforschung

In engem Zusammenhang mit dem Kaufentscheidungsprozess steht das Involvementkonstrukt, das als die Ich-Beteiligung oder das innere Engagement, mit dem sich ein Individuum einem Meinungsgegenstand widmet, definiert werden kann.[320] In der verhaltenswissenschaftlichen Literatur wird dem Involvementkonstrukt eine zentrale Rolle als aktivierende Determinante der Informationssuche, -aufnahme und -verarbeitung sowie als Prädisposition der Nutzung der Kommunikations- und Informationsmedien zugesprochen.[321]

JECK-SCHLOTTMANN (1987) definiert das Involvementkonstrukt zustands- und ursachenorientiert als „einen personenspezifischen Zustand der Aktivierung und der Motiviertheit, der durch äußere Variablen wie Produkt, Situation, Kommunikation und durch interne Variablen, wie Selbstverständnis und Wertesystem, bestimmt wird. Involvement ist mit emotionalen und kognitiven Prozessen, wie Informationssuche und

319 Vgl. Homburg/Giering (1996), S. 6.

320 Vgl. Kroeber-Riel/Weinberg (2003), S. 92.

321 Vgl. u.a. Kroeber-Riel/Weinberg (2003), S. 370; Trommsdorff (2004), S. 55 ff.; Mitchell (1979), S. 196. Das Involvementkonstrukt wurde Mitte der 60er Jahre durch Krugmann in die Marketing-Theorie eingeführt und beschäftigte sich zunächst vor allem mit werbewisschenschaftlichen Problemstellungen.

-verarbeitung verbunden."[322] JECK-SCHLOTTMANN hebt in ihrer Definition die Existenz sowohl kognitiver als auch emotionaler Prozesse hervor. Wie aus der Definition hervorgeht, wird der Grad des Involvements durch das Zusammenwirken dreier Determinanten beeinflusst: personenspezifische, situationsspezifische und stimulusspezifische Faktoren.[323]

Personenspezifische Faktoren

Die personenspezifischen Faktoren beschreiben den Einfluss der persönlichen Prädispositionen eines Individuums auf das Involvement. Diese hängen von den subjektiven Bedürfnissen, Werten und Zielen eines Individuums ab. Die Verbundenheit eines Individuums mit einem Meinungsgegenstand aufgrund des Wertekonzepts und des Selbstkonzepts des Individuums wird auch als „Ego-Involvement" bezeichnet.[324] Ein Objekt (Produkt, Meinungsgegenstand), das die zentralen persönlichen Werte einer Person tangiert, löst demnach ein stärkeres Ego-Involvement aus.[325] Das Ego-Involvement kann somit als längerfristiges Persönlichkeitsmerkmal angesehen werden, das unabhängig von situativen Einflüssen bestehen bleibt.[326] GRÖPPEL (1994) setzt das personenspezifische Involvement (Ego-Involvement) mit Einkaufsmotiven gleich. Dieser Anschauung folgen wir nicht und betrachten die Einkaufsmotive und das personenspezifische Involvement als zwei unterschiedliche Konstrukte.[327]

Situationsspezifische Faktoren

Das Involvement bezüglich eines Objekts kann infolge verschiedener Situationen unterschiedlich stark ausgeprägt sein. Solche kurzfristigen, situationsspezifischen Faktoren[328] wie eine aktuelle Kaufabsicht können zu einer kurzfristigen Erhöhung des Involvements führen. Andererseits kann ein wahrgenommener Zeitdruck die Informationsneigung, die mit hohem Involvement verbunden ist, in dieser Situation begrenzen.[329] SCHMALEN (1994) spricht im Zusammenhang mit einer konkreten Kaufsituation und dem in dieser Situation subjektiv empfundenen Risiko auch vom Kaufin-

---

322 Jeck-Schlottmann (1987), S. 78. Diese Definition erfolgte in Anlehnung an die Ergebnisse der Kausalanalysen von Lastowicka/Gardner (1979) und Arora (1982).

323 Vgl. zu den folgenden Ausführungen Jeck- Schlottmann (1987), S. 69 ff.; Deimel (1989), S. 154 f.; Zaichowsky (1985), S. 342; Bloch/Bruce (1984), S. 200; Kroeber-Riel/Weinberg (2003), S. 361.

324 Vgl. Sherif/Sherif (1967), S. 3, zit. nach Gröppel (1990), S. 52.

325 Vgl. Bleicker (1983), S. 143.

326 Vgl. Bloch (1982), S. 413. In diesem Zusammenhang wird auch vom „enduring Involvement" gesprochen.

327 Siehe zur Definition und Abgrenzung des Motivkonstrukts Kapitel 4.3.3.1.

328 Siehe hierzu auch die Ausführungen in Kapitel 4.2.4.

329 Vgl. Deimel (1989), S. 154.

volvement.[330]

Stimulusspezifische Faktoren

Der Grad des Involvements wird drittens durch die reizspezifischen Merkmale des Stimulus und hier insbesondere durch das **Produkt** gesteuert. Verschiedene empirische Untersuchungen haben gezeigt, dass Produkte bzw. Objekte involvierend wirken. Das Involvement, welches ein Produkt auslösen kann (Stärke des Produktinvolvements), ist aber nicht produkt- bzw. produktgruppenspezifisch, sondern subjektiv, d.h. personenspezifisch, sowie situationsabhängig. Versuche, die Produkte nach ihrem Involvementgehalt unabhängig von der Person oder der Situation zu ordnen, scheiterten. Es kann nicht angenommen werden, dass langlebige, teure Produkte immer ein höheres Involvement hervorrufen als Verbrauchsgüter.[331] Das Produktinvolvement hängt nicht nur von der Langlebigkeit oder vom Preis der Produkte, sondern von einer Vielzahl von Faktoren ab, wie dem Interesse, der Unterscheidbarkeit der Alternativen, dem Zeitaufwand, der Wichtigkeit des Kaufs und dem damit verbundenen empfundenen Kaufrisiko etc.[332]

Alle drei Involvementdeterminanten – personenspezifische, situationsspezifische und stimulusspezifische – bestimmen die Stärke der emotionalen und kognitiven Prozesse.

4.3.2.2 Verfahren der Involvementmessung

Die häufigste Operationalisierung des Involvementkonstrukts erfolgt dichotom: in High- und Low-Involvement. Wie in der vorangestellten Definition hervorgehoben, beinhaltet das Involvement-Konzept sowohl kognitive als auch emotionale Prozesse. Daher darf bei der Operationalisierung des Involvementkonstrukts nicht nur auf die kognitive Komponente abgestellt werden, wie dies bei der Zweiteilung (hoch vs. niedrig) meistens der Fall ist.[333] Bei einem **hohen Involvement** (High-Involvement-Fall) misst das Individuum dem Meinungsgegenstand eine hohe Wichtigkeit bei und ist bereit, sich kognitiv und emotional mit der Entscheidung auseinander zu setzen. Die Entscheidungsprozesse sind komplex und der Kunde bringt viel Zeit und Energie dafür auf. Im **Low-Involvement-Fall** hat der Meinungsgegenstand für den Kunden eine

---

330 Vgl. Schmalen (1994), S. 1226.
331 Vgl. Trommsdorff (2004), S. 58.
332 Vgl. Laurent/Kapferer (1985), S. 43; Jeck-Schlottmann (1987), S. 72 f.
333 Vgl. Kroeber-Riel/Weinberg (2003), S. 371

geringe Bedeutung und er verwendet nur wenig Zeit und Energie für den Kaufentscheidungsprozess. Dieser Fall liegt dann vor, wenn sowohl das kognitive als auch das emotionale Involvement niedrig sind. Ist einer der beiden Involvement-Typen gering, darf nicht automatisch vom Low-Involvement ausgegangen werden. Bei einem geringen kognitiven Involvement kann das emotionale Involvement durchaus hoch sein.

LAURENT/KAPFERER (1985) leisteten einen bedeutenden Beitrag zur mehrdimensionalen Involvementdefinition und Messung. Sie schlugen eine Operationalisierung des Involvementkonstrukts in Abhängigkeit von folgenden Involvementdeterminanten vor:

- der wahrgenommenen persönlichen Bedeutung des Produkts,
- dem wahrgenommenen Produktrisiko, das auf zwei Dimensionen gemessen wird: einerseits als negative Konsequenz einer falschen Wahl (eines „Fehlgriffs") und zweitens als Wahrscheinlichkeit, eine falsche Wahl zu treffen,
- dem symbolischen Wert des Produkts (Möglichkeit zur Selbstverwirklichung) und
- dem hedonistischen Wert des Produkts (d.h. produktverbundene Verstärkung, der damit verbundene Spaß, die Belohnung beim Entscheiden und Konsumieren).[334]

In der Untersuchung von LAURENT/KAPFERER (1985) ergab sich im Rahmen der empirischen „scale purification" eine etwas veränderte vierfaktorielle Struktur des Konstrukts: Die Statements zur Messung der Produkt-Bedeutung sowie die Statements zur Messung der negativen Konsequenzen einer falschen Wahl wurden zu einem gemeinsamen Faktor zusammengefasst. Welche Struktur in der vorliegenden Untersuchung zugrunde gelegt wird, wird in Kapitel 4.3.2.4 bei der Konzeptualisierung eines eigenen Modells dargestellt.

4.3.2.3 Ergebnisse empirischer Untersuchungen

Auch an dieser Stelle wird zum Thema Multi-Channel-Retailing auf die Untersuchung von SCHRAMM-KLEIN (2003) zurückgegriffen. Die Autorin operationalisiert das Involvementkonstrukt warengruppenbezogen anhand von drei Items: (1) Zeitaufwand, der üblicherweise für die Auswahl von Produkten dieser Warengruppe eingesetzt wird, (2) Häufigkeit des Informierens über Neuigkeiten in diesem Warengruppenbereich sowie (3) Wichtigkeit der Warengruppe für die Kunden. Es wurde keine situations-

---

[334] Vgl. Laurent/Kapferer (1985), S. 43.

spezifische Komponente erhoben (z.B. tatsächlich gekauftes Produkt).[335]

SCHRAMM-KLEIN konnte empirisch nachweisen, dass das Involvement eine positiv moderierende Wirkung auf die Beziehung zwischen den beiden erklärenden Variablen „Vertrauen der Konsumenten zum Multi-Channel-Retailer“ bzw. „Einstellung gegenüber dem Multi-Channel-Retailer“ und den beiden zu erklärenden Variablen „Loyalität gegenüber dem Händler“ bzw. „Nutzung des Multi-Channel-Systems“ hat (siehe dazu auch Abbildung 8 auf Seite 56). Je höher das (Produkt-)Involvement ist, umso enger ist die Beziehung zwischen dem Vertrauen der Kunden zum Retailer und ihrer Loyalität. Das Gleiche gilt für die Beziehung zwischen dem Vertrauen der Kunden zum Retailer und der Nutzung des Multi-Channel-Systems. Für die Erklärungsvariable Einstellung gegenüber dem Multi-Channel-Retailer verstärkt ein hohes Involvement ihren Einfluss auf die Loyalität gegenüber dem Multi-Channel-Retailer.[336] Der für die vorliegende Untersuchung interessierende Zusammenhang zwischen dem Involvement bzw. dem Kaufentscheidungstyp und der Anzahl genutzter Kanäle im Rahmen des Kaufprozesses wurde jedoch nicht untersucht.

In der bereits erwähnten Untersuchung von LINGENFELDER/LÖVENICH (2001a) dient das Involvementkonstrukt als Erklärungsvariable für die Einkaufsmotive. Die Autoren betrachten das „enduring involvement, which reflects a person's ongoing interest in a product category“[337]. Sie konnten einen Einfluss des Involvementkonstrukts auf vier von sechs Einkaufsmotiven (convenience orientation, experiential shopping orientation, brand orientation und shopping flexibility) empirisch bestätigen.[338] Ein direkter Einfluss des Involvementkonstrukts auf die zu erklärende Variable „Absicht zur Substitution“ der stationären Kanäle durch Online-Shopping wurde nicht untersucht.

4.3.2.4 Modell zur Messung des Involvementkonstrukts und des Kaufentscheidungsprozesses in der vorliegenden Untersuchung

In diesem Kapitel wird zunächst ein zweidimensionales Modell zur Messung des Involvementkonstrukts konzeptualisiert. Darauf aufbauend wird anschließend ein Modell zur Bestimmung des Kunden-Kaufentscheidungsprozesses vorgeschlagen.

---

335 Vgl. Schramm-Klein (2003), S.211 ff.
336 Vgl. Schramm-Klein (2003), S. 314 f.
337 Lingenfelder/Loevenich (2001a), S. 7. Die Autoren machen keine detaillierteren Angaben zur Operationalisierung des Involvements.
338 Vgl. Lingenfelder/Loevenich (2001a), S. 18.

a) Modell zur Messung des Involvementkonstrukts

Aus der Definition von JECK-SCHLOTTMANN (1987) wurde deutlich, dass das Involvement mit emotionalen und kognitiven Prozessen verbunden ist.[339] Deshalb wird in der vorliegenden Untersuchung zur Messung des Involvementkonstrukts zwischen einem emotionalen und einem kognitiven Involvement unterschieden. Das in Kapitel 4.3.2.1 dargestellte Messmodell von LAURENT/KAPFERER findet auch hier Anwendung. Diejenigen Involvementaspekte, die sich auf den symbolischen und hedonistischen Wert des Produkts beziehen, werden dem **emotionalen Involvement** zugeordnet. Unter dem **kognitiven Involvement** werden die Aspekte subsumiert, die sich auf die persönliche Bedeutung des Produkts sowie auf das wahrgenommene Produktrisiko beziehen. Ob diese Zuordnung auch empirisch haltbar ist, wird im Rahmen der quantitativen Untersuchung in Kapitel 6.2.1 nach der Durchführung explorativer Faktorenanalysen beleuchtet.

Die Messung des Involvementkonstrukts fokussiert das Produktinvolvement. Personenspezifische Faktoren (z.B. die persönliche Bedeutung des Produkts) sowie situationsspezifische Faktoren (z.B. das in der Kaufsituation wahrgenommene Risiko) werden aber dabei berücksichtigt.

b) Modell zur Bestimmung des Kunden-Kaufentscheidungsprozesses

Der Grad des Involvements bestimmt die Art, das Ausmaß und die Bereitschaft, sich mit einem Gegenstand kognitiv auseinander zu setzen.[340] Dadurch beeinflusst es die Informationssuche, -aufnahme, -verarbeitung und -speicherung.[341] Dies führt dazu, dass unter Bedingungen hohen Involvements aktiv nach Informationen gesucht wird, während wenig Involvierte nur passives Informationsverhalten zeigen.[342]

Das Involvement steuert ebenfalls die **kognitive Verarbeitungstiefe**. In der Konsumentenpsychologie gibt es mehrere Modelle bezüglich der Informationsprozesse und der kognitiven Verarbeitungstiefe. Eins der bekanntesten Modelle ist das „Elaboration Likelihood Modell" von PETTY/CACIOPPO, das zwei Routen der Informationsverarbeitung unterscheidet: die „zentrale Route" (intensive Informationsverarbeitung und hohe kognitive Beteiligung) und die „periphere Route" (geringe Informationsverarbei-

[339] Jeck-Schlottmann (1987), S. 78.
[340] Vgl. Deimel (1989), S. 155.
[341] Vgl. Trommsdorff (2004), S. 56.
[342] Vgl. Bleicker (1983), S. 169 f.

tung und niedrige kognitive Beteiligung).[343] In High-Involvement-Situationen findet eine tiefe Informationsverarbeitung statt, während unter Low-Involvement-Bedingungen eine geringe Verarbeitungstiefe erfolgt.[344] Bei wenig involvierten Personen sind die kognitiven Strukturen weniger komplex und differenziert als bei hoch involvierten und es werden wenige Merkmale gleichzeitig verarbeitet.[345] Dies führt dazu, dass hoch involvierte Kunden mehr Informationen heranziehen als gering Involvierte.[346] Aufgrund der intensiven kognitiven Verarbeitung einer großen Anzahl von Informationsquellen verlängert sich auch die Entscheidungszeit.[347] Abbildung 20 gibt zusammenfassend die Charakteristika des Informationsverarbeitungsprozesses unter hohem bzw. geringem Involvement wieder.

Charakteristika des Informations-verarbeitungsprozesses	**Involvement**	
	hoch	**gering**
Aktivierung	hoch	niedrig
Aufmerksamkeit	hoch	gering
Informationsbedarf	hoch	gering
Informationsaufnahme	informations-/ kognitiv gesteuert	reizgesteuert
Anzahl der verarbeiteten Informationen	viele	wenig
Kognitive Verarbeitung	stark/tief/aktiv	gering/flach/passiv
Kognitive Strukturen	komplex	einfach
Entscheidungsart	kompensatorisch (kognitiv)	nichtkompensatorisch (affektiv)
Entscheidungsdauer	länger	kürzer

Abbildung 20: Charakteristika des Informationsverarbeitungsprozesses unter hohem bzw. geringem Involvement
Quelle: in Anlehnung an Batra/Ray (1983), S. 146

Vom Involvement des Kunden hängt letztendlich ab, um welchen **Typ von Entscheidungsprozess** es sich in der betreffenden Situation handelt. Im Fall einer extensiven Kaufentscheidung sucht der Kunde aktiv nach Informationen und zieht auch mehr Informationen heran als im Falle eines limitierten oder habitualisierten Kaufentscheidungsprozesses.[348] Oder wie es eine Auskunftsperson formulierte: „Aber wenn ich jetzt 'n Fernseher kaufe, so wie das letztens war, da weiß ich, äh, da kommen sechs, sieben Geschäfte in Betracht, ... ich hab bestimmte Läden, wo ich gucken möchte ... Also ich fahr dann auch schon mal quer durch die Stadt ... und such eben

343 Vgl. u.a. Petty/Cacioppo/Schumann (1983), S. 135 ff.
344 Wenn an dieser Stelle von high/hohem bzw. low/niedrigem Involvement die Rede ist, dann ist das kognitive Involvement gemeint.
345 Vgl. Lastovicka/Gardner (1978), S. 91.
346 Vgl. Bleicker (1983), S. 169.
347 Vgl. Deimel (1989), S. 156.
348 Vgl. Kroeber-Riel/Weinberg (2003), S. 371 f.

diverse Läden auf, um jetzt auch wirklich das zu kriegen, was ich mir dann vorstelle." Abbildung 21 gibt den Zusammenhang zwischen der Art der Entscheidung, dem emotionalen und kognitiven Involvement sowie dem Grad der kognitiven Informationsverarbeitung wieder.

Art der Entscheidung (Kaufentscheidungsprozess)	Involvement		Kognitive Informationsverarbeitung
	kognitiv	emotional	
extensiv	stärker	stark	tief / stark
limitiert	stark	schwach	mittel
habitualisiert	schwach	schwach	flach / gering
impulsiv	schwach	stark	keine

Abbildung 21: Entscheidungsverhalten, Involvement und Informationsverarbeitung
Quelle: eigene Erstellung in Anlehnung an Kroeber-Riel/Weinberg (2003), S. 373

Zusammenfassend kann festgehalten werden, dass in der vorliegenden Untersuchung das Produktinvolvement zweidimensional sowohl als emotionales als auch als kognitives Involvement gemessen werden soll. Basierend auf den Ausprägungen der beiden Involvementdimensionen und dem Grad der kognitiven Informationsverarbeitung wird die Art des Entscheidungsprozesses bestimmt.

4.3.2.5 Hypothesenbildung

Die unterschiedlichen Kanäle des Multi-Channel-Retailers bieten verschiedene Arten von Informationen: So kann man sich über die Distanzkanäle (Versandkatalog und Online-Shop) mit einem relativ geringen Aufwand einen schnellen Überblick über das Angebot eines Einzelhändlers (Marken und Preise) verschaffen sowie über die Eigenschaften des gesuchten Produkts. Im stationären Kanal kann z.B. die Beratungsleistung des Verkaufspersonals in Anspruch genommen und die Funktionsweise des Produkts getestet werden. Die Nutzung mehrerer Kanäle im Rahmen eines Kaufprozesses ist in der Regel mit einem höheren Aufwand verbunden. Daher nehmen wir an, dass die Kunden, die mehrere Kanäle im Rahmen eines Kaufprozesses nutzen (Multi-Channel-Kunden), stark involviert sind, was zur folgenden Hypothese führt:

H_{Inv1}: *Zu der Gruppe der Multi-Channel-Kunden gehören häufiger hoch involvierte Kunden als zur Gruppe der Single-Channel-Kunden.*

Die Produkte beeinflussen die Wahl des genutzten Kanals über das Konstrukt Produktinvolvement. Mit einem hohen Produktinvolvement geht in der Regel ein extensiver oder limitierter Kaufentscheidungsprozess einher. Kunden setzen sich intensiver mit dem Entscheidungsobjekt (Produkt) auseinander und suchen nach Informationen oder Beratung. Da die unterschiedlichen Kanäle des Multi-Channel-Retailers verschiedene Arten von Informationen bieten, gehen wir davon aus, dass Kunden im Rahmen eines extensiven oder limitierten Kaufprozesses mehrere Kanäle nutzen, und postulieren:

H_{Inv2}: *Handelt es sich um einen extensiven oder limitierten Kaufentscheidungsprozess, dann werden häufiger im Rahmen dieses Kaufprozesses mehrere Kanäle genutzt (Multi-Channel-Nutzung) als bei den habitualisierten oder impulsiven Kaufprozessen.*

Zusammenfassend kann festgehalten werden, dass das Involvementkonstrukt als „Schlüsselkonstrukt des Marketings" einen Einfluss auf das Informations- und Kaufverhalten der Kunden auch im Multi-Channel-Retailing hat. Aufgrund der Erkenntnisse aus der Literatur und aus der explorativen Untersuchung wird angenommen, dass die Höhe des Produktinvolvements sowie der Kaufprozesstyp die Zahl der im Rahmen eines Kaufprozesses genutzten Kanäle beeinflussen.

4.3.3 Einkaufsmotive

Zu den Hauptdeterminanten der Einkaufsstättenwahl zählen die Motive, die das Kundenverhalten auslösen. Nach SHETH (1983) vergleicht der Kunde im Rahmen eines Kaufprozesses die Eigenschaften einer Einkaufsstätte mit seinen Einkaufsmotiven und entscheidet sich für die Einkaufsstätte, die diesen Motiven am besten entspricht.[349] Kapitel 4.3.3 widmet sich dieser Problematik und liefert als Erstes einen Überblick über die Grundlagen der Motivforschung (Kapitel 4.3.3.1) sowie über die Verfahren der Motivmessung (Kapitel 4.3.3.2). Anschließend stellt Kapitel 4.3.3.3 die Ergebnisse empirischer Untersuchungen dar, bevor in Kapitel 4.3.3.4 ein eigenes Modell zur Messung der Einkaufsmotive in der vorliegenden Untersuchung vorgeschlagen wird. In Kapitel 4.3.3.5 werden die Hypothesen zur Wirkung der Einkaufsmotive auf die Kanalwahl formuliert.

---

349 Vgl. Sheth (1983), S. 12 ff. Die Regeln bzw. Heuristiken, die die Verbraucher beim Vergleich der Einkaufsmotive mit den Eigenschaften der alternativen Einkaufsstätten anwenden, werden als „Choice Calculus" bezeichnet.

4.3.3.1 Begriffliche und konzeptionelle Grundlagen der Motivforschung

Motive zählen zu den aktivierenden Determinanten des Kaufverhaltens und sind Antriebe des Verhaltens. Sie werden als „Mobilisierung und Ausrichtung von Energie zur Erreichung eines bestimmten Zieles“[350] definiert und beantworten die Frage nach dem „Warum“ des menschlichen Handelns.[351] Motive haben einen emotionalen und einen kognitiven Bestandteil. Die emotionale Komponente bildet die aktivierende Grundlage, die die Handlung auslöst (Antriebskräfte), während die kognitive Komponente für die Zielorientierung der Handlung verantwortlich ist (Verhaltenssteuerung).[352] Abbildung 22 gibt die wechselseitige Beziehung zwischen den aktivierenden Vorgängen (Emotionen und Triebe) und den kognitiven Vorgängen wieder. Die beiden Antriebskräfte können in der Regel wie folgt unterschieden werden: Emotionen werden im Wesentlichen von äußeren Reizen ausgelöst, während Triebe biologische Verhaltensanreize sind.[353]

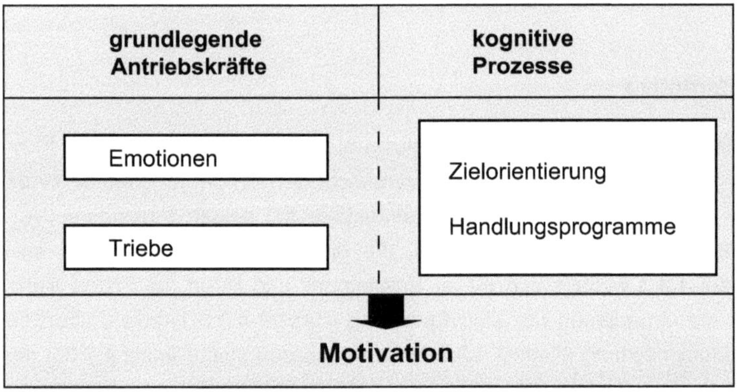

Abbildung 22: Variableninteraktion zur Erklärung des Motivationsbegriffes
Quelle: Kroeber-Riel/Weinberg (2003), S. 142

Konstruktabgrenzung

In der verhaltenswissenschaftlichen Fachliteratur herrscht keine einheitliche Meinung bezüglich der Begriffe Motivation, Motiv und Bedürfnis. Während manche Autoren die

---

350 Salcher (1995), S. 180.
351 Vgl. Kroeber-Riel/Weinberg (2003), S. 141 ff.
352 Vgl. Kroeber-Riel/Weinberg (2003), S. 142; Trommsdorff (2004), S. 118; Nieschlag/Dichtl/Hörschgen (1997), S. 166 ff.
353 Vgl. Kroeber-Riel/Weinberg (2003), S. 141 ff.

Begriffe als Synonym betrachten[354], grenzen andere sie voneinander ab. So unterscheidet MEFFERT (2000) die Begriffe **Motivation** und Motiv anhand ihrer Aktualität: „Motivationen bezeichnen eher die aktuelle Handlungsausrichtung, während Motive zumeist durch einen überdauernden Aspekt gekennzeichnet sind."[355] SALCHER (1995) unterscheidet die Begriffe Motiv und **Bedürfnisse** folgendermaßen: Bedürfnisse gelten als Motivauslöser und kennzeichnen das „innere Ungleichgewicht, das einen Spannungszustand erzeugt, der zur Auflösung drängt"[356], richten sich aber auf kein konkretes Objekt der Bedürfnisbefriedigung. Ähnlich auch bei TROMMSDORFF (2004): Erst durch die Verarbeitung dieses empfundenen Mangelzustands erlangt ein Bedürfnis Motivqualität und bewirkt eine Handlung.[357] Nicht alle Autoren folgen dieser Abgrenzung. So verwendet MEFFERT (2000) die Begriffe Motiv und Bedürfnis synonym.[358] WISWEDE (1973) wiederum definiert Bedürfnisse als die Resultierende einer „Vielzahl von Motiven, die in ihrer Richtung und Intensität durchaus Unterschiede aufweisen können"[359]. In der vorliegenden Arbeit werden die Begriffe „Motiv", „Motivation" und „Bedürfnis" synonym benutzt.

Nun stellt sich die Frage nach der Abgrenzung des Konstrukts von den anderen ähnlichen Zustandskonstrukten des Kundenverhaltens Emotionen und Einstellungen. Durch ihre emotionale, aktivierende Komponente ähneln die Motive den Emotionen. Der kognitive Bestandteil der Motive bringt sie den Einstellungen nahe.
Emotionen können von Motiven anhand des Kriteriums „Zielgerichtetheit", welche mit einem Gefühl verbunden wird, unterschieden werden. Ist die kognitive Zielorientierung schwach, handelt es sich eher um Emotionen, ist sie stark, um ein Motiv.[360] So spricht man bei dem unbestimmten Gefühl, etwas unternehmen zu wollen, von Emotionen. Wird dieses Gefühl gezielter auf einen Einkaufsbummel ausgerichtet, dann handelt es sich um ein Motiv.
Im Unterschied zu den Motiven beinhalten die **Einstellungen** neben der kognitiven Zielorientierung auch eine kognitive Gegenstandsbeurteilung, weswegen sie von manchen Autoren als kognitive Konstrukte aufgefasst werden.[361] Einstellungen werden als die subjektiv wahrgenommene Eignung eines Gegenstandes (z.B. Einkaufs-

---

354 Vgl. u.a. Kroeber-Riel/Weinberg (2003), S. 141 ff.
355 Meffert (2000), S. 117.
356 Salcher (1995), S. 182. Ähnlich auch Engel/Blackwell/Miniard (1995), S. 405; Schmitz/Kölzer (1996), S. 72; Nieschlag/Dichtl/Hörschgen (1997), S. 166.
357 Vgl. Trommsdorff (2004), S. 118.
358 Vgl. Meffert (2000), S. 117.
359 Wiswede (1973), S. 103.
360 Vgl. Trommsdorff (2004), S. 122.
361 Vgl. Kroeber-Riel/Weinberg (2003), S. 167.

stätte oder Kanal) definiert, ein Motiv zu befriedigen. Wird bei dem vorherigen Beispiel ein Einkaufsbummel als Motiv erkannt, dann stellt die Aussage „in einem Kaufhaus kann ich sehr gut bummeln“ die Einstellung eines Individuums gegenüber dem Gegenstand „Kaufhaus“ dar.

Aufgabe der Motivforschung

Die Aufgabe der Motivforschung besteht in der Erhellung und Analyse von Bedürfnis- und Motivstrukturen, da das menschliche Verhalten nicht durch einzelne, sondern durch eine Vielzahl verschiedener Motive bestimmt wird.[362] Die Motivstruktur ist ein ganzheitliches, mehrdimensionales Phänomen, d.h., dass nicht einzelne Motive isoliert das Verhalten beeinflussen, sondern alle Motive in ihrer gegenseitigen Beeinflussung und in ihrem wechselseitigen Zusammenhang wirksam werden. Sie können sich teilweise verstärken und ergänzen, aber auch teilweise widersprechen. Die spezifische Struktur, die aus dieser Verflechtung (Verkettung) entsteht, ist für das Verhalten zuständig.[363] In diesem Zusammenhang spricht man auch von Motivkonvergenz und Motivdivergenz. Sind die Antriebskräfte, die hinter den Motiven stehen, widersprüchlich, dann kann es zu (intrapersonellen) motivationalen Konflikten kommen.[364] Das Verbraucherverhalten ist dann die Resultierende des Motivkonflikts. Um mit WISWEDE (1973) zu sprechen: „Nahezu jede Verbraucherentscheidung, [...] ist ein konfliktträchtiges Geschehen.“[365] Dies bedeutet auch, dass nicht alle Motive die gleichen Realisierungschancen haben. Die Realisierungschance eines Motivs hängt nicht nur von der Motivintensität, sondern auch von der Zahl und Stärke der möglichen Barrieren ab.[366] Sehr stark vereinfacht kann man einen motivationalen Konflikt wie folgt darstellen: Ein Kunde empfindet eine starke Convenienceorientierung, aufgrund derer er lieber im Internet kaufen würde. Gleichzeitig empfindet er aber auch eine starke Risikoabneigung, weswegen er lieber im stationären Kanal kaufen würde. Ist die Risikoabneigung (c.p.) stärker als seine Convenienceorientierung, dann kauft er doch im stationären Kanal. Auf die Zielsetzung der Arbeit übertragen, lautet die Aufgabe der Motivforschung die Aufdeckung und Analyse der Motivstrukturen, die für die Nutzung der Vertriebskanäle eines Multi-Channel-Retailers verantwortlich sind.

---

[362] Salcher (1995), S. 184 ff.
[363] Vgl. Salcher (1995), S. 185; Andritzky (1976), S. 170; Dammer/Szymkowiak (1998), S. 47 ff.
[364] Vgl. Kroeber-Riel/Weinberg (2003), S. 160 ff.
[365] Wiswede (1973), S. 92.
[366] Vgl. Salcher (1995), S. 190 f.

Systematisierung von Motiven

Die Theorie des Kundenverhaltens kann nicht auf eine allgemeine Motivtheorie zurückgreifen und es gibt in der verhaltenswissenschaftlichen sowie motivpsychologischen Literatur zahlreiche Versuche, die Motive zu strukturieren und zu katalogisieren. In den unterschiedlichen Motivationstheorien geht man davon aus, dass das menschliche Verhalten nicht zufällig abläuft, sondern von bestimmten Motiven und Bedürfnissen ausgelöst und gesteuert wird.[367] Aufgrund des Schwerpunkts dieser Untersuchung kann nicht auf die einzelnen verhaltenswissenschaftlichen und motivpsychologischen Forschungsrichtungen und Strömungen eingegangen werden. Es sei an dieser Stelle auf die weiterführende Literatur hingewiesen.[368]

TROMMSDORFF (2004) schlägt zur Systematisierung von Motiven folgende Kriterien vor:[369]

- Den *Allgemeinheitsgrad* der Motive, d.h., wie generell oder speziell ist das zu erklärende Verhalten.
- Die *Hierarchiestufe* bezeichnet die Stellung von Motiven im Rahmen des Motivsystems von Maslow (primäre = niedere = physiologische vs. sekundäre = höhere = psychische Motive). Die Motiv- oder Bedürfnishierarchie von Maslow ist der bekannteste Motivkatalog, der Motive entsprechend ihrer Dringlichkeit wie folgt ordnet: (1) Physiologische Motive; (2) Sicherheit/Geborgenheit; (3) Zuwendung/Liebe; (4) Achtung/Soziale Anerkennung; (5) Selbstverwirklichung.[370]
- Die *Entstehung* von Motiven. Hier stellt sich die Frage, ob ein Motiv (genetisch) ererbt oder (durch Sozialisation) erworben ist.
- Die *Bewusstheit* von Motiven fragt danach, ob ein Motiv durch das Bewusstsein kontrolliert wird oder nicht.
- Bei dem Kriterium *Privatheit* der Motive interessiert die Frage, ob ein Motiv auf individuelles Verhalten oder auf soziales Verhalten abzielt.

---

367 Vgl. Salcher (1995), S. 183 ff.

368 Für einen Überblick über die verschiedenen Ansätze vgl. u.a. Kropff (1960); Henry (1960); Wiswede (1973); Salcher (1995), S. 180 ff.; Trommsdorff (2004), S. 120 ff.; Schwarz (2000).

369 Vgl. Trommsdorff (2004), S. 122 ff.

370 Auch wenn diese Motivhierarchie weit verbreitet ist, so wird die mangelnde empirische Fundierung der Theorie kritisiert (vgl. Andritzky (1976), S. 153; Kroeber-Riel/Weinberg (2003), S. 146 f.; Trommsdorff (2004), S. 123 f.). Um diesen Motivkatalog für die Marketingpraxis brauchbar zu machen, wird versucht, aus den allgemeinen Motiven konkretere, praxisrelevante Motive abzuleiten. So ordnen z.B. Schmitz/Kölzer (1996, S. 76 f.) den einzelnen Hierarchieebenen konkrete Bedürfnisse sowie Anforderungen an die Handelsleistungen zu: z.B. Selbstverwirklichung → Unabhängigkeit → Lieferservice.

Aufgrund dieser Kriterien formuliert TROMMSDORFF sieben relativ allgemein gültige und theoretisch begründete „Konsummotive mittlerer Reichweite“, die für unterschiedliche Produkte und Zielgruppen Bedeutung haben sollen. Im Einzelnen handelt es sich um die Motive: (1) Ökonomik/Sparsamkeit/Rationalität; (2) Prestige/Status/soziale Anerkennung; (3) Soziale Wünschbarkeit/Normenunterwerfung; (4) Lust/Erregung/Neugier; (5) Sex/Erotik; (6) Angst/Furcht/Risikoneigung und (7) Konsistenz/Dissonanz/Konflikt.

Schwerpunkt der vorliegenden Untersuchung sind aber nicht Konsummotive, sondern Einkaufsmotive. **Einkaufsmotive** werden definiert als grundlegende, sich im Organismus des Einzelnen abspielende, zielorientierte Antriebskräfte, die beim Einkaufen befriedigt werden können.[371] Sie stellen eine Kategorie von sekundären, erworbenen Motiven dar. Einkaufsmotive haben keine Allgemeingültigkeit, sondern beziehen sich auf das Einkaufen. Sie beantworten die Frage „Warum gehen Menschen einkaufen?“[372] Im Zusammenhang mit Einkaufen besitzen die Einkaufsmotive insofern Allgemeingültigkeit, dass sie nicht nur für das Verhalten einer relativ kleinen Gruppe bei einem spezifischen Händler verantwortlich sind. Die Konzeptualisierung der Einkaufsmotive in der Literatur ist sehr unterschiedlich und hängt von dem jeweiligen Untersuchungsobjekt ab. Daher widmet sich ein eigenes Kapitel (Kapitel 4.3.3.3) den unterschiedlichen Konzeptualisierungen, Operationalisierungen und Ergebnissen zur Verhaltenswirksamkeit der Einkaufsmotive.

4.3.3.2 Verfahren der Motivmessung

Bei der Motivmessung lassen sich die Intensität/Stärke, die Richtung, der Inhalt und das Bewusstsein von Motiven messen. Die **Intensität** bringt die objektiv vorhandene, physiologische Aktivierung zum Ausdruck. Die **Richtung** gibt an, inwieweit durch das Motiv (hier Einkaufsmotiv) ein Annäherungsverhalten oder ein Vermeidungsverhalten in Bezug auf das Ziel (hier der Kanal) zum Ausdruck kommt. Mit dem **Bewusstsein** eines Motivs wird der Frage nachgegangen, ob es sich dabei um ein manifestes oder latentes Bedürfnis handelt.

Da Motive sowohl einen emotionalen als auch einen kognitiven Bestandteil haben, empfiehlt es sich, sowohl die Antriebskomponenten als auch die kognitiven Kompo-

---

371 Vgl. Gröppel (1994), S. 387.

372 Tauber (1972) stellt die Frage „Why do people shop?“.

nenten der Motive zu erfassen.[373] Bei der Messung der Antriebskomponente der Motive wird analog zur Vorgehensweise bei der Messung von Emotionen verfahren.[374] Zur Messung der kognitiven Motivkomponente (Zielkomponente) stehen Verfahren aus der Einstellungsforschung zur Verfügung. Im Mittelpunkt stehen subjektive Ziel-Mittel-Wahrnehmungen durch den Kunden: So können die Kanäle eines Multi-Channel-Retailers von den Kunden als Mittel wahrgenommen werden (kognitiver Vorgang), um die Motive des Kunden (z.B. Erlebnisorientierung) zu befriedigen.[375]

Die Messmethoden unterscheiden sich dahingehend, ob es um die Messung der Motivstärke oder der Motivqualität (Inhalt des Motivs) geht. Messungen der Motivqualität werden in der Regel der Messung der Motivstärke vorgeschaltet. Zur Messung der **Motivstärke** (Intensität der Motive) kommen solche Messmethoden zum Einsatz, die Aktivierungs- und Emotionsstärke messen.[376] Dies können auf der einen Seite psychobiologische Verfahren[377] oder Verfahren zur Messung des Ausdrucksverhaltens[378] sein. Diese Messmethoden sind sehr aufwändig und bei einer größeren Stichprobe nicht geeignet. Aus diesem Grund verwendet man meistens standardisierte verbale und nichtverbale Messverfahren. Die Motivforschung bedient sich zur verbalen Messung in der Regel einfacher Ratingskalen.[379] Bei den Ratingskalen beschreiben unterschiedliche Items die inhaltliche Qualität der Motive. Die nonverbalen Messverfahren dienen dazu, auch wenig bewusste Motive zu messen. Zu diesem Zwecke werden Bilder- und Farbskalen eingesetzt, mit deren Hilfe die „inneren Bilder“ eines Verbrauchers sichtbar gemacht werden sollen.[380]

Bei der Messung der **Qualität von Motiven** überwiegen explorative Verfahren. Die am häufigsten eingesetzten Verfahren hierzu sind Tiefeninterviews, Gruppendiskussionen sowie „Testmethoden“.[381] Ziel dieser explorativen Verfahren ist die Analyse der Zahl der wirksamen Motive, der Klarheit und Bewusstheit der Motive sowie deren

373 Vgl. Kroeber-Riel/Weinberg (2003), S. 150 f.

374 Vgl. Trommsdorff (2004), S. 153; Kroeber-Riel/Weinberg (2003), S. 146 f.; Salcher (1995), S. 195 f.

375 Vgl. Kroeber-Riel/ Weinberg (2003), S. 147 f.

376 Vgl. Trommsdorff (2004), S. 153.

377 *Psychobiologische Verfahren* bedienen sich unterschiedlicher psychobiologischer Indikatoren wie z.B. Pulsfrequenz, Blutdruck, elektrischer Hautwiderstand etc., die mithilfe apparativer Messung erfasst werden. Vgl. für einen Überblick über diese Verfahren Meffert (1992a), S. 222 ff.

378 Bei der *Messung des Ausdrucksverhaltens* werden sichtbare Verhaltensweisen wie z.B. Mimik, Gestik und Körpersprache analysiert. Vgl. Konert (1986), S. 109 ff.

379 Vgl. Trommsdorff (2004), S. 153.

380 Vgl. Kroeber-Riel/Weinberg (2003), S. 107 f.

381 Vgl. Trommsdorff (2004), S. 153 ff.

Richtung bzw. Zielorientiertheit.[382]

Das **Tiefeninterview** stellt ein Intensivgespräch zwischen zwei Gesprächspartnern (Interviewer und Auskunftsperson) dar und ist darauf ausgerichtet, sowohl bewusste als auch unbewusste, verborgene oder nur schwer erfassbare Motive zu untersuchen.[383] Das Tiefeninterview hat seinen Ursprung in der klinischen Psychologie. Wichtig ist an dieser Stelle klarzustellen, dass die Zielsetzung des Tiefeninterviews in der Marktforschung sich eindeutig von der Zielsetzung des psychoanalytischen Gesprächs unterscheidet: Das Tiefeninterview zielt nicht auf eine vollständige Persönlichkeitsanalyse der Auskunftsperson ab (womöglich mit traumatischen oder neurotischen Hintergründen). Ziel des Tiefeninterviews in der Marktforschung ist die Sammlung und Erhellung von Motiven, Bedürfnissen, Einstellungen etc., die das Kundenverhalten in Hinblick auf eine konkrete Fragestellung erhellen sollen.[384] Manche Autoren beklagen, dass in der Marktforschungspraxis recht unkritisch mit dem Begriff Tiefeninterview umgegangen wird und auch andere Formen des explorativen Interviews darunter subsumiert werden.[385] Sie plädieren dafür, dass nur das psychologische Tiefeninterview, das von einem psychologisch geschulten Interviewer durchgeführt wurde, als solches bezeichnet wird.[386] Wir folgen dieser Auffassung.

Die **Gruppendiskussion** ist die am weitesten verbreitete Methode qualitativer Marktforschung.[387] *Ziel* der Gruppendiskussion im Rahmen der Motivforschung ist die Gewinnung eines breiten Spektrums an Erkenntnissen zu Motiven in einer relativ kurzen Zeit. Es wird angenommen, dass die Gruppendiskussion auch unbewusste oder tabuisierte Sachverhalte aufgrund der Kleingruppeneffekte zutage fördert. Die Gruppensituation soll eher als das Einzelinterview zu spontanen Reaktionen führen und auch die Auskunftsbereitschaft zurückhaltender Teilnehmer verbessern.[388]

---

382 Vgl. Salcher (1995), S. 185 ff.

383 Vgl. Kepper (1996), S. 47; Salcher (1995), S. 28 ff. Zur Anwendung des Tiefeninterviews in der Absatzforschung sowie zur allgemeinen Durchführung von Tiefeninterviews vgl. Molinari (1971), S. 48 ff.; Salcher (1995), S. 36 ff.; Tull/Hawkins (1990), S. 392 ff.

384 Zur Beziehung des Tiefeninterviews zur Tiefenpsychologie siehe Molinari (1971), S. 26 ff.; Kropf (1960), S. 141 ff.

385 Vgl. Kepper (1996), S. 41. Die *explorativen Interviews* sind nichtstandardisierte bzw. offene (qualitative) Befragungsverfahren (vgl. Hron (1982), S. 128).

386 Zum Unterschied zwischen dem psychologischen Tiefeninterview und dem qualitativen Interview siehe Kropf (1960), S. 141 ff.

387 Siehe zu Definition, Organisation, Durchführung und Auswertungen von Gruppendiskussionen auch die Ausführungen in Kapitel 3.5.2. Vgl. u.a. Dreher/Dreher (1982); Salcher (1995), S.44 ff.; Lamnek (1998); Dammer/Szymkowiak (1998); Morgan (1998); Krueger (1998).

388 Vgl. Berekoven/Eckert/Ellenrieder (2004), S. 98 f. In Kapitel 3.5.2.2 wurden bereits die Zielsetzung und Vorgehensweise bei der Durchführung und Auswertung der vier Gruppendiskussionen in der vorliegenden Untersuchung dargestellt.

Die *Anzahl der Teilnehmer* variiert zwischen 6 und 10, wobei als maximale Zahl 20 angesehen wird. Der Verlauf der Diskussion wird im Vorfeld anhand eines Leitfadens vorstrukturiert, muss aber flexibel genug sein, um noch Raum für spontane Gesprächsentwicklungen zu lassen.
Bei der *Auswertung* und *Analyse* der Gespräche (in der Regel auf Basis von Audio- und Videoaufzeichnungen) werden Rückschlüsse auf die Einkaufsmotive, deren Wirkung auf das Verhalten, deren Determinanten etc. gezogen. Wichtige Informationsquellen sind dabei der Meinungsbildungsprozess, die Diskussionsschwerpunkte sowie nonverbale Reaktionen der Teilnehmer.[389]

Die **„Testmethoden"** (auch „psychologische Tests" genannt) beruhen nicht auf Fragen im engeren Sinne, sondern stellen die Auskunftspersonen vor eine Aufgabe (Problem/Test). Ziel der „psychologischen Tests" ist es, durch die Reaktionen und Antworten der Auskunftspersonen Rückschlüsse auf ihre Motive zu ziehen. Man versucht, die Auskunftsperson durch Fragen oder Vorlagen zu bewegen, subjektive Anschauungen und Motive in die Lösung zu projizieren (weswegen auch von „projektiven Tests" gesprochen wird). Dadurch können Auskunftspersonen auch über unbewusste oder tabuisierte Motive Auskunft geben.[390] Fragt man z.B. eine Auskunftsperson direkt, warum sie einen Kanal nutzt bzw. nicht nutzt, kann es unter Umständen dazu kommen, dass sie nicht die „richtigen" bzw. „wahren" Motive nennt. Entweder weil sie es nicht kann/weiß oder weil sie sich nicht traut und sozial erwünschte Antworten gibt. Bittet man die Auskunftsperson aber, sich die unterschiedlichen Kanäle als Planeten vorzustellen und diese und die darauf lebenden Menschen zu beschreiben, dann wird davon ausgegangen, dass dadurch eher die „richtigen" bzw. „wahren" Einkaufsmotive erfasst werden können.[391]

Zusammenfassend kann festgehalten werden, dass die Motivintensität in der Regel verbal mithilfe einfacher Ratingskalen gemessen werden kann und dass man sich zur Messung der Richtung, des Inhalts und des Bewusstseins von Motiven qualitativer Verfahren bedient.

389 Vgl. Lamnek (1999), S. 155 f.
390 Vgl. Hammann/Erichson (1994), S. 82 ff.; Trommsdorff (2004), S. 154 f.
391 Diese Aufgabe wurde auch in den durchgeführten Fokusgruppen eingesetzt.

4.3.3.3 Ergebnisse empirischer Untersuchungen

Bevor in Kapitel 4.3.3.4 eine eigene Konzeptualisierung der Einkaufsmotive vorgeschlagen wird, sollen im vorliegenden Kapitel die Ergebnisse empirischer Untersuchungen zu den Einkaufsmotiven dargestellt werden. Der Fokus dieser Untersuchungen variiert vom Kauf im stationären Handel über den Kauf im Distanzhandel bis zum Kauf in einem Mehrkanalsystem. Abbildung 23 und Abbildung 24 geben einen Überblick über die wichtigsten Untersuchungen zum Einkaufen in stationären und Distanz-Betriebstypen und deren Erkenntnisse. Bei der Auswertung dieser Untersuchungen richtet sich das Hauptaugenmerk auf die Konzeptualisierung und Operationalisierung der Einkaufsmotive sowie auf deren Verhaltensrelevanz bei der Wahl eines Betriebstyps. Die meisten empirischen Untersuchungen zu den Einkaufsmotiven stammen aus dem englischen Sprachraum. Dabei werden neben dem Begriff „Shopping Motives“ synonym auch die Begriffe „Shopping Orientations“ oder „Shopping Values“ benutzt.

a) Untersuchungen zum Einkaufen in stationären Betriebstypen

Frühere Untersuchungen, wie die von TAUBER (1972), basieren auf dem qualitativen Verfahren der Tiefeninterviews. Der Hauptbeitrag dieser Untersuchungen ist die Erkenntnis, dass es mehr Auslöser für das Einkaufsverhalten geben kann als allein die Deckung eines Produktbedarfs. Mögliche Einkaufsanlässe können demnach neben der Feststellung eines Produktbedarfs (es wird ein bestimmtes Produkt benötigt) auch Bedürfnisse sein, die vom Kauf eines Produkts losgelöst sind (z.B. das ziellose Bummeln oder das Bedürfnis, sich einfach nur umzuschauen, was es zurzeit Neues gibt, etc.). Oder es kann eine Kombination aus beiden Einkaufsanlässen sein: Deckung eines Produktbedarfs sowie gleichzeitige Befriedigung von Bedürfnissen, die vom Kauf eines Produkts losgelöst sind. Dementsprechend empfiehlt TAUBER, für die Erklärung des Kundenverhaltens folgende Aktivitäten sowie deren Determinanten getrennt zu betrachten: Einkaufengehen (Shopping), Kaufen (Buying) und Konsumieren. Auf Basis von 30 Tiefeninterviews identifiziert er zwei Arten von nichtproduktbezogenen Einkaufsmotiven: „personal“ und „social“ motives (s. auch Abbildung 23).

WESTBROOK UND BLACK (1985) greifen in ihrer Untersuchung auf Erkenntnisse aus der TAUBER-Studie zurück, um eine Kundentypologisierung auf Basis von Einkaufsmotiven zu erstellen.[392] Sie isolieren sieben verschiedene Einkaufsmotive, die von

[392] Westbrook/Black geben eine umfassende Übersicht über die zu dem Zeitpunkt existierenden empirischen Untersuchungen zu „Shopper Typologies“ (vgl. Westbrook/Black (1984), S. 80 f.).

den Kunden beim Shopping in unterschiedlich hohem Maße befriedigt werden wollen. WESTBROOK UND BLACK definieren Einkaufsmotive als Persönlichkeitsmerkmale des Individuums („enduring characteristics") und betonen, dass die Einkaufsmotive auch unabhängig von dem zu kaufenden Produkt auftreten (= Einkaufsprädispositionen).[393] Die sieben Einkaufsmotive sind:

- „Anticipated utility" bezieht sich auf die Motivation, ein neues Produkt zu erwerben.
- „Role enactment" beschreibt das Bedürfnis, den sozialen Normen zu entsprechen (z.B. stets Preise zu vergleichen und qualitätsbewusst einzukaufen).
- „Negotiation" beschreibt den Wunsch, einen Vorteil zu erzielen, indem man den Preis mit dem Verkaufspersonal verhandelt.
- „Choise optimization" identifiziert das Bedürfnis, nach dem „richtigen Produkt" zu suchen.
- „Affiliation" beschreibt das Einkaufsmotiv der sozialen Interaktion mit Freunden/Familie, dem Verkaufspersonal oder den anderen Kunden.
- „Power and authority" entspricht dem Bedürfnis nach sozialer Anerkennung, das sich vor allem in der Aktivität des „Bedientwerdens" durch das Verkaufspersonal ausdrückt.
- „Stimulation" bewirkt den Wunsch nach sensorischer, emotionaler und/oder kognitiver Erregung (Stimulierung) durch das Einkaufen.

Die von WESTBROOK/BLACK vorgenommene Konzeptualisierung und Operationalisierung der Einkaufsmotive spielen eine große Rolle in der Einkaufsmotivforschung. Neuere Untersuchungen zum Einfluss der Einkaufsmotive auf das Kundenverhalten am POP greifen die sieben Einkaufsmotive auf und passen sie dem jeweiligen Untersuchungsobjekt an.

DAWSON/BLOCH/RIDGWAY (1990) untersuchten den Zusammenhang zwischen den Einkaufsmotiven und den emotionalen Befindlichkeiten und Reaktionen am POP (hier ein Kunstmarkt). Zur Operationalisierung der Einkaufsmotive griffen sie auf die Systematik von WESTBROOK/BLACK zurück. Sie gruppierten 17 Items mittels einer explorativen Faktorenanalyse zu zwei übergeordneten Dimensionen. Die erste Dimension beschrieb das Motiv Produktinteresse („product motives"). Dazu gehörten u.a. Statements, die das Bedürfnis messen, neue und einzigartige Produkte zu finden, neue Sachen zu sehen, „gute" Preise zu finden oder sich auf dem letzten Pro-

393 Vgl. Westbrook/Black (1984), S. 87.

duktstand zu halten. Die zweite Dimension wurde als Erlebnisorientierung („experiential motives") bezeichnet und beinhaltete Statements wie z.B. andere Menschen beobachten, die Menschenmengen genießen, neue Menschen treffen, sich unterhalten lassen oder etwas Interessantes sehen, riechen und hören.
DAWSON/BLOCH/RIDGWAY konnten in ihrer Untersuchung bestätigen, dass die Einkaufsmotive eine Auswirkung auf die Stimmung, die Beurteilung des Preis-Leistungs-Verhältnisses, die allgemeine Zufriedenheit mit der Einkaufsstätte sowie die Verweildauer am POP haben. Die Autoren kamen zu dem Schluss, dass Kunden in Abhängigkeit von ihren Einkaufsmotiven ihr Hauptaugenmerk auf unterschiedliche Aspekte der Einkaufsstätte richten: Diejenigen Kunden, bei denen das Motiv Erlebnisorientierung stark ausgeprägt ist, schätzen vor allem die Atmosphäre der Einkaufsstätte. Die Kunden, bei denen das Motiv Produktinteresse stärker ist, schätzen eher die Qualität und Größe des Angebots.

GRÖPPEL (1993, 1998) untersuchte die Verhaltensrelevanz der Einkaufsmotive bei der Wahl des Betriebstyps[394] am Beispiel des Möbeleinzelhandels. Die Einkaufsmotive wurden in Anlehnung an WESTBROOK/BLACK operationalisiert, wobei die Statements an das Untersuchungsfeld Möbeleinzelhandel angepasst wurden. So wurden Aussagen zum Wunsch nach der Beratungsintensität sowie der Wichtigkeit der Preisorientierung stärker berücksichtigt, während Fragestellungen zur Messung des Einkaufsmotivs „Power and Authority" nicht erhoben wurden.[395] Die 16 Statements wurden mittels explorativer und konfirmatorischer Faktorenanalyse zu acht Einkaufsmotiven verdichtet: Markenzeichenorientierung, Preisorientierung, Stimulierung, Praktikabilitätsorientierung, Kommunikation, Verhandlungsorientierung, Kaufoptimierung und Kaufbedeutung.
Die Autorin konnte bestätigen, dass die diversen Betriebstypen des Handels unterschiedliche Einkaufsmotive befriedigen. Die kausalanalytische Untersuchung belegte die Verhaltensrelevanz der Einkaufsmotive bei der Wahl des Betriebstyps. Sie zeigte, dass Fachgeschäfte insbesondere für diejenigen Kunden passend sind, die eine intensive Beratung und eine angenehme Einkaufsatmosphäre wünschen. Bei diesen Kunden ist die Preisorientierung schwach ausgeprägt. Discounter sprechen vor allem Käufer mit einer stark ausgeprägten Preisorientierung und einer relativ schwachen Qualitätsorientierung an.

---

[394] Die Autorin selbst spricht von der „Betriebsformenrelevanz" der Einkaufsmotive. Folgt man der in dieser Arbeit vorgenommenen Abgrenzung, dann entspricht das der Relevanz der Einkaufsmotive für die Betriebstypenwahl.

[395] Vgl. Gröppel-Klein (1998), S. 115 f.

Autoren	Forschungsdesign	Konzeptualisierung der Einkaufsmotive (ausgewählte Ergebnisse der Studie)
Tauber (1972)	• Datenerhebung: Tiefeninterviews • Datenbasis: Verbraucher / USA (weibl./männl.) (n = 30)	**Zwei Klassen von „Shopping Motives":** 1. Personal motives - Role playing - Diversion - Self-gratification - Learning about new trends - Physical activity - Sensory stimulation 2. Social motives - Social experience outside home - Com. with others having a similar interest - Peer group attraction - Status and authority - Pleasure of bargaining
Westbrook/ Black (1985)	• Datenerhebung: stand. Befragung (mündlich) • Datenbasis: Kaufhauskundinnen / USA (n = 203) • Datenauswertung: Konf. Faktorenanalyse	**Sieben Dimensionen der Einkaufsmotive:** 1. Anticipated utility 2. Role enactment 3. Negotiation 4. Choise optimization 5. Affiliation 6. Power & authority 7. Stimulation
Dawson/ Bloch/Ridgway (1990)	• Datenerhebung: stand. Befragung (schriftlich) • Datenbasis: Besucher eines Kunstmarktes / USA (n = 278) • Datenauswertung: Expl. Faktorenanalyse	**Zwei Dimensionen der Einkaufsmotive:** 1. Product motives 2. Experiential motives
Gröppel (1993, 1998)	• Datenerhebung: stand. Befragung (mündlich) • Datenbasis: Möbelkäufer / D (n = 500) • Datenauswertung: Expl. und konf. Faktorenanalyse	**Neun Dimensionen der Einkaufsmotive:** 1. Stimulierung 2. Kaufoptimierung 3. Qualitätsorientierung 4. Preisorientierung 5. Verhandlungsorientierung 6. Praktikabilitätsorientierung 7. Beratungswunsch 8. Kaufbedeutung
Babin/Darden/ Griffin (1994)	• Datenerhebung: stand. Befragung • Datenbasis: Verbraucher in EKZ / USA (n = 440) • Datenauswertung: Konf. Faktorenanalyse	**Zwei Dimensionen der Einkaufsmotive:** 1. Utilitarian Value 2. Hedonic Value
Jarrat (1996)	• Datenerhebung: stand. Befragung (telefonisch) • Datenbasis: Verbraucher in 3 ländlichen Gebieten / Australien (n = 931) • Datenauswertung: Clusteranalyse	**Drei Dimensionen der Einkaufsmotive:** 1. Shopping Offer Importance 2. Shopping Service Importance 3. Shopping Environment Importance
Haedrich/ Hoffmann-Linhard/Olavaria (1997)	• Datenerhebung: 2 Gruppendiskussionen • Datenbasis: LEH-Kunden / D (n = k.A.)	**Vier Dimensionen der Einkaufsmotive:** 1. Risikoreduzierung 2. Erlebnis 3. Bequemlichkeit 4. Zeitersparnis
Dholakia (1999)	• Datenerhebung: stand. Befragung (schriftlich) • Datenbasis: Verbraucher / USA (n = 608) • Datenauswertung: Expl. Faktorenanalyse	**Drei Dimensionen der Einkaufsmotive:** 1. Interactions with family 2. Utilitarian motives 3. Shopping as pleasure

Abbildung 23: Wesentliche Erkenntnisse zur Einkaufsmotivforschung in stationären Betriebstypen

Auch die Untersuchung von JARRAT (1996) baut auf den Erkenntnissen der Studie von WESTBROOK/BLACK auf. 14 Statements wurden zu drei Gruppen von Einkaufsmotiven zusammengefasst: Variablen, die sich auf die Bedeutung des Angebots beziehen (u.a. Preis, Qualität, Auswahl), des Services (u.a. Freundlichkeit, Parkplatzmöglichkeiten) und der Atmosphäre (u.a. progressiv, sauber, attraktiv).[396] Die von der Autorin identifizierten sechs Cluster von Probanden unterscheiden sich bezüglich ihrer Einkaufsmotive und der bevorzugten Einkaufsstätten.

In einer explorativen Untersuchung haben HAEDRICH/HOFFMANN-LINHARD/OLAVARIA (1997) den Zusammenhang zwischen den Einkaufsmotiven und der Einkaufsstättenbindung bzw. -treue untersucht. Sie identifizierten in Gruppendiskussionen vier Dimensionen der Einkaufsmotive: Risikoreduzierung, Erlebnis, Bequemlichkeit und Zeitersparnis.

DHOLAKIA (1999) beschäftigte sich in seiner empirischen Untersuchung mit den Determinanten des Einkaufsverhaltens von Ehepartnern. 13 Statements wurden mittels explorativer Faktorenanalyse zu drei Einkaufsmotiven zusammengefasst: „utilitarian motives", „shopping as pleasure" und „interactions with family". Die multivariate Analyse der Varianz (MANOVA) ergab zum einen, dass das Geschlecht einen signifikanten Einfluss auf die drei Einkaufsmotive hat. Zum anderen ergab die MANOVA, dass die Aufteilung der Verantwortung für den Einkauf zwischen den Ehepartnern („responsability for shopping tasks") keinen signifikanten Einfluss auf die Einkaufsmotive hat.

Wachsendes Interesse hat in der Einkaufsmotivforschung die Frage gefunden, wie Kunden ihren Einkauf einordnen. BABIN/DARDEN/GRIFFIN (1994) befassten sich in ihrer Untersuchung mit der Fragestellung, ob Kunden „Einkaufen" eher als Arbeit oder als erfreuliche Freizeitbeschäftigung auffassen. Sie verdichteten 15 Statements mithilfe von explorativen und konfirmatorischen Faktorenanalysen zu zwei Typen von Einkaufsmotiven, funktionale („utilitarian") und nichtfunktionale („hedonic") Motive:

---

396 Kritisch ist anzumerken, dass die Variablen allein auf Basis theoretischer Überlegungen zu einer Gruppe zusammengefasst wurden. Zwar wurde anschließend eine Reliabilitätsanalyse durchgeführt (Cronbach's Alpha), diese vermag jedoch keine Auskunft über die Diskriminanzvalidität des Konstrukts geben. So ist es für uns nicht ersichtlich, warum das Statement „Möglichkeit, Preise zu vergleichen" zu dem Faktor „Shopping Offer Importance" gehört, während die „Möglichkeit, sich zu informieren" zu dem Faktor „Shopping Service Importance" gehört. Zu diesem Zweck wäre unserer Ansicht nach eine explorative Faktorenanalyse sinnvoll gewesen.

- Die versorgungsorientierten, funktionalen Einkaufsmotive („utilitarian") sind produktbezogen. Kunden mit einer starken Ausprägung dieser Einkaufsmotive betrachten Einkaufen als einen rationalen „Problemlösungsprozess". Für sie ist es wichtig, das gesuchte Produkt auf effiziente Weise mit einem Minimum an Einsatz (zeitlich, physisch und psychisch) zu erwerben.[397]
- Nichtfunktionale Einkaufsmotive („hedonic") beziehen sich auf Aspekte des Einkaufens, die über die reine Versorgung mit Ware hinausgehen und Spaß und Freude bringen. Darunter fallen emotionale und soziale Bedürfnisse nach einem interessanten, spaßbringenden, unterhaltsamen Einkaufserlebnis. Der Einkaufsbummel an sich kann schon einen hedonistischen Wert darstellen, unabhängig davon, ob dabei Produkte gekauft werden oder nicht.[398]

Die Autoren betonen, dass diese Grundhaltungen (Shopping Values) „maintain a basic underlying presence across consumption phenomena"[399].

An dieser Stelle sollen die Einkaufsmotive vom Konzept der **Kaufentscheidungsstile** von SPROLES/KENDAL (1986), das ähnlich ist, abgegrenzt werden.[400] Die Autoren identifizieren acht Dimensionen der Kaufentscheidungsstile: „Perfectionistic", „Brand Conscious", „Novelty-Fashion Conscious", „Hedonistic", „Price Conscious", „Impulsive", „Confused by Overchoise" und „Habitual". Viele der dargestellten Konzeptualisierungen der Einkaufsmotive erinnern an diese Dimensionen. Zur Unterscheidung gilt, dass die Kaufentscheidungsstile der Erklärung der <u>Kauf</u>entscheidung der Kunden dienen (welche Produkte werden warum gekauft?) und nicht der Erklärung, warum Kunden einkaufen gehen und wo sie dies tun.

b) Untersuchungen zum Einkaufen im Distanzhandel (traditionelle und elektronische Betriebstypen)

Neben den Analysen zum Einkaufen im stationären Einzelhandel existiert eine Reihe von Untersuchungen, die sich mit dem Einfluss der Motive auf das Einkaufsverhalten im Distanzhandel (sowohl Electronic Retailing als auch Versandhandel) befassen. Einige davon wurden schon in Kapitel 3.4.3 erwähnt. An dieser Stelle soll tiefer auf die einzelnen Einkaufsmotive und deren Wirkung auf das Kundenverhalten einge-

---

397 Diese Gruppe von Einkaufsmotiven bildete den Schwerpunkt schon früherer empirischer Arbeiten (vgl. hierzu u.a. die Batra/Ahtola (1991); Fischer/Arnold (1990) und Sherry/McGrath/Levy (1993)).

398 Vgl. Babin/Darden/Griffin (1994), S. 646.

399 Babin/Darden/Griffin (1994), S. 644.

400 Vgl. Sproles/Kendal (1986) sowie die vorangeschaltete explorative Untersuchung von Sproles (1983). Das Consumer Stile Inventory (CSI) wurde von unterschiedlichen Forschern auf die Gegebenheiten verschiedener Länder angepasst. Walsh/Hennig-Thurau (2001) haben das Konstrukt für Deutschland überprüft und angepasst.

gangen werden (siehe Abbildung 24).

LI/KUO/RUSSELL (1999) untersuchten die Auswirkung der Einkaufsmotive (zusammen mit dem Konstrukt „Wahrgenommener Nutzen des Internet-Kanals“ sowie mit ausgewählten soziodemographischen Merkmalen) auf das Einkaufsverhalten im Internet. Die Autoren operationalisierten die Einkaufsmotive durch 14 Statements, die sie mittels einer explorativen Faktorenanalyse auf vier „Shopping Orientations“ reduzierten:

- „Recreational Orientation“ kann mit dem Begriff „Erlebnisorientierung“ übersetzt werden und umfasst Statements zum Einkaufen als spaßbringende Tätigkeit.
- Mit „Experiential Orientation“ bezeichnen die Autoren das Bedürfnis der Kunden, ein Produkt vor dem Kauf anzufassen und an- bzw. auszuprobieren („touch and feel“).
- „Convenience Orientation“ wird von den Autoren durch Statements bezüglich der Zeit- und Energieersparnis beim Einkaufen operationalisiert.
- „Economic Orientation“ bezeichnet das Bedürfnis, preiswert bzw. -günstig einzukaufen sowie mehrere Produkte und Geschäfte vor dem Kauf zu vergleichen.

An dieser Stelle ist die irreführende Definition der „Experiential Orientation“ kritisch anzumerken, da sie sich von der Definition der meisten Autoren unterscheidet. Die Mehrzahl der Forscher benutzt die Begriffe „experiential orientation / motivation“, „recreational orientation / motivation“ sowie „hedonic orientation / motivation“ synonym. Dem entspricht die deutsche Übersetzung „Erlebnisorientierung“.

LI/KUO/RUSSELL konnten in ihrer Untersuchung bestätigen, dass sich Internetkäufer von Nichtkäufern bezüglich der Einkaufsmotive „Convenience Orientation“ und „Experiential Orientation“ signifikant unterscheiden, nicht aber bezüglich der Motive „Recreational Orientation“ und „Economic Orientation“.

EASTLICK/FEINBERG (1999) untersuchten den Einfluss von Einkaufsmotiven auf die Präferenz für den Kauf im Katalogversandhandel (für zwei Produktklassen). Sie verdichteten 36 Statements mittels einer explorativen Faktorenanalyse zu elf Einkaufsmotiven (siehe Abbildung 24). Anschließend gruppierten sie diese zu zwei Kategorien: funktionale und nichtfunktionale Einkaufsmotive.[401] Die Autoren konnten mittels wiederholt durchgeführter Varianzanalysen aufzeigen, dass sowohl funktionale als auch nichtfunktionale Einkaufsmotive einen positiven Einfluss auf den Kauf im Katalogversandhandel haben: Die signifikant stärksten Einkaufsmotive für den Kauf im

---

401 Vgl. Eastlick/Feinberg (1999), S. 284 f.

Katalogversandhandel sind demnach: „Perceived Value" (z.B. gutes Preis-Leistungs-Verhältnis, leichte Umtauschmöglichkeiten), „Order Services" (z.B. gebührenfreie Telefonnummer) und „Convenience". An vierter Stelle vor dem Einkaufsmotiv „Home Environment" folgt ein nichtfunktionales Motiv: „Company Responsiveness" (z.B. leichte Rückgabemöglichkeiten). Die beiden nichtfunktionalen Einkaufsmotive „Information Services" und „Salesperson Interaction" sind bei den Katalogversandhandels-Kunden signifikant schwächer als alle anderen Einkaufsmotive.
Kritisch zu beurteilen ist die nicht immer nachvollziehbare und statistisch nicht überprüfte Gruppierung der Einkaufsmotive in funktionale und nichtfunktionale Motive.

CHILDERS ET AL. (2001) untersuchten den Einfluss der hedonistischen und funktionalen Einkaufsmotive auf die Einstellung gegenüber dem Einkaufen im Internet.[402] Die Autoren operationalisierten die Einkaufsmotive als wahrgenommenen Nutzen (!) der Internet-Technologie („Usefulness"), Leichtigkeit bzw. Einfachheit der Nutzung der Internet-Technologie („Ease of Use") und Spaß und Vergnügen bei der Nutzung der Internet-Technologie („Enjoyment"). Die beiden ersten Motive fassten sie als eine funktionale („utilitarian") Dimension der Einkaufsmotive und das „Enjoyment" als eine hedonistische („hedonic") Dimension auf. Die Autoren konnten den angenommenen positiven Zusammenhang zwischen den Einkaufsmotiven und der Einstellung gegenüber dem Einkaufen im Internet mithilfe einer linearen Strukturgleichungsanalyse bestätigen.
Kritisch ist anzumerken, dass die Konzeptualisierung der Einkaufsmotive nicht „sauber" ist. Zwei Motive, die in den meisten bereits erwähnten Arbeiten Berücksichtigung finden, wurden von den Autoren als Erklärungsvariablen der drei bereits erwähnten Einkaufsmotive betrachtet und nicht als eigenständige Einkaufsmotive. Diese beiden Einkaufsmotive sind „Convenience" und „Substitutability of personal examination" (= Bereitschaft der Kunden, darauf zu verzichten, das Produkt vor dem Kauf anzufassen oder sonst multisensuell zu erleben). Auch die Abgrenzung vom Nutzen-Konstrukt ist nicht eindeutig.

[402] Childers et al. übertragen und erweitern das „Technology Acceptance Model" (TAM) auf das Internet.

Autoren	Forschungsdesign	Konzeptualisierung der Einkaufsmotive (ausgewählte Ergebnisse der Studie)
Li/Kuo/Russell (1999)	• Untersuchungsobjekt: Electronic Retailing • Datenerhebung: Online-Befragung • Datenbasis: Internetnutzer USA (n = 999) • Datenanalyse: Exp. Faktorenanalyse	**Vier Dimensionen der Shopping Orientations** 1. Recreational Orientation 2. Convenience Orientation 3. Experiential Orientation („Touch & Feel") 4. Economic Orientation
Eastlick/ Feinberg (1999)	• Untersuchungsobjekt: Versandhandel • Datenerhebung: Schriftliche Befragung • Datenbasis: Versandhandel-Käufer / USA (n = 458) • Datenanalyse: expl. Faktorenanalyse und einfache Varianzanalyse (ANOVA)	**Elf Dimensionen der Einkaufsmotive** (Ranking der Einkaufsmotive nach Stärke) 1. Perceived Value 2. Order Services 3. Convenience 4. Company Responsiveness 5. Home Environment 6. Merchandise Assortment 7. Company Reputation 8. Economic Utility 9. Information Services 10. Company Clientele 11. Salesperson Interaction
Childers et al. (2001)	• Untersuchungsobjekt: Electronic Retailing • Datenerhebung: Schriftliche Befragung • Datenbasis: Onlinekäufer eines Multi-Channel-Versandhändlers (n = 266) • Datenanalyse: Konf. Faktorenanalyse	**Zwei Dimensionen der Einkaufsmotive** 1. Utilitarian (Usefulness & Ease of Use) 2. Hedonic (Enjoyment)
Lingenfelder/ Lövennich (2001a/b)	• Untersuchungsobjekt: Electronic Retailing • Datenerhebung: Schriftliche Befragung • Datenbasis: Onlinekäufer eines Multi-Channel-Versandhändlers (n = 316 bzw. n = 855) • Datenanalyse: Expl. und konf. Faktorenanalyse; Clusteranalyse	**Sechs Dimensionen der Einkaufsmotive** 1. Erlebnisorientierung 2. Preisorientierung 3. Convenienceorientierung i.e.S. 4. Convenienceorientierung i.S. zeitlicher Flexibilität 5. Bedienungsorientierung 6. Markenorientierung („Wahrgenommenes Risiko" als selbständiges Konstrukt)

Abbildung 24: Auswahl empirischer Untersuchungen zu den Einkaufsmotiven im Distanzhandel[403]

LINGENFELDER/LÖVENICH (2001a, b) untersuchten die Absicht von Kunden, traditionelle, stationäre Einkaufskanäle durch Online-Shopping zu substituieren. Sie wiesen anhand zweier Produktkategorien (Bekleidung und Unterhaltungselektronik) empirisch nach, dass die Einkaufsmotive die Einstellung zum Einkaufen über das Internet

[403] Bei Lingenfelder/Lövennich (2001b, S.143 f.) findet sich eine Übersicht über weitere empirische Studien zur Kennzeichnung von Nutzern von Betriebstypen des traditionellen und elektronischen Distanzhandels.

signifikant beeinflussen und dadurch die Substitutionsabsicht.[404] Mittels explorativer und konfirmatorischer Faktorenanalyse verdichteten sie fünfzehn Statements zu sechs Einkaufsmotiven: Erlebnisorientierung, Preisorientierung, Convenienceorientierung i.e.S., Convenienceorientierung i.S. zeitlicher Flexibilität, Bedienungsorientierung und Markenorientierung.

Sie untersuchten die Auswirkung dieser Einkaufsmotive auf die Einstellungen zum Einkaufen im Internet. Es zeigte sich, dass signifikante Zusammenhänge für drei der sechs Einkaufsmotive zumindest in einer der beiden Produktklassen bestehen (s. auch Abbildung 11):

- Erlebnisorientierung: Der angenommene negative Zusammenhang konnte nicht bestätigt werden.
- Preisorientierung: Der angenommene positive Zusammenhang konnte nicht bestätigt worden.
- Convenienceorientierung i.e.S.: Der angenommene positive Zusammenhang konnte für die Klasse der Unterhaltungselektronik bestätigt werden.
- Convenienceorientierung i.S. zeitlicher Flexibilität: Der angenommene positive Zusammenhang konnte für beide Produktklassen bestätigt werden.
- Bedienungsorientierung: Der angenommene negative Zusammenhang konnte für die Klasse der Unterhaltungselektronik bestätigt werden.
- Markenorientierung: Der angenommene positive Zusammenhang konnte nicht bestätigt werden.

Zusammenfassend kann festgehalten werden, dass die Autoren den Einfluss der Einkaufsmotive Convenienceorientierung i.e.S., Convenienceorientierung i.S. zeitlicher Flexibilität und Bedienungsorientierung auf die Einstellung zum Internet-Shopping empirisch nachweisen konnten.

c) Untersuchungen zum Einkaufen in Multi-Channel-Retailing

An dieser Stelle sollen Erkenntnisse aus der bereits erwähnten Untersuchung von SCHRAMM-KLEIN (2003) bezüglich der Einkaufsmotive betrachtet werden. Die Autorin konnte empirisch bestätigen, dass die Einkaufsmotive die Beurteilung der Kanäle der Multi-Channel-Retailer sowie die Einstellung der Kunden gegenüber der Handelsunternehmung (als Ganzes) signifikant beeinflussen. Die Einkaufsmotive werden „als allgemeine Einkaufsorientierungen der Kunden losgelöst von spezifischen Unter-

---

[404] Vgl. Lingenfelder/Lövenich (2001a), S. 17 f.

nehmen, Warengruppen oder Einkaufssituationen"[405] anhand von zehn Items operationalisiert.[406] Das Modell erfasst 10 Dimensionen der Einkaufsmotive. Da diese Untersuchung die einzige ist, die Multi-Channel-Retailing als Gegenstand hat, sollen die einzelnen Statements zur Operationalisierung der Einkaufsmotive an dieser Stelle genauer betrachtet werden (s. Abbildung 25).

Einkaufsmotiv	Indikator
Preis	Ich kaufe vor allem preisorientiert, auf sonstige Merkmale (Service, Atmosphäre etc.) lege ich kaum Wert.
Qualität	Ich lege vor allem Wert auf die Qualität der Ware und bin auch bereit, dafür einen entsprechenden höheren Preis zu zahlen.
Kommunikaton/Kontakt	Der persönliche Kontakt und die Kommunikation mit dem Verkaufspersonal sind für mich wichtige Faktoren.
Bummeln	Es macht mir Spaß, einfach so durch Geschäfte zu bummeln, Kataloge oder Internet-Shops durchzuschauen, unabhängig von Käufen.
Atmosphäre	Ich lege beim Einkauf viel Wert auf eine ansprechende Gestaltung des Einkaufsumfelds (Geschäft, Katalog oder Internet-Shop) und eine entsprechende Atmosphäre.
Anfassen	Ich möchte die Produkte anfassen und inspizieren können, bevor ich sie kaufe.
Service	Mir ist es wichtig, umfassende Service-Leistungen zu bekommen (Beratung, Liefer-, Abhol-, Reparatur-Service etc.).
Zeit	Einkaufen muss schnell gehen.
Auswahl	Eine große Auswahl ist für mich ein wichtiges Kriterium bei der Entscheidung, wo ich einkaufe.
Variety Seeking	Ich kaufe gerne mal woanders als gewöhnlich, um etwas anderes oder Neues zu erleben.

Abbildung 25: Operationalisierung der Einkaufsmotive in der Untersuchung von SCHRAMM-KLEIN (2003)

Quelle: eigene Erstellung in Anlehnung an Schramm-Klein (2003), S. 400

Die Auswirkung der Einkaufsmotive auf die Beurteilung der Kanäle (stationäres Geschäft, Katalog und Internet) wurde mittels einer Korrelationsanalyse untersucht. Sie zeigt, dass signifikante Zusammenhänge zwischen den meisten Einkaufsmotiven und den jeweiligen Beurteilungsdimensionen bestehen (siehe Abbildung 26).[407] Beispielhaft sei an dieser Stelle der Zusammenhang zwischen dem Einkaufsmotiv „Anfassen" und der Beurteilung der Kanäle erläutert werden. Zwischen dem Einkaufsmotiv „Anfassen" und der Beurteilung der stationären Geschäfte besteht eine signifikan-

---

405 Schramm-Klein (2003), S. 212 f.

406 Diese Single-Item-Operationalisierung der Einkaufsmotive ist kritisch zu beurteilen. Trommsdorff (2004, S. 42) empfiehlt einen **Mehrindikatorenansatz** zur Messung von Motiven. Darüber hinaus sind die Statements nicht immer eindeutig, da mehrere Aussagen zu einem Statement zusammengefasst wurden. So muss die Zustimmung zum ersten Teil des Statements „Ich lege vor allem Wert auf die Qualität der Ware ..." nicht unbedingt mit einer Zustimmung zum zweiten Teil „... und bin auch bereit, dafür einen entsprechenden höheren Preis zu zahlen" einhergehen.

407 Vgl. Schramm-Klein (2003), S. 288 ff.

te positive Korrelation (0,131), während bezüglich der Beurteilung der Katalog- und Internet-Formate eine negative Korrelation (-0,066 bzw. -0,161) besteht. Das heißt, dass je stärker der Wunsch eines Kunden ausgeprägt ist, Produkte vor dem Kauf anzufassen und zu inspizieren, desto besser wird er das stationäre Geschäft des Multi-Channel-Retailers beurteilen – und dementsprechend schlechter die Katalog- und Internet-Formate.

Beurteilung der Kanäle / Einkaufsmotive	Stationäres Geschäft	Katalog	Internet-Shop
Preis	-0,007 (n.s.)	0,060 (**)	-0,029 (n.s.)
Qualität	0,124 (***)	0,117 (***)	0,109 (***)
Kommunikation/Kontakt	0,264 (***)	0,124 (***)	0,008 (n.s.)
Bummeln	0,172 (***)	0,170 (***)	0,194 (***)
Atmosphäre	0,202 (***)	0,144 (***)	0,213 (***)
Anfassen	0,131 (**)	-0,066 (**)	-0,161 (***)
Service	0,192 (***)	0,258 (***)	0,186 (***)
Zeit	-0,148 (***)	0,030 (n.s.)	0,051 (**)
Auswahl	0,154 (***)	0,167 (***)	0,106 (***)
Variety Seeking	-0,007 (n.s.)	0,060 (**)	-0,029 (n.s.)
*** signifikant p < 0,01; ** signifikant p < 0,05; * signifikant p < 0,10; n.s. nicht signifikant			

Abbildung 26: Korrelation zwischen Einkaufsmotiven und Beurteilung der Kanäle in der Untersuchung von SCHRAMM-KLEIN (2003)
Quelle: eigene Erstellung in Anlehnung an Schramm-Klein (2003), S. 289

Die Auswirkung der Einkaufsmotive auf die Einstellung zum Mehrkanalsystem wurde auch mittels einer Korrelationsanalyse untersucht und ergibt signifikante positive Zusammenhänge für den Einfluss der sechs Motive „Preis“, „Bummeln“, „Atmosphäre“, „Service“, „Auswahl“ und „Variety Seeking“. Die übrigen vier Einkaufsmotive „Qualität“, „Kommunikation/Kontakt“, „Anfassen“ und „Zeit“ haben keinen signifikanten Einfluss auf die Einstellungen der Kunden zum Mehrkanalsystem.[408]

[408] Vgl. Schramm-Klein (2003), S. 201 ff.

Kritisch ist für beide Korrelationsanalysen anzumerken, dass die Korrelationskoeffizienten nach Pearson, auch wenn sie signifikant sind, mit absoluten Werten zwischen 0,06 und 0,264 als sehr schwach bis schwach zu bewerten sind.[409]

d) Erkenntnisse bezüglich der Einflussfaktoren der Einkaufsmotive

Wie bei allen Konstrukten können auch die Einflussfaktoren der Einkaufsmotive in die drei Determinantengruppen unterteilt werden, die bereits in Kapitel 4.2 dargestellt wurden: Personenmerkmale, Produkteigenschaften und Situationen.[410] Der Einfluss der Personenmerkmale (soziodemographische Größen) wurde bereits besprochen und mündete in der Hypothese H_{SD}. Der Einfluss der Produkte auf die Einkaufsmotive ist weniger deutlich: Die meisten Autoren unterstreichen in ihren Untersuchungen, dass die Einkaufsmotive produkt<u>un</u>abhängig sind. An dieser Stelle seien WESTBROOK/BLACK (1984) zitiert, die betonen, dass: „these need states are assumed relatively enduring characteristics of individuals, hence manifesting themselves on a regular basis over a wide range of shopping occasions"[411]. Ist der Einkaufsanlass produktunabhängig (der Kunde geht einkaufen, weil er z.B. bummeln oder sich mit Freunden treffen möchte), dann ist davon auszugehen, dass der Einfluss des Produkts begrenzt ist. Anders verhält es sich, wenn der Einkaufsanlass produktabhängig ist (der Kunde geht einkaufen, weil er sich über ein ganz bestimmtes Produkt informieren bzw. es kaufen möchte). Ob der Kunde in diesem Fall den Wunsch nach Beratung, nach niedrigen Preisen oder nach hoher Qualität verspürt, kann von dem Produkt und den in Kapitel 4.2.3 besprochenen Produkteigenschaften abhängig sein. Dieser Aspekt wird bei der Operationalisierung der Einkaufsmotive berücksichtigt.
Auch der Einfluss der situativen Variablen wurde bereits in Kapitel 4.2.4 besprochen. Die Abgrenzung dieser Variablen von den Einkaufsmotiven ist nicht für alle Motive eindeutig: So kann das Motiv, mit Freunden beim Bummeln einen schönen Nachmittag zu verleben, auch als ein produktunabhängiger Einkaufsanlass aufgefasst werden.[412]

<u>Fazit:</u> Die dargestellten Untersuchungen liefern wertvolle Hinweise und Anregungen zur Konzeptualisierung und Operationalisierung der Einkaufsmotive. Darüber hinaus kann aus den dargestellten Studien auf die Kanal- und Betriebstypenrelevanz der Einkaufsmotive geschlossen werden. Die verschiedenen Einkaufsstätten (stationäre

---

409 Zur Bestimmung der Stärke von Korrelationskoeffizienten siehe auch Fußnote 683 auf S. 300.

410 Vgl. Trommsdorff (2004), S. 130.

411 Weestbrook/Black (1985), S. 87. Ähnlich auch Babin/Darden/Griffin (1994, S. 644) und Gröppel (1994, S. 387).

412 Wie ausdrücklich von Heinemann (1976, S. 131 f.) vorgeschlagen.

Geschäfte und Betriebstypen des Distanzhandels) befriedigen unterschiedliche Einkaufsmotive der Kunden. Die Kunden wählen diejenigen Einkaufsstätten aus, die ihren Bedürfnissen am besten entsprechen. Diesen Gedanke übertragen wir auf die Kanäle eines Multi-Channel-Retailers und stellen folgende Basishypothese auf, die in Kapitel 4.3.3.5 ausformuliert wird: *„Der Kunde wählt denjenigen Kanal, der seinen Einkaufsmotiven am besten entspricht, um sich über ein Produkt zu informieren und den gleichen bzw. einen anderen Kanal, um es zu kaufen."*

4.3.3.4 Modell zur Messung der Einkaufsmotive in der vorliegenden Untersuchung

In diesem Kapitel gilt es, ein eigenes Modell zur Messung der Einkaufsmotive zu konzeptualisieren, bevor Hypothesen zur Wirkung dieser Einkaufsmotive auf die Kanalwahl im Multi-Channel-Retailing formuliert worden.

Aus den im vorangegangenen Kapitel dargestellten Erkenntnissen und den Ergebnissen der eigenen explorativen Untersuchung wird eine siebendimensionale Konzeptualisierung der Einkaufsmotive vorgeschlagen: Erlebnisorientierung, Convenienceorientierung, Streben nach Unabhängigkeit, Risikoabneigung, Preisorientierung, Qualitätsorientierung und Beratungsorientierung. Diese sieben Einkaufsmotive werden im Folgenden erläutert.

4.3.3.4.1 Erlebnisorientierung

Das in den dargestellten Untersuchungen am meisten angewandte Einkaufsmotiv ist die „Erlebnisorientierung" (im Englischen werden dafür synonym auch die Begriffe „hedonic motive(s)", „recreational motive(s)", „experiential motive(s)", „shopping as pleasure", „entertaining shopping experience" benutzt). Die „Erlebnisorientierung" bezieht sich auf Aspekte des Einkaufens, die über die reine Versorgung mit Ware hinausgehen und zur Befriedigung weiterer Bedürfnisse (durch den Einkaufsvorgang selbst) führen.[413]

Die herausragende Rolle dieses Motivs liegt u.a. auch darin begründet, dass Erlebnisorientierung als eines der wichtigsten gesellschaftlichen und einkaufsspezifischen Trends der letzten 25 Jahre ist: Genießen, Suche nach Abwechslung, Ausleben

[413] Ahlert/Schröder (1990), S. 223.

emotionaler Bedürfnisse oder „Sich-verwöhnen-Wollen" wird zunehmend als Lebensqualität empfunden.[414] Die Ursachen dafür liegen u.a. in dem Wohlstand der westlichen Welt, in dem der Großteil der Bevölkerung mit materiellen Gütern weitgehend versorgt ist. Dadurch sind grundlegende Bedürfnisse gestillt und „höhere Bedürfnise", wie das Bedürfnis nach sensualer Anregung, nach Selbstverwirklichung oder nach verfeinertem emotionalen Erleben, kommen zum Zuge.[415]

Der von HIRSCHMAN/HOLBROOK (1982) eingeführte Begriff des „hedonistischen Konsums" bezeichnet „those facets of consumer behavior that relate to the multisensory, fantasy and emotive aspects of one's experience with products"[416]. Ein einkaufsstättenspezifischer Erlebniswert wird definiert als der subjektiv empfundene, „durch die Einkaufsstätte vermittelte Beitrag zur Lebensqualität der Kunden. Dabei handelt es sich um emotionale Erlebnisse, die in der Gefühls- und Erfahrungswelt der Kunden verankert sind"[417]. Versuchen Kunden das Motiv „Erlebnisorientierung" durch Einkaufen zu befriedigen, dann spricht man auch vom „Erlebniseinkauf".[418]

Die Konzeptualisierung des Einkaufsmotivs Erlebnisorientierung in der Literatur ist nicht einheitlich. Manche Autoren subsumieren darunter nur den *hedonistischen, stimulierenden* Aspekt des Konstrukts: Der Einkaufsvorgang selbst macht Spaß, bringt Freude und wird von vielen Kunden als eine Freizeitbeschäftigung angesehen.[419] Weitere Autoren betrachten entweder als eine zweite Dimension der Erlebnisorientierung oder als eigenständiges Einkaufsmotiv den *Wunsch nach sozialer Interaktion* mit den anderen Kunden, Freunden und Bekannten und dem Verkaufspersonal während des Einkaufens.[420]

Die umfangreichste empirische Untersuchung zur Konzeptualisierung und Operationalisierung des Einkaufsmotivs Erlebnisorientierung (hedonic shopping motivations) stammt von ARNOLD/REYNOLDS (2003). Sie entwickelten im Rahmen einer qualitati-

---

414 Vgl. Kroeber-Riel/Weinberg (2003), S.124; Opaschowski (1998), S. 32; Opaschowski (2000), S. 30.

415 Vgl. Kroeber-Riel/Weinberg (2003), S.124; Opaschowski (2000), S. 23.

416 Hirschman/Holbrook (1982), S. 92.

417 Weinberg (1986), S. 99.

418 Vgl. u.a. Benkenstein/Bastian (1997), S. 216 f. Als Gegensatz dazu wird der „Versorgungskauf" angesehen, bei dem die Versorgung mit Waren im Vordergrund steht.

419 Vgl. Hirschman/Holbrook (1982), S. 92; Bellenger/Korgaonkar (1980), S. 78; Babin/Darden/Griffin (1994), S. 646; Akaah/Korgaonkar/Lund (1995), S. 212.

420 Vgl. Dholakia (1999), S. 156 und Gröppel (1991), S. 166, (als Autoren, die die beiden Aspekte der Erlebnisorientierung als zwei getrennte Einkaufsmotive betrachten) sowie Forman/Sriram (1991), S. 231 f.; Bellenger/Korgaonkar (1980), S. 78 (als Autoren, die die beiden Aspekte unter einem Einkaufsmotiv subsumieren).

ven und quantitativen Untersuchung ein sechsdimensionales Modell zur Messung der Erlebnisorientierung. Diese sechs Dimensionen der Erlebnisorientierung sind:[421]

- „adventure shopping": Einkaufengehen als Abenteuer bzw. Suche nach Stimulierung;
- „social shopping": Shopping-Trip als Möglichkeit zur sozialen Interaktion mit Freunden, Bekannten, Familie;
- „gratification shopping": Shoppen zum Entspannen, als Selbstbelohnung;
- „idea shopping": Shoppen als Quelle für neue Ideen, Anregungen, sich „up to date"-halten über Trends;
- „role shopping": Ziel des Shopping-Trips ist, Geschenke für andere zu suchen und zu finden;
- „value shopping": Shopping-Trip als Möglichkeit, nach Sonderangeboten zu suchen (Schnäppchen-Jagd) oder Preise zu verhandeln.

Fünf der sechs Dimensionen der Erlebnisorientierung aus der Untersuchung von ARNOLD/REYNOLDS konnten mithilfe der durchgeführten Gruppendiskussionen und qualitativen Interviews auch für diese Untersuchung identifiziert werden. Lediglich der Aspekt „role shopping" wurde von den Teilnehmern nicht genannt.

Der Aspekt des „value shopping" konnte zwar durch die eigene qualitative Untersuchung identifiziert werden. Dieser Aspekt wird aber häufig in der Literatur unter der Bezeichnung „Smart Shopping" als eine Dimension der Preisorientierung oder als eigenständiger Trend im Konsumentenverhalten angesehen.[422] Aus diesem Grund soll auf diesen Aspekt getrennt in Kapitel 4.3.3.4.5 tiefer eingegangen werden. Ob es sich dabei um eine Dimension der Erlebnisorientierung, der Preisorientierung oder um ein eigenständiges Einkaufsmotiv handelt, gilt es im Rahmen der quantitativen Untersuchung zu ermitteln.

Abbildung 27 gibt einen Überblick über die Facetten des Einkaufsmotivs Erlebnisorientierung sowie über beispielhafte Statements aus der eigenen qualitativen Untersuchung (spontane Antworten auf die Frage, was Einkaufen bzw. Einkaufserlebnis für die Auskunftspersonen bedeute).

---

421 Vgl. Arnold/Reynolds (2003), S. 80. Ähnlich auch bei Jones (1999), S. 132 ff., dessen Ergebnisse lediglich auf einer qualitativen Untersuchung basieren.

422 Vgl. u.a. Zentes (1996), S. 228 f.; Gröppel (1998), S. 15.

Facetten	Statements aus der eigenen qualitativen Untersuchung
Spaß / Unterhaltung / Abenteuer	• „das ist so'n bisschen so'n Stöbern und auch irgendwie so'n Luxus ...“ • „ich liebe es, in die Stadt einkaufen zu gehen, da ist die Straßenmusik ... weil die auch irgendwo Atmosphäre schafft ...“
Freizeitgestaltung / Bummeln / Entspannung / Selbstbelohnung	• „dass man hingeht und in die Schaufenster guckt ...“ • „und da ist ein Straßencafe ... weil ich dann unbedingt irgendwann eine Pause brauche“ • „also wenn ich mich richtig geärgert habe ... dann gehe ich los und kauf mir was Schönes ... ich schenk mir jetzt was ...“
Erneuerung / Anregung / Abwechslung / Stimulierung	• „so dass man einfach irgendwie sich was Neues anschafft und damit Abwechslung verbunden ist“ • „ich hol mir beim Einkaufen immer Anregungen, ... was jetzt neu auf dem Markt ist ...“
Freunde und Bekannte treffen / zusammen einkaufen	• „mit meiner Tochter einkaufen gehen“ • „machen wir schon mal einen gemütlichen Klönabend ... wo dann verschiedene Leute da sind und dann bestellen wir zusammen ...“
Kommunikation mit dem Verkaufspersonal	• „man kann auch ein kleines Schwätzchen halten mit dem Personal ... wir duzen uns ja schon“

Abbildung 27: Beispielhafte Statements zur Erlebnisorientierung

4.3.3.4.2 Convenienceorientierung

Ein weiteres häufig angewandtes Einkaufsmotiv, wenn es um die Erklärung der Betriebstypenwahl geht, ist die Convenienceorientierung. Der Begriff Convenience wird ins Deutsche mit Bequemlichkeit oder Annehmlichkeit für den Kunden übersetzt.[423] Im Zusammenhang mit Einkaufen steht Convenience für die Bequemlichkeit, Leichtigkeit bzw. Mühelosigkeit, mit der ein Einkaufsvorgang erledigt werden kann, sowie für den damit verbundenen geringen Zeitaufwand.[424] Auch die Convenienceorientierung zählt zu den wesentlichen aktuellen Trends im Handel. Ihre Begründung liegt in gesellschaftlichen Grundströmungen, die sich in einem übergeordneten Bedürfnis nach „Wegnahme von Last“ und nach Stressreduzierung niederschlagen.[425] SWOBODA (1999) führt als gesellschaftliche Hauptdeterminanten der zunehmenden Convenienceorientierung soziodemographische Veränderungen (wie z.B. Berufstätigkeit von Frauen, die Singleisierung der Gesellschaft und Alterung der Bevölkerung) sowie Wertetrends (wie z.B. Wunsch nach Vereinfachung der Lebensführung, nach

423 Vgl. Swoboda (1999), S. 95.
424 Vgl. Seiders et al. (2001), S. 34; Dach (2002b), S. 140.
425 Vgl. Zentes (1996), S. 227 ff.

Selbstverwirklichung und Lebensgenuss).[426] Die Auswirkung dieses gesellschaftlichen Trends auf das Einkaufsverhalten und die Einkaufsstättenwahl führt bei Kunden zu einem Wunsch nach Bequemlichkeit sowie nach Zeit- und Energieersparnis beim Einkaufen. Auch der Aspekt des Verbundkaufs, das so genannte One-Stop-Shopping, spielt eine wichtige Rolle zur Befriedigung dieses Motivs.[427]

KAUFMAN-SCARBOROUGH/LINDQUIST (2002) differenzieren (auf Basis theoretischer Überlegungen) neun Typen von Convenience,[428] die allerdings nicht überschneidungsfrei sind:

- „access convenience“: Bequemlichkeit, mit der eine Einkaufsstätte erreicht werden kann, und der damit verbundene geringe Zeitaufwand
- „search convenience“: Bequemlichkeit und geringer Zeiteinsatz, um ein Produkt zu finden
- „comparison convenience“: Bequemlichkeit und geringer Zeiteinsatz, um ein Produkt mit anderen zu vergleichen
- „possession convenience“: Bequemlichkeit, mit der ein Produkt erhalten werden kann, und der damit verbundene geringe Zeitaufwand
- „transaction convenience“: Bequemlichkeit, mit der ein Produkt gekauft bzw. zurückgegeben werden kann
- „time convenience“: Schnelligkeit, mit der ein Einkauf erledigt werden kann
- „energy convenience“: geringer physischer und psychischer Aufwand, mit dem ein Einkauf erledigt werden kann
- „place convenience“: Leichtigkeit, mit der von zu Hause aus oder in der Nähe des Wohnorts eingekauft werden kann
- „schedule convenience“: Möglichkeit, den Zeitpunkt des Einkaufens selbst festzulegen

Auch wenn diese Systematik zum Teil redundant ist, so zeigt sie jedoch die Vielseitigkeit dieses Motivs. Zwei Facetten der Convenienceorientierung aus dieser Übersicht: „schedule convenience“ und „place convenience“ werden als eigenständiges Einkaufsmotiv „Streben nach Unabhängigkeit“ in Kapitel 4.3.3.4.3 behandelt und werden nicht als Facetten der Convenienceorientierung weiter berücksichtigt. Dies liegt darin begründet, dass diese beiden Aspekte – anders als die sonstigen Convenience-Merkmale – die Besonderheiten des Distanzkaufs erfassen.

---

[426] Vgl. Swoboda (1999), S. 96.
[427] Vgl. Benkenstein/Bastian (1997), S. 217 f.; Eggert (1999), S. 1075.
[428] Vgl. Kaufman-Scarborough/Lindquist (2002), S. 335 f.

Abbildung 28 gibt einen Überblick über die verschiedenen Facetten der Convenienceorientierung, die sich aus der eigenen qualitativen Untersuchung ergaben, sowie über beispielhafte Statements. Die Frage lautete „Was bedeutet Einkaufen für Sie?". Für Befragte, die angaben, dass Einkaufen für sie bequem und ohne Zeitaufwand „über die Bühne gehen muss", wurde zusätzlich gefragt, wie sie diesen Wunsch konkret beim Einkaufen erfüllen. Darüber hinaus wurden die Teilnehmer zu den Vor- und Nachteilen der einzelnen Kanäle befragt.

Facetten	**Statements aus der eigenen qualitativen Untersuchung**
Energie- und Aufwandersparnis	• „Geschäft muss gut erreichbar sein ... so von der Verkehrsanbindung oder ... vor der Tür" • „nicht lange an der Kasse anstehen muss"
Verbundkauf/ One-Stop-Shopping	• „... Weil ich ganz gern meine Besorgungen relativ stark bündel. Ich bin da richtig faul beim Einkaufen." • „... die hole ich dann wiederum im Supermarkt ... wenn ich sowieso einkaufen gehe, dann flitze ich nur in diesen Gang rein und nehm's mir da raus."
Schnelle Abwicklung des Einkaufs	• „Es geht relativ schnell, ich brauch nur zum Hörer zu greifen und brauch mich nicht in eine Schlange anstellen."
Zielorientierung	• „Ich bummele nicht gerne, sondern gehe einfach dorthin, um meine Einkäufe zu erledigen."
Frust / Stress (beim Einkaufen)	• „manchmal ist es auch nervig ... wenn ich irgendwas haben möchte, irgendwas Bestimmtes und das nicht kriege, überall hinrenne ..."
Genaue Vorstellung über Einkäufe	• „Ich wollte, äh, letztens 'n Fernseher und wusste genau, wie er auszusehen hat und wie nicht – und ich bin absolut sicher gewesen ... und hab ihn dann auch gefunden."

Abbildung 28: Beispielhafte Statements zur Convenienceorientierung

4.3.3.4.3 Unabhängigkeitsorientierung

Das Streben nach Unabhängigkeit[429] beschreibt das Bedürfnis der Kunden, frei und unabhängig von externen Zwängen einkaufen zu können: wenn sie wünschen, 24 Stunden am Tag, 7 Tage die Woche und unabhängig vom Standort des Händlers.[430] Wie im vorherigen Kapitel dargestellt, sehen andere Autoren in diesem Motiv einen Aspekt des Convenience-Motivs: Die zeitbezogene Unabhängigkeit wird auch als „schedule convenience" bezeichnet und die einkaufsortbezogene Unabhängigkeit als „place convenience".[431] Wir betrachten die Unabhängigkeitsorientierung als eigen-

[429] Die Begriffe „Unabhängigkeitsorientierung" und „Streben nach Unabhängigkeit" werden in Folgendem synonym benutzt.

[430] Vgl. auch Eastlick/Feinber (1999); Darian (1987); Jagdish/Rajendra (1997).

[431] Vgl. Kaufman-Scarborough/Lindquist (2002), S. 335; Dach (2002b), S. 142.

ständiges Einkaufsmotiv, weil sie die Besonderheiten des Distanzkaufs erfasst. Zu einem ähnlichen Ergebnis kommen LINGENFELDER/LOEVENICH (2001) bei der Analyse von Online-Shoppern: Die Messung des Konstrukts Convenienceorientierung ergibt eine zweifaktorielle Struktur:[432] Ein Faktor lässt sich als das Bedürfnis nach schneller und zeitsparender Erledigung der Einkäufe begreifen und entspricht unserem Verständnis von Convenience. Den zweiten Faktor interpretieren LINGENFELDER/LOEVENICH als das Bedürfnis nach zeitlicher Flexibilität beim Einkaufen, was unserem Verständnis von Unabhängigkeitsstreben entspricht.

Abbildung 29 gibt einen Überblick über die verschiedenen Facetten des Einkaufsmotivs Unabhängigkeitsorientierung, so wie sie sich aus der eigenen qualitativen Untersuchung ergaben.

Facetten	Statements aus der eigenen qualitativen Untersuchung
Nicht zeitgebunden / „schedule convenience"	• „Ja, und es ist zu Zeiten möglich, die ich mir aussuchen kann. Kann's eben auch nachts um 12 machen ... Ich muss nicht während der Geschäftszeiten losgehen."
Von zu Hause aus einkaufen / „place convenience"	• „gemütlich, man sitzt abends vor seinem Computer, kann schön auf die Seite gehen, kann alles in Ruhe angucken, kann stöbern ..."

Abbildung 29: Beispielhafte Statements zur Unabhängigkeitsorientierung

4.3.3.4.4 Risikoabneigung

Risikoabneigung bezeichnet in der Motivforschung ein Konstrukt, das mit den Konstrukten Angst und Furcht als verwandt angesehen wird[433] und das von der generellen Risikobereitschaft eines Individuums abhängt. Die Risikobereitschaft (synonym auch Risikoneigung) bezeichnet die grundlegende Bereitschaft eines Individuums, tendenziell eher durch sein aktives Handeln, Nachteile in Kauf zu nehmen oder durch Nichthandeln (Versäumnis) auf Nutzen zu verzichten.[434]

Die Art und Weise, wie Kunden mit Risiken umgehen, ist eine der wichtigsten Problemstellungen im Marketing. Oder wie BAUER (1967) es formuliert: „Consumer behavior involves risk in the sense that any action of a consumer will produce consequences which he cannot anticipate with anything approximating certainty, and some

---

432 Vgl. Lingenfelder/Loevenich (2001), S. 145.
433 Vgl. Trommsdorff (2004), S. 132.
434 Vgl. Schweiger/Mazanec/Wiegele (1976), S. 98.

of which at least are likely to be unpleasant."[435] Viele der Untersuchungen und Operationalisierungsversuche zum Thema Risiko konzentrieren sich auf das Konstrukt „wahrgenommenes Kaufrisiko", das als die Unsicherheit des Kunden über die (unter Umständen negativen) Konsequenzen eines Kaufes in einer bestimmten Situation definiert wird.[436] Gegenstand der vorliegenden Untersuchung ist nicht das Konstrukt „wahrgenommenes Kaufrisiko", sondern das Einkaufsmotiv „Risikoabneigung". An dieser Stelle gilt es, die Konstrukte „Risikoabneigung" bzw. „Risikobereitschaft" von dem Konstrukt „wahrgenommenes Risiko" abzugrenzen: Unter der generellen **Risikoabneigung** ist eine dauerhafte, mehrdimensionale individuelle Verhaltensprädisposition (d.h. situationsunabhängig) zu verstehen, Risiken zu vermeiden. Je nachdem, wie stark (schwach) die Risikoneigung (Risikoabneigung) einer Person ausgeprägt ist, können drei Grundtypen der Risikoneigung unterschieden werden: risikofreudige, risikoaverse und risikoneutrale Personen.[437] Im Gegensatz dazu bezieht sich das „wahrgenommene Risiko" auf spezifische Kaufsituationen.[438]

Es lassen sich mehrere **Risikoarten** (manche Autoren sprechen von Risikodimensionen) unterscheiden: finanzielle, funktionale, physische, psychische und soziale.[439] Ein Käufer empfindet ein *finanzielles Risiko*, wenn er befürchtet, bei einem bestimmten Anbieter bzw. in einem Kanal für die gleiche Ware mehr Geld als bei einem anderen Anbieter bzw. in einem anderen Kanal zu bezahlen. Das *funktionale Risiko* bezieht sich auf seine Befürchtungen, dass das erworbene Produkt qualitative Mängel aufweist, seinen Erwartungen nicht entspricht oder nicht funktionsfähig ist. Das *physische oder Gesundheitsrisiko* zielt auf die Gefahr möglicher gesundheitlicher Schäden ab, die mit dem Verbrauch und der Verwendung des gekauften Produkts verbunden sein können. Das *psychische Risiko* äußert sich in Unzufriedenheit, die dadurch entstehen kann, dass durch den Produkterwerb selbst oder durch das Einkaufen bestimmte psychologische Bedürfnisse des Käufers nicht erfüllt werden. Dies kann z.B. der Fall sein, wenn er durch ein neues Angebotskonzept in einem neuen Kanal eines ihm bekannten Multi-Channel-Retailers die Orientierung verliert. *Soziale Risiken* beziehen sich auf die Angst vor Ansehensverlusten des Käufers bei seiner Bezugsgruppe, die durch den Produkterwerb selbst, aber auch durch das Einkaufen

435 Bauer (1967), S. 390.
436 Vgl. Schröder 2001, S. 36.
437 Vgl. Cox (1967), S. 36.
438 Vgl. Meffert (2000), S. 124. Dabei ist nicht das objektive, sondern das bei der Kaufentscheidung vom Individuum subjektiv wahrgenommene Risiko entscheidend.
439 Vgl. auch im Folgenden Gerhard (1995), S. 20; Schröder (2001), S. 36.; Lingenfelder/Lövenich (2001b), S. 141. Roselius (1971, S. 58) fügt noch eine sechste Risikoart hinzu, die des *Zeitverlustes*.

bei einem Anbieter oder in einem bestimmten Kanal entstehen können.

Risiken entstehen nicht nur durch Unsicherheiten über Produkteigenschaften (wie z.B. bei neuartigen, unbekannten Produkten), sondern auch im Kontext der Einkaufsstättenwahl. Der Käufer kann sich unsicher fühlen bezüglich der Absichten des Händlers/Anbieters. Er befürchtet, dass ihm durch das inkorrekte Handeln des Anbieters (mit Betrugsabsicht, aber auch unabsichtlich) ein Schaden entstehen kann. Die Unsicherheit ist umso größer, je weniger der Käufer Teile des Prozesses selbst kontrollieren kann, wie dies beim Distanzhandel der Fall ist.[440]

Auch wenn Risiken mit jedem Kauf (sowohl im stationären als auch im Distanzkanal) verbunden sein können, stehen im Folgenden die im Zusammenhang mit dem Distanzkauf empfundenen Risiken im Fokus. Das von den Kunden im Zusammenhang mit der Information und vor allem dem Kauf in einem Distanzkanal empfundene Risiko wird als eine der wichtigsten Barrieren beim Distanzkauf empfunden.[441] Bei einem „Non-Store"-Kauf gibt es aus Kundensicht spezifische Risikofaktoren, die den Besonderheiten dieser Vertriebsform entwachsen. Dazu zählen: kein direkter Kontakt zwischen dem Anbieter und dem Nachfrager, sondern nur über unterschiedliche Kommunikationsmittel (u.a. Brief, Telefon, Fax, PC), zweidimensionale Darstellung der Produkte und keine Möglichkeit der physischen Inspektion der Ware vor dem Kauf, keine unmittelbare Zahlungsmöglichkeit, ein zeitlicher und örtlicher Abstand zwischen dem Kauf und der physischen Verfügbarkeit der Ware etc. Durch die nichtstationären Kanäle besteht für den Kunden ein zusätzlicher Informationsbedarf bezüglich Elementen des Kaufprozesses, die im stationären Handel völlig fehlen oder sehr einfach ausgeprägt sind. Hierzu zählen die Konditionen (AGB) des Anbieters. Während kaum ein Kunde sich mit den AGB eines stationären Händlers auseinander setzt, können diese bei dem Distanzkauf eine wichtige Rolle spielen: Welche Lieferkosten fallen an? Wie sehen die Lieferkonditionen aus? Welche Zahlungsmöglichkeiten und -verfahren gibt es? Wie sehen die Rücksendemöglichkeiten aus?[442]

---

440 Bei der Einkaufsstättenwahl hat sich das Vertrauen als eine wichtige Determinante herausgestellt. Zwischen den Konstrukten Risiko und Vertrauen besteht folgender Zusammenhang: Hat ein Konsument Vertrauen in einen Anbieter, dann ist er eher bereit, Risiken einzugehen (vgl. Ben-Ur/Winfield (2002), S. 2).

441 Vgl. u.a. Cox/Rich (1964); Kunz (1997); Van den Poel/Leunis (1999); Bauer/Fischer/Sauer (2000); Schröder (2001); Ben-Ur/Winfield (2002).

442 Vgl. Schröder (2001), S. 38.

Die Konzeptualisierung und Operationalisierung der in Zusammenhang mit dem Distanzkauf empfundenen Risiken sind uneinheitlich:

- LINGENFELDER/LÖVENICH (2001B) unterscheiden als zusätzliche Dimensionen des Online-Shoppings neben den bereits erwähnten fünf Risikoarten das Übertragungsrisiko und das Datenrisiko.[443]
- BEN-UR/WINFIELD (2002) differenzieren „personal data risk",„credit card misuse risk", „financial risk" und „fear" (no specific reason).[444]
- BAUER/FISCHER/SAUER (2001) unterscheiden das Finanzielle Risiko und das Informationsrisiko.[445]
- PARASCHIV/ZAHARIA (2000) klassifizieren die Risiken, die das Kundenverhalten beim Online-Shopping beeinflussen können, in:[446] „security risk" (verbunden mit der Kreditkartenzahlung im Internet), „privacy risk" (entstanden durch den Missbrauch persönlicher Daten durch die Internetanbieter), „time risk" (Zeitverlust beim Versuch, das gewünschte Produkt im Internet zu finden), „brand risk" (verbunden mit dem Vertrauen des Kunden in die store brand des Internetanbieters), „product risk" (entspricht der bereits erwähnten funktionalen Risikoart), „site risk" (verbunden mit dem Design, der Struktur der Anbieter-Site sowie der Visualisierung der Produkte), „price risk" (Risiko, dass die Preise im Internet höher sind als in einer stationären Einkaufsstätte).

Die Verfasserin orientiert sich in der vorliegenden Untersuchung zur Strukturierung der potenziellen Risikofaktoren, die das Kundenverhalten in einem Mehrkanalsystem mit Distanzkanälen beeinflussen können, an den Phasen eines Kaufprozesses:[447]

- In der Informationsphase entstehen *produktbezogene Risiken* dadurch, dass dem Kunden bestimmte Informationsmöglichkeiten, die er in einer stationären Einkaufsstätte hat, in einem Distanzkanal nicht zur Verfügung stehen. So hat er z.B. nicht die Möglichkeit, die Ware physisch zu untersuchen (und sie evtl. an- und auszuprobieren), und muss sich auf die graphische Darstellung sowie auf die Informationen des Anbieters verlassen.
- In der Vereinbarungsphase entstehen *personenbezogene Risiken* dadurch, dass der Kauf im Gegensatz zum Kauf im stationären Handel nicht anonym erfolgt, sondern unter Angabe von persönlichen Daten (zumindest Angabe von Namen

---

[443] Vgl. Lingenfelder/Lövenich (2001b), S. 141.
[444] Vgl. Ben-Ur/Winfield (2002), S. 2 f.
[445] Vgl. Bauer/Fischer/Sauer (2000), S. 10 f.
[446] Vgl. Paraschiv/Zaharia (2000), S. 4.
[447] Vgl. im Folgenden: Baisch (1993), S. 42 ff.; Bauer/Fischer/Sauer (2000), S. 10 f.; Schröder (2001), S. 36 f.; Müller-Hagedorn et al. (2000), S. 38 ff.

und Adresse). Diese Daten könnten entweder vom Anbieter selbst oder von Dritten missbraucht werden, indem z.B. die physikalische bzw. E-Mail-Adresse für die Zustellung unerwünschter Werbesendungen genutzt wird. Dieses Risiko ist seit der Einführung der Loyalty-Programme nicht auf die Distanzkanäle beschränkt. Im stationären Handel kann der Kunde aber fallweise selbst entscheiden, ob er seine Daten angeben möchte oder nicht.

- Die *zahlungsbezogenen Risiken* umfassen die Risiken, die aus den unterschiedlichen Zahlungsmodalitäten resultieren. Sie verbergen die Gefahr, dass entweder die vermittelten Daten missbraucht werden (z.B. bei Bezahlung per Kreditkarte oder Lastschriftverfahren[448]) oder dass die bezahlte Ware nicht angeliefert wird (z.B. bei Vorauskasse oder Schecks). In der Literatur wird insbesondere das Missbrauchsrisiko bei der Bezahlung per Kreditkarte hervorgehoben.
- Die *abwicklungsbezogenen Risiken* umfassen die Risiken, die dem Kunden dadurch entstehen, dass er keinen Einfluss auf die Qualität der Abwicklung hat. Dabei handelt es sich um die Unsicherheit über die Pünktlichkeit der Lieferung (Lieferzeit), Vollständigkeit und Richtigkeit der Lieferung, Qualität der Ware (Bruch?) etc.
- *After-Sales-Risiken* beziehen sich auf die Nicht- oder Schlechterfüllung von Leistungen, die nach dem Kauf erforderlich sind, wie z.B. Widerrufs- und Rückgaberecht, Garantie, Umtausch und Reparatur. Auch diese Arten von Risiken sind nicht nur mit dem Kauf in einem Distanzhandel verbunden, sondern können auch im stationären Kanal entstehen. Der Hauptunterschied besteht aber in den Kosten der Rückgabe (Wer bezahlt die Rücksendung? Bekommt der Kunde im Falle einer Vorleistung sein Geld zurück? Wie wird die Rücksendung logistisch abgewickelt?).

Im Rahmen der eigenen qualitativen Untersuchung haben sich im Zusammenhang mit dem Distanzkauf vier Arten der Risikoabneigung herausgebildet: die produkt-, personen-, zahlungs- und abwicklungsbezogene Risikoabneigung. Die dargestellten After-Sales-Risiken scheinen von den Kunden des untersuchten Multi-Channel-Retailers eher unter dem Convenienceaspekt gesehen zu werden. Sie bedenken dabei die Unannehmlichkeiten, die mit der Rücksendung der Ware einhergehen. Abbildung 30 gibt einen Überblick über die vier Faktoren des Einkaufsmotivs Risikoabneigung, so wie sie sich aus der eigenen qualitativen Untersuchung ergaben.

---

[448] Objektiv gesehen besteht bei der Bezahlung per Lastschriftverfahren kein Risiko, da der Kunde die Lastschrift ohne Begründung innerhalb von 6 Wochen widerrufen kann.

Die vier Risikoarten (synonym Risikofaktoren oder Risikodimensionen) sind als eigenständige Einkaufsmotive anzusehen. Sie könnten auch unterschiedliche Auswirkungen auf die Nutzung der Kanäle haben. An dieser Stelle können keine Aussagen bezüglich der endgültigen Dimensionalität des Einkaufsmotivs „Risikoabneigung" in der vorliegenden Untersuchung gemacht werden. Ob es sich bei der Risikoabneigung tatsächlich um ein vierfaktorielles Einkaufsmotiv handelt, wird sich im Rahmen der quantitativen Untersuchung (Kapitel 6.3.1) zeigen.

Faktoren	Statements aus der eigenen qualitativen Untersuchung
Produktbezogene Risikoabneigung	• „dann kann ich es nicht probieren und dann hab ich's und dann passt es nicht ..." • „... oder sieht ganz anders aus ..."
Personenbezogene Risikoabneigung	• „Meine Daten können sie ja überall bekommen, ... steht ja auch alles im Telefonbuch ... aber ich habe trotzdem Angst."
Zahlungsbezogene Risikoabneigung	• „Warum ich meine Kreditkartennummer nicht angebe? Es ist das Gefühl der Unsicherheit, der Angst, ... also mir geht es so ... und in gewisser Weise auch Rechtlosigkeit. Aber das ist jetzt ein bisschen überspitzt."
Abwicklungsbezogene Risikoabneigung	• „Nee, da habe ich Angst, dass es nicht stimmt. ... Na ja, dass alles nicht stimmt: dass ich die falsche Sache bekomme oder nicht alles, was ich bestellt habe ... und dann habe ich noch die Lauferei ..." • „Ich hatte mal den Fall, da kam es erst nach drei Wochen an ... nach dem ich für eine Million hinterhertelefoniert habe ..."

Abbildung 30: Beispielhafte Statements zur Risikoabneigung

4.3.3.4.5 Preisorientierung

Die Preisorientierung ist ein weiterer Trend im Handel, der das aktuelle Kundenverhalten stark beeinflusst.[449] In zahlreichen, sowohl wissenschaftlich- als auch praxisorientierten Veröffentlichungen wird das stark preisorientierte Konsumentenverhalten in Deutschland erwähnt. Eine empirische Studie mit 2500 Konsumenten aus Deutschland aus dem Jahre 1995 ergab, dass 34% der Befragten „gezielt auf der Suche nach Schnäppchen" sind. Und dieses Segment ist laut der Studie nicht nur das größte, sondern auch dasjenige mit der höchsten Wachstumsrate.[450] Preisinteressierte Kunden sehen es als clever an, ein bestimmtes Produkt in einer bestimmten Qualität zu dem aus ihrer Sicht besten Preis zu kaufen (Preiswertkauf). Diese so genannten „Smart Shopper" möchten keine „billigen Marken", sondern „Marken billig" kaufen[451] bzw. emanzipieren sich komplett von Marken und Markenstrategien und

---

[449] Vgl. Zentes/Morschett (1998), S. 74 ff.
[450] O.V. (1995), S. 50.
[451] Vgl. Zentes (1997), S. 227 f.

möchten Qualität zum niedrigen Preis erwerben.[452]

Mit Preisorientierung wird das Einkaufsmotiv bezeichnet, möglichst preisbewusst einzukaufen. Dem Preis kommt innerhalb aller individuellen Kaufentscheidungskriterien eines Kunden eine gewichtige Rolle zu. Es muss sich dabei aber nicht unbedingt um die günstigsten Preise handeln. Wir beziehen explizit in die Definition der Preisorientierung neben Preisgünstigkeits- auch Preiswürdigkeitsurteile ein.[453] Preisurteile sind das Ergebnis kognitiv kontrollierter Bewertungen von Preisen.[454] Beim *Preisgünstigkeitsurteil* wird ein reiner Preisvergleich ohne Einbeziehung von Qualitätsurteilen vorgenommen.[455] Im Gegensatz dazu basieren *Preiswürdigkeitsurteile* auf Bewertungen eines Preises im Hinblick auf die gebotenen Leistungen und stellen Preis-Leistungsbeurteilungen dar.[456] Preisurteile sind subjektiver Natur. Im Mittelpunkt der vorliegenden Untersuchung steht die subjektive Beurteilung der Preise durch die Kunden, auch wenn es objektiv günstige Preise sowie objektiv gute Preis-Leistungs-Verhältnisse gibt.

Das Preisverhalten der Kunden beruht auf verschiedenen emotionalen, kognitiven und konativen Prozessen. DILLER (2000) spricht in Zusammenhang mit den emotionalen Aspekten der Preisorientierung auch von „Preiserlebnissen" und „Preisinteressen". Eine Fokusgruppen-Teilnehmerin bringt diesen emotionalen Aspekt sehr treffend auf den Punkt. Sie beantwortet die Frage, was Einkaufserlebnis für sie bedeutet: „Einkaufserlebnis bedeutet für mich so'n guten, Super-Schnäppchenpreis." Die motivationalen Ursachen für die Preisorientierung liegen im Versorgungsstreben des Kunden (mit einem begrenzten Einkommen die maximale Warenversorgung zu erreichen), im Wunsch nach Erfüllung sozialer Rollen (wie z.B. der Rolle des aufgeklärten Verbrauchers), in Formen der Leistungsmotivation (wie z.B. Cleverness, Leistungsstolz) sowie in der Suche nach sozialer Annerkennung.[457]

---

452 Vgl. Schröder (1999), S. 917.

453 Anders bei Lingengenfelder/Lövenich (2001b, S. 139): Sie definieren Preisorientierung als „das Streben von Konsumenten, ein bestimmtes Produkt [...] möglichst preisgünstig einzukaufen."

454 Vgl. Diller (2000), S. 152.

455 Vgl. Diller (2000), S. 154 ff.

456 Vgl. Dillor (2000), S. 158.

457 Vgl. Schröder (1999), S. 917; Gröppel-Klein/Thelen/Antretter (1999), S. 84.

Zu den kognitiven Prozessen zählen die Wahrnehmung von Preisen, das Preislernen und die daraus gewonnenen Preiskenntnisse sowie die bereits erwähnte Preisbeurteilung.[458] DILLER identifiziert aufgrund ihres Preisinteresses drei Verbrauchertypen: „Sparer“, „Optimierer“ und „Tiefpreismeider“:[459]

- Dem „Sparer“ geht es schlicht darum, wenig Geld auszugeben, sei es aus Geldmangel (die so genannten „Muss-Sparer“) oder aus Geiz bzw. Lust am preisorientierten Einkauf („Kann-Sparer“). Hier steht die Preisgünstigkeit im Mittelpunkt.
- Bei den „Optimierern“ steht die Preiswürdigkeit, also die Preis-Leistungs-Relation im Mittelpunkt. Sie suchen besonders intensiv nach günstigen Einkaufsquellen und -gelegenheiten und sind preisachtsamer als die Sparer.
- „Tiefpreismeider“ sind geprägt von ihrem Wunsch nach Umgehung von Qualitätsrisiken („Risikobewusste“) oder nach bewusster Demonstration ihrer Möglichkeit, sich Teures zu leisten („Hochpreissucher“).

Da Preisorientierung als das Motiv definiert wurde, möglichst preisgünstig bzw. preiswert einzukaufen, ist die dritte Dimension des Preisinteresses für die vorliegende Konzeptualisierung der Preisorientierung nicht relevant. Wir schlagen daher zur Konzeptualisierung der Preisorientierung zwei Faktoren vor: „Sparorientierung“ und „Wunsch nach Preisoptimierung“. Der Aspekt des „Tiefpreismeidens“, insbesondere der Umgehung von Qualitätsrisiken, soll im Rahmen der Konzeptualisierung des Einkaufsmotivs Qualitätsorientierung berücksichtigt werden.

Wie bei der Risikoabneigung handelt es sich auch bei der Preisorientierung um ein mehrfaktorielles Einkaufsmotiv. Die beiden dargestellten Faktoren der Preisorientierung sind als eigenständige Einkaufsmotive anzusehen. Sie könnten auch unterschiedliche Auswirkungen auf die Nutzung der Kanäle haben. Ob es sich bei der Preisorientierung tatsächlich um ein zweifaktorielles Einkaufsmotiv handelt, wird sich im Rahmen der quantitativen Untersuchung (Kapitel 6.3.1) zeigen.Diese beiden Faktoren der Preisorientierung konnten auch in der eigenen qualitativen Untersuchung identifiziert werden (siehe Abbildung 31).

---

458 Vgl. Diller (2000), S. 105 ff. Als dritter Aspekt des Preisverhaltens nennt er noch die Preisintention mit den Aspekten der Preisbereitschaft, Preispräferenz, Preiszufriedenheit und Preisvertrauen. Dieser konative Aspekt des Preisverhaltens soll hier nicht betrachtet werden, da es sich bei der Preisorientierung um ein Motiv handelt, das definitionsgemäß nur eine emotionale und eine kognitive Dimension aufweist (vgl. zur Definition der Motive auch die Ausführungen in Kapitel 4.3.3.1).

459 Vgl. Diller (2000), S. 121.

Faktoren	**Statements aus der eigenen qualitativen Untersuchung**
Sparorientierung/ Preisgünstigkeit (Preisorientierung i.e.S.)	• „Also, mir macht das immer viel – äh, Spaß, doch, kann man schon sagen. Also ich versuche oft, Sachen runterzuhandeln. Zum Beispiel 'n kleiner Fehler oder, äh, 'n Fleck oder was weiß ich auch immer. Oder das letzte Stück, was schon auf ist ..." • „Also für mich ... wenn das jetzt ein Gerät A ist und ein Gerät B, ... und Apparat B kostet 100 Euro weniger, da müsste ich ja mit 'm Klammerbeutel gepudert sein ... wenn ich dann 100 Euro mehr bezahl, nur weil, was weiß ich, aus irgendwelchen unerfindlichen Gründen ..."
Preisoptimierung/ Preiswürdigkeit (Smart-Shopping-Orientierung)	• „Es ist immer entscheidend Preis – Leistung. Ich, meine, der Preis ist nicht entscheidend, sondern die Preis-Leistung." • „(Einkaufserlebnis bedeutet) für mich so'n guten, Super-Schnäppchenpreis."

Abbildung 31: Beispielhafte Statements zur Preisorientierung

4.3.3.4.6 Qualitätsorientierung

Ein Einkaufsmotiv, das sehr eng mit dem Motiv der Preisorientierung zusammenhängt, ist die Qualitätsorientierung. Die Qualitätsorientierung wird bezogen auf die Polarisierung der Angebotskonzepte im Einzelhandel häufig als Gegensatz zur Preisorientierung angesehen.[460] Qualitätsorientierung bezeichnet das Einkaufsmotiv, qualitätsbewusst einzukaufen: Der Qualität kommt innerhalb aller individuellen Kaufentscheidungskriterien eines Kunden eine gewichtige Rolle zu. Auch der Qualitätsbegriff besteht aus objektiven und subjektiven Komponenten. Die *objektive* oder *technische Qualität* stellt vor allem auf anbieterbezogene Aspekte wie Übereinstimmung mit bestimmten technischen Spezifikationen oder Standards ab. Für verhaltenswissenschaftliche Untersuchungen relevant ist aber die *subjektive, abnehmerbezogene Qualität.*[461] In der vorliegenden Arbeit wird in diesem Sinne Qualität als der Erfüllungsgrad individueller Abnehmerbedürfnisse bezeichnet.[462] Diese Bedürfnisse können sich je nach Verbraucher auf unterschiedliche Aspekte eines Produkts beziehen: auf den Gebrauchsnutzen, die Haltbarkeit, die Zuverlässigkeit, die Normgerechtheit, die Ausstattung oder die Ästhetik des Produkts.[463] Verschiedene Verbraucher beziehen unterschiedliche Kriterien in ihre Bewertung mit ein und gewichten sie auch unterschiedlich.

---

460 Vgl. Ahlert/Schröder (1990), S. 223, wobei hier eine anbieterbezogene Sicht vorliegt.

461 Vgl. Trommsdorff (2004), S.180 f.

462 Vgl. Kotler et al. (2001), S. 402.

463 Vgl. Meffert (2000), S. 275 f. Siehe dort auch die Spezifika der Qualität von Serviceleistungen, auf die hier nicht näher eingegangen wird.

Qualität und Preis sind in der Wahrnehmung der Kunden nicht unabhängig voneinander.[464] Da Verbraucher aufgrund der Vielfalt und Komplexität des Güterangebots sich nicht in der Lage sehen, ein objektives Urteil über die Qualität der einzelnen Produktalternativen zu fällen, neigen viele dazu, den Preis als Indikator für die Qualität heranzuziehen: Sie stufen teure Produkte als qualitativ besser ein. Die Hauptursache dafür liegt in den großen Unsicherheiten, die häufig mit Qualitätsurteilen verbunden sind. Empfinden Käufer in einer Situation ein Kaufrisiko, dann dient die preisabhängige Qualitätsbeurteilung der Risikoreduktion.[465] Einen weiteren Qualitätsindikator aus Käufersicht, der damit zusammenhängt, bilden starke, bekannte Herstellermarken. Sie geben den Käufern nicht nur Orientierungshilfe in Märkten homogener Produkte, sondern auch Sicherheit. Die Verbraucher vermuten, dass Markenartikel auch objektiv von besserer Qualität sind.[466] Ein Fokusgruppen-Teilnehmer formulierte es wie folgt: „Wenn ich besonderen Wert auf Qualität lege, kommt für mich nur ein Markenprodukt in Frage z.B. für elektrische Haushaltsartikel, Hi-Fi und andere Haushaltselektronik." SCHRÖDER (1999) charakterisiert qualitätsorientierte Verbraucher als Verbraucher, die eine hohe Qualität der Leistung anstreben, markentreu sind und bei Abwesenheit anderer Beurteilungsmaßstäbe zu einer preisabhängigen Qualitätsbeurteilung neigen.[467]

Abbildung 32 gibt einen Überblick über die verschiedenen Facetten der Qualitätsorientierung, so wie sie sich aus der eigenen qualitativen Untersuchung ergaben.

---

464 Vgl. Trommsdorff (2004), S. 103 f.

465 Vgl. Meffert (2000), S. 500; Diller (2000), S. 162 ff. Zu der Vielzahl motivationaler, kognitiver und situativer Faktoren, die das subjektiv empfundene Kaufrisiko und mittelbar die Intensität der preisorientierten Qualitätsbeurteilung beeinflussen, siehe Diller (2000), S. 163 ff. Diller überprüfte die tatsächlichen Preis-Qualitätsrelationen auf Basis der Testergebnisse der Stiftung Warentest. Die Korrelationsanalyse ergab, dass der Preis objektiv gesehen „keinen zuverlässigen Maßstab für Qualität von Konsumgütern darstellen kann" (Diller (2000), S. 167). Trotzdem nehmen Verbraucher preisorientierte Qualitätsbeurteilungen vor.

466 Vgl. Sproles/Kendal (1986), S. 271 f.; Meffert (2000), S. 847 f.

467 Vgl. Schröder (1999), S. 916. Diese qualitätsorientierten Verbraucher entsprechen dem Typ des „risikobewussten Tiefpreismeiders" aus der Systematik von Diller (siehe Kapitel 4.3.3.4.5).

Facetten	Statements aus der eigenen qualitativen Untersuchung
Preis = Qualität	• „Gute Qualität ist teuer. Und ich kann's mir nicht leisten, immer allerbeste Qualität zu kaufen. Nicht drin. Nicht bei jedem Produkt. ... Bei langlebigen Geräten, also, Möbel oder so, denk ich mal ..."
Qualität ist wichtiger als Preis	• „Was nutzt mir denn wirklich ein niedriger Preis und die Sache ist Schrott?"
Qualität durch Anfassen und Anprobieren beurteilen	• „dann gucke ich es mir an, ich kann es dann auch in die Hand nehmen ... ja so im Fenster da hab ich das nicht so plastisch, als wenn ich das in den Händen habe ... ich fasse das gerne auch an, das Material ... und gucke mir die Verarbeitung an ... ob es nun Billigverarbeitung ist oder etwas, was mir zusagt."

Abbildung 32: Beispielhafte Statements zur Qualitätsorientierung

Der Aspekt der Qualitätsbeurteilung durch Anfassen und Anprobieren der Produkte wird in vielen Untersuchungen (so z.B. auch bei SCHRAMM-KLEIN (2003)) als eigenständiges Einkaufsmotiv „Anfassen" bzw. „Touch & Feel" aufgefasst. Wir gehen davon aus, dass es sich dabei um eine Maßnahme handelt, sich über die Qualität eines Produkts zu versichern und empfundene Produkt- und Qualitätsrisiken abzubauen.

4.3.3.4.7 Beratungsorientierung

Um den Output des Entscheidungsprozesses zu verbessern, nehmen Käufer u.a. Beratungsleistungen des Anbieters in Anspruch. Ziel dieser Beratungsleistung ist die Beschaffung von Informationen zur Beseitigung von Unsicherheiten. Diese Informationen können in der Anbahnungsphase z.B. dazu dienen, wahrgenommene Kaufrisiken abzubauen. Dies ist vor allem bei extensiven Kaufentscheidungen der Fall, wenn es sich um komplexe, neuartige bzw. selten gekaufte und/oder teure Produkte handelt.[468] Beratungsleistungen des Anbieters bzw. Informationen können auch in der After-Sales-Phase in Anspruch genommen werden, wenn der Käufer die Bestätigung sucht, die richtige Kaufentscheidung getroffen zu haben (um kognitive Dissonanzen zu vermeiden bzw. abzubauen).[469] Die Beratungsleistung kann entweder durch das Verkaufspersonal persönlich (in den stationären Kanälen) oder mittels Kommunikationsmitteln (Telefon oder PC) in den Distanzkanälen erbracht werden.

Unter Beratungsorientierung verstehen wir das Bedürfnis, vor einer Entscheidung

---

468 Vgl. McGoldrick (2002), S. 503.
469 Vgl. Schmidt/Kölzer (1996), S. 276 f.

Beratungsleistungen des Anbieters in Anspruch zu nehmen.[470] In der bereits erwähnten Untersuchung von GRÖPPEL (1993) sieht die Autorin in der Beratungsorientierung auch ein Mittel, das Bedürfnis nach sozialer Interaktion zu befriedigen.[471] Dieser Auffassung folgen wir nicht. Zwar können durch das Vorhandensein des Verkaufspersonals beide Einkaufsmotive befriedigt werden, die motivationalen Hintergründe sind allerdings unterschiedlich. Aufgrund der Erkenntnisse aus den Gruppendiskussionen sehen wir in dem Wunsch nach Beratung ein Mittel, die Kaufentscheidung zu verbessern. Ob es sich dabei um ein eigenständiges Einkaufsmotiv handelt, wird sich nach der quantitativen Untersuchung herausstellen. Folgende Aspekte haben sich in der eigenen qualitativen Untersuchung als relevant herausgestellt (siehe Abbildung 33).

Facetten	Statements aus der eigenen qualitativen Untersuchung
Wichtigkeit der Beratung	• „Nun, bei komplizierten Sachen, was weiß ich, z.B. bei Hi-Fi-Anlagen, ... also da finde ich, ist die Beratung schon wichtig." • „Sonst gehe ich in ein Fachgeschäft, wenn ich die richtige Beratung haben will."
Zusammenhang Beratung und Preis	• „Wenn die Beratung besser wäre, dann wären die Preise ja auch deutlich höher."

Abbildung 33: Beispielhafte Statements zur Beratungsorientierung

In der Untersuchungen von WESTBROOK/BLACK (1985) sowie GRÖPPEL (1993) wird auch das Einkaufsmotiv „Choice optimization" bzw. „Kaufoptimierung" berücksichtigt.[472] Darunter wird das Bedürfnis verstanden, nach der optimalen Lösung, nach dem „richtigen Produkt" zu suchen. Aufgrund der Erkenntnisse aus den Fokusgruppen sehen wir darin aber weniger ein Einkaufsmotiv als ein Verhalten der Informationssuche. Diesen Aspekt haben wir dann bei der Operationalisierung des Informationsverhaltens und bei der Bestimmung des Kaufprozess-Typs berücksichtigt (siehe Kapitel 6.2.1).

Zusammenfassend kann festgehalten werden, dass in Kapitel 4.3.3.4 ein siebendimensionales Modell zur Konzeptualisierung der Einkaufsmotive erarbeitet wurde. Diese Einkaufsmotive sind: Erlebnisorientierung, Convenienceorientierung, Unab-

---

470 Von dem Beratungswunsch in der Nachkauf-Phase mit der Zielsetzung, kognitive Dissonanzen abzubauen, soll an dieser Stelle abgesehen werden.

471 Vgl. Gröppel (1993), S. 11. Auch Lingenfelder/Lövenich ((2001b), S.139) sehen in der Beratungsorientierung ein Mittel, das Bedürfnis nach sozialer Interaktion zu befriedigen, sie sprechen aber von „Bedienungsorientierung".

472 Dieses Einkaufsmotiv entspricht der Dimension „Perfectionistic" in der Typologie von Sproles/Kendal (1986).

hängigkeitsorientierung, Risikoabneigung, Preisorientierung, Qualitätsorientierung und Beratungsorientierung. Für jedes Motiv wurden, wenn vorhanden, die Konzeptualisierungsvorschläge aus der Literatur dargestellt und bewertet. Anschließend wurden die Aspekte der Einkaufsmotive aufgezeigt, die sich auf Basis der eigenen qualitativen Untersuchung als relevant herausstellten. Im nächsten Kapitel werden nun Hypothesen über die Wirkung der Einkaufsmotive auf die Nutzung der Kanäle des Multi-Channel-Retailers formuliert.

4.3.3.5 Hypothesenbildung

4.3.3.5.1 Unterscheidung von Verhaltensmustern

Die Grundannahme über die Wirkung der Einkaufsmotive auf die Kanalnutzung ist, dass die Kunden sich in jeder betrachteten Phase des Kaufprozesses (Information und Kauf) für denjenigen Kanal entscheiden, der ihre Einkaufsmotive am besten erfüllt. Die einzelnen Verhaltensmuster (Information in einem Kanal und Kauf in dem gleichen oder einem unterschiedlichen Kanal) unterscheiden sich nicht nur aufgrund der Kontaktform (Residenz vs. Distanz). Die Ausgestaltung der einzelnen Kanäle führt auch dazu, dass unterschiedliche Kanäle, obwohl sie der gleichen Kontaktform angehören, die einzelnen Einkaufsmotive unterschiedlich gut befriedigen können. Daher kann als allgemeine Hypothese formuliert werden:

H_{EKM1}: *Die Kunden verteilen die Phasen „Information“ und „Kauf“ auf die Kanäle eines Multi-Channel-Retailers nach unterschiedlichen Einkaufsmotiven.*

Bei der Formulierung der Hypothesen bezüglich der Wirkung der Einkaufsmotive auf die Kanalwahl soll wie folgt vorgegangen werden. Als Erstes wird allgemein dargestellt, welche Unterschiede es in der Befriedigung der Einkaufsmotive zwischen den beiden Kontaktprinzipien Residenz (stationäre Kanäle) und Distanz (nichtstationäre Kanäle) gibt. Anschließend sollen konkret die fünf Kanäle des untersuchten Multi-Channel-Retailers berücksichtigt werden: die drei stationären Kanäle Filialen (FL), Shop-in-Shop-Depots im Lebensmitteleinzelhandel (LS) und in Bäckereien (BS) sowie die zwei nichtstationären Kanäle Online-Shop (ON) und Katalogversand (KT).

Bei der Formulierung der Hypothesen werden die Single-Channel-Nutzung und die Multi-Channel-Nutzung der Kanäle getrennt betrachtet: Die **Single-Channel-Kunden** informieren sich und kaufen im Rahmen eines Kaufprozesses in demselben Kanal.

Im Falle des betrachteten Multi-Channel-Retailers sind es folgende stationäre Nutzungsmuster: Information und Kauf in den Filialen **(FL+FL)**, Information und Kauf in den Depots in den Bäckereien **(BS+BS)** sowie Information und Kauf in den Depots des Lebensmittelhandels **(LS+LS)**. Als nichtstationäre Single-Channel-Verhaltensmuster gelten: Information und Kauf in dem Online-Shop **(ON+ON)** sowie Information und Kauf in dem Kanal Katalogversand **(KT+KT)**.

Die **Multi-Channel-Kunden** informieren sich in einem Kanal und kaufen in einem anderen Kanal. Zwei Nutzungsmuster erscheinen realistisch:[473]

- Eine erste Gruppe von Kunden nutzt einen nichtstationären Kanal zur Information und einen stationären Kanal zum Kauf. Im Falle des betrachteten Multi-Channel-Retailers sind es sechs verschiedene Möglichkeiten. Stellvertretend für diese Nutzungsmuster wollen wir die Hypothesen für die Kundengruppe **(ON+FL)** formulieren. Diese Kunden informieren sich in dem Online-Shop und kaufen anschließend in der Filiale.
- Eine zweite Gruppe von Kunden nutzt einen stationären Kanal zur Information und einen nichtstationären Kanal zum Kauf. Stellvertretend für diese Nutzungsmuster wollen wir die Hypothesen für die Kundengruppe **(FL+ON)** formulieren. Diese Kunden informieren sich in der Filiale und kaufen anschließend im Online-Shop.

Bei der Formulierung der Hypothesen wird darauf verzichtet, jedes einzelne Verhaltensmuster mit allen andern zu vergleichen, wenn eine allgemeine Aussage getroffen werden kann. Dies wäre z.B. folgender Fall: Statt vier Hypothesen zu formulieren: 1. Filial-Kunden sind erlebnisorientierter als die Lebensmitteleinzelhandel-Kunden, 2. Filial-Kunden sind erlebnisorientierter als die Bäckerei-Kunden, 3. Filial-Kunden sind erlebnisorientierter als Online-Kunden und 4. Filial-Kunden sind erlebnisorientierter als Katalog-Kunden, wird nur eine Hypothese formuliert: Filial-Kunden sind am stärksten erlebnisorientiert. Dadurch sollen Redundanzen vermieden werden.

---

[473] Theoretisch gibt es 20 unterschiedliche Möglichkeiten zur Multi-Channel-Nutzung, von denen viele eine Kombination von zwei stationären Kanälen zur Information und zum Kauf beinhalten, wie z.B. (FL+LS). Auch Kombinationen der beiden Distanzkanälen wie z.B. (KT+ON), sind denkbar. Allerdings stellten sich in den Fokusgruppen und den explorativen Interviews nur die beiden Muster als realistisch heraus.

4.3.3.5.2 Wirkung der Erlebnisorientierung

Wie die Hedonismus-Definition von HIRSCHMAN/HOLBROOK verdeutlicht, kommt bei der Erlebnisvermittlung der multisensuellen Sinnesansprache eine der wichtigsten Rollen zu. Multisensualität, d.h. die gleichzeitige Ansprache mehrerer Sinne, wird durch das Zusammenwirken mehrerer Reize erzielt: Töne, Farben, Bilder, Worte, Duftstoffe, Geschmack, Haptik.[474]

In stationären Kanälen versucht man durch die erlebnisbetonte Gestaltung des Ladens (Schaufenster, Ladenlayout, Warenpräsentation) sowie das Vorhandensein des Verkaufspersonals, dieses Einkaufsmotiv zu befriedigen.[475] Die Erkenntnisse über den Einfluss der Ladenatmosphäre und der -gestaltung auf das Kundenverhalten am POP stammen aus umweltpsychologischen Untersuchungen. Gegenstand der Umweltpsychologie ist die wechselseitige Beziehung zwischen Mensch und Umwelt. Zum ersten Mal wurde der Einfluss der Umwelt „Einkaufsstätte" auf das Konsumentenverhalten durch DONOVAN/ROSSITER (1982) empirisch untersucht. Sie adaptierten das umweltpsychologische Verhaltensmodell von MEHRABIAN/RUSSEL (1974) und konnten belegen, dass die Variable „Lust/Vergnügen" das Verhalten am POP nachhaltig beeinflusst.[476] Aber auch Kanäle des Distanzhandels probieren und bis zu einem gewissen Punkt reüssieren, diesen Anforderungen zu genügen. Bei dreidimensionalen virtuellen Läden kann durchaus von einer Erlebnisvermittlung gesprochen werden: Die Homepage (als virtuelles Schaufenster), das Layout (als virtueller Ladenaufbau), die Warenpräsentation sowie das virtuelle Umfeld (z.B. Musik) können auch im Internet durchaus entsprechend erlebnisbetont gestaltet werden. Darüber hinaus erhöhen die Integration multimedialer Elemente (wie z.B. Videos und Animationen) sowie der Einsatz von virtuellem Verkaufspersonal die Erlebnisvermittlung in den virtuellen Läden.[477] Das Gleiche gilt bei einer entsprechenden erlebnisbetonten Gestaltung für den Versandkatalog. Einzelne Aspekte der Erlebnisorientierung, wie das Bedürfnis, sich inspirieren zu lassen, Blättern des Katalogs aus Spaß oder als Freizeitbeschäftigung, können auch durch den Versandkatalog erfüllt werden. Das heißt, Distanzkanäle können durchaus stimulierend wirken, auch wenn es ihnen an Multisensualität fehlt. Der größte Nachteil der nichtstationären im Vergleich zu den stationären Kanälen bleibt jedoch die geringe soziale Interaktion: Sie ist nur durch

[474] Vgl. Kroeber-Riel/Weinberg (2003), S. 122 f.; Diehl (2002), S. 24 ff.
[475] Vgl. Weinberg (1992), S. 164; Dustmann (1993), S. 30.; Esch/Meyer (1996), S. 207 ff.
[476] Vgl. Gröppel-Klein (1998), S. 197 f.; Diel (2000), S. 54 f.).
[477] Vgl. Diehl (2000), S. 30 f.

das Medium Telefon bzw. PC möglich. Das Phänomen des Sammelbestellers[478] kann u.a. als eine Maßnahme der Käufer angesehen werden, um diesem Manko entgegenzutreten.[479]

Trotz der Versuche, auch in den Distanzkanälen Erlebnisse zu vermitteln, gehen wir davon aus, dass die stationären Kanäle das erlebnisorientierte Einkaufsmotiv besser befriedigen können als die nichtstationären Kanäle.[480] Sie erlauben einerseits eine multisensuelle Sinnesansprache der Kunden (auditive, visuelle, taktile, olfaktorische und evtl. auch gustatorische Reize) im Vergleich zu der monosensuellen Ansprache im Katalog (visuelle Reize) bzw. bisensuellen Ansprache im Internet-Shop (visuelle und akustische Reize) und bieten die Möglichkeit zur sozialen Interaktion mit dem Verkaufspersonal, Freunden und Bekannten oder mit anderen Kunden.

Vergleicht man nun die stationären Kanäle des untersuchten Multi-Channel-Retailers untereinander, dann ist davon auszugehen, dass die Kanäle Filialen (FL) und Bäckereien (BS) das Einkaufsmotiv Erlebnisorientierung besser befriedigen können als die Depots im Lebensmitteleinzelhandel (LS). Zum einen gibt es in diesen Kanälen mehr Verkaufspersonal, das den Wunsch nach sozialer Interaktion befriedigen kann. Zweitens machen die bessere Warenpräsentation sowie das teilweise Vorhandensein von Coffee Bars mehr Spaß beim Einkaufen.

Wegen des Nichtvorhandenseins von Verkaufspersonal sind die beiden Distanzkanäle weniger gut in der Lage, das Einkaufsmotiv Erlebnisorientierung zu befriedigen als die Filialen oder die Depots in Bäckereien. Sie unterscheiden sich vermutlich diesbezüglich aber nicht von den Depots im Lebensmitteleinzelhandel (da auch im Lebensmitteleinzelhandel kein eigenes Verkaufspersonal vorhanden ist).

Betrachtet man die direkten Kanäle, dann wird angenommen, dass aufgrund der Interaktivität des Mediums und der Möglichkeit, auch akustische Reize zu vermitteln, der Online-Shop (Internet-Kanal) für den Kunden einen höheren Erlebniswert bietet

---

478 Eine Person (der/die Sammelbesteller(in)) bestellt für Freunde und Bekannte beim Versandhändler mit, empfängt die Sendung und übernimmt die Verteilung der Ware bei den Mitbestellern sowie ggf. die Retournierung der Ware. Der Sammelbesteller bekommt für seine Mitwirkung vom Händler eine entsprechende Vergütung (normalerweise einen nach Umsatz gestaffelten Rabatt).

479 Vgl. Hoffmann (1999), S. 32.

480 Ähnlich u.a. auch bei Alba et al. (1997), S. 40; Bauer/Huber/Henneberg (1999), S. 48.; Childers et al. (2001), S. 514 ff.; Diehl (2000), S. 30 f.; Lingenfelder/Lövenich (2001), S. 138; Dach (2002b), S. 147. Sehr plastisch drückte es ein Fokusgruppen-Teilnehmer aus: „... im Internet kann man ja nicht mit allen fünf Sinnen einkaufen ...“

als der Katalog-Kanal.[481]

I. Hypothesen Single-Channel-Kunden

H_{E1}: *Kunden, die sich in der Filiale informieren und dort kaufen (FL+FL), sind genauso stark erlebnisorientiert wie die Kunden, die sich in der Bäckerei informieren und dort auch kaufen (BS+BS).*

H_{E2}: *Kunden, die sich in der Filiale informieren und dort kaufen (FL+FL), und die Kunden, die sich in der Bäckerei informieren und dort auch kaufen (BS+BS), sind stärker erlebnisorientiert als die Kunden, die sich im Lebensmitteleinzelhandel informieren und dort auch kaufen (LS+LS).*

H_{E3}: *Kunden, die sich in den beiden Distanzkanälen informieren und dort auch kaufen ((KT+KT) und (ON+ON)), sind von allen Kunden am wenigsten erlebnisorientiert.*

H_{E4}: *Kunden, die sich im Online-Shop informieren und dort auch kaufen (ON+ON), sind stärker erlebnisorientiert als die andere Gruppe der Single-Channel-Distanzkunden (KT+KT).*

II. Hypothesen Multi-Channel-Kunden

1. **(ON+FL)**-Kunden: Die Wahl des Online-Kanals zur Information lässt vermuten, dass der Kunde weniger Wert auf Erlebnis (z.B. durch Interaktion mit anderen Kunden, Verkaufspersonal oder Freunde oder die multisensuelle Ansprache) legt. Wir gehen davon aus, dass diese Kunden weniger erlebnisorientiert sind als die Kunden, die sich in der Filiale vor dem Kauf informieren (FL+FL). Sie scheinen sich bezüglich ihrer Erlebnisorientierung von den Kunden, die sich im Online-Shop informieren, bevor sie dort auch kaufen (ON+ON), nicht zu unterscheiden.

H_{E5}: *Kunden, die sich im Online-Shop informieren und in der Filiale kaufen (ON+FL), unterscheiden sich bezüglich der Erlebnisorientierung nicht von den Kunden, die sich im Online-Shop informieren und dort auch kaufen (ON+ON).*

H_{E6}: *Kunden, die sich im Online-Shop informieren und in der Filiale kaufen (ON+FL), sind weniger erlebnisorientiert als die Kunden, die sich in der Filiale informieren und dort auch kaufen (FL+FL).*

---

[481] Ähnlich auch Mathwick/Malhotra/Rigdon (2002).

2. **(FL+ON)**-Kunden: Die Wahl eines stationären Kanals zur Information und eines nichtstationären Kanals zum Kauf (FL+ON) ist – so unsere Vermutung – auf die stärkere Ausprägung des Einkaufsmotivs Erlebnisorientierung bei dieser Kundengruppe im Vergleich zu den Online-Single-Channel-Nutzern (ON+ON) zurückzuführen.

H_{E7}: *Kunden, die sich in der Filiale informieren und im Online-Shop kaufen (FL+ON), unterscheiden sich bezüglich der Erlebnisorientierung nicht von den Kunden, die sich in der Filiale informieren und dort auch kaufen (FL+FL).*

H_{E8}: *Kunden, die sich in der Filiale informieren und im Online-Shop kaufen (FL+ON), sind stärker erlebnisorientiert als die Kunden, die sich im Online-Shop informieren und dort auch kaufen (ON+ON).*

4.3.3.5.3 Wirkung der Convenienceorientierung

Geht es um die Befriedigung der Convenienceorientierung, dann wird angenommen, dass die nichtstationären Kanäle, und hier insbesondere der Online-Shop, den stationären Kanälen überlegen sind. Sie bieten z.B. die Möglichkeit zur Zeitersparnis („time convenience"), zum bequemen Suchen und Vergleichen von Produkten („search convenience" und „comparison convenience") und sind leicht erreichbar („access convenience"). Insgesamt sollen die Distanzkauf-Kanäle einen bequemeren, mit wenig Aufwand verbundenen Einkauf ermöglichen („energy convenience").[482] Daher gehen wir davon aus, dass die Distanzkanäle durch die bequemen Bestell- und Liefermöglichkeiten das Bedürfnis nach Convenience besser erfüllen können als die stationären Kanäle. Anzumerken gilt, dass diese Aussagen einen Tendenz-Charakter haben. In einzelnen Fälle kann auch das Gegenteilige gelten. Es gibt natürlich auch Kunden, die das Suchen und Finden eines Produkts in einem unübersichtlichen Internet-Shop oder in einem mehrere hundert Seiten dicken Katalog als anstrengend empfinden. Die Neuartigkeit bzw. Besonderheit der Medien kann zu einer steigenden Informationsüberlastung der Kunden sowie zu einer Steigerung der Anforderungen an die kognitive Steuerung der Kaufprozesse führen.[483]

Vergleicht man die nichtstationären Kanäle untereinander, dann nehmen wir an, dass der Online-Shop dem Kunden mehr Convenience bietet. Zu den aus Kundensicht

---

[482] Vgl. u.a. Akaah/Korgaonkar/Lund (1995); Childers et al. (2001); Diehl (2002); Zentes (1996), S. 229.

[483] Vgl. Schröder (2001), S. 2.

größten Convenience-Vorteilen des Internetkanals zählen die Möglichkeit, individualisierte (Produkt-)Informationen zu erhalten, sowie die Interaktivität des Mediums (man bekommt die gewünschten Informationen in „real time").[484] Darüber hinaus bietet das Medium Internet die Möglichkeit zum One-Stop-Shopping und Vergleichs-Shopping (bei anderen Anbietern).[485]

Aber auch der stationäre Handel bietet einige Convenience-Vorteile: im Allgemeinen die sofortige Verfügbarkeit der Ware („possession convenience") sowie in einigen Formaten die Möglichkeit zum One-Stop-Shopping und Vergleichs-Shopping (bei anderen Anbietern).

Bezüglich des „transaction"-Aspekts der Convenienceorientierung kann keine eindeutige Aussage darüber getroffen werden, in welchem Kanal dieser Covenience-Aspekt tendenziell besser befriedigt werden kann. Im stationären Geschäft können überfüllte Geschäfte und Warteschlangen an Kassen dem Convenience-Motiv entgegenwirken. Auch im Online-Shop und Katalogversand können lange, umständliche Bestellformulare, Warteschleifen am Telefon oder lange Ladezeiten auf der Internetseite eine ähnliche Wirkung haben. Im Falle einer Retoure muss der Kunde entweder das Ladengeschäft aufsuchen (beim Kauf im stationären Kanal) oder die Ware per Post zurücksenden (bei einer Bestellung im Internet-Shop oder Versandkatalog).[486]

Betrachtet man die Kanäle der untersuchten Unternehmung, dann wird davon ausgegangen, dass die Distanzkanäle besser das Einkaufsmotiv Convenienceorientierung befriedigen können als die stationären Kanäle. Vergleicht man die stationären Kanäle untereinander, dann ist davon auszugehen, dass das Einkaufen im Lebensmitteleinzelhandel und in der Bäckerei das Einkaufsmotiv Convenienceorientierung besser befriedigen kann als das Einkaufen in der Filiale. Dies liegt darin begründet, dass die beiden Depot-Kanäle in der Regel leicht erreichbar sind (eher in Wohnsiedlungen) und sie auch einen Verbundkauf (One-Stop-Shopping) ermöglichen. Bezüglich der Distanzkanäle gehen wir davon aus, dass sie sich untereinander im Hinblick auf dieses Einkaufsmotiv nicht unterscheiden.

---

484 Vgl. Diehl (2000), S. 30; Rasch/Lintner (2001), S. 11.

485 Vgl. Rasch/Lintner (2001), S. 11; Hyde (2001), S. 4.

486 Es gibt einige Ausnahmen, wie z.B. bei dem Versender Otto (und seinen Tochterunternehmen), die die Ware mit dem Logistik-Dienstleister Hermes versenden und auch die Retouren beim Kunden abholen.

I. Hypothesen Single-Channel-Kunden

H_{C1}: *Kunden, die sich in der Filiale informieren und dort auch kaufen (FL+FL), sind von allen Single-Channel-Kunden am wenigsten convenienceorientiert.*

H_{C2}: *Kunden, die sich in der Bäckerei informieren und dort auch kaufen (BS+BS), sind genauso stark convenienceorientiert wie die Kunden, die sich im Lebensmitteleinzelhandel informieren und dort auch kaufen (LS+LS).*

H_{C3}: *Kunden, die sich im Online-Shop informieren und dort auch kaufen (ON+ON), sind genauso stark convenienceorientiert wie die andere Gruppe der Single-Channel-Distanzkunden (KT+KT).*

H_{C4}: *Kunden, die sich in den beiden Distanzkanälen informieren und dort auch kaufen ((KT+KT) und (ON+ON)), sind von allen Single-Channel-Kunden am stärksten convenienceorientiert.*

II. Hypothesen Multi-Channel-Kunden

1. **(ON+FL)**-Kunden: Die Wahl des Online-Kanals zur Information lässt vermuten, dass der Kunde eine Möglichkeit der bequemen, zeitsparenden Information sucht.

H_{C5}: *Kunden, die sich im Online-Shop informieren und in der Filiale kaufen (ON+FL), sind ähnlich stark convenienceorientiert wie Kunden, die sich im Online-Shop informieren und dort auch kaufen (ON+ON).*

H_{C6}: *Kunden, die sich im Online-Shop informieren und in der Filiale kaufen (ON+FL), sind stärker convenienceorientiert als die Kunden, die sich in der Filiale informieren und dort auch kaufen (FL+FL).*

2. **(FL+ON)**-Kunden: Die Wahl eines nichtstationären Kanals zum Kauf nach der Information in dem stationären Kanal lässt darauf schließen, dass die (FL+ON)-Kunden stärker die Convenience nichtstationärer Kanäle schätzen als die stationären Single-Channel-Kunden (FL+FL).

H_{C7}: *Kunden, die sich in der Filiale informieren und im Online-Shop kaufen (FL+ON), sind ähnlich stark convenienceorientiert wie Kunden, die sich im Online-Shop informieren und dort auch kaufen (ON+ON).*

H_{C8}: *Kunden, die sich in der Filiale informieren und im Online-Shop kaufen (FL+ON), sind stärker convenienceorientiert als die Kunden, die sich in der Filiale informieren und dort auch kaufen (FL+FL).*

4.3.3.5.4 Wirkung der Unabhängigkeitsorientierung

Es ist anzunehmen, dass Kunden, die nach Unabhängigkeit beim Einkaufen streben, die nichtstationären Kanäle den stationären Kanälen bevorzugen. Den Kunden kommt die Möglichkeit entgegen, einen Internet-Shop bzw. Katalogversand-Kanal von zu Hause oder einem anderen Platz zu von ihnen gewünschten Zeiten zu erreichen, um sich zu informieren oder zu kaufen.[487] Im Gegensatz dazu ist der Kunde im stationären Handel an beschränkte Ladenöffnungszeiten gebunden und muss die räumliche Distanz zum Geschäft überwinden. Diese Annahme spiegelt sich auch in den Ergebnissen verschiedener Untersuchungen wider. So ergaben die Befragungen des Bundesverbandes des Deutschen Versandhandels e.V. als Hauptmotiv für den Kauf im Versandhandel die bequeme und ungestörte Auswahl von zu Hause aus bzw. in einer privaten, ungestörten Atmosphäre (75% der Befragten).[488] Und in einer Untersuchung des Allensbacher Instituts für Demoskopie (ACTA 2004) gab die Mehrzahl der befragten Online-Käufer (jeweils rund 61%) als Hauptvorteile des Internet-Shoppings an: „Man kann vieles ganz einfach von zu Hause aus erledigen" und „Man kann rund um die Uhr bestellen, ist nicht mehr von Ladenzeiten abhängig".[489]

Für die untersuchte Unternehmung wird davon ausgegangen, dass sich die stationären Kanäle bezüglich ihrer Möglichkeit, dieses Einkaufsmotiv zu befriedigen, voneinander nicht unterscheiden. Das Gleiche gilt auch für die beiden Distanzkanäle. Und es wird angenommen, dass die Distanzkanäle dieses Einkaufsmotiv besser erfüllen können als die stationären Kanäle.

I. Hypothesen Single-Channel-Kunden

Wir vermuten, dass die Single-Channel-Kunden, die die beiden Distanzkanäle nutzen, beim Einkaufen nach Unabhängigkeit streben und die Möglichkeit suchen, sich zu jeder Zeit an jedem Ort zu informieren und zu kaufen. Dieses Einkaufsmotiv ist bei den stationären Single-Channel-Kunden im Vergleich dazu weniger stark ausgeprägt.

H_{U1}: *Kunden, die sich in einem der drei stationären Kanäle informieren und dort auch kaufen ((FL+FL), (LS+LS) und (BS+BS)), unterscheiden sich nicht voneinander bezüglich der Unabhängigkeitsorientierung.*

---

[487] Vgl. Darian (1987); Akaah/Korgaonkar/Lund (1995); Eastlick/Feinberg (1999).
[488] Vgl. Abrolat/Heinick (2003), S. 43.; o.V. (1991), S. 73.
[489] Vgl. Schneller (2004), Folie 23.

H_{U2}: *Kunden, die sich in den beiden Distanzkanälen informieren und dort auch kaufen ((KT+KT) und (ON+ON)), sind von allen Kunden am stärksten unabhängigkeitsorientiert.*

H_{U3}: *Kunden, die sich in den beiden Distanzkanälen informieren und dort auch kaufen ((KT+KT) und (ON+ON)), unterscheiden sich nicht voneinander bezüglich der Unabhängigkeitsorientierung.*

II. Hypothesen Multi-Channel-Kunden

1. **(ON+FL)**-Kunden: Die Wahl des Online-Kanals zur Information lässt vermuten, dass die Kunden Wert auf die Möglichkeit legen, sich zu jeder Zeit an jedem Ort informieren zu können. Dieses Einkaufsmotiv scheint jedoch nicht so stark zu sein, dass sie anschließend auch im Online-Shop kaufen (bzw. es gibt andere motivationale Barrieren). Daher wird Folgendes angenommen:

H_{U4}: *Kunden, die sich im Online-Shop informieren und in der Filiale kaufen (ON+FL), sind weniger stark unabhängigkeitsorientiert als Kunden, die sich im Online-Shop informieren und dort auch kaufen (ON+ON).*

H_{U5}: *Kunden, die sich im Online-Shop informieren und in der Filiale kaufen (ON+FL), sind stärker unabhängigkeitsorientiert als die Kunden, die sich in der Filiale informieren und dort auch kaufen (FL+FL).*

2. **(FL+ON)**-Kunden: Die Wahl eines nichtstationären Kanals zum Kauf nach der Information in dem stationären Kanal lässt darauf schließen, dass die (FL+ON)-Kunden die Möglichkeit schätzen, von jedem Ort aus zu dem von ihnen gewünschten Zeitpunkt zu kaufen.

H_{U6}: *Kunden, die sich in der Filiale informieren und im Online-Shop kaufen (FL+ON), sind ähnlich stark unabhängigkeitsorientiert wie Kunden, die sich im Online-Shop informieren und dort auch kaufen (ON+ON).*

H_{U7}: *Kunden, die sich in der Filiale informieren und im Online-Shop kaufen (FL+ON), sind stärker unabhängigkeitsorientiert als die Kunden, die sich in der Filiale informieren und dort auch kaufen (FL+FL).*

4.3.3.5.5 Wirkung der Risikoabneigung

In der Risikotheorie wird von einer generellen Risikoabneigung (Risikoaversion) der Kunden ausgegangen. Übersteigt das Risiko seine individuelle Toleranzschwelle, dann ergreift der Kunde Schritte zur Risikosenkung (Risikoreduktionsmaßnahmen).[490] Bezieht sich das Risiko auf bestimmte Produkte, dann kaufen die Kunden z.B. anerkannte bzw. zertifizierte Qualitäts- und hochpreisige Produkte, bei denen sie einen risikomindernden Preis-Qualitäts-Zusammenhang vermuten oder orientieren sich an dem Image bestimmter Marken oder Einkaufsstätten, was zur Marken- bzw. Einkaufsstättentreue führen kann.[491]

Empfindet der Kunde eine Risikoabneigung bezüglich des Distanzkaufs im Kontext der Kanalwahl bei einem Multi-Channel-Retailer, dann kann er folgende Maßnahmen zur Risikominderung und -vermeidung ergreifen:[492]

- Beschaffung zusätzlicher Informationen wie z.B. über die Liefer- und Zahlungskonditionen des Distanzhändlers (in der Regel nur, wenn es sich um einen extensiven Entscheidungsprozess handelt). Dadurch können Kunden mögliche zahlungs- und abwicklungsbezogene Risiken abbauen. Sie müssen aber darauf vertrauen, dass der Multi-Channel-Retailer in dem Distanzkanal alle Konditionen richtig und vollständig angibt. Ein anderer Weg der Informationsbeschaffung mit dem Ziel des Abbaus von produktbezogenen Risiken ist die physische Inspektion der Ware (An- und Ausprobieren).
- Veränderung der Gewichtungskriterien für die Kanalwahl, indem trotz Risikoabneigung ein anderes Kriterium wie z.B. Convenience höher gewichtet wird.
- Vermeidung von Kanälen, mit denen der Kunde Risiken verbindet, und Entwicklung einer Einkaufsstättentreue für Kanäle, die ihm vertraut sind (weniger unsicher) wie z.B. die stationären Kanäle.

Daher ist davon auszugehen, dass Kunden, die mit den Distanzkanälen ein Risiko verbinden, diese vermeiden werden.

Wie im Kapitel 4.3.3.4.4 gezeigt, gehen wir bei der Konzeptualisierung des Einkaufsmotivs Risikoabneigung von einer vierfaktoriellen Struktur aus: produkt-, personen-, zahlungs- und abwicklungsbezogene Risikoabneigung. Ob es sich bei der Risikoabneigung tatsächlich um ein vierfaktorielles Einkaufsmotiv handelt, wird sich im

490 Vgl. Cox (1967), S. 80.
491 Vgl. z.B. Roselius (1971), S. 57 f., der elf Risikoreduktionsstrategien unterscheidet; Meffert (2000), S. 125.
492 Vgl. Schröder (2001), S. 44; Lingenfelder/Lövenich (2001b), S. 141.

Rahmen der quantitativen Untersuchung (Kapitel 6.3.1) zeigen.

In diesem Kapitel gilt es, Hypothesen für jeden der vier angenommenen Risikofaktoren zu formulieren. Wir gehen im Allgemeinen davon aus, dass Kunden, die Risiken scheuen, die im Zusammenhang mit dem Distanzkauf stehen (seien es produkt-, personen-, zahlungs- oder abwicklungsbezogene Risiken), einen der drei stationären Kanäle zum Kauf bevorzugen werden. An dieser Stelle liegen keine Erkenntnisse vor, die auf eine unterschiedliche Auswirkung der verschiedenen Risikoarten auf die Nutzung der Kanäle hindeuten. Einzig bei der Formulierung der Hypothesen für die Multi-Channel-Nutzung (FL+ON) können differenzierte Aussagen für jede Art der Risikoabneigung gemacht werden. Daher formulieren wir an dieser Stelle, um Redundanzen zu vermeiden, die Hypothesen für die Single-Channel-Kunden sowie für die Multi-Channel-Kunden (ON+FL) nur einmal. Sollte die vierfaktorielle Struktur der Risikoabneigung im Rahmen der quantitativen Konstruktbestimmung (in Kapitel 6.3.1) bestätigt werden, so gelten die formulierten Hypothesen für jede einzelne Art der Risikoabneigung. Im Rahmen der Hypothesenprüfung (Kapitel 6.3.2) müssen dann die Hypothesen H_{R1} bis H_{R5} sowie H_{R8} und H_{R9} einzeln für jeden Faktor überprüft werden.

I. Hypothesen Single-Channel-Kunden

H_{R1}: *Kunden, die sich in einem der drei stationären Kanälen informieren und dort auch kaufen ((FL+FL), (LS+LS) und (BS+BS)), unterscheiden sich nicht voneinander bezüglich der Risikoabneigung.*

H_{R2}: *Kunden, die sich in den beiden Distanzkanälen informieren und dort auch kaufen ((KT+KT) und (ON+ON)), sind von allen Kunden am wenigsten risikoabgeneigt.*

H_{R3}: *Kunden, die sich in den beiden Distanzkanälen informieren und dort auch kaufen ((KT+KT) und (ON+ON)), unterscheiden sich nicht voneinander bezüglich der Risikoabneigung.*

II. Hypothesen Multi-Channel-Kunden

1. **(ON+FL)**-Kunden: Die Wahl des stationären Kanals (FL) zum Kauf lässt vermuten, dass die Multi-Channel-Kunden eine ähnlich hohe Risikoabneigung haben wie Kunden, die stationäre Kanäle zur Information und zum Kauf nutzen.

H_{R4}: *Kunden, die sich im Online-Shop informieren und in der Filiale kaufen (ON+FL), sind stärker risikoabgeneigt als Kunden, die sich im Online-Shop informieren und dort auch kaufen (ON+ON).*

H_{R5}: *Kunden, die sich im Online-Shop informieren und in der Filiale kaufen (ON+FL), unterscheiden sich bezüglich ihrer Risikoabneigung nicht von den Kunden, die sich in der Filiale informieren und dort auch kaufen (FL+FL).*

2. **(FL+ON)**-Kunden: Die Tatsache, dass sich die (FL+ON)-Kunden in einem stationären Kanal informieren, bevor sie in einem nichtstationären Kanal kaufen, lässt vermuten, dass sie den Wunsch haben, das Produkt vor dem Kauf zu prüfen. Sie scheinen produktbezogene Risiken vermeiden zu wollen. Dass sie im Anschluss in dem nichtstationären Kanal kaufen, deutet darauf hin, dass sie im Hinblick auf personen-, zahlungs- und abwicklungsbezogene Risiken nicht risikoabgeneigt sind.

H_{R6}: *Kunden, die sich in der Filiale informieren und im Online-Shop kaufen (FL+ON), sind genauso stark risikoabgeneigt – im Hinblick auf produktbezogene Risiken – wie Kunden, die sich in der Filiale informieren und dort auch kaufen (FL+FL).*

H_{R7}: *Kunden, die sich in der Filiale informieren und im Online-Shop kaufen (FL+ON), sind stärker risikoabgeneigt – im Hinblick auf produktbezogene Risiken – als Kunden, die sich im Online-Shop informieren und dort auch kaufen (ON+ON).*

H_{R8}: *Kunden, die sich in der Filiale informieren und im Online-Shop kaufen (FL+ON), sind ähnlich schwach risikoabgeneigt – im Hinblick auf personen-, zahlungs- und abwicklungsbezogene Risiken – wie Kunden, die sich im Online-Shop informieren und dort auch kaufen (ON+ON).*

H_{R9}: *Kunden, die sich in der Filiale informieren und im Online-Shop kaufen (FL+ON), sind weniger stark risikoabgeneigt – im Hinblick auf personen-, zahlungs- und abwicklungsbezogene Risiken – als die Kunden, die sich in der Filiale informieren und dort auch kaufen (FL+FL).*

4.3.3.5.6 Wirkung der Preisorientierung

Laut GRÖPPEL-KLEIN (1998) suchen Kunden Einkaufsstätten mit einem aus ihrer Sicht preisgünstigen bzw. preiswürdigen Image auf, um die Einkaufsmotive „Preisorientierung" oder „Schnäppchenorientierung" zu befriedigen.[493] Sie definiert **Preisimage** als „die käuferindividuelle Beurteilung des Preisniveaus eines Handelsbetriebs [...] unabhängig davon, ob das Geschäft tatsächlich Produkte zu objektiv günstigen Preisen

[493] Vgl. Gröppel-Klein (1998), S. 167.

verkauft oder nicht"[494]. Auf die Kanäle des Multi-Channel-Retailers übertragen, bedeutet dies, dass preisorientierte Kunden denjenigen Kanal bevorzugen, den sie als preisgünstiger bzw. preiswürdiger empfinden. Die subjektive, individuelle Beurteilung des Preisniveaus eines Kanals ist unabhängig davon, ob dieser Kanal tatsächlich Produkte zu objektiv günstigen Preisen verkauft oder nicht. Untersuchungsobjekt der vorliegenden Studie ist ein Multi-Channel-Retailer mit einer standardisierten Preispolitik über alle Kanäle hinweg. Würden die Kunden nur das objektive Preisniveau der Kanäle des Multi-Channel-Retailers betrachten, dann müsste man die Hypothese aufstellen, dass die Preisorientierung der Kunden keinen Einfluss auf die Wahl des Kanals zwecks Information und Kauf hat. Diese Betrachtung ist aber sehr vereinfachend. Um die Wirkung des Einkaufsmotivs Preisorientierung auf die Kanalnutzung beurteilen zu können, ist es sinnvoller, erst den Preisbegriff aus Kundensicht zu definieren. Es stellt sich die Frage, was Kunden unter dem Begriff „Preis" verstehen. Meinen sie damit nur den Produktpreis oder auch die mit einem Produktkauf verbundenen Transaktionskosten? Die explorative Untersuchung führte zu der Erkenntnis, dass Kunden, wenn sie unterschiedliche Kanäle eines Multi-Channel-Retailers miteinander vergleichen, unter dem Begriff „Preis" die Gesamtkosten subsumieren, die mit dem Kauf eines Produkts anfallen. Bei gleichbleibenden Produktpreisen können unterschiedliche Transaktionskosten in den verschiedenen Kanälen zu einer subjektiven und objektiven Verteuerung des Produkts führen.

Im Folgenden soll als Erstes nur der **Produktpreis** betrachtet werden. Entscheidend für das Kundenverhalten ist, wie bereits dargestellt, das <u>subjektive</u> Empfinden der Kunden bezüglich der Preise in den Kanälen. Dieses hängt erstens davon ab, ob die Kunden des Multi-Channel-Retailers auch tatsächlich die Produktpreise in allen Kanälen als gleich wahrnehmen. Und zweitens stellt sich die Frage, inwiefern die Preisimages der Distanzkanäle (Internet und Katalogversand) bzw. der einzelnen stationären Betriebstypen (Filialen, Lebensmitteleinzelhandel und Bäckereien) die Preiswahrnehmungen in den unterschiedlichen Kanälen des Multi-Channel-Retailers beeinflussen. Im Allgemeinen wird davon ausgegangen, dass im Internet eine größere Preistransparenz herrscht als im stationären Handel, einerseits weil der nächste Händler nur „einen Klick entfernt" ist, andererseits weil Preisagenten bei der Suche nach dem niedrigsten Preis helfen (können). Aufgrund dieser

[494] Gröppel-Klein (1998), S. 148.

Preistransparenz wird argumentiert, dass es für preisorientierte Verbraucher leichter ist, das günstigste Angebot im Netz zu finden.[495] Auch belegen empirische Studien, dass für bestimmte Produkte bzw. Produktkategorien die Internet-Shops günstiger sind als die stationären Shops.[496] Aus den meisten Erhebungen geht hervor, dass zwei Gründe wichtig für den Online-Einkauf sind: die Möglichkeit eines besseren und leichteren Preisvergleiches sowie die günstigeren Preise.[497] Auch das Image des klassischen Versandhandels ist das niedriger Preise: Unterschiedliche Studien belegen, dass zu den wichtigsten Gründe für den Kauf über den Katalogversand die niedrigen Preise der Versender zählen.[498]
Übertragen die Kunden das Preisimage des Internets bzw. des Versandhandels auch auf diese beiden Kanäle eines Multi-Channel-Retailers mit einer standardisierten Preispolitik, dann kann folgender Zusammenhang vermutet werden: *Die Kunden des Multi-Channel-Retailers, die im Online-Shop oder per Katalogversand kaufen, sind preisorientierter (hinsichtlich beider Arten der Preisorientierung) als die anderen Kunden.*

Betrachtet man die stationären Kanäle des untersuchten Multi-Channel-Retailers, dann kann aufgrund der explorativen Untersuchung davon ausgegangen werden, dass Kunden, die in der Bäckerei einkaufen, weniger preisorientiert sind als die Kunden der übrigen stationären Kanäle. Die Begründung dafür liegt in dem Image der Bäckereien (höhere Preise). Oder wie es eine Auskunftsperson ausdrückte: „Das sind individuelle Menschen, die nicht aufs Geld achten und auch sonst nicht unbedingt im Supermarkt einkaufen, sondern im kleinen Tante-Emma-Laden."

Wie bereits in Kapitel 2.2.3 dargestellt, können folgende **Transaktionskosten** beim Einkaufen in Geschäften des stationären und des Distanzhandels (elektronisch und Katalog) anfallen, wobei nicht alle von den Kunden als Teil des Produktpreises angesehen werden.

- Im Zusammenhang mit dem Kauf in einem stationären Kanal fallen Transaktionskosten in Form von *Reisekosten* an.

---

495 Vgl. u.a. Lingenfelder/Lövenich (2001b), S. 139; Dach (2002), S. 131.

496 Vgl. Brynjolfsson/Smith (2000). Für einen Überblick über unterschiedliche Studien zum Thema Pricing im Internet sowie Preisdiskriminierungen vgl. auch Smith/Bailey/Brynjolfsson (1999). Andererseits belegen empirische Studien auch, dass sich der tatsächliche Preisabstand zwischen den Internetanbietern und den stationären Händlern immer weiter verringert. Der Grund liegt in der immer stärkeren Präsenz, sogar Dominanz von Multi-Channel-Retailern im Internet. Und die meisten Multi-Channel-Retailer verfolgen eine vertriebskanalübergreifende standardisierte Preisstrategie, die sich an den höheren Kosten im stationären Kanal orientiert (vgl. Tang/Xing (2001).

497 Vgl. Schneller (2004), Folie 10.

498 Vgl. o.V. (1994), S. 9; Schmalen (1999), S. 479 f.

- Beim Kauf in einem Distanzkanal fallen normalerweise *Lieferkosten* an sowie evtl. Kosten für die Telefon- bzw. Internetverbindung. Des Weiteren können noch *Kosten in der Nachkaufphase* im Distanzkanal entstehen, wie z.B. Beschwerdekosten oder Rückgabekosten. Die explorative Untersuchung führte uns zu der Erkenntnis, dass die Kosten, die in der Nachkaufphase entstehen, von den Kunden weniger unter dem Preisaspekt, sondern mehr unter dem Risikoaspekt betrachtet werden: Es handelt sich um die Unsicherheit, ob durch einen Kauf in einem Distanzkanal noch weitere Kosten anfallen werden, die zum Zeitpunkt des Kaufes noch nicht 100%ig absehbar sind.
- *Opportunitätskosten* für die aufgewendete Zeit und den Nutzenentgang (sowohl im stationären als auch im Distanzhandel). Es ist anzunehmen, dass diese Kosten von den Kunden weniger als ein Teil des Produktpreises betrachtet werden, sondern eher unter dem Convenience- bzw. dem Risiko-Aspekt.

Bezieht man die Transaktionskosten, die bei der Information oder beim Kauf in den unterschiedlichen Kanälen anfallen können, in die Überlegungen ein, dann dürften beim Kauf im Online-Shop und Katalogversand die Liefer- bzw. Versandkosten den größten Kostenblock bilden, während es beim Kauf in den stationären Kanälen die Reisekosten sind. Die qualitative Untersuchung hat diesbezüglich kein einheitliches Bild ergeben: Auf der einen Seite gibt es Käufer, die die Lieferkosten in ihre Preisurteile einschließen, während sie die Reisekosten, die im stationären Kanal anfallen, vernachlässigen.[499] Auf der anderen Seite gibt es aber auch Käufer, die die Versandkosten entweder nicht berücksichtigen oder durch größere Bestellungen (zusammen mit Freunden, Bekannten etc.) relativ (pro Produkt) reduzieren. Daher kann an dieser Stelle keine eindeutige Aussage darüber getroffen werden, ob Verbraucher unter dem Begriff Preis neben dem Produktpreis auch Transaktionskosten subsumieren.

Wie im Kapitel 4.3.3.4.5 gezeigt, konzeptualisieren wir das Einkaufsmotiv „Preisorientierung" zweifaktoriell. Ein Faktor bezieht sich auf die Sparorientierung (Preisorientierung i.e.S.), der andere auf die Preisoptimierung (Smart-Shopping-Orientierung). Während bei dem ersten Faktor der Preis alleine im Vordergrund steht (Preis<u>günstigkeit</u>), ist es im zweiten Fall das Preis-Leistungs-Verhältnis (Preis<u>würdigkeit</u>). Auch

---

[499] Die Vernachlässigung der Reisekosten kann zum einen daran liegen, dass die Kunden öfters nicht nur wegen eines bestimmten Einkaufs zu dem Multi-Channel-Retailer reisen, und zweitens daran, dass die Kosten (wenn man nicht mit den öffentlichen Verkehrsmitteln fährt) auch nicht unmittelbar anfallen. Im Vergleich dazu werden die Versandkosten unmittelbar auf der Rechnung/Bestellung ausgewiesen.

wenn hinter den einzelnen Arten von Preisorientierung unterschiedliche Triebe stehen können (Geldmangel und/oder Geiz bzw. Spaß am preisorientierten Einkauf), liegen uns zu diesem Zeitpunkt keine Erkenntnisse vor, die auf eine unterschiedliche Auswirkung der beiden Arten der Preisorientierung auf die Nutzung der Kanäle hindeuten. Wir gehen davon aus, dass die Wirkung der beiden Arten von Preisorientierung auf die Kanalwahl die gleiche ist: Aufgrund des Images der Distanzkanäle (niedrigere Preise als im stationären Handel) werden die preisorientierten Kunden (seien sie auf der Suche nach dem billigsten Produkt oder auf der Suche nach einem Produkt mit einem guten Preis-Leistungs-Verhältnis) einen Distanzkanal zum Kauf nutzen. Darüber hinaus nehmen wir an, dass die Kunden, die sich in der Bäckerei informieren und einkaufen, weniger preisorientiert (hinsichtlich beider Arten der Preisorientierung) sind im Vergleich zu den anderen stationären Kundengruppen.

Auf Basis der angestellten Überlegungen zur Wirkung des Produktpreises sowie der Transaktionskosten können wir folgende Hypothesen bezüglich des Einflusses der beiden Arten der Preisorientierung auf die Kanalwahl der Kunden des untersuchten Multi-Channel-Retailers formulieren. Um Redundanzen zu vermeiden, formulieren wir an dieser Stelle die Hypothesen nur einmal. Sollte die zweifaktorielle Struktur der Preisorientierung im Rahmen der quantitativen Konstruktbestimmung (in Kapitel 6.3.1) bestätigt werden, so gelten die formulierten Hypothesen für jeden einzelnen Faktor. Im Rahmen der Hypothesenprüfung (Kapitel 6.3.2) müssen dann die Hypothesen H_{P1} bis H_{P8} einzeln sowohl für die Sparorientierung (Preisorientierung i.e.S.) als auch für die Preisoptimierung (Smart-Shopping-Orientierung) überprüft werden.

I. Hypothesen Single-Channel-Kunden

H_{P1}: *Kunden, die sich in der Filiale informieren und dort auch kaufen (FL+FL), unterscheiden sich bezüglich der Preisorientierung nicht von den Kunden, die sich im Lebensmittelhandel informieren und dort auch kaufen (LS+LS).*

H_{P2}: *Kunden, die sich in der Bäckerei informieren und dort auch kaufen (BS+BS), sind weniger preisorientiert als die Kunden der beiden übrigen stationären Kanäle ((FL+FL) und (LS+LS)).*

H_{P3}: *Kunden, die sich in den beiden Distanzkanälen informieren und dort auch kaufen ((KT+KT) und (ON+ON)), sind von allen Kunden am stärksten preisorientiert.*

H_{P4}: *Kunden, die sich in den beiden Distanzkanälen informieren und dort auch kaufen ((KT+KT) und (ON+ON)), unterscheiden sich nicht voneinander bezüglich der Preisorientierung.*

II. Hypothesen Multi-Channel-Kunden

1. **(ON+FL)**-Kunden: Wir gehen davon aus, dass sich die Multi-Channel-Kunden (ON+FL) bezüglich der Preisorientierung nicht von den Single-Channel-Kunden unterscheiden, die in der Filiale kaufen:

H_{P5}: *Kunden, die sich im Online-Shop informieren und in der Filiale kaufen (ON+FL), ähneln in der Stärke der Preisorientierung den Kunden, die sich in der Filiale informieren und dort kaufen (FL+FL).*

H_{P6}: *Kunden, die sich im Online-Shop informieren und in der Filiale kaufen (ON+FL), sind weniger stark preisorientiert als die Kunden, die sich im Online-Shop informieren und dort auch kaufen (ON+ON.)*

2. **(FL+ON)**-Kunden: Die Wahl eines nichtstationären Kanals zum Kauf nach der Information in dem stationären Kanal lässt darauf schließen, dass sich die (FL+ON)-Kunden bezüglich der Preisorientierung nicht von den Single-Channel-Kunden unterscheiden, die sich im Online-Shop informieren und dort auch kaufen (ON+ON).

H_{P7}: *Kunden, die sich in der Filiale informieren und im Online-Shop kaufen (FL+ON), sind ähnlich stark preisorientiert wie Kunden, die sich im Online-Shop informieren und dort auch kaufen (ON+ON).*

H_{P8}: *Kunden, die sich in der Filiale informieren und im Online-Shop kaufen (FL+ON), sind stärker preisorientiert als die Kunden, die sich in der Filiale informieren und dort auch kaufen (FL+FL).*

4.3.3.5.7 Wirkung der Qualitätsorientierung

Das untersuchte Multi-Channel-Retailer verfolgt eine standardisierte Sortiments- und Markenpolitik über alle Kanäle. Aus diesem Grund gibt es keinen objektiven Unterschied zwischen der Produktqualität in den unterschiedlichen Kanälen. Der einzige subjektive Unterschied könnte darin bestehen, ob der Kunde vor dem Kauf die Möglichkeit hat, sich von der Qualität bzw. Unversehrtheit des Produkts zu überzeugen: Wie fühlt sich ein bestimmter Stoff an? Sind alle Komponenten eines Porzellan-Services unversehrt? Hat ein Kleidungsstück evtl. einen Fleck etc.?

In einem stationären Kanal ist es leichter, die Qualität des Produkts vor dem Kauf durch Anfassen und An- bzw. Ausprobieren zu überprüfen. In den Distanzkanälen ist dies nur mit einem erhöhten Aufwand möglich (eine so genannte Bestellung auf Probe). Darüber hinaus könnte bei der Versendung der Ware nach dem Kauf in einem

Distanzkanal die Ware beschädigt werden (wobei dieser Aspekt eher mit dem Einkaufsmotiv Risikoabneigung zusammenhängt). Daher gehen wir davon aus, dass die Distanzhandel-Kunden eher weniger qualitätsorientiert sind als die Nutzer der stationären Kanäle.

Aufgrund dieser Überlegungen werden für das untersuchte Mehrkanalsystem folgende Hypothesen formuliert:

I. Hypothesen Single-Channel-Kunden

H_{Q1}: *Kunden, die sich in einem der drei stationären Kanäle informieren und dort auch kaufen ((FL+FL), (LS+LS) und (BS+BS)), unterscheiden sich nicht voneinander bezüglich der Qualitätsorientierung.*

H_{Q2}: *Kunden, die sich in einem der drei stationären Kanäle informieren und dort auch kaufen, sind stärker qualitätsorientiert als die Kunden, die sich in den beiden Distanzkanälen informieren und dort auch kaufen ((KT+KT) und (ON+ON)).*

H_{Q3}: *Kunden, die sich in den beiden Distanzkanälen informieren und dort auch kaufen ((KT+KT) und (ON+ON)), unterscheiden sich nicht voneinander bezüglich der Qualitätsorientierung.*

II. Hypothesen Multi-Channel-Kunden

1. **(ON+FL)**-Kunden: Wir gehen davon aus, dass die Multi-Channel-Kunden (ON+FL) dadurch, dass sie in der Filiale kaufen, nachdem sie sich im Online-Shop informiert haben, Wert auf die Überprüfung der Ware vor dem Kauf legen. Daher wird postuliert:

H_{Q4}: *Kunden, die sich im Online-Shop informieren und in der Filiale kaufen (ON+FL), ähneln in der Stärke der Qualitätsorientierung den Kunden, die sich in der Filiale informieren und dort kaufen (FL+FL).*

H_{Q5}: *Kunden, die sich im Online-Shop informieren und in der Filiale kaufen (ON+FL), sind stärker qualitätsorientiert als die Kunden, die sich im Online-Shop informieren und dort auch kaufen (ON+ON).*

2. **(FL+ON)**-Kunden: Die Information in dem stationären Kanal lässt darauf schließen, dass auch die (FL+ON)-Kunden Wert auf die Überprüfung der Ware vor dem Kauf legen. Daher wird Folgendes angenommen:

H_{Q6}: *Kunden, die sich in der Filiale informieren und im Online-Shop kaufen (FL+ON), ähneln in der Stärke der Qualitätsorientierung den Kunden, die sich in der Filiale informieren und dort kaufen (FL+FL).*

H_{Q7}: *Kunden, die sich in der Filiale informieren und im Online-Shop kaufen (FL+ON), sind stärker qualitätsorientiert als die Kunden, die sich im Online-Shop informieren und dort auch kaufen (ON+ON).*

4.3.3.5.8 Wirkung der Beratungsorientierung

Das Einkaufsmotiv Beratungsorientierung kann durch das Angebot von Beratungsleistungen befriedigt werden. Beratungsleistungen können entweder durch das Verkaufspersonal persönlich (in den stationären Kanälen) oder mittels Kommunikationsmitteln (Telefon oder PC) in den Distanzkanälen erbracht werden. Auch wenn normalerweise in den stationären Kanälen Verkaufspersonal vorhanden ist, dann bedeutet dies nicht automatisch, dass in den stationären Kanälen dieses Motiv besser befriedigt werden kann. Dies ist nur dann der Fall, wenn das Verkaufspersonal die Fähigkeiten und freie Kapazitäten zur Beratung hat. Vor dem Hintergrund der Personalreduzierung im Einzelhandel ist dies nicht immer gegeben. So kann bei einem Multi-Channel-Retailer, der mehrere stationäre Kanäle betreibt, auch die Beratungsleistung unterschiedlich sein. Auf der anderen Seite können für die Distanzkanäle auch telefonische Hotlines sowie intelligente Beratungssysteme im Online-Shop (sei es per E-Mail oder interaktiv) die entsprechende Beratungsleistung erbringen.

Wir gehen im Allgemeinen davon aus, dass die stationären Kanäle das Einkaufsmotiv Beratungsorientierung durch das Vorhandensein des Verkaufspersonals besser erfüllen können als die Distanzkanäle. Aufgrund dieser Überlegungen werden für das untersuchte Mehrkanalsystem folgende Hypothesen formuliert:

I. Hypothesen Single-Channel-Kunden

Vergleicht man die stationären Kanäle der untersuchten Unternehmung untereinander, dann ist davon auszugehen, dass die Kanäle Filiale und Bäckereien dieses Einkaufsmotiv besser befriedigen können als die Depots im Lebensmitteleinzelhandel (LS). Der Hauptunterschied liegt in der Andienungsform: Während es in den Depots im Lebensmitteleinzelhandel Selbstbedienung gibt, steht in den beiden anderen stationären Kanälen Verkaufspersonal auch für Beratungsgespräche zur Verfügung.

H_{B1}: *Bei den Kunden, die sich in der Filiale informieren und dort auch kaufen (FL+FL), ist das Einkaufsmotiv Beratungsorientierung genauso stark wie bei den die Kunden, die sich in der Bäckerei informieren und dort auch kaufen (BS+BS).*

H_{B2}: *Bei den Kunden, die sich in der Filiale informieren und dort kaufen (FL+FL), und bei den Kunden, die sich in der Bäckerei informieren und dort auch kaufen (BS+BS), ist das Einkaufsmotiv Beratungsorientierung stärker als bei den Kunden, die sich im Lebensmitteleinzelhandel informieren und dort kaufen (LS+LS.)*

H_{B3}: *Bei den Kunden, die sich in den beiden Distanzkanälen informieren und dort auch kaufen ((KT+KT) und (ON+ON)), ist das Einkaufsmotiv Beratungsorientierung von allen Kunden am wenigsten stark ausgeprägt.*

H_{B4}: *Bei den Kunden, die sich im Online-Shop informieren und dort auch kaufen (ON+ON), ist das Einkaufsmotiv Beratungsorientierung genauso stark ausgeprägt wie bei der anderen Gruppe der Distanzkunden (KT+KT).*

II. Hypothesen Multi-Channel-Kunden

1. **(ON+FL)**-Kunden: Wir gehen davon aus, dass sich die Multi-Channel-Kunden (ON+FL) daher im Online-Shop informieren, weil sie weniger Wert auf die Möglichkeit der persönlichen Beratung legen. Bei ihnen ist das Einkaufsmotiv Beratungsorientierung ähnlich stark ausgeprägt wie bei den Single-Channel-Kunden (ON+ON). Daher werden folgende Hypothesen formuliert:

H_{B5}: *Bei den Kunden, die sich im Online-Shop informieren und in der Filiale kaufen (ON+FL), ist die Beratungsorientierung weniger stark ausgeprägt als bei den Kunden, die sich in der Filiale informieren und dort kaufen (FL+FL).*

H_{B6}: *Bei den Kunden, die sich im Online-Shop informieren und in der Filiale kaufen (ON+FL), ist die Beratungsorientierung ähnlich stark ausgeprägt wie bei den Kunden, die sich im Online-Shop informieren und dort auch kaufen (ON+ON).*

2. **(FL+ON)**-Kunden: Wir gehen davon aus, dass sich die (FL+ON)-Kunden daher im stationären Kanal informieren, weil sie Wert auf die Beratung durch das Personal legen. Daher wird Folgendes angenommen:

H_{B7}: *Kunden, die sich in der Filiale informieren und im Online-Shop kaufen (FL+ON), ähneln in der Stärke der Beratungsorientierung den Kunden, die sich in der Filiale informieren und dort kaufen (FL+FL).*

H_{B8}: *Kunden, die sich in der Filiale informieren und im Online-Shop kaufen (FL+ON), sind stärker beratungsorientiert als die Kunden, die sich im Online-Shop informieren und dort auch kaufen (ON+ON).*

4.3.3.5.9 Zusammenfassung der Hypothesen

Zusammenfassend kann als Erstes die Annahme festgehalten werden, dass die Nutzung der Kanäle eines Multi-Channel-Retailers von den Einkaufsmotiven abhängt: Für die verschiedenen Nutzungsmuster der Kanäle zur Information und zum Kauf sind die Einkaufsmotive unterschiedlich stark ausgeprägt. Anhang A.4.1 fasst alle Hypothesen zusammen.

Vergleicht man die **Single-Channel-Nutzer**, die die stationären Kanäle (zur Information und zum Kauf) nutzen, mit den Distanzkanal-Nutzern, dann werden Unterschiede in der Stärke der einzelnen Einkaufmotive angenommen: Wir gehen davon aus, dass die Gruppe der stationären Kunden ein stärkeres Bedürfnis nach Erlebnis und Beratung empfindet (mit Ausnahme der Kunden des Lebensmitteleinzelhandels) und dass sie stärker qualitätsorientiert und risikoabgeneigt sind als die Distanzkanal-Nutzer. Demgegenüber sind bei den Kunden, die sich in einem Distanzkanal informieren und dort auch kaufen, die Einkaufsmotive Convenience-, Unabhängigkeits- und Preisorientierung stärker ausgeprägt.

Bezüglich der **Multi-Channel-Kunden** müssen die Informations- und Kaufkanäle differenzierter betrachtet werden:

1. Eine erste Gruppe von Kunden nutzt einen nichtstationären Kanal zur Information und einen stationären Kanal zum Kauf (z.B. (ON+FL)). Die Wahl eines nichtstationären Kanals zur Information lässt vermuten, dass der Kunde eine Möglichkeit der bequemen, zeitsparenden Information sucht (Convenienceorientierung) und weniger Wert auf Erlebnis (z.B. durch Interaktion mit anderen Kunden, Verkaufspersonal oder Freunde) legt. Auch scheint bei diesen Kunden das Einkaufsmotiv Beratungsorientierung tendenziell nicht so stark ausgeprägt zu sein. Dass der Kunde anschließend nicht in dem Distanzkanal kauft, sondern einen stationären Kanal zum Kauf aufsucht, deutet darauf hin, dass er risikoabgeneigt ist und auch weniger Wert auf Unabhängigkeit beim Einkaufen legt, wohl aber qualitätsorientiert ist. Wir vermuten auch, dass er weniger preisorientiert ist.

Die Hypothesen bezüglich der Kunden, die einen **nichtstationären Kanal zur Information und einen stationären Kanal zum Kauf** nutzen (ON+FL), können zusammenfassend wie folgt festgehalten werden:

- Die Einkaufsmotive *Convenienceorientierung, Erlebnisorientierung* und *Beratungsorientierung* sind ähnlich stark ausgeprägt wie bei nichtstationären Single-Channel-Nutzern.
- Sie haben ein ähnlich schwaches *Streben nach Unabhängigkeit* und eine ähnlich hohe *Risikoabneigung* wie Kunden, die stationäre Kanäle zur Information und zum Kauf nutzen.
- Die *Preisorientierung* ist ähnlich schwach ausgeprägt wie bei den stationären Single-Channel-Nutzern.
- Sie haben eine ähnlich hohe *Qualitätsorientierung* wie die stationären Single-Channel-Nutzer.

2. Eine zweite Gruppe von Multi-Channel-Kunden nutzt einen stationären Kanal zur Information und einen nichtstationären Kanal zum Kauf (z.B. (FL+ON)). Zum einen haben diese Kunden – so unsere Vermutung – den Wunsch, das Produkt vor dem Kauf zu prüfen (Qualitätsorientierung) und sich beraten zu lassen (Beratungsorientierung). Sie scheinen eine stärkere Abneigung gegenüber produktbezogenen Risiken zu empfinden. Zum anderen besteht ein stärkeres Bedürfnis nach Erlebnis als bei Kunden, die sich in einem nichtstationären Kanal informieren, bevor sie in demselben Kanal kaufen. Wenn sie anschließend in einem nichtstationären Kanal kaufen, ist das darauf zurückzuführen, dass sie die Convenience und die Unabhängigkeit der Distanzkanäle schätzen, eine geringe (personen-, zahlungs- und abwicklungsbezogene) Risikoabneigung und eine stärkere Preisorientierung empfinden.

Zusammengefasst können die Hypothesen bezüglich der Kunden, die einen **stationären Kanal zur Information und einen nichtstationären Kanal zum Kauf** nutzen (FL+ON), wie folgt festgehalten werden:

- Sie haben eine ähnlich starke *Convenienceorientierung* und *Unabhängigkeitsorientierung* und sind ähnlich gering abgeneigt gegenüber personen-, zahlungs- und abwicklungsbezogenen *Risiken* wie Kunden, die Distanzkanäle zur Information und zum Kauf nutzen.
- Die Einkaufsmotive *Erlebnisorientierung*, *produktbezogene Risikoabneigung*, *Qualitätsorientierung* und *Beratungsorientierung* sind ähnlich stark ausgeprägt wie bei den stationären Single-Channel-Nutzern.
- Sie haben eine ähnlich starke *Preisorientierung* wie die nichtstationären Single-Channel-Nutzer.

4.3.4 Einstellungen

Das Einstellungskonstrukt spielt in der Konsumentenverhaltensforschung eine herausragende Rolle, da Einstellungen als besonders verhaltensprägend und leicht zugänglich für die Messung gelten.[500] Daher scheint es nur konsequent, dass in den bis jetzt existierenden Untersuchungen zum Thema Multi-Channel-Retailing das Einstellungskonstrukt häufig als Erklärungsvariable des Kundenverhaltens im Mehrkanalsystem herangezogen wurde. Dieses Kapitel wird als Erstes einen Überblick über die Grundlagen der Einstellungsforschung (Kapitel 4.3.4.1) sowie über die gängigsten Verfahren zur Einstellungsmessung (Kapitel 4.3.4.2) liefern. Anschließend werden die Ergebnisse aktueller Studien zum Thema Einstellungen auf dem Gebiet des Online-Shoppings und Multi-Channel-Retailings dargestellt (Kapitel 4.3.4.3), bevor ein eigenes Modell zur Einstellungsmessung vorgeschlagen wird (Kapitel 4.3.4.4) und Hypothesen zum Zusammenhang zwischen den Einstellungen gegenüber den Kanälen und der Kanalnutzung formuliert werden (Kapitel 4.3.4.5).

Eine Anmerkung soll vorausgeschickt werden: Die Einstellung gegenüber einem Kanal eines Multi-Channel-Retailers kann nicht vollständig mit der Einstellung gegenüber einer Einkaufsstätte gleichgesetzt werden. Während sich die Einstellungen gegenüber den Kanälen auf bestimmte Betriebstypen als Kategorie beziehen, bezieht sich die Einstellung gegenüber den Einkaufsstätten auf einzelne Betriebe. Im Falle der Kanäle eines Multi-Channel-Retailers findet eine aggregierte Betrachtung unterschiedlicher Outlets statt. So bezieht sich die Einstellung gegenüber einem Betriebstyp (im Falle des untersuchten Multi-Channel-Retailers z.B. Depots im Lebensmittelhandel) auf mehrere unterschiedliche einzelne Einkaufsstätten. Auch die Ausstrahlung von dem Image des Multi-Channel-Retailers auf die einzelnen Kanäle ist nicht auszuschließen.

4.3.4.1 Begriffliche und konzeptionelle Grundlagen der Einstellungsforschung

Einstellungen werden definiert als die gelernte und relativ dauerhafte Bereitschaft (Prädisposition) eines Individuums, auf ein bestimmtes Objekt in konsistenter Weise entweder positiv oder negativ zu reagieren.[501] Nach weiten Teilen der Literatur sind

---

500 Vgl. Trommsdorff (2004), S. 158.

501 Vgl. u.a. Bänsch (1998), S. 38 f.; Meffert (1992a), S. 55; Steffenhagen (1978), S. 102; Trommsdorff (2004), S. 158 ff.

Einstellungen:[502]

- stets objektbezogen (in unseren Fall beziehen sie sich auf die Kanäle eines Multi-Channel-Retailers),
- das Ergebnis von Lernprozessen und können dadurch auch verändert werden. Individuen erwerben sie entweder durch unmittelbare Erfahrungen mit dem Einstellungsobjekt (hier: Nutzung des Kanals) oder durch den Einfluss von Informationen und Kommunikation.[503]
- zeitlich stabil und
- verhaltenswirksam.

Anders ausgedrückt sind Einstellungen überdauernde Verhaltensdispositionen, die für die Kontinuität des Verhaltens sorgen. Insbesondere das Merkmal der Verhaltenswirksamkeit der Einstellungen ist sehr umstritten. Zu der Aussage, eine bestimmte Einstellung ziehe ein bestimmtes Verhalten nach sich oder die Einstellungsbildung gehe stets dem Verhalten voraus – die so genannte E-V-Hypothese –, finden sich viele kritische Stimmen mit zahlreichen Gegenbeispielen.[504] Es kann nur dann von einem wesentlichen Einfluss der Einstellungen auf das Verhalten ausgegangen werden, wenn das Verhalten in starkem Maße gedanklich kontrolliert ist. Dies ist in der Regel nur dann der Fall, wenn es sich um eine extensive oder limitierte Kaufentscheidung handelt, die mit hoher Ich-Beteiligung des Kunden (hohem Involvement) einhergeht.[505] Für folgende Fälle kann <u>nicht</u> von einer verhaltenssteuernden Wirkung der Einstellung ausgegangen werden:[506]

- Bei *Erstkäufen mit geringem Involvement*. In dieser Situation geht der Kunde ohne Kaufabsicht (und dadurch auch nicht von Einstellungen beeinflusst) in die Kaufsituation. Beispielhaft für ein Mehrkanalsystem wäre der Fall, wenn ein Kunde beim Surfen im Internet aufgrund eines Banners ein Produkt im Online-Shop sofort kauft, ohne über die anderen Kanäle des Multi-Channel-Retailers nachzudenken, in denen er auch noch hätte einkaufen können. Erst nach dem Kauf und der anschließenden Beurteilung erwirbt er das Wissen über diesen Kanal (Online-Shop), das zu einer Einstellung führen kann.
- Bei *Gewohnheitskäufen mit sehr geringem Involvement*. Das Verhalten bei Gewohnheitskäufen läuft in der Regel mehr oder weniger automatisch ab und wird

---

502 Vgl. Hammann/Erichson (1994), S. 266 f.; Kroeber-Riel/Weinberg (2003), S. 168; Keaveny/Hunt (1992), S. 165 ff.

503 Vgl. Kroeber-Riel/Weinberg (2003), S. 203.

504 Vgl. Kroeber-Riel/Weinberg (2003), S. 173 ff.

505 Vgl. Sheth/Raju (1979), S. 151.

506 Vgl. Kroeber-Riel/Weinberg (2003), S. 173 ff.

kaum gedanklich kontrolliert. Beispielhaft ist hier an den Einkauf in dem stationären Kanal eines Multi-Channel-Retailers zu denken, in dem schon immer gekauft wurde. Auch in diesem Fall denkt der Kunde nicht über weitere Kanäle nach.

- Bei *impulsivem Kaufverhalten mit starkem emotionalen Involvement*. Das Verhalten wird in diesem Fall im Wesentlichen von den in der Kaufsituation auftretenden Reizen gelenkt und nicht von Einstellungen. Man denke hier z.B. an einen Kunden, der eigentlich nur in den Markenshops eines Herstellers kauft (z.B. Esprit-Läden), da er eine bessere Einstellung gegenüber diesen Läden als gegenüber den Shop-in-Shop-Systemen des gleichen Herstellers in Warenhäusern hat. Trotzdem kann es vorkommen, dass der Kunde beim Einkaufen in einem Warenhaus einen Artikel in einem Regal sieht und aufgrund eines Impulses sofort kauft. Die eigentliche negative Einstellung gegenüber dieser Einkaufsstätte ist in diesem Fall nicht verhaltensrelevant.

Zum Einstellungsbegriff weitgehend identisch wird der Begriff **Image** verwendet, der als mehrdimensionales und ganzheitliches Bild eines Einstellungsobjekts begriffen werden kann.[507] Bezüglich der Konzeptualisierung der Konstrukte bestehen teilweise unterschiedliche Auffassungen. So sehen Autoren wie JUNGWIRTH (1997) und MÜLLER/BEESKOW (1982) die beiden Konstrukte als voneinander unterschiedlich.[508] Weiterhin gilt es, Einstellungen von dem verwandten Konstrukt **Präferenz** abzugrenzen. Das Präferenz-Konstrukt bringt das Ausmaß der Vorziehenswürdigkeit eines Beurteilungsobjektes zum Ausdruck und wird auch als „relativierte Einstellung" bezeichnet.[509] Die Abgrenzung des Einstellungskonstrukts von verwandten Konstrukten wie Motiven und Emotionen erfolgte in Kapitel 4.3.3.1.

Bei der Konzeptualisierung des Einstellungskonstrukts lassen sich nach der Anzahl und Art der betrachteten Komponenten (Dimensionen) Ein- sowie Mehr-Komponenten-Modelle differenzieren.[510] Vertreter der **Ein-Komponentenansätze** betrachten die Einstellung als umfassende Objektbewertung durch ein Individuum. Sie postulieren, dass die Einstellung ausschließlich als affektive Größe aufzufassen ist, welche sich in einer zustimmenden oder ablehnenden Haltung gegenüber einem Objekt äußert.[511] Einstellung ist demnach „... the amount of affect or feeling for or

---

[507] Vgl. Gröppel-Klein (1998), S. 51 f.; Meffert (1992a), S. 55; Trommsdorff (2004), S. 168; Kroeber-Riel/Weinberg (2003), S. 168; Hammann/Erichson (1994), S. 268 f.

[508] Vgl. Jungwirth (1997), S. 205; Müller/Beeskow (1982), S. 403.

[509] Vgl. Böcker (1986), S. 556 und Trommsdorff (2004), S. 159. Siehe dazu auch die Ausführungen in Kapitel 3.4.2.

[510] Vgl. Trommsdorff (2004), S. 161, Kroeber-Riel/Weinberg (2003), S. 168.

[511] Vgl. Kroeber-Riel/Weinberg (2003), S. 191.

against a stimulus ..."[512]. Folglich ist die Einstellung z.B. zu dem Kanal „Online-Shop" das positive bzw. negative Gefühl eines Kunden gegenüber dem Online-Shop. Für den Ein-Komponentenansatz sprechen die Tatsache, dass die Messung valide Einstellungswerte liefert, sowie dessen einfache Handhabung in empirischen Untersuchungen.[513] Allerdings erlauben diese einstellungstheoretischen Ansätze aufgrund ihres allgemeinen Charakters keine Informationen über die hinter der Einstellung stehenden emotionalen und kognitiven Vorgänge.[514]

Vor diesem Hintergrund wurden die **Mehr-Komponentenansätze** entwickelt, die die affektive (gefühlsmäßige), die kognitive (wissensbasierte) sowie die konative (intentionale) Perspektive unterscheiden (Drei-Komponenten-Lehre). Der Zusammenhang zwischen den drei Komponenten kann wie folgt erklärt werden: Während die *affektive Komponente* sämtliche mit dem Einstellungsobjekt verbundenen Gefühle, Emotionen und Bewertungen beinhaltet, spiegeln *Kognitionen* die innerhalb von Informationsverarbeitungs- und Denkvorgängen erworbenen Kenntnisse des Individuums über das Einstellungsobjekt wider.[515] Die Bereitschaft bzw. Absicht des Individuums, sich dem betreffenden Objekt gegenüber in einer bestimmten Weise zu verhalten (*konative Komponente)*, folgt aus einer positiven oder negativen (affektive und kognitive) Beurteilung des Objektes.[516] Da die Integration der Handlungsintention im Einstellungskonstrukt umstritten ist, subsumieren neuere Auffassungen unter Einstellungen nur noch die affektive und die kognitive Perspektive (zwei Komponenten), während die konative als eigenständiges Konstrukt betrachtet wird, das zwischen der Einstellung und dem Verhalten steht.[517]

---

512 Thurstone (1931) zitiert aus Petty/Ostrom/Brock (1981), S. 31.
513 Vgl. Hätty (1989), S. 73.
514 Vgl. Kroeber-Riel/Weinberg (2003), S.168.
515 Vgl. Hätty (1989), S. 72.
516 Vgl. Freter (1983), S. 64; Meffert (1992a), S. 56; Kroeber-Riel/Weinberg (2003), S. 169.
517 Vgl. Hammann/Erichson (1994), S. 267.

4.3.4.2 Verfahren der Einstellungsmessung

Für die Messung von Einstellungen steht ein umfangreiches Instrumentarium zur Verfügung.[518] Die konkrete Ausgestaltung hängt vor allem davon ab, ob

- eine Perspektive (oft die affektive) oder mehrere (affektive, kognitive, konative) Perspektiven der Einstellung erhoben werden sollen (ein- oder mehrdimensionale Messung bzw. Ein- oder Mehr-Komponenten-Messung),
- eine zusammenfassende Bewertung des Objektes oder differenzierte Eindrücke einzelner Eigenschaften gemessen werden sollen (mono- oder multiattributive Messung) und
- die Eindrücke einzelner Eigenschaften zu einem Gesamteindruck verdichtet oder von einem Gesamteindruck auf Einzeleindrücke geschlossen werden sollen (komponierende oder dekomponierende Verfahren).

Die Messung des Gesamteindrucks eines Einstellungsobjektes (Ein-Komponenten-Einstellungsmessung) erfolgt in der Regel durch die Messung der affektiven Komponente mit globalen Ratingskalen.[519]

Die bekanntesten komponierenden Einstellungsmessmodelle sind die **multiattributtiven Modelle**, die auf dem Gedanken basieren, dass Kunden eine Einkaufsstätte als eine Akkumulation (Collection) von Attributen oder Charakteristika sehen.[520] Die mehrdimensionalen multiattributiven Einstellungsmodelle lassen sich in zwei Gruppen einteilen: in Modelle <u>mit</u> sowie in Modelle <u>ohne</u> Idealpunkt (als hypothetischer Bezugspunkt für die Beurteilung von Einstellungsobjekten).[521] Zwischen den Modellen besteht grundsätzliche Übereinstimmung dahingehend, dass die affektive sowie die kognitive Komponente zunächst differenziert für einzelne Merkmale des Einstellungsobjektes gemessen und anschließend zu einem Gesamteinstellungswert aggregiert werden. Sie unterscheiden sich jedoch hinsichtlich der konkreten Messvorschrift zur Erfassung der beiden Komponenten sowie deren formaler

---

518 Vgl. zum Überblick u.a. Balderjahn (1995) und Freter (1979), S. 164 ff. Es besteht keine Einheit bezüglich der Begriffe „Komponente“, „Dimension“ und „Attribute“. So benutzt Freter ((1978), S. 170) die Begriffe „multiattributive“ und „multidimensionale“ Einstellungsmodelle synonym, während andere Autoren die Begriffe „Komponente“ und „Dimension“ gleichsetzen (vgl. u.a. Dach (2002b), S. 84 ff.). Im Folgenden werden die Begriffe „Komponente“ und „Dimension“ auch synonym benutzt.

519 Vgl. Hammann/Erichson (1994), S. 273 ff.

520 Vgl. Levy/Weitz (2000), S. 147 ff.

521 Vgl. Freter (1979), S. 164.

Verknüpfung zu einem Gesamteinstellungswert.[522]

So lässt sich die mathematische Struktur mehrdimensionaler multiattributiver Einstellungsmodelle ohne Berücksichtigung eines Idealpunkts wie folgt darstellen:

$$A_{ij} = \sum_{k=1}^{n} \mathrm{B}_{\mathrm{ijk}} \times \mathrm{W}_{\mathrm{ijk}}$$

A_{ij} = Einstellung der Person i zu Objekt j (z.B. Kanal)

n = Anzahl Eigenschaften

W_{ijk} = Bedeutung (Gewicht) einer (Kanal-)Eigenschaft k für die Person i (motivationale Komponente)

B_{ijk} = Eindruck/Vorstellung (Belief), in welchem Ausmaß die (Kanal-)Eigenschaft k beim Objekt j vorhanden ist (kognitive Komponente)

Je höher der Einstellungswert ist, desto besser ist die Einstellung zum Objekt (Maximierungsprämisse).[523] Die Bedeutung der Modell-Komponenten wurde am Beispiel des „Adequacy-Importance"-Modells dargestellt, das in der Literatur zur Einkaufsstättenwahl die häufigste Anwendung gefunden hat.[524] Die bekanntesten mehrdimensionalen Einstellungsmodelle ohne Idealpunkt sind das Modell von Rosenberg, das Modell von Fishbein und das bereits dargestellte Adequacy-Importance-Modell.

Mehrdimensionale multiattributive Einstellungsmodelle mit Idealpunkt berücksichtigen einen Idealpunkt (zur Messung der Optimalausprägungen der einzelnen Objekteigenschaften). Die Real-Objekte mit ihren wahrgenommenen Realausprägungen werden an den individuellen Ideal-Objekten gemessen. Dadurch soll berücksichtigt werden, dass die Maximierungsprämisse nicht für alle Kunden und alle Produkttypen zutrifft. Die formale Struktur eines solchen Modells kann am Beispiel des Modells von *Trommsdorff* wie folgt dargestellt werden:[525]

---

522 Vgl. Kroeber-Riel/Weinberg (2003), S. 200 ff.; Hammann/Erichson (1994), S. 282 ff.; Trommsdorff (2004), S. 162 ff. Eine vergleichende Gegenüberstellung der Modelle von Rosenberg, Fishbein und des Adequacy-Importance-Modells findet sich bei Freter (1979), S. 167. Für eine Gegenüberstellung der Modelle von Fishbein und Trommsdorff siehe Berekoven/Eckert/Ellenrieder (2004), S. 86.

523 Vgl. Freter (1979), S. 168. Mit dieser so genannten Maximierungsprämisse hängt die *Linearitätsprämisse* zusammen, die besagt, dass bei einer Änderung einer objektspezifischen Eigenschaftsausprägung um eine Einheit sich die Gesamteinstellung proportional dazu verändern muss.

524 Vgl. Freter (1979), S. 164.; Levy/Weitz (2000), S. 147 ff.; Lusch/Dunne/Gable (1990), S. 138 ff.

525 Das Modell von Trommsdorff (2004, S. 163) unterscheidet sich von anderen Modellen mit Idealpunkt dadurch, dass auf die Gewichtungskomponente verzichtet wurde.

$$A_{ij} = \sum_{k=1}^{n} \left| B_{ijk} - I_{ik} \right|$$

A_{ij} = Einstellung der Person i zu Objekt j (z.B. Kanal)

B_{ijk} = Person i nimmt an dem Objekt j die Ausprägung B von Merkmal k wahr (kognitive Komponente)

I_{ik} = Person i hält bei Objekten dieser Art die Ausprägung I (I = Idealausprägung) von Merkmal k für ideal (affektive Komponente)

Kognitive und affektive Komponenten werden in der Regel mithilfe von Ratingskalen erhoben. Je geringer die Differenz zwischen Ideal- und Realausprägung ist, desto besser ist der ermittelte Einstellungswert. An den Messmodellen mit Idealpunkt bei der Erhebung der Einstellung gegenüber Einkaufsstätten wird kritisiert, dass es für den Verbraucher fast unmöglich ist, im Rahmen einer standardisierten Befragung die ideale Einkaufsstätte zu konkretisieren.[526]

Wird ein multiattributives Einstellungsmessmodell ausgewählt, dann ist es wichtig, diejenigen Einkaufsstätten-Eigenschaften auszuwählen, die einstellungsrelevant sind. Ob ein Kunde einen Kanal eines Mehrkanalsystems in sein „evoked set" aufnimmt und ihn anschließend auswählt, hängt von den Eigenschaften dieses Kanals und deren Übereinstimmung mit den vom Kunden als wichtig erachteten Bewertungskriterien (= Merkmale der Einkaufsstätte) ab.[527] Diese Determinanten variieren sowohl von einem Kunden zum anderen (personenspezifisch) als auch hinsichtlich der Situation (wie z.B. Einkaufsanlass).[528] Aus diesem Grund ist es unerlässlich, bei der Ermittlung dieser Eigenschaften die Kunden einzubeziehen.

Kritik an den multiattributiven und Mehr-Komponenten-Einstellungsmodellen

Auch wenn das Einstellungskonstrukt in der Marketing-Wissenschaft, aber vor allem in der kommerziellen Marktforschungs-Praxis eine zentrale Rolle zur Erklärung des Kundenverhaltens und als Erklärungsvariable der Einkaufsstättenwahl einnimmt,[529] so gilt es, auch die Kritik an dem Konstrukt zu berücksichtigen. Zum einen wird grundsätzlich die Annahme kritisiert, dass sich der Kunde gedanklich mit der Ein-

526 Vgl. Müller-Hagedorn (1998), S. 355.

527 Vgl. hierzu die Ausführungen in Kapitel 4.2.1.1.

528 Wie in Kapitel 4.2.1.1 bereits dargestellt, sind nicht alle Merkmale für jeden Konsumenten in jeder Situation entscheidungsrelevant. Die Eigenschaften einer Einkaufsstätte (Bewertungskriterien), die in konkreten Entscheidungssituationen vom Konsumenten berücksichtigt werden und auch zwischen den Alternativen diskriminieren, werden als *determinierend* bezeichnet.

529 Vgl. u.a. Stanley/Sewall (1976), S. 48 ff.; Korgaonkar/Lund/Price (1985), S. 39 ff.; Hildebrandt (1988), S. 91 ff.; Morschett (2002), S. 464 ff.

kaufsstätte auseinander setzt und dadurch Einstellungen verhaltenswirksam werden können.[530] Zum anderen geben die Annahmen in Zusammenhang mit der Art der Messung der multiattributiven Einstellungsmodelle und die Verknüpfung der Modellkomponenten bei den Mehr-Komponenten-Einstellungsmodellen Anlass zur Kritik.[531]

a) Hinsichtlich der **multiattributiven Einstellungsmessung** gilt folgende Kritik:

- Es wird bezweifelt, dass sich der Kunde im Falle dieser (multiattributiven) Einstellungsmodelle gedanklich mit genau den Einkaufsstätten-Merkmalen befasst, die vom Untersucher vorgegebenen werden, und dass er eine Einkaufsstätte mithilfe derselben Entscheidungsroutine wählt, die dem Einstellungsmodell zugrunde liegt. Dies gilt sowohl für die Modelle mit als auch ohne Idealpunkt.
- Die multiattributive Einstellungserfassung kann ein verzerrtes Bild ergeben, weil sie die ganzheitliche, zusammenhängende Sicht der Kunden, die sie bei der Beurteilung einer Einkaufsstätte entwickeln, vernachlässigt.[532] Diese ganzheitliche Sicht verdeutlicht die Definition des Einkaufsstätten-Images von MARTINEAU (1958) als „the way in which a store is defined in the shopper's mind, partly by its functional qualities and partly by an aura of psychological attributes“[533]. Aus der Definition wird deutlich, dass das Image einer Einkaufsstätte bzw. eines Kanals mehr ist als die Summe seiner funktionalen Attribute. Von Bedeutung sind neben den kognitiven auch die emotionalen, erlebnisbezogenen, wertenden Aspekte.[534] Auch die Store-Brand des Händlers spielt bei der Einstellungsbildung eine nicht zu unterschätzende Rolle.

b) Folgende Annahmen hinsichtlich der Verknüpfung der Modellkomponenten bei den **Mehr-Komponenten-Einstellungsmodellen** geben Anlass zur Kritik:

- *Multiplikativitätsprämisse*: Die Multiplikation der kognitiven und der motivationalen Komponente bei den Mehr-Komponenten-Modellen[535] setzt voraus, dass diese voneinander unabhängig sind. Fließen in die Angaben zu den kognitiven Elementen implizit bereits die motivationalen Elemente mit ein (wie es sich in einigen empirischen Untersuchungen herausstellte), dann kommt es zu Verzerrungen.

---

530 Vgl. Thelen/Woodside (1997), S. 339. Siehe hierzu auch die Ausführungen zur Kritik an der Verhaltenwirksamkeit von Einstellungen in Kapitel 4.3.4.1.

531 Vgl. Thelen/Woodside (1997), S. 339; Müller-Hagedorn (1998), S. 337; Trommsdorff (2004), S. 164 ff.; Freter (1979), S. 166 f.

532 Vgl. Keaveny/Hunt (1992), S. 167.

533 Martineau (1958), S. 49.

534 Vgl. Trommsdorff (2004), S. 168 f.

535 Dieser Schritt gilt nicht für das Modell von Trommsdorff, da hier auf die Multiplikation verzichtet wurde.

Des Weiteren gilt, dass durch Antworttendenzen Ratingskalen mit Fehlern behaftet sind. Multipliziert man diese Ratingskalen miteinander, gehen die Fehler zum Quadrat in das Ergebnis ein.[536]

- *Additivitätsprämisse*: Die Addition der Eindruckswerte für unterschiedliche Eigenschaften (sowohl bei den Modellen mit als auch ohne Idealpunkt) setzt voraus, dass die Bewertung der einzelnen Eigenschaften unabhängig voneinander erfolgt. Dies ist jedoch für den Kunden sehr schwierig: Wie soll er z.B. die Einkaufsatmosphäre in einem Kanal beurteilen, ohne die Warenpräsentation oder die Freundlichkeit des Verkaufspersonals zu berücksichtigen?
- *Kompensationsprämisse*: Die mehrdimensionalen Einstellungsmodelle ohne Berücksichtigung eines Idealpunkts sind kompensatorischer Natur, d.h., ein „Mehr" in einer Eigenschaft gleicht ein „Weniger" in einer anderen aus. Es gibt aber Situationen, in denen Kanaleigenschaften für einen Kunden ein K.O.-Kriterium darstellen (z.B. Erreichbarkeit für einen älteren, nicht mobilen Kunden).

Diese Kritikpunkte gelten nicht für die monoattributiven Einstellungsmessmodelle. An den monoattributiven Modellen wird aber kritisiert, dass die Bewertungsdimensionen (hier Eigenschaften der Kanäle) nicht transparent werden, so dass keine Handlungsempfehlungen abgeleitet werden können.[537] Beurteilt z.B. ein Kunde einen Kanal mit „weniger gut", dann ist nicht deutlich, weshalb er den Kanal so beurteilt. Liegt es z.B. an der Einkaufsatmosphäre oder eher an der Erreichbarkeit des Kanals?

<u>Zusammenfassend</u> kann festgehalten werden, dass es auf der einen Seite Grenzen der Verhaltenswirksamkeit von Einstellungen sowie berechtigte Gründe für die Kritik an der Messung des Einstellungskonstrukts gibt. Auf der anderen Seite könnte das Einstellungskonstrukt Informationen zur Erklärung des Kundenverhaltens im Multi-Channel-Retailing liefern. Daher soll auf die Messung dieses Konstrukts nicht verzichtet werden. Beim Einsatz der Einstellungen als Erklärungsvariable der Kanalwahl im Multi-Channel-Retailing ist es aber wichtig, besonders sorgfältig bei der Konzeptualisierung und Operationalisierung des Einstellungskonstrukts vorzugehen. Des Weiteren sind die gemessenen Einstellungen gegenüber den Kanälen sowie die Reaktionsvariablen (Nutzung der Kanäle) im jeweiligen Kontext sachgerecht zu interpretieren.

---

536 Vgl. Trommsdorff (2004), S. 165.
537 Vgl. Kroeber-Riel/Weinberg (2003), S.168.

4.3.4.3 Ergebnisse empirischer Untersuchungen

Zunächst sollen die Befunde der bereits in Kapitel 1.1.1 erwähnten Untersuchung von SCHRAMM-KLEIN (2003) vorgestellt werden. SCHRAMM-KLEIN (2003) misst die Einstellung zum gesamten Multi-Channel-System und nicht die Einstellung zu den Vertriebskanälen des Retailers.[538] Die Operationalisierung des Konstrukts und seine Messung erfolgen als zusammenhängende und ganzheitliche Einschätzung der Unternehmung über ein Zwei-Komponenten-Modell: Als affektive Komponente wurde die „Sympathie“ der Kunden gewählt, während die kognitive Komponente als die „Eignung des Multi-Channel-Systems zur Befriedigung der Kundenbedürfnisse“ erhoben wurde.[539] Die betrachteten Multi-Channel-Retailer unterscheiden sich teilweise signifikant voneinander im Hinblick auf die Einstellung ihnen (den Mehrkanalsystemen) gegenüber sowie bezüglich der Bewertung der Kanäle durch die Befragten.[540]

Die Autorin überprüft mittels Regressions- und linearer Strukturgleichungsanalyse den Einfluss der Einstellung auf die Konstrukte „Loyalität“ der Kunden sowie „Nutzung des Mehrkanalsystems“. Die Loyalität der Kunden gegenüber dem Multi-Channel-Retailer wurde bezogen auf die Verhaltensintention (als „Weiterempfehlung“) erfasst.[541] Die Nutzung des Mehrkanalsystems wurde als tatsächliches Verhalten der Kunden erfasst und beinhaltet Fragen zur Häufigkeit der Käufe in den jeweiligen Kanälen, zur Häufigkeit der Frequentierung der Kanäle (unabhängig von tatsächlichen Käufen), zur Änderung des Kaufverhaltens in den jeweiligen Kanälen im Vergleich zu „vor einem Jahr“ sowie zur Häufigkeit der Cross-Channel-Nutzung im Rahmen eines Kaufprozesses. SCHRAMM-KLEIN (2003) konnte einen signifikanten Einfluss der Einstellung gegenüber dem Mehrkanalsystem auf die beiden Konstrukte Loyalität und Nutzung des Mehrkanalsystems feststellen.[542]

Drei der in Abbildung 11 dargestellten Untersuchungen zum Online-Shopping sehen das Einstellungskonstrukt entweder als erklärende oder als zu erklärende Variable an: In den Untersuchungen von DACH (2002b), LINGENFELDER/LÖVENNICH (2001a) und SHIM ET AL. (2001) erklärt das Einstellungskonstrukt die „Absicht“ der Kunden zur

---

538 Vgl. hierzu Schramm-Klein (2003), S. 205 f. Allerdings wird das multiattributive Konstrukt „Bewertung der Kanäle“ wie die kognitive Komponente eines multiattributiven Einstellungsmodells gemessen.

539 Vgl. Schramm-Klein (2003), S. 209. Die konative Komponente wurde separat als Verhaltensintention erfasst.

540 Vgl. zu den Ergebnissen der einfaktoriellen Varianzanalyse Schramm-Klein (2003), S. 259.

541 Vgl. Schramm-Klein (2003), S. 210 f.

542 Vgl. Schramm-Klein (2003), S. 275 ff.

Nutzung des Internets zur Informationssuche und zum Kauf. Sowohl in diesen Untersuchungen als auch in denen, die Einstellungen als zu erklärende Variable ansehen (so z.B. die Untersuchung von CHILDERS ET AL. (2001)), wird folgende Wirkungskette angenommen: Die Einstellung gegenüber dem Online-Kanal beeinflusst die Absicht zur Nutzung des Internets zur Informationssuche und zum Kauf, welche ihrerseits das tatsächliche Verhalten in der Kaufsituation beeinflusst. Wie die Ausführungen bezüglich der Verhaltenswirksamkeit der Einstellung schon gezeigt haben, ist dies aber nicht immer der Fall.

DACH (2002b) untersucht die Wahl-Entscheidung von Online-Shoppern zwischen den Betriebstypen „Online-Shop" und „stationärer Handel" in einer konkreten Einkaufssituation (Online-Befragung deutscher Internetnutzer, n = 1.239). Als Erklärungsvariable dient das Konstrukt „Einstellungen gegenüber den Meta-Betriebstypen stationärer Handel und Online-Shop". Die Einstellungen wurden mit einem angepassten multiattributiven Adequacy-Importance-Modell erhoben. Als Einkaufsstätten-Attribute wurden sieben Eigenschaften des Internet-Shops und des stationären Handels gemessen: Qualität des ausgewählten Produkts, Kosten, Lieferzeit, Convenience, Zeiteinsatz, Schutz der Privatsphäre, Einkaufsvergnügen.[543] Die kognitive Komponente wurde als „Differenz aus dem wahrgenommenen Ausmaß, in dem die Eigenschaft i bei Objekt j vorhanden ist, und dem Ausmaß, in dem die Eigenschaft i bei Objekt k vorhanden ist"[544], gemessen. Die affektive Komponente wurde als Bedeutung der Eigenschaft auf einer Skala von 0 = „völlig unwichtig" bis 4 = „ sehr wichtig" gemessen.[545]

Der angenommene Zusammenhang zwischen der (aggregierten) Einstellung und der Verhaltensabsicht zur Nutzung einer der beiden Betriebstypen konnte nach der Durchführung einer Kontingenzanalyse nicht widerlegt werden.[546] Darüber hinaus wurde (mittels t-Test) bestätigt, dass sich die beiden Betriebstypen Internet-Shop und stationärer Handel aus Sicht der Online-Shopper bezüglich folgender ausgewählter Eigenschaften signifikant unterscheiden (kognitive Komponente):[547]

---

543 Vgl. Dach (2002b), S. 107 ff. Die anfangs noch aufgeführten Attribute „Persönliche Sicherheit" und „Auswirkungen auf die Umwelt" wurden bei der Messung der Einstellung ausgeschlossen (vgl. Dach (2002b), S. 201).

544 Dach (2002b), S. 201.

545 Vgl. Dach (2002b), S. 201. Ursprünglich wurde die affektive Komponente auf einer Skala von 1 bis 5 gemessen und nachher umkodiert.

546 Vgl. Dach (2002b), S. 202 ff.

547 Vgl. Dach (2002b), S. 218 ff.

- Das Internet-Shopping wird von den Online-Shoppern bei den Eigenschaften „Kosten“, „Zeiteinsatz“ und „Convenience“ besser beurteilt als der stationäre Handel.
- Der stationäre Handel wird dagegen von den Online-Shoppern bei den Eigenschaften „Lieferzeit“, „Schutz der Privatsphäre“ sowie „Einkaufsvergnügen“ besser beurteilt als das Internet-Shopping.
- Bezüglich der Eigenschaft „Qualität der Produkte“ stufen Online-Shopper den stationären Handel bei nichtmedialen Produktinformationen[548] besser ein. Bei medialen Produktinformationen wird dagegen der Internet-Shop besser beurteilt.

Bezüglich der affektiven Komponente konnte festgestellt werden, dass situative Einflüsse zum Teil die Gewichtung der Betriebstypen-Eigenschaften durch die Online-Shopper beeinflussen. So messen sie z.B. in der Situation „dringender Produktbedarf“ der Lieferzeit eine höhere Bedeutung bei als in anderen Situationen.

Fazit: DACH kann in seiner Untersuchung empirisch bestätigen, dass die Einstellungen zu den Betriebstypen stationärer Handel und Online-Shop einen signifikanten Einfluss auf die Verhaltensabsicht zur Nutzung dieser Betriebstypen haben (es wurde nicht die tatsächliche Nutzung untersucht). Aber beim Untersuchungsobjekt handelte es sich nicht um die Kanäle eines Multi-Channel-Retailers, sondern um verschiedene Betriebstypen, die durchaus zu unterschiedlichen Händlern gehören können. Darüber hinaus wurde der Katalogversand von ihm nicht untersucht, ebenso wenig sind die einzelnen Phasen des Einkaufsprozesses beleuchtet worden.[549]

LINGENFELDER/LÖVENICH (2001a) untersuchten die Absicht von Kunden (n = 855 Online-Kunden eines deutschen Multi-Channel-Versandhändlers), traditionelle, stationäre Einkaufskanäle durch Online-Shopping zu substituieren. Als abhängige Variable wurde die „Absicht zur Substitution der stationären Kanäle durch das Internet“ bei der Informationssuche und zum Kauf von Produkten untersucht. Als erklärende Variable diente das Konstrukt Einstellung zum Einkaufen über das Internet.[550] Die Autoren konnten anhand zweier Produktkategorien (Bekleidung und Unterhaltungselektronik) den positiven Einfluss der positiven Einstellung zum Einkaufen über das Internet auf

---

548 Unter „nichtmedialen Produkteigenschaften“ versteht der Autor solche Produktmerkmale, die sich kaum über das Internet einschätzen lassen. Sie wurden insbesondere bei Kosmetika, Lebensmitteln, Textilien, Schuhen und Möbeln erwartet (vgl. Dach (2002b), S. 220).

549 In einer anderen Studie, die auf der gleichen empirischen Erhebung basiert, führt Dach (2002a) zwar auf, wie sich die Informations- und Kauf-Phasen auf die beiden Betriebsformen aufteilen, es wird jedoch nicht versucht, dieses Verhalten zu erklären.

550 Bezüglich der Einstellungsmessung wurde nur angegeben, dass es sich um vier Items handelte.

die Absicht, stationäre Kanäle durch das Internet zu substituieren, empirisch bestätigen.[551] Auch für die Untersuchung von LINGENFELDER/LÖVENICH gilt, dass die zu substituierenden stationären Kanäle nicht zu dem Multi-Channel-Versandhändler gehören, sondern zu unterschiedlichen Händlern. Und auch hier wurde der Katalogversand nicht untersucht, ebenso wenig wie die einzelnen Phasen des Einkaufsprozesses.

SHIM ET AL. (2001) untersuchten den Einfluss des Einstellungskonstrukts auf die „Absicht" (von n = 684 PC-Besitzern aus den USA) zur Nutzung des Internets zur Produkt-Informationssuche (als Erklärungsvariable für die Absicht zur Nutzung des Internets zum Kauf). Die Einstellung gegenüber Online-Shopping wurde durch ein multiattributives Mehrkomponenten-Modell („expectancy-value model") für drei Produktkategorien (Bücher, Computer-Software und Videos) erhoben. 24 Statements zur Einstellung zum Online-Shopping wurden mithilfe einer explorativen Faktorenanalyse zu vier Faktoren zusammengefasst: „Transaction Services", „Convenience", „Sensory Experience" und „Merchandise".[552] Die Autoren konnten feststellen, dass die Einstellung zum Online-Shopping sowohl die Absicht zur Nutzung des Internets zur Produkt-Informationssuche als auch zum Kauf beeinflussen. Allerdings fällt der Einfluss der Einstellungen im Vergleich zu den beiden weiteren untersuchten Einflussvariablen („Perceived Behavioral Control" und „Internet Purchase Experience") schwächer aus.[553]

Zusammenfassend kann festgehalten werden, dass die drei ausgewählten empirischen Untersuchungen zum Online-Shopping einen Einfluss des Einstellungskonstrukts auf die Absicht zur Nutzung des Internets zur Informationssuche und/oder zum Kauf feststellen konnten. Sie untersuchten aber nicht die tatsächliche Nutzung des Online-Kanals. Zwar beschäftigt sich die Untersuchung von SCHRAMM-KLEIN (2003) mit der tatsächlichen Nutzung eines Mehrkanalsystems, betrachtet aber nicht die Kanäle im Einzelnen. Und schließlich beschäftigt sich keine der Untersuchungen mit der Frage, wie die Einstellungen gegenüber den einzelnen Kanälen eines Mehrkanalsystems die Nutzung der Kanäle im Rahmen eines Kaufprozesses beeinflussen (Information in einem Kanal und Kauf im gleichen oder einem anderen Kanal). Diese Forschungslücke soll die vorliegende Arbeit füllen.

---

551 Vgl. Lingenfelder/Lövenich (2001a), S. 17.

552 Für die weitere Analyse des Einflusses der Einstellung auf die abhängige Variable diente der erste Faktor „Transaction Services" als „Surrogat" für die Einstellung gegenüber dem Online-Shopping (vgl. Shim et al. (2001), S. 407).

553 Vgl. Shim et al. (2001), S. 409.

4.3.4.4 Modell zur Messung der Einstellungen in der vorliegenden Untersuchung

Aufgrund der in Kapitel 4.3.4.2 dargestellten Kritik an den unterschiedlichen Messmodellen soll in der vorliegenden Untersuchung die Einstellung gegenüber den Kanälen sowohl als Global-Einstellung (monoattributiv) als auch multiattributiv gemessen werden.

a) Monoattributive Messung der Einstellung gegenüber den Kanälen

Die monoattributive Einstellung gegenüber einem Kanal soll als eine umfassende, globale Bewertung des Kanals (affektive Komponente) gemessen werden. Sie stellt nicht eine Aggregation von Bewertungen der einzelnen Eigenschaften der Kanäle dar, sondern ein global geprägtes Urteil, das im Sinne der Definition von MARTINEAU mehr ist als die Summe der funktionalen Attribute. Aufgrund der monoattributiven Messung soll die Verhaltenswirksamkeit der Einstellung überprüft werden.

b) Multiattributive Messung der Kanal-Einstellung

Aufgrund der multiattributiven Messung sollen Informationen für die Gestaltung der Kanäle (Marketinginstrumente) des Multi-Channel-Retailers gewonnen werden. Die wichtigsten Schritte bei der Operationalisierung und der multiattributiven Messung der Einstellungen sind:[554]

1. Festlegung der relevanten Kanaleigenschaften (Attribute) und
2. Konkretisierung des multiattributiven Messmodells.

Zu 1: Festlegung der relevanten Kanaleigenschaften

Für eine valide Messung der Einstellung zu den Kanälen müssen diese Eigenschaften einer Reihe von Anforderungen genügen:[555]

- Die Eigenschaften sollen die subjektiven Wahrnehmungsdimensionen der Befragten abbilden und einstellungsrelevant sein.[556] Es sind ausschließlich die Objektmerkmale zu berücksichtigen, die den Befragten bewusst sind. Sollte dies nicht der Fall sein, dann wird ein Befragungseffekt ausgelöst.
- Wird ein Modell gewählt, das eine Addition der einzelnen Eigenschafts-Bewertungen vorsieht, dann sollten diese voneinander unabhängig sein, um Ver-

---

554 Vgl. zur Skalierung und Messung mehrdimensionaler Einstellungen auch Kroeber-Riel/Weinberg (2003), S. 201.

555 Vgl. Müller-Hagedorn (1998), S. 337; Thelen/Woodside (1997), S. 339 und Freter (1979), S. 172.

556 Zur Merkmalsrelevanz siehe auch die Ausführungen in Kapitel 4.2.1.1.

zerrungen (z.B. Doppelzählungen) zu vermeiden. Häufig wird zur Auswahl der endgültig einzuschließenden Eigenschaften eine Faktorenanalyse durchgeführt.[557]

Um den gestellten Anforderungen an die Generierung von einstellungsrelevanten Kanaleigenschaften zu genügen, ist es unabdingbar, die Kunden bei der Generierung von Eigenschaften einzubeziehen. Dies geschah (wie in Kapitel 4.2.1.1 dargestellt) im Rahmen der eigenen qualitativen Untersuchung. Folgende Eigenschaften der Kanäle stellten sich dabei als einstellungsrelevant heraus:[558]

- Einkaufsatmosphäre
- Warenpräsentation
- Beratungskompetenz des Verkaufspersonals
- Freundlichkeit des Verkaufspersonals
- Auswahl an Gebrauchsartikeln[559]
- Service-Leistungen
- Öffnungszeiten
- Bequemlichkeit des Einkaufens
- Erreichbarkeit (nur für die stationären Kanäle)

Zu 2: Konkretisierung des multiattributiven Messmodells

Wie in Kapitel 4.3.4.2 dargestellt, können zur multiattributiven Messung der Einstellungen *Mehr-Komponenten-Modelle* wie das Adequacy-Importance- oder das Trommsdorff-Modell verwendet werden. Bei diesen Modellen werden die affektive und die kognitive Komponente getrennt für die einzelnen Eigenschaften der Kanäle erhoben und anschließend miteinander zu einem Gesamteinstellungswert verknüpft. Bei dem *Adequacy-Importance-Model* wird die affektive Komponente anhand der subjektiv empfundenen Wichtigkeit von Eigenschaften (Bewertungsmerkmalen) gemessen, indem die Befragten direkt danach gefragt werden. Bei dem *Trommsdorff-Modell* wird die affektive Komponente durch die Frage nach der Ausprägung der Eigenschaft bei dem Idealobjekt (in unseren Fall bei dem idealen Kanal) erhoben. Im Rahmen der explorativen Interviews wurde für jedes der beiden Modelle die Vorgehensweise zur Messung der affektiven Komponente getestet. Dabei stellte sich he-

---

557 Vgl. u.a. Barth/Hartmann/Schröder (2002), S. 136 f.

558 Es ist fraglich, ob diese Eigenschaften voneinander unabhängig sind. Im Rahmen der Konstruktbestimmung und -beurteilung in Kapitel 6.4.1 wird die Abhängigkeit der Bewertungen der Kanaleigenschaften mithilfe explorativer Faktorenanalysen überprüft.

559 Andere Aspekte des Sortiments (wie Preis und Qualität der Produkte) scheinen in diesem Fall aus Sicht der befragten Kunden nicht determinierend zu sein. Dies kann dadurch erklärt werden, dass sie über alle Kanäle gleich sind.

raus, dass die Mehrzahl der Auskunftspersonen auf die Frage, „Wie wichtig ist Ihnen „Eigenschaft X“ (z.B. gute Beratung) bei der Kanalwahl?“ stets die Werte „wichtig“ und „sehr wichtig“ ankreuzte. Diese „Inflation der Wünsche“ deckt sich mit den Erkenntnissen vieler empirischer Untersuchungen, die zeigen, dass die Einführung einer Bedeutungskomponente (Wichtigkeit/Gewichtung) wenig bzw. überhaupt nicht zur Erklärung der Varianz der Gesamteinstellung beiträgt.[560] Eine ähnliche Situation entstand, als nach der Ausgestaltung des Idealkanals gefragt wurde: „Wie freundlich ist das Verkaufspersonal in der aus Ihrer Sicht idealen Einkaufsstätte von Y?“ oder „Wie angenehm ist die Einkaufsatmosphäre in der aus Ihrer Sicht idealen Einkaufsstätte von Y?“ Auch in diesem Fall neigten die Befragten stets dazu, die maximalen Werte anzukreuzen.[561]

Aufgrund dieser Ergebnisse wird bei der Konkretisierung des multiattributiven Messmodells auf eine differenzierte Erhebung der affektiven und kognitiven Komponente verzichtet. Stattdessen soll nach der **Bewertung der einzelnen Kanaleigenschaften** durch den Kunden gefragt werden (affektive Perspektive, die aber Kognitionen einschließt). Beispiel: „Wie bewerten Sie die Einkaufsatmosphäre im Online-Shop?“ Die konkreten Fragen werden in Kapitel 6.4.1 bei der Operationalisierung des Einstellungskonstrukts näher dargestellt.

Zusammenfassend kann festgehalten werden, dass aufgrund der Vor- und Nachteile der unterschiedlichen Messmodellen in der vorliegenden Untersuchung die Einstellung gegenüber den Kanälen sowohl als Global-Einstellung (monoattributiv) als auch multiattributiv gemessen wird.

4.3.4.5 Hypothesenbildung

Wie der Überblick in Kapitel 3.4 sowie die im Kapitel 4.3.4.3 dargestellten Befunde zeigen, wird der Einstellung, trotz Kritik an ihrer Verhaltenswirksamkeit, ein Einfluss auf die Einkaufsstättenwahl (sowohl für den stationären als auch den Distanzhandel) zugesprochen. Auch die Erkenntnisse aus der eigenen qualitativen Untersuchung deuten darauf hin, dass die Kunden Einstellungen gegenüber den Kanälen des Mehrkanalsystems bilden und diese unter bestimmten Bedingungen verhaltensrele-

---

560 Vgl. Freter (1979), S. 176 und Andritzky (1976), S. 255 ff. Aufgrund dieser Ergebnisse hat Trommsdorff z.B. in seinem Modell auf die Gewichtungskomponente völlig verzichtet.

561 Antwortmöglichkeiten waren auf einer 5er-Skala von „sehr ...“ bis „überhaupt nicht ...“ (z.B. freundlich oder angenehm) vorgegeben.

vant sind. Folgende Aussage einer Auskunftsperson illustriert dies beispielhaft: „Eigentlich gefallen mir die Filialen am besten ... Ja, ich kaufe auch immer nur in der Filiale ein ... Na ja, und dann kommt es vor, dass ich etwas im Supermarkt oder beim Bäcker sehe und kurz reingehe und es mir dort hole. Aber sonst mag ich da nicht einkaufen, nicht solche Sachen ...“ Solche Aussagen führten zu der Annahme: Wenn Kunden die Kanäle des Mehrkanalsystems im Rahmen mehrerer Kaufakte nutzen, dann tendieren sie eher dazu, diejenigen Kanäle zu nutzen, gegenüber denen sie eine positive Einstellung haben. Daher formulieren wir die Hypothese, dass mit der Nutzung eines Kanals eine positive Einstellung des Kunden gegenüber diesem Kanal einhergeht:

$H_{Ein.1}$: *Käufer (d.h. Kunden, die in dem Kanal mindestens einmal gekauft haben) haben eine bessere Einstellung gegenüber diesem Kanal als Nichtkäufer.*

Darüber hinaus bewerten Käufer und Nichtkäufer – so unsere Vermutung – die Eigenschaften der Kanäle unterschiedlich:

$H_{Bew.1}$: *Käufer bewerten die relevanten Eigenschaften eines Kanals besser als Nichtkäufer.*

Die Hypothesen $\boldsymbol{H_{Ein.1}}$ und $\boldsymbol{H_{Bew.1}}$ enthalten keine Aussage über den kausalen Zusammenhang (E-V-Hypothese). Es kann auch sein, dass die Käufer erst durch den Kauf die bessere Einstellung gewonnen haben.

Wie sieht aber der Zusammenhang zwischen den Einstellungen zu den Kanälen des Mehrkanalsystems und der **Nutzung der Kanäle im Rahmen eines Kaufprozesses** aus? Die Kunden des Multi-Channel-Retailers können innerhalb eines Kaufprozesses denselben Kanal oder unterschiedliche Kanäle nutzen, um sich zu informieren und zu kaufen. Betrachtet man die bereits im Zusammenhang mit den Einkaufsmotiven besprochenen Kundengruppen, die nach der Kanalnutzung zwecks Information und Kauf in einer konkreten Situation gebildet wurden, dann wird bei der Hypothesenformulierung zwischen der Single-Channel-Nutzung und der Multi-Channel-Nutzung der Kanäle im Rahmen eines Kaufprozesses unterschieden.

I. Hypothesen Single-Channel-Nutzung

Dieser Kunden-Typ nutzt in einer bestimmten Situation denselben Kanal zur Information und zum Kauf. Im Fall des untersuchten Multi-Channel-Retailers sind es die Filialen, die Shop-in-Shop-Systeme in Bäckereien bzw. im Lebensmitteleinzelhandel, der Online-Shop oder der Katalogversand. Geht man von der Verhaltenswirksamkeit der Einstellungen aus, dann ist anzunehmen, dass im Falle der Single-Channel-Nutzung die Wahl eines Kanals zwecks Information und Kauf in der konkreten Situation durch die Einstellung zu diesem Kanal erklärt werden kann:

$H_{Ein.2}$: *Die Single-Channel-Kunden (FL+FL), (LS+LS), (BS+BS), (KT+KT) und (ON+ON) informieren sich und kaufen in den Kanälen, denen gegenüber sie die beste Einstellung haben.*

II. Hypothesen Multi-Channel-Nutzung

Dieser Kunden-Typ nutzt in einer bestimmten Situation unterschiedliche Kanäle zur Information und zum Kauf. Bezüglich der Multi-Channel-Kunden müssen die Informations- und Kaufkanäle differenzierter betrachtet werden:

1. Eine erste Gruppe von Kunden nutzt einen **nichtstationären Kanal zur Information und einen stationären Kanal zum Kauf**. Diese Gruppe soll an dieser Stelle beispielhaft durch die Konstellation Information im Online-Shop und Kauf in der Filiale (ON+FL) dargestellt werden.
2. Eie zweite Gruppe von Multi-Channel-Kunden nutzt **einen stationären Kanal zur Information und einen nichtstationären Kanal zum Kauf** und soll an dieser Stelle beispielhaft durch die Konstellation Information in der Filiale und Kauf im Online-Shop (FL+ON) dargestellt werden.

Zu 1. (ON+FL)-Kunden: Die Wahl des nichtstationären Kanals (ON) zur Information lässt vermuten, dass diese Kunden eine positive Einstellung gegenüber dem Online-Shop haben. Die Wahl des stationären Kanals (FL) zum Kauf lässt vermuten, dass diese Kunden auch eine positive Einstellung gegenüber den Filialen haben. Daher ist es an dieser Stelle nicht möglich, eine klare Aussage über die Reihenfolge und die Stärke der Einstellungen gegenüber den beiden Kanälen zu machen. Wird aber von der Verhaltenswirksamkeit der Einstellungen auch in dieser Situation ausgegangen, dann nehmen wir an, dass die Einstellung der (ON+FL)-Kunden gegenüber den beiden Kanälen Filiale und Online-Shop besser ist als die Einstellung gegenüber anderen Kanälen. Denn wäre ihre Einstellung gegenüber z.B. dem Katalogversand besser, dann würden sie aufgrund der angenommenen Verhaltenswirksamkeit der Einstellungen auch diesen Kanal zur Information oder zum Kauf nutzen.

$H_{Ein.3}$: *Die Einstellungen gegenüber den <u>Filialen</u> und gegenüber dem <u>Online-Shop</u> sind bei den Kunden, die sich im Online-Shop informieren und in der Filiale kaufen (ON+FL), besser als die Einstellungen gegenüber den anderen Kanälen.*

Des Weiteren gehen wir davon aus, dass sich die (ON+FL)-Kunden von der Gruppe der Single-Channel-Kunden (FL+FL) bezüglich der Einstellungen gegenüber den Filialen nicht unterscheiden. Dies liegt darin begründet, dass beide Kundengruppen die Filialen entweder zur Information und/oder zum Kauf nutzen.

Im Vergleich zu den (ON+ON)-Kunden ist die Einstellung der (ON+FL)-Kunden gegenüber den Filialen besser. Dies liegt darin begründet, dass die Gruppe der (ON+FL)-Kunden die Filialen zum Kauf nutzen, während die Gruppe der (ON+ON)-Kunden diesen Kanal nicht nutzt.

$H_{Ein.4}$: *Bezüglich ihrer Einstellung gegenüber den Filialen unterscheiden sich die Multi-Channel-Kunden (ON+FL) nicht von den (FL+FL)-Kunden.*

$H_{Ein.5}$: *Die Einstellung gegenüber den Filialen ist bei Kunden, die sich im Online-Shop informieren und in der Filiale kaufen (ON+FL), besser als bei den (ON+ON)-Kunden.*

Analog gehen wir davon aus, dass sich die (ON+FL)-Kunden bezüglich der Einstellungen gegenüber dem Online-Shop von der Gruppe der (ON+ON)-Kunden nicht unterscheiden, da beide Kundengruppen den Online-Shop für die Abwicklung mindestens einer Phase im Kaufprozess nutzen. Da die (FL+FL)-Kunden den Online-Shop weder zur Information noch zum Kauf nutzen, kann davon ausgegangen werden, dass die Einstellung der (ON+FL)-Kunden gegenüber dem Online-Shop besser ist als im Falle der (FL+FL)-Kunden.

$H_{Ein.6}$: *Bezüglich ihrer Einstellung gegenüber dem Online-Shop unterscheiden sich die Multi-Channel-Kunden (ON+FL) nicht von den (ON+ON)-Kunden.*

$H_{Ein.7}$: *Die Einstellung gegenüber dem Online-Shop ist bei Kunden, die sich im Online-Shop informieren und in der Filiale kaufen (ON+FL), besser als bei den (FL+FL)-Kunden.*

Zu 2. (FL+ON)-Kunden: Die zweite Gruppe der Multi-Channel-Kunden (FL+ON) nutzt die gleichen Kanäle zur Information und zum Kauf wie die (ON+FL)-Kunden, nur in umgekehrter Reihenfolge. Daher gehen wir davon aus, dass sich die Einstellung der beiden Multi-Channel-Kunden-Gruppen bezüglich dieser beiden Kanäle nicht unterscheiden.

$H_{Ein.8}$: *Die Multi-Channel-Kunden (ON+FL) und (FL+ON) unterscheiden sich nicht voneinander bezüglich ihrer Einstellung gegenüber den Filialen und dem Online-Shop.*

Auch für die (FL+ON)-Kunden ist es schwer zu sagen, ob sie eine bessere Einstellung gegenüber dem Online-Shop (wo sie sich informieren) oder gegenüber der Filiale (wo sie kaufen) haben. Somit wird analog zu $\mathbf{H_{Ein.3}}$ angenommen:

$H_{Ein.9}$: *Die Einstellungen gegenüber den Filialen und gegenüber dem Online-Shop sind bei den Multi-Channel-Kunden (FL+ON) besser als die Einstellungen gegenüber den anderen Kanälen.*

Analog zu den Überlegungen für $\mathbf{H_{Ein.4}}$ und $\mathbf{H_{Ein.5}}$ wird auch für die (FL+ON)-Kunden bezüglich ihrer Einstellungen gegenüber den Filialen angenommen:

$H_{Ein.10}$: *Bezüglich ihrer Einstellung gegenüber den Filialen unterscheiden sich die Multi-Channel-Kunden (FL+ON) nicht von den (FL+FL)-Kunden.*

$H_{Ein.11}$: *Die Einstellung gegenüber den Filialen ist bei Kunden, die sich in der Filiale informieren und im Online-Shop kaufen (FL+ON), besser als bei den (ON+ON)-Kunden.*

Bezüglich der Einstellungen der (FL+ON)-Kunden gegenüber dem Online-Shop wird analog zu den Überlegungen für $\mathbf{H_{Ein.6}}$ und $\mathbf{H_{Ein.7}}$ angenommen:

$H_{Ein.12}$: *Bezüglich ihrer Einstellung gegenüber dem Online-Shop unterscheiden sich die Multi-Channel-Kunden (FL+ON) nicht von den (ON+ON)-Kunden.*

$H_{Ein.13}$: *Die Einstellung gegenüber dem Online-Shop ist bei Kunden, die sich in der Filiale informieren und im Online-Shop kaufen (FL+ON), besser als bei den (FL+FL)-Kunden.*

Zusammenfassend kann festgehalten werden, dass in der vorliegenden Untersuchung aufgrund der Erkenntnisse aus der Literatur und der eigenen qualitativen Untersuchung von einem Zusammenhang zwischen den Einstellungen gegenüber den Kanälen eines Mehrkanalsystems und der Nutzung der Kanäle ausgegangen wird. Abbildung 34 fasst die Hypothesen zusammen.

Hyp.-Nr.	Aussage der Hypothese
$H_{Ein.1}$	Käufer haben eine bessere Einstellung gegenüber diesem Kanal als Nichtkäufer.
$H_{Bew.1}$	Käufer bewerten die relevanten Eigenschaften eines Kanals besser als Nichtkäufer.
	Single-Channel-Kunden
$H_{Ein.2}$	Die Single-Channel-Kunden (FL+FL), (LS+LS), (BS+BS), (KT+KT) und (ON+ON) informieren sich und kaufen in den Kanälen, denen gegenüber sie die beste Einstellung haben.
	Multi-Channel-Kunden (ON+FL)
$H_{Ein.3}$	Die Einstellungen gegenüber den Filialen und gegenüber dem Online-Shop sind bei den Kunden, die sich im Online-Shop informieren und in der Filiale kaufen (ON+FL), besser als die Einstellungen gegenüber den anderen Kanälen.
$H_{Ein.4}$	Bezüglich ihrer Einstellung gegenüber den Filialen unterscheiden sich die Multi-Channel-Kunden (ON+FL) nicht von den (FL+FL)-Kunden.
$H_{Ein.5}$	Die Einstellung gegenüber den Filialen ist bei Kunden, die sich im Online-Shop informieren und in der Filiale kaufen (ON+FL), besser als bei den (ON+ON)-Kunden.
$H_{Ein.6}$	Bezüglich ihrer Einstellung gegenüber dem Online-Shop unterscheiden sich die Multi-Channel-Kunden (ON+FL) nicht von den (ON+ON)-Kunden.
$H_{Ein.7}$	Die Einstellung gegenüber dem Online-Shop ist bei Kunden, die sich im Online-Shop informieren und in der Filiale kaufen (ON+FL), besser als bei den (FL+FL)-Kunden.
	Multi-Channel-Kunden (FL+ON)
$H_{Ein.8}$	Die Multi-Channel-Kunden (ON+FL) und (FL+ON) unterscheiden sich nicht voneinander bezüglich ihrer Einstellung gegenüber den Filialen und dem Online-Shop.
$H_{Ein.9}$	Die Einstellungen gegenüber den Filialen und gegenüber dem Online-Shop sind bei den Multi-Channel-Kunden (FL+ON) besser als die Einstellungen gegenüber den anderen Kanälen.
$H_{Ein.10}$	Bezüglich ihrer Einstellung gegenüber den Filialen unterscheiden sich die Multi-Channel-Kunden (FL+ON) nicht von den (FL+FL)-Kunden.
$H_{Ein.11}$	Die Einstellung gegenüber den Filialen ist bei Kunden, die sich in der Filiale informieren und im Online-Shop kaufen (FL+ON), besser als bei den (ON+ON)-Kunden.
$H_{Ein.12}$	Bezüglich ihrer Einstellung gegenüber dem Online-Shop unterscheiden sich die Multi-Channel-Kunden (FL+ON) nicht von den (ON+ON)-Kunden.
$H_{Ein.13}$	Die Einstellung gegenüber dem Online-Shop ist bei Kunden, die sich in der Filiale informieren und im Online-Shop kaufen (FL+ON), besser als bei den (FL+FL)-Kunden.

FL = Filiale, **LS** = Shop im Lebensmitteleinzelhandel, **BS** = Shop in Bäckereien, **KT** = Katalog,
ON = Online-Shop.

Abbildung 34: Hypothesen zum Zusammenhang zwischen den Einstellungen gegenüber den Kanälen und der Kanalnutzung

4.4 Zusammenfassung des Kapitels Modellierung und Hypothesenbildung

Das Ziel dieses Kapitels bestand in der Konzeptualisierung des SOR-Modells und der Hypothesenformulierung. Die Vorgehensweise war im Allgemeinen ähnlich für alle Variablen: Zunächst erfolgte die Betrachtung der begrifflichen und konzeptionellen Grundlagen, dann wurden Verfahren zur Messung der Variablen sowie die Ergebnisse empirischer Untersuchungen vorgestellt. Anschließend haben wir ein eigenes Messmodell erarbeitet und die Hypothesen zur Wirkung der Erklärungsvariablen auf die Kanalnutzung formuliert.

Als beobachtbare Variable des Modells wurde die **Nutzung der Kanäle** des Multi-Channel-Retailers betrachtet. Dabei können mehrere Sichtweisen berücksichtigt werden: die Nutzung der Kanäle im Rahmen eines Kaufprozesses oder im Rahmen mehrerer unterschiedlicher Kaufprozesse. Für die meisten Überlegungen stand der Aspekt der Kanalnutzung im Rahmen eines Kaufprozesses zwecks Informationsbeschaffung und Kauf im Vordergrund.

Als **Stimuli** wurden die Merkmale der Kanäle, der Person, der Produkte sowie situative Faktoren betrachtet.

- Für die Kunden des untersuchten Multi-Channel-Retailers sind neun **Kanal-Merkmale** relevant, wenn sie die Kanäle bewerten: die Einkaufsatmosphäre, die Warenpräsentation, die Beratungskompetenz und Freundlichkeit des Verkaufspersonals, die Auswahl an Non-Food-Artikeln, die Service-Leistungen, die Öffnungszeiten, die Bequemlichkeit des Einkaufens sowie für die stationären Kanäle die Erreichbarkeit des Kanals.
- Die Untersuchung berücksichtigt acht **soziodemographische Merkmale**: Alter, Geschlecht, Haushaltsgröße, Anzahl der Kinder unter 18 Jahren, Berufstätigkeit, Ausbildungsniveau, Einkommen und Wohnortgröße. Es wird angenommen, dass die Stärke der verschiedenen Einkaufsmotive von diesen Personenmerkmalen abhängt.
- Als weitere Determinanten betrachteten wir die **Produktmerkmale** sowie die **situativen Faktoren**. Beide Variablen beeinflussen nicht direkt die Kanalwahl, sondern mittelbar über ihren Einfluss auf Konstrukte wie Einkaufsmotive oder Involvement. Daher berücksichtigt sie das Modell nicht als eigenständige Einflussfaktoren. Die Produktmerkmale sowie die situativen Faktoren werden bei der Operationalisierung der Konstrukte Produktinvolvement, Typ des Kaufentscheidungsprozesses und produktabhängige Einkaufsmotive (Preis-, Qualitäts- und Beratungs-

orientierung) berücksichtigt.

Das Modell bezieht als nichtbeobachtbare Variablen drei **Konstrukte** ein, denen eine unmittelbare Wirkung auf das Kundenverhalten bei der Nutzung der Kanäle unterstellt wird. Folgendes wird angenommen:

- Die Anzahl der pro Kaufprozess genutzten Kanäle hängt vom **Involvement** der Kunden ab: Hoch involvierte Kunden nutzen tendenziell mehrere Kanäle im Rahmen des Kaufprozesses (Multi-Channel-Kunden). Auch handelt es sich bei der Multi-Channel-Nutzung der Kanäle häufiger um einen extensiven oder limitierten Kaufprozess.
- Sieben **Einkaufsmotive** beeinflussen die Nutzung der Kanäle im Rahmen eines Kaufprozesses (Information + Kauf). Diese Einkaufsmotive sind: Erlebnisorientierung, Convenienceorientierung, Streben nach Unabhängigkeit, Risikoabneigung, Preisorientierung, Qualitätsorientierung und Beratungsorientierung. Für zwei Einkaufsmotive, die Risikoabneigung und die Preisorientierung nehmen wir eine mehrfaktorielle Struktur an. Die Kunden informieren sich und kaufen in den Kanälen, die diese Einkaufsmotive am besten befriedigen können.
- Die Kunden, die bereits einen Kanal zum Kauf benutzten (auch im Rahmen mehrerer Kaufprozesse), haben eine bessere **Einstellung** gegenüber diesem Kanal als Nichtkäufer. Auch bewerten Käufer die Merkmale dieses Kanals besser als Nichtkäufer. Betrachtet man das Kundenverhalten im Rahmen eines Kaufprozesses, dann informieren sich die Kunden und kaufen anschließend in den Kanälen, denen gegenüber sie die beste Einstellung haben.

Abbildung 35 fasst die Ergebnisse der Modellierung und Hypothesenbildung in einem Bezugsrahmen zusammen.

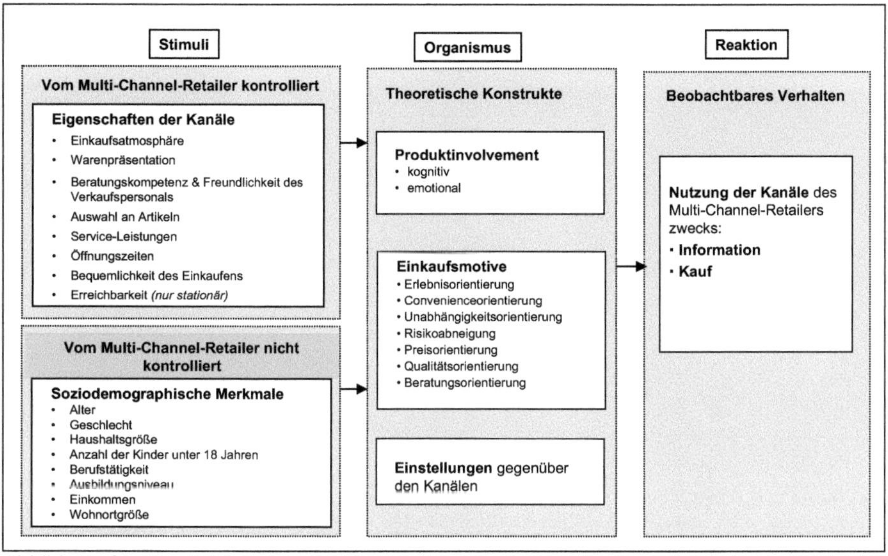

Abbildung 35: Bezugsrahmen der Untersuchung

5 Quantitative Untersuchung

In diesem Kapitel wird als Erstes ein Überblick über die Erhebungskonzeption und die Durchführung der quantitativen Datenerhebung gegeben, bevor in Kapitel 5.2 die deskriptiven Ergebnisse dieser Untersuchung dargestellt werden.

5.1 Erhebungskonzeption und Durchführung der quantitativen Untersuchung

5.1.1 Methode zur Datenerhebung

Als Methode zur Datenerhebung wurde die telefonische Befragung unter Anwendung eines standardisierten Fragebogens gewählt. Durch diese Form der Datengewinnung lassen sich folgende Vorteile realisieren:[562]

- *Räumliche und insbesondere kanalspezifische Repräsentation*: Es können sowohl Kunden, die stationär einkaufen, als auch Kunden, die nichtstationär einkaufen, erreicht werden. Dies wäre mit einer anderer Erhebungsmethode wie z.B. einer mündlichen Befragung vor bzw. in stationären Einkaufsstätten nicht gewährleistet. In diesem Fall hätten die Katalogversand- und Online-Kunden entweder telefonisch oder schriftlich befragt werden müssen. Dies hätte die uneingeschränkte Vergleichbarkeit der Antworten (wegen der divergierenden Methoden) beeinträchtigt.
- Eine höhere *Antwortquote* als im Falle einer schriftlichen Befragung. Gerade bei dem sehr umfangreichen Fragebogen war die Gefahr einer hohen Non-Response-Quote bzw. nur teilweise ausgefüllter Fragebögen sehr hoch.
- Es wird davon ausgegangen, dass die *Qualität der Daten* durch diese Erhebungsmethode besser ist im Vergleich zu der schriftlichen bzw. mündlichen Befragung. Erstens wird der Interviewereffekt[563] reduziert, da Erscheinung und Auftreten der Interviewer bei der telefonischen Befragung keine Rolle spielen. Zweitens arbeiten die Interviewer räumlich zentralisiert, wodurch sie besser geschult, gesteuert und kontrolliert werden können. Auch auf Seiten der Befragten bietet diese Methode Vorteile: Störende Einflüsse seitens des Befragungsumfeldes

---

562 Zum Vergleich unterschiedlicher Erhebungsmethoden siehe auch: Hüttner (1989), S. 45 ff.; Hammann/Erichson (1994), S. 80 ff.; Berekoven/Eckert/Ellenrieder (2004), S. 110 ff.

563 Unter dem Interviewereffekt werden die „interviewer errors“ (Zufallsfehler durch den Interviewer) und die „interviewer bias“ (systematische Fehler durch den Interviewer) subsumiert. Vgl. hierzu Hüttner (1989), S. 68.

werden stark reduziert. Überdies sollen sozial erwünschte (verfälschte) Antworten bei der telefonischen Befragung weniger auftreten und die Befragten sollen sich besser konzentrieren können.[564]

Die telefonische Befragung fand im Zeitraum vom 20.09.2002 bis zum 27.10.2002 statt. Sie wurde unter Anleitung und Überwachung der Autorin von den Call-Center-Mitarbeitern der untersuchten Unternehmung durchgeführt. Die Interviews dauerten zwischen 25 und 35 Minuten.[565] Um die Berücksichtigung von Berufstätigen und unter ihnen die Berücksichtigung aller Berufsgruppen sicherzustellen, wurde an allen Wochentagen (inklusive Wochenende) von 8:00 bis 21:00 Uhr telefoniert. Falls keine Auskunftsperson erreicht werden konnte, wurde jede Telefonnummer dreimal zu unterschiedlichen Tageszeiten an unterschiedlichen Tagen angerufen, bevor sie nicht weiter verfolgt wurde.

Um die Auskunftspersonen zu einer Teilnahme zu motivieren, wurde auf den wissenschaftlichen Zweck der Untersuchung hingewiesen. Darüber hinaus wurde den Teilnehmern die absolute Anonymität zugesichert.

5.1.2 Grundgesamtheit und die Stichprobenbildung

Eine Stichprobe ist eine Teilmenge, die nach wissenschaftlichen Regeln einer zuvor definierten Grundgesamtheit entnommen wird. Aus der Analyse der Teilmenge sollen Erkenntnisse über die Grundgesamtheit gewonnen werden. Um Aussagen über die Grundgesamtheit machen zu können, wird bei der Stichprobenbildung die Repräsentativität der Stichprobe angestrebt. „Eine Teilmasse ist repräsentativ, wenn sie in der Verteilung aller interessierenden Merkmale der Gesamtmasse entspricht“[566]. Die Repräsentativität der Stichprobe ist jedoch niemals in Bezug auf alle denkbaren Merkmale realisierbar, sondern nur im Hinblick auf ausgewählte Merkmale.[567]

Wie in Kapitel 2.3 erläutert, besteht die Grundgesamtheit der vorliegenden Untersuchung aus allen Kunden des untersuchten Multi-Channel-Retailers. Die Struktur der Grundgesamtheit war zum Zeitpunkt der Erhebung im Hinblick auf zwei soziodemo-

---

564 Vgl. Berekoven/Eckert/Ellenrieder (2004), S. 111.

565 Diese Spreizung ist darauf zurückzuführen, dass es einen Fragenblock gab, der nur von dem Teil der Befragten beantwortet werden sollte, der zwei Produkte in unterschiedlichen Preisklassen gekauft hatte.

566 Berekoven/Eckert/Ellenrieder (2004), S. 52.

567 Vgl. Scheffler (1999), S. 63.

graphische Merkmale bekannt: Geschlecht und Alter der Kunden. Die Verteilung dieser Merkmale in der Grundgesamtheit war aus einer früheren repräsentativen Befragung bekannt. Die Aufteilung nach der untersuchten Kanalnutzung war nicht bekannt.

Grundsätzlich stehen zwei Gruppen von Verfahren der Stichprobenbildung zur Verfügung: Verfahren der Zufallsauswahl und Verfahren der bewussten Auswahl.[568] Das Verfahren der **Zufallsauswahl** (Random-Verfahren) setzt voraus, dass alle Einheiten der Grundgesamtheit bekannt und auf irgendeine Weise identifizierbar sind. Dies ist für die vorliegende Untersuchung nicht der Fall, weswegen eine Zufallsauswahl nicht durchführt werden konnte. Unter den Verfahren der bewussten Auswahl für die Stichprobenbildung findet die **Quotenauswahl** in der Marktforschung die weiteste Verbreitung.[569] Dieses Verfahren geht von der Kenntnis der Ausprägung und relativen Verteilung bestimmter Merkmale (Quotenmerkmale) in der Grundgesamtheit aus. Auf Basis dieser Quoten wird die Stichprobe gebildet, so dass sie in der Verteilung der herangezogenen Merkmale für die Grundgesamtheit repräsentativ ist. Die Quotenmerkmale sollten in möglichst enger Korrelation zum Untersuchungsmerkmal stehen. In der Praxis beschränkt man sich meist auf die Merkmale Geschlecht, Alter, Beruf und Gemeindegrößen.[570]

Die Vorteile der Quotenauswahl liegen in der relativ einfachen und billigen Durchführung und in den im Allgemeinen recht guten Ergebnissen (u.a. auch weil es keine fehlenden Antworten gibt). Zu den Nachteilen dieses Verfahrens zählen unter Umstände Interviewereffekte, problematische inferenzstatistische Auswertung und mangelnde Korrelation der Merkmale. Die größte Gefahr bei dem Quotenverfahren liegt darin begründet, dass die Repräsentativität der Teilauswahl durch die Willkür der Interviewer beeinträchtigt werden kann.[571] Der Haupteinwand in Zusammenhang mit dem Quotenverfahren (das für alle bewussten Auswahlverfahren gilt) ist der, dass es keine Form der Zufallsauswahl ist. Insofern sei strittig, inwieweit das inferenzstatistische Instrumentarium (das auf der Wahrscheinlichkeitstheorie beruht) angewandt werden kann. Auf der anderen Seite zeigen verschiedene empirische Untersuchungen und Vergleichstests, dass mit Quotenverfahren ähnlich gute Ergebnisse erzielt

---

568 Vgl. zu den unterschiedlichen Auswahlverfahren z.B. Hammann/Erichson (1994), S. 110 ff.; Berekoven/Eckert/Ellenrieder (2004), S. 52 ff.; Meffert (1992a), S. 189 ff.; Scheffler (1999), S. 64 ff.

569 Vgl. Berekoven/Eckert/Ellenrieder (2004), S. 54.

570 Vgl. Hüttner (1998), S. 93.

571 Vgl. Hammann/Erichson (1994), S. 115.

werden können wie mit dem Random-Verfahren.[572] Daher kann festgehalten werden, dass trotz Bedenken auch im Falle der Quotenverfahren Signifikanztests durchgeführt werden können. Auch die anderen möglichen Risiken und Mängel dieses Auswahlverfahrens können kontrolliert bzw. minimiert werden, wie weiter unten dargestellt wird.

Die Stichprobenbildung in der vorliegenden Untersuchung fand durch eine Quotenauswahl statt. Als Quotenmerkmale wurden die beiden bekannten soziodemographischen Merkmale genutzt: *Geschlecht* und *Alter*. Idealerweise würde man als Quotierungsmerkmale die Nutzung der Kanäle zur Information und zum Kauf anwenden. Dies war aber nicht möglich, da die Aufspaltung der Grundgesamtheit nach dem untersuchten Nutzungsmuster (Kanalnutzung) zu dem Zeitpunkt nicht bekannt war.

Die Fehlerquellen, die durch Willkür der Interviewer entstehen könnten, wurden insofern minimiert, als dass die Befragung telefonisch durchgeführt wurde. Die Interviewer wurden von der Autorin während der Befragung gesteuert und kontrolliert.

Die Auskunftspersonen (mit Telefonnummern) stammten aus den Kundendatenbanken der Unternehmung, in denen Kunden aus allen Kanälen vertreten sind. Die Ziehung der Auskunftspersonen aus den Datenbanken erfolgte per Zufall. Die Stichprobe besteht aus 525 vollständig ausgefüllten Fragebögen. Die Struktur der Stichprobe bezüglich der beiden Quotierungsmerkmale stellt Anhang A.2.1 dar.

5.1.3 Aufbau des Fragebogens

Der Fragebogen bestand aus 38 Fragen, die in fünf Blöcke zusammengefasst wurden (siehe den Fragebogen im Anhang A.6):

- Im ersten Teil befanden sich Qualifizierungsfragen (u.a. auch die Frage nach dem Quotierungsmerkmal Alter) (Fragen 1 bis 3).
- Im zweiten Teil wurden allgemeine Statements zu den Einkaufsmotiven erhoben (Frage 4). Bis zum Ende dieses Fragenblocks war den Befragten noch nicht bewusst, dass sich die Untersuchung mit einer bestimmten Unternehmung befasst.

---

[572] Vgl. zu den Vor- und Nachteilen der Quotenauswahl z.B. Hüttner (1998), S.95; Berekoven/Eckert/Ellenrieder (2004), S. 58 f. Strenggenommen dürfte man in der Marktforschungspraxis keine inferenzstatistischen Instrumente einsetzen. Auch die theoretisch perfekt erscheinende Zufallsauswahl weist in der Praxis ein erhebliches Defizit auf: die Ausfälle oder das so genannte Nonresponse-Problem. Sobald dieses Problem auftritt, handelt es sich strenggenommen nicht mehr um eine Zufallsauswahl.

- Im dritten Teil wurden konkrete Fragen zum Untersuchungsobjekt gestellt. Diese Fragen bezogen sich auf die Nutzung der Kanäle der Unternehmung (Frage 5), die Einstellung zu den Kanälen (Frage 6) und deren Bewertung (Frage 7) sowie zu dem Einkaufsverhalten bei der untersuchten Unternehmung (Fragen 8 bis 12). Als Letztes wurden die in den letzten 12 Monaten gekauften Artikel erhoben und es wurde nach dem letztgekauften Artikel gefragt (Frage 13).
- Im vierten Teil wurden für den letztgekauften Artikel produktbezogene Statements zu den Einkaufsmotiven sowie dem Involvementkonstrukt erhoben (Frage 14). Anschließend wurden die Kanäle erhoben, die der Befragte zum Kauf sowie zur Information genutzt hat (Fragen 15 und 19), der Einkaufsanlass (Frage 16) sowie weitere Kontrollfragen zur Nutzung der Kanäle (Fragen 17, 18 und 20). Die Fragen 14 bis 20 wurden dupliziert (Fragen 21 bis 27), um die gleichen Erkenntnisse für ein alternatives Produkt zu gewinnen.[573] Mit den Fragen 28 bis 31 wurde die Erreichbarkeit der stationären Kanäle erhoben und es wurden Kontrollfragen zum Internet-Zugang und Katalogversand gestellt.
- Im letzten Teil wurden die soziodemographischen Merkmale erhoben (Fragen 32 bis 38).

Um die Verständlichkeit der Fragen und die Praktikabilität des Fragebogens zu prüfen und zu verbessern, wurde vor der endgültigen Formulierung mit 20 Personen ein Pretest durchgeführt.

Im Fragebogen fanden zwei Skalen-Typen Verwendung: Nominalskalen und Ratingskalen.[574] Um z.B. soziodemographische Merkmale, die Nutzung der Vertriebskanäle (zur Information und zum Kauf) und andere beobachtbare Variablen zu erheben, wurden zwei- und mehrklassige **Nominalskalen** verwendet. Zur Messung der Konstrukte wurden einpolige **Ratingskalen** genutzt. Ratingskalen sind einfache Zuordnungsskalen und wegen ihrer Vielseitigkeit und einfachen Handhabung die in der Marktforschung am häufigsten eingesetzte Skalierungsmethode. Der Vorteil der Ratingskalen liegt in der leichten Verständlichkeit, dem geringen Aufwand in der Erhebungssituation und ihrer einfachen Handhabung im Zuge der Auswertung be-

---

[573] Es konnte nur bei 50 Befragten ein zweiter Artikel erhoben werden, der teurer bzw. günstiger als der letztgekaufte Artikel war. Die meisten gekauften Artikel waren günstiger als 45 Euro, was mit der Natur des Untersuchungsobjektes zusammenhängt (Partievermarktung).

[574] Zu den Messniveaus und den Skalierungen siehe u.a. Hüttner (1989), S. 9 ff.; Berekoven/Eckert/Ellenrieder (2004), S. 72 ff.; Hammann/Erichson (1994), S. 68 ff.; Tromsdorff (2004), S. 41.

gründet.[575] Obwohl die Ratingskalen strenggenommen keine metrischen Skalen sind, herrscht in der Fachwelt Überreinstimmung darüber, dass sie Messwerte liefern, die wie metrische Messwerte behandelt werden können. Das liegt darin begründet, dass „die Abstände auf der Skala im großen und ganzen als gleiche Intervalle in der Vorstellung des Beurteilers aufgefasst werden können"[576]. Es gibt auch Kritik bezüglich der Benutzung von Ratingskalen.[577] Schwierigkeiten bereiten zweipolige Ratingskalen: Hier kann es zu Fehlern bei der Interpretation des Mittelpunktes kommen (meint die Auskunftsperson „weder noch" oder meint sie „sowohl als auch"?). Zur Vermeidung dieser Interpretationsunsicherheit empfiehlt es sich, nur einpolige Skalen zu verwenden.[578] Aus diesen Gründen haben wir durchgehend einpolige Ratingskalen verwendet, mit folgenden Ausprägungen:

Benutzte Ratingskalen	
1 = „trifft voll und ganz zu" 2 = „trifft überwiegend zu" 3 = „trifft teils zu, teils nicht" 4 = „trifft überwiegend nicht zu" 5 = „trifft überhaupt nicht zu	1 = „sehr gut" 2 = „gut" 3 = „mittel" 4 = „weniger gut" 5 = „überhaupt nicht gut"

Abbildung 36: In der Untersuchung benutzte Ratingskalen

Durch die Analogie mit dem Schulnoten-System (in dem Sinne, dass 1 immer die am stärksten positive Ausprägung markiert) soll eine leichtere Beantwortung der Fragen gewährleistet werden.

5.2 Deskriptive Ergebnisse der quantitativen Untersuchung

Die empirischen Daten wurden mit dem Statistik-Programm SPSS (Version 11.0) erfasst und ausgewertet. Das Datenmaterial wurde vor der Analyse auf Eingabefehler geprüft und bereinigt.[579]

---

575 Vgl. Kroeber-Riel/Weinberg (2003), S. 193; Berekoven/Eckert/Ellenrieder (1996), S. 74.

576 Kroeber-Riel/Weinberg (2003), S. 193.

577 Zu den Hauptmängeln von Ratingskalen zählen der *Nachsichtseffekt* (bekannte Objekte werden tendenziell günstiger bewertet als unbekannte), *Zentralitätseffekt* (d.h., Versuchspersonen neigen dazu, extreme Beurteilungen von Objekten zu vermeiden) und *Haloeffekt* (übergeordnete Sachverhalte können die Beurteilung eines Objektes beeinflussen) (vgl. hierzu u.a. Hammann/Erichson (1994), S. 274 f.).

578 Vgl. Kroeber-Riel/Weinberg (2003), S. 193.

579 Die von SPSS für fehlende Werte bereitgestellte Option „durch Mittelwert ersetzen" wurde nicht genutzt, um Ungenauigkeiten der ersetzten Daten zu vermeiden. Dies war insoweit möglich, da einerseits die Fallzahl (n = 525) relativ hoch ist und andererseits die Anzahl der fehlenden Werte pro Variable aufgrund der Befragungsmethode gering war.

5.2.1 Soziodemographische Beschreibung der Stichprobe

Es wurden folgende soziodemographische Merkmale erhoben (siehe auch Frage 1 und Fragen 32 bis 38 im Anhang A.6): Alter, Geschlecht, Haushaltsgröße, Anzahl der Kinder, Beruf, Nettoeinkommen, Bildungsabschluss und Größe des Wohnorts. Zur Struktur der Stichprobe anhand dieser soziodemographischen Merkmale kann Folgendes festgehalten werden:

- Das Durchschnittsalter der Befragten liegt bei 46 Jahren. Knapp 46% der Befragten befinden sich im Alter zwischen 30 und 49 Jahren.
- Knapp 79% der Befragten sind weiblich.
- Knapp 59% der Befragten leben ohne Kinder unter 18 Jahren in ihrem Haushalt. Und rund 50% der Befragten leben in einem Ein- bzw. Zwei-Personen-Haushalt.
- 80% der Befragten verfügen über ein monatliches Haushalts-Nettoeinkommen von über 1.500 Euro.
- Rund 45% der Stichprobe sind berufstätig.
- Die Mehrzahl der Befragten hat eine abgeschlossene Lehre (knapp 54%), einen Haupt- oder Realschulabschluss (knapp 18%) oder Abitur (knapp 12%).
- Rund ein Viertel der Befragten lebt in einer Großstadt. Der Rest teilt sich gleichmäßig auf zwischen Kleinstädte und ländliche Gebieten (ca. 37%).[580]

5.2.2 Die Nutzung der Kanäle des Multi-Channel-Retailers

5.2.2.1 Single- und Multi-Channel-Nutzung der Kanäle

Zwei Aspekte des beobachtbaren Nutzungsverhaltens in Zusammenhang mit einem Multi-Channel-Retailer sind für die vorliegende Untersuchung von Interesse:

1. Welche Kanäle haben die Kunden im Rahmen eines bestimmten Kaufprozesses genutzt, um sich zu informieren (Frage 19) und um anschließend ein bestimmtes Produkt zu kaufen (Frage 15)?
2. Welche Kanäle haben die Kunden über das Jahr verteilt im Rahmen mehrerer Kaufprozesse zum Kauf genutzt (Frage 5)?

---

[580] Hier gilt es anzumerken, dass die Einstufung in Groß- bzw. Kleinstadt von den Befragten selbst ohne Vorgaben von Einwohnerzahlen vorgenommen werden sollte.

Aufgrund des Untersuchungsziels liegt der Schwerpunkt der vorliegenden Untersuchung auf dem erstgenannten Nutzungsmuster, der Betrachtung der Nutzung der Kanäle im Rahmen eines Kaufprozesses.

a) Nutzung der Kanäle im Rahmen eines Kaufprozesses

Die Kunden wurden danach unterteilt, in welchem Kanal sie sich während eines Kaufprozesses informieren und kaufen. Da in jedem Kanal die Information und der Kauf möglich sind, ergeben sich rechnerisch für fünf Kanäle und zwei Phasen $5^2 = 25$ Kundengruppen (Verhaltensmuster). Theoretisch gesehen können mehr als nur zwei Kanäle für die betrachteten zwei Phasen des Kaufprozesses benutzt werden. Wir haben uns in der vorliegenden Untersuchung aber auf zwei Kanäle konzentriert. Solche Fälle, bei denen in der Informationsphase z.B. zwei unterschiedliche Kanäle genutzt werden und für den Kauf zusätzlich noch ein dritter Kanal, scheinen eher die Ausnahme zu sein. Auch methodisch würde die Berücksichtigung mehrerer Kanäle für eine Phase zur Überforderung der Auskunftspersonen führen, da kein begleiteter Einkauf durchgeführt wurde, sondern die Befragten die Fragen aus der Erinnerung beantworten mussten. Anhang A.2.2 gibt einen Überblick über die Kundengruppen in der Stichprobe des Multi-Channel-Retailers (Kanalnutzung im Rahmen eines Kaufprozesses).

In der Gesamtstichprobe von n = 525 dominieren **Single-Channel-Nutzer** (67,4% der Kaufprozesse). Sie finden sich in allen Kanälen. Bei **Multi-Channel-Nutzern** dominiert die Kombination „Information im Online-Shop“ und „Kauf in der Filiale“ (rund 6% der Kaufprozesse). Die Multi-Channel-Kombination „Information in einem stationären Kanal“ und „Kauf in einem nichtstationären Kanal“ spielt mit ca. 2% eine geringe Rolle. Erklären ließe sich dies wie folgt: Ist ein Kunde bereits im stationären Geschäft, wo er sich über einen Artikel informiert, dann spricht wenig dafür, ihn vom Internet aus oder über den Katalog zu bestellen: Die Preise sind in allen Kanälen gleich und er müsste dann circa eine Woche auf die Ware warten und für die Lieferung 3,95 Euro Versandkosten entrichten. Hinzu kommt hier noch die Besonderheit der Partievermarktung: Der Vorrat der Ware ist bei dieser Handelsunternehmung zeitlich und mengenmäßig begrenzt. Nachlieferungen sind ausgeschlossen. Wartet der Kunde mit dem Kauf, muss er damit rechnen, dass die Ware nicht mehr lieferbar ist. Ebenso besteht für Kunden, die sich in einem stationären Kanal informieren, kaum ein Anreiz, die Ware in einem anderen stationären Kanal zu kaufen, es sei denn, sie ist in der ersten Einkaufsstätte nicht mehr vorrätig oder weist Mängel auf.

Abbildung 37 gibt einen Überblick über die fünf Single-Channel-Kundengruppen und die eine Multi-Channel-Gruppe, die einen Umfang von n > 30 aufweisen und im weiteren Verlauf näher untersucht werden.

Anzahl der genutzten Kanäle (Art)	Kombination der Kanäle für Information + Kauf	Anzahl Personen	Anteil (in %)
Single-Channel (stationär)	**(FL + FL)**	157	29,0
Single-Channel (stationär)	**(LS + LS)**	66	12,6
Single-Channel (stationär)	**(BS + BS)**	32	7,0
Single-Channel (nichtstationär)	**(KT + KT)**	59	11,2
Single-Channel (nichtstationär)	**(ON + ON)**	40	7,6
Multi-Channel (nichtstationär und stationär)	**(ON + FL)**	31	5,9
Weitere Multi-Channel-Nutzungsmuster mit n < 30[a]	z.B.: FL+ON, LS+FL, KT+ON	140	26,7

FL = Filiale, **LS** = Shop im Lebensmitteleinzelhandel, **BS** = Shop in Bäckereien, **KT** = Katalog, **ON** = Online-Shop

Lesebeispiel: Mit (ON+FL)-Kunden werden diejenigen Kunden bezeichnet, die sich im Rahmen eines Kaufprozesses im Online-Shop informieren und anschließend in der Filiale auch kaufen.

[a] Kombinationen mit einer Anzahl von weniger als 30 Antworten werden nicht weiter berücksichtigt.

Abbildung 37: Kundengruppen in der Stichprobe des Multi-Channel-Retailers (Kanalnutzung im Rahmen eines Kaufprozesses)

b) Nutzung der Kanäle im Rahmen mehrerer Kaufprozesse

Betrachtet man die Nutzung der Kanäle des untersuchten Multi-Channel-Retailers über mehrere Kaufprozesse hinweg (Frage 5), dann fällt auf, dass die Mehrzahl der Kunden in den letzten 12 Monaten vor dem Untersuchungszeitpunkt in mehr als einem Kanal gekauft haben. Insgesamt haben 82% der Befragten in zwei oder mehreren Kanälen gekauft: Ca. 31% der Kunden haben in zwei Kanälen, rund 29% in drei, rund 17% in vier Kanälen gekauft und rund 5% haben sogar alle fünf Kanäle des Multi-Channel-Retailers zum Kauf genutzt. Anhang A.2.3 gibt einen Überblick darüber.

Zusammenfassend kann im Hinblick auf die Verhaltensmuster festgehalten werden, dass die meisten Kunden für Information und Kauf denselben Kanal benutzen, sowohl im stationären als auch im nichtstationären Bereich. Bei den Kunden, die ihren Kaufprozess auf zwei Kanäle verteilen, dominiert das Muster „Information im Online-Shop" und „Kauf in der Filiale". Der Wechsel von Kanälen innerhalb eines Kaufprozesses spielt bei dem untersuchten Multi-Channel-Retailer eine geringere Rolle, als vielfach angenommen wird. Entscheidender scheint es für die Kunden zu sein, zwischen den Kaufprozessen die Kanäle wechseln zu können.

5.2.2.2 Deskriptive Statistiken zur Nutzung der Kanäle

In diesem Kapitel gilt es, die nach der Nutzung der Kanäle im Rahmen eines Kaufprozesses (zur Information und Kauf) gebildeten Kundengruppen anhand der soziodemographischen Merkmale zu beschreiben. Folgende soziodemographische Merkmale wurden, wie bereits beschrieben, erhoben: Alter, Geschlecht, Haushaltsgröße, Anzahl der Kinder, Beruf, Nettoeinkommen, Bildungsabschluss und Größe des Wohnorts. Der Zusammenhang zwischen der Kundengruppenzugehörigkeit und den soziodemographischen Merkmalen wurde mithilfe der Kontingenzanalyse überprüft. Die **Kontingenzanalyse** untersucht, ob zwei oder mehrere nominal skalierte Variablen (die üblicherweise zwecks besserer Anschaulichkeit in einer Kreuztabelle dargestellt werden) statistisch unabhängig oder voneinander abhängig sind. Dies geschieht mithilfe des Chi^2-Unabhängigkeitstests.[581] Der **Chi^2-Unabhängigkeitsest** überprüft die statistische Nullhypothese, dass die betrachteten Variablen voneinander unabhängig sind, indem er die beobachtbaren und erwarteten Häufigkeiten analysiert. Chi^2 (u.a. als Funktion des Stichprobenumfangs) ist für die Überprüfung der Stärke und der Richtung des Zusammenhangs zwischen den Variablen nicht sinnvoll. Zu diesem Zweck werden unterschiedliche Assoziationsmaße angewandt.[582] BÜHL/ZÖFEL (2000) empfehlen als bestes Mittel zur Überprüfung der Zusammenhänge die Analyse der beobachtbaren und erwarteten Häufigkeiten sowie der standardisierten Residuen.[583]

Abbildung 38 zeigt die Altersstruktur der Kundengruppen im Vergleich. Bezüglich des **Alters** gibt es folgende schwach signifikante Unterschiede ($\chi^2 = 37{,}52$; df = 25; $p_{zweiseitig} = 0{,}052$) zwischen den Kundengruppen: Zur Kundengruppe (BS+BS) gehören überdurchschnittlich mehr Menschen, die über 70 Jahre alt sind; zur Kundengruppe (KT+KT) gehören überdurchschnittlich mehr Menschen zwischen 40-49 Jahren und zur Gruppe der (ON+FL)-Kunden überdurchschnittlich mehr Menschen zwischen 50-59 Jahren. Da in unserem Modell zwischen den beobachtbaren soziodemographischen Variablen und dem beobachtbaren Kundenverhalten „Kanalnutzung" die hypothetische Variable „Einkaufsmotive" geschaltet wurde, gehen wir davon aus, dass dieser Zusammenhang auf Unterschieden in den Einkaufsmotiven der einzelnen Al-

---

581 Vgl. Backhaus et al. (2003), S. 231 f.

582 Vgl. Backhaus et al. (2003), S. 231 ff.

583 Vgl. Bühl/Zöfel (2000), S. 200 und 243: Ein signifikanter Unterschied zwischen beobachtbarer und erwarteter Häufigkeit liegt demnach dann vor, wenn das standardisierte Residuum (stand. Res.) folgende Grenzwerte überschreitet: stand. Res. ≥ 2,0 => p < 0,05; stand. Res. ≥ 2,6 => p < 0,01; stand. Res. ≥ 3,3 => p < 0,001. Voraussetzung dafür ist, dass maximal 20% der Variablen eine erwartete Mindesthäufigkeit von 5 unterschreiten.

tersklassen basiert (siehe dazu auch die Ausführungen in Kapitel 6.3.2.3).

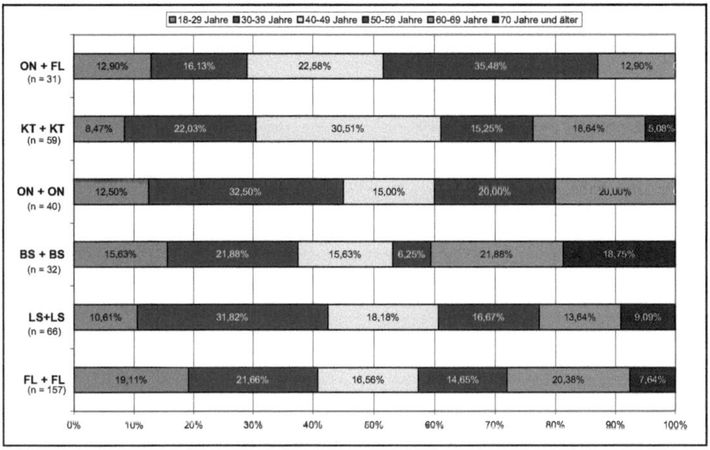

Abbildung 38: Vergleich der Altersstruktur in den Kundengruppen

Abbildung 39 gibt einen Überblick über die Verteilung der **Geschlechter** in den einzelnen Kundengruppen. Die Unterschiede zwischen den Gruppen sind statistisch nicht signifikant (χ^2 = 4,35; df = 5, $p_{zweiseitig}$ = 0,500).

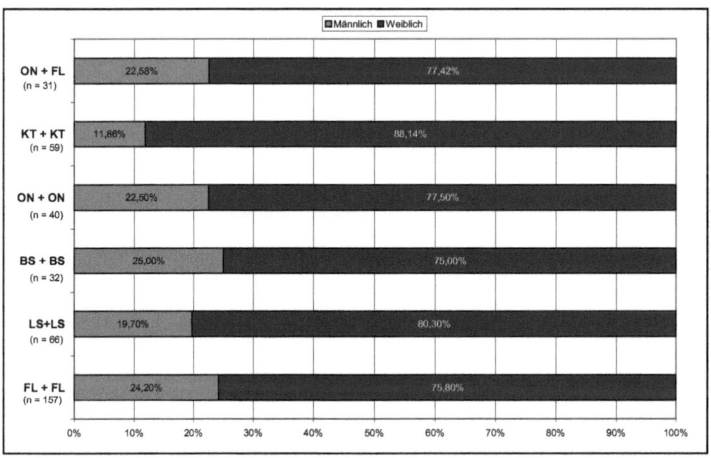

Abbildung 39: Vergleich der Geschlechtsverteilung in den Kundengruppen

Vergleicht man die Kundengruppen anhand des Kriteriums **Anzahl Kinder unter 18 Jahren**, die im Haushalt leben (Abbildung 40), dann gibt es keine statistisch signifikanten Unterschiede ($\chi^2 = 18{,}55$; df = 15; $p_{zweiseitig} = 0{,}235$).

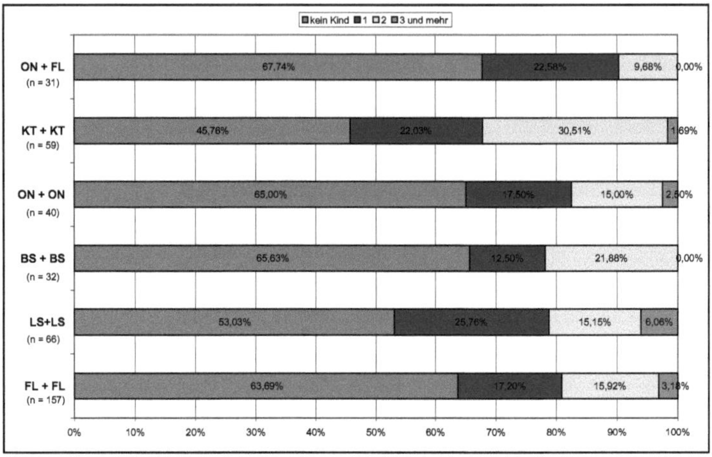

Abbildung 40: Vergleich der Kundengruppen anhand der Anzahl der Kinder unter 18 Jahren, die im Haushalt leben

Auch bei der Betrachtung der **Haushaltsgröße** (Abbildung 41) gibt es keine statistisch signifikanten Unterschiede ($\chi^2 = 17{,}34$; df = 20; $p_{zweiseitig} = 0{,}631$).

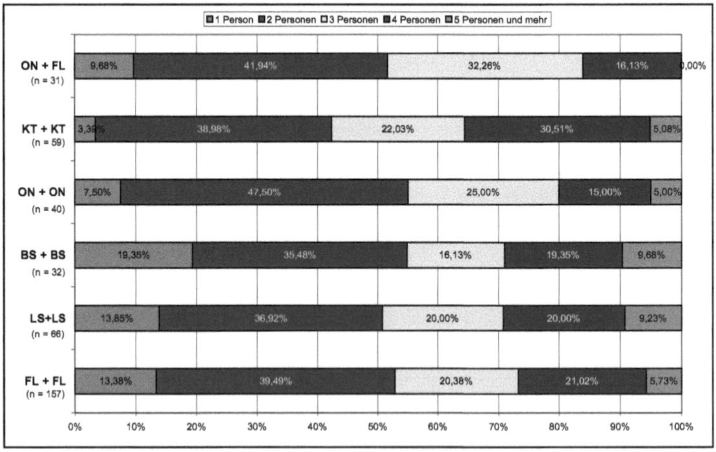

Abbildung 41: Vergleich der Kundengruppen nach Haushaltsgrößen

Abbildung 42 gibt die Struktur der einzelnen Kundengruppen nach dem **monatlichen Haushalts-Nettoeinkommen** wieder. Auch bezüglich dieses Merkmals unterscheiden sich die Gruppen nicht signifikant voneinander (χ^2 = 20,81; df = 20; $p_{zweiseitig}$ = 0,409).

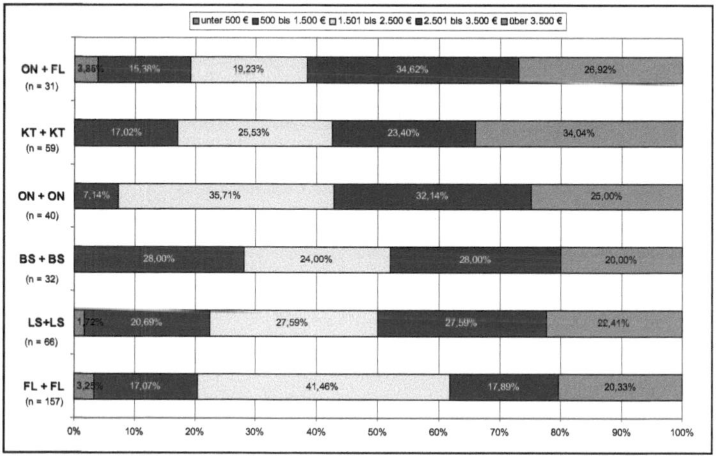

Abbildung 42: Vergleich der Einkommensstruktur (netto) in den einzelnen Kundengruppen

Vergleicht man den **Stand der Berufstätigkeit** in den einzelnen Kundengruppen (Abbildung 43), dann gibt es signifikante Unterschiede zwischen den Gruppen (χ^2 = 25,37; df = 15; $p_{zweiseitig}$ = 0,045). Es fällt auf, dass sowohl in der Gruppe der Single-Channel-Internetkunden (ON+ON) als auch in der Gruppe der Multi-Channel-Internetkunden (ON+FL) die Gruppe der Berufstätigen überrepräsentiert ist. Statistisch signifikant ist, dass in der (ON+FL)-Kundengruppe die Nichtberufstätigen (Hausfrauen, Arbeitslose etc.) mit rund 3% unterrepräsentiert sind. Dies könnte darauf hindeuten, dass Berufstätige aufgrund von Zeitmangel zur Information im Online-Shop tendieren, um anschließend entweder über das Internet oder in der Filiale zu kaufen.

Überraschend ist die Tatsache, dass in der Gruppe der Internetkäufer (ON+ON) die Studenten unterrepräsentiert sind. Ein Erklärungsversuch wäre, dass Studenten zwar das Medium Internet zur Information nutzen, sich dann (vielleicht auch aus Kostengründen, um die Versandpauschale zu sparen) für einen Besuch in der Filiale zwecks Kauf entscheiden. Ob diese Überlegung Bestand hat, wird sich im Kapitel 6.3.2.3 bei der Überprüfung der Wirkung der soziodemographischen Merkmale auf die Einkaufsmotive herausstellen.

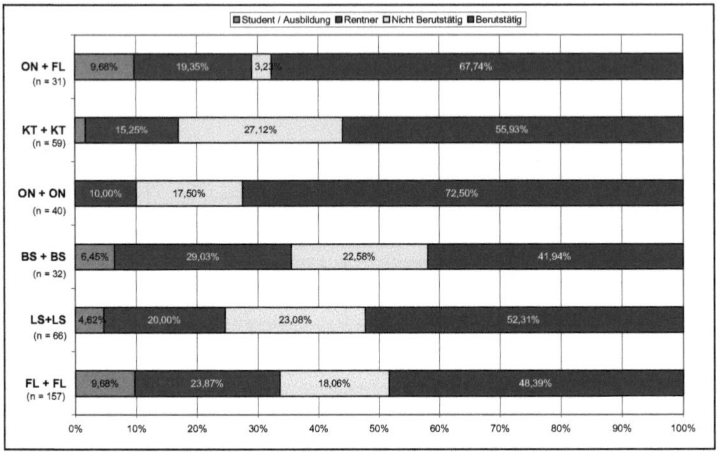

Abbildung 43: Vergleich der Kundengruppen in Bezug auf ihre Berufstätigkeit

Bezüglich des **Ausbildungsstandes** (letzte Ausbildung) gibt es keine signifikanten Unterschiede ($\chi^2 = 17{,}28$; df = 20; $p_{zweiseitig} = 0{,}635$) zwischen den einzelnen Kundengruppen (Abbildung 44). Für die untersuchte Multi-Channel-Unternehmung kann die häufig gemachte Aussage, dass Internetkäufer besser ausgebildet sind als andere Kundentypen, nicht bestätigt werden.

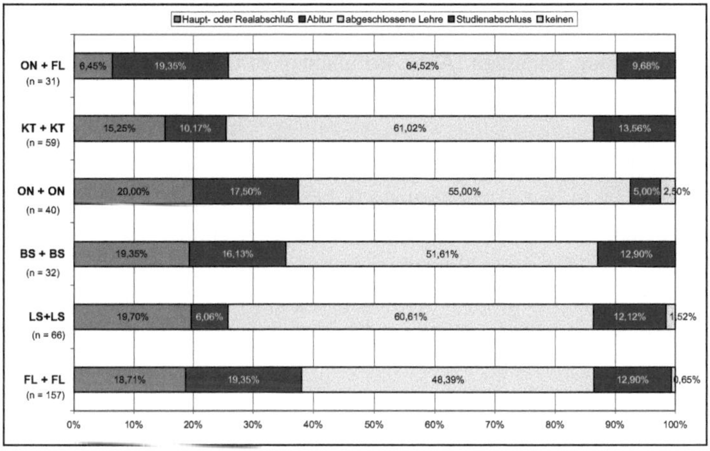

Abbildung 44: Vergleich des Ausbildungsstandes in den einzelnen Kundengruppen (letzte Ausbildung)

Bezüglich der Variable **Wohnortgröße** (Abbildung 45) gibt es einen schwach signifikanten Unterschied (χ^2 = 18,25; df = 10; $p_{zweiseitig}$ = 0,051) zwischen den Kundengruppen. Zu der Gruppe der (KT+KT)-Kunden gehören weniger Menschen, die in einer Großstadt wohnen. Dies ist auch nicht überraschend, da Versandkataloge verstärkt in Gegenden mit einer niedrigeren stationären Abdeckung verteilt werden.

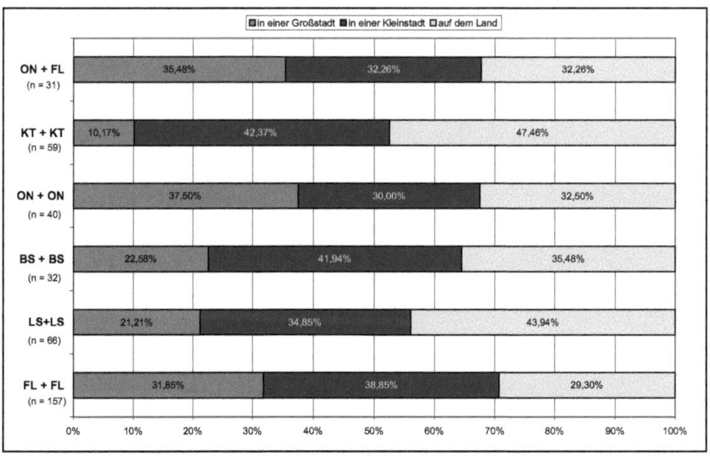

Abbildung 45: Vergleich Kundengruppen nach Wohnortgrößen

Fazit: Mit Hilfe der Kontingenzanalyse konnte zwischen den soziodemographischen Variablen und der Nutzung der Kanäle im Rahmen eines Kaufprozesses bei drei von acht soziodemographischen Variablen (Alter, Berufstätigkeit und Wohnortgröße) ein signifikanter ($p < 0,05$) bzw. schwach signifikanter ($0,1 > p > 0,05$) Zusammenhang festgestellt werden:

- **Alter** ($p < 0,1$): Zur Kundengruppe (BS+BS) gehören überdurchschnittlich mehr Menschen über 70 Jahre; zur Kundengruppe (KT+KT) gehören überdurchschnittlich mehr Menschen zwischen 40-49 Jahren und zur Gruppe der (ON+FL)-Kunden überdurchschnittlich mehr Menschen zwischen 50-59 Jahren.
- **Berufstätigkeit** ($p < 0,05$): In der (ON+FL)-Kundengruppe sind die Nichtberufstätigen unterrepräsentiert. In der Gruppe der (ON+ON)-Kunden sind die Studenten unterrepräsentiert.
- **Wohnortgröße** ($p < 0,1$): Zu der Gruppe der (KT+KT)-Kunden gehören weniger Menschen, die in einer Großstadt wohnen.

6 MODELL- UND HYPOTHESENPRÜFUNG

In diesem Kapitel werden als Erstes methodische Aspekte bei der Operationalisierung der Konstrukte und Überprüfung der Hypothesen besprochen. Anschließend sollen die drei Konstrukte Involvement (Kapitel 6.2), Einkaufsmotive (Kapitel 6.3) und Einstellungen (Kapitel 6.4) operationalisiert und deren Wirkung auf die Kanalnutzung überprüft werden.

6.1 Methodische Aspekte

6.1.1 Vorgehensweise bei der Operationalisierung von Konstrukten

a) Grundsätzliche Überlegungen zur Operationalisierung von Konstrukten

Die im Kapitel 4.3 dargestellten Determinanten der Kanalnutzung im Multi-Channel-Retailing (Involvement, Einkaufsmotive und Einstellungen) stellen theoretische (hypothetische) Konstrukte dar, die sich einer unmittelbaren Quantifizierung und intensitätsmäßigen Erfassung entziehen. Sie erhalten erst durch die Operationalisierung, d.h. der Entwicklung eines Messinstrumentariums, einen empirischen Bezug.[584] Ziel der Konstruktmessung ist es, beobachtbare Variablen (auch Indikatoren bzw. manifeste Variablen genannt) zu identifizieren und diese in eine adäquate Beziehung zu dem in Frage stehenden Konstrukt zu setzen.[585] Die meisten Autoren empfehlen einen **Mehrindikatorenansatz** zur Messung von Konstrukten. So wird den Messfehlern, die bei der Messung von nicht direkt beobachtbaren Konstrukten durch Indikatoren zwangsläufig auftreten, Rechnung getragen. Der zu messende Sachverhalt, der „wahre Kern" des Konstrukts, wird dann als das Gemeinsame mehrerer verschiedenartiger Messreihen (z.B. Parallelmessung mit mehreren Indikatoren) betrachtet. [586]

In Zusammenhang mit der Operationalisierung und Messung von theoretischen Kon-

---

584 Vgl. Meffert (1992a), S. 183. Andritzky ((1976), S. 14) unterscheidet in diesem Zusammenhang zwischen der Operationalisierung auf der „theoretischen Sprachebene" (mit der Zielsetzung der verhaltenstheoretischen Fundierung des interessierenden Konstrukts) und der Operationalisierung auf der „empirischen Sprachebene" (mit der Aufgabe, mithilfe von Indikatoren und empirischen Äquivalenzen eine Messvorschrift festzulegen).

585 Vgl. Bagozzi/Phillips (1982), S. 465. Die Gesamtheit der ein Konstrukt wiedergebenden Indikatoren wird als Messmodell bzw. -instrument bezeichnet.

586 Vgl. Trommsdorff (2004), S. 42.

strukten werden zur Beurteilung der Güte der Messverfahren insbesondere die Kriterien Objektivität, Validität (Gültigkeit) und Reliabilität (Zuverlässigkeit) herangezogen.[587] Die **Objektivität** einer Messung bezeichnet die Unabhängigkeit eines Messvorganges vom Untersuchungsleiter und ist dann gegeben, wenn mehrere Anwender beim Einsatz des Verfahrens zu demselben Ergebnis gelangen.[588] Im Wesentlichen lassen sich drei Arten von Messobjektivität unterscheiden: Durchführungsobjektivität (Messung ist frei von Interviewereinflüssen), Auswertungs- und Interpretationsobjektivität (Messung ist frei von Ermessensspielräumen bei der Auswertung und Interpretation der Ergebnisse).[589]

Die **Reliabilität** beschreibt die Stabilität und Genauigkeit der Messung und ist eine notwendige, aber nicht hinreichende Voraussetzung für die Validität.[590] Ein Messverfahren gilt als reliabel, wenn unter gleichen Voraussetzungen durchgeführte wiederholte oder parallele Messungen zu denselben Ergebnissen führen.[591] Die einzelnen Indikatoren stellen dann ein reliables Messinstrument des betreffenden Konstrukts dar, wenn ein wesentlicher Anteil ihrer Varianz durch die Assoziationen mit dem Konstrukt erklärt wird und dadurch ein geringer Einfluss zufälliger (unsystematischer) Messfehler gegeben ist.[592]

Die **Validität** bezeichnet dagegen die konzeptionelle Richtigkeit einer Messung und beschreibt, inwieweit ein Messinstrument den durch das Konstrukt bezeichneten Sachverhalt auch tatsächlich misst.[593] Eine Messung ist dann valide, wenn sie nicht nur frei von unsystematischen, sondern auch von systematischen Fehlereinflüssen ist.[594] In der Literatur werden zahlreiche Formen der Validität unterschieden, wobei die größte Bedeutung der Konstruktvalidität zukommt.[595] Die **Konstruktvalidität** bezeichnet den Grad der Übereinstimmung zwischen der Messung eines Konstrukts mit dessen wahrem Kern. Der Nachweis der Konstruktvalidität wird empirisch durch die

---

[587] Vgl. Berekhoven/Eckert/Ellenrieder (2004), S. 88. Hammann/Erichson ((1994), S. 75) führen darüber hinaus auch das Kriterium „Praktikabilität“ (= Anwendbarkeit eines Messverfahrens für den Untersuchungszweck) auf.

[588] Vgl. Berekhoven/Eckert/Ellenrieder (1999), S. 88.

[589] Vgl. Berekhoven/Eckert/Ellenrieder (1999), S. 88 und Breitung (1979), S. 213 ff.

[590] Vgl. Hildebrandt (1984), S. 88 f.

[591] Vgl. Churchill (1979), S. 65.

[592] Vgl. Homburg/Giering (1996), S. 6.

[593] Vgl. Homburg (1998), S. 70.

[594] Vgl. Churchill (1979), S. 65.

[595] Vgl. auch Bagozzi/Phillips (1982), S. 467 ff.; Churchill (1979), S. 70 ff.; Peter (1981), S. 134 ff.; Zaltman/Pinson/Angelmar (1973), S. 44; Hildebrandt (1984, S. 89 ff.) führt noch zwei Validitätsformen auf: „Inhaltsvalidität“ = Grad, zu dem die Variablen eines Messmodells dem inhaltlich-semantischen Bedeutungsbereich des zu messenden Konstrukts angehören und dieses zugleich in allen relevanten Facetten abdecken. „Kriteriumsvalidität“ = Grad der Übereinstimmung zwischen der Messung eines Konstrukts mit den Messungen eines Kriteriums dieses Konstrukts.

Prüfung der Konvergenz-, Diskriminanz- und nomologischen Validität erbracht:[596]

- *Konvergenzvalidität* bestimmt sich durch den Grad, in dem mehrere Messungen desselben Konstrukts mit unterschiedlichen Messmethoden übereinstimmen.[597] Die Beurteilung dieses Kriteriums erfolgt über die Stärke der Assoziationen zwischen den Indikatorvariablen, die demselben Konstrukt zugeordnet werden; hierbei sprechen starke Beziehungen für ein hohes Maß an Konvergenzvalidität.[598]
- *Diskriminanzvalidität* beschreibt das Ausmaß, in dem sich die Messung verschiedener Konstrukte mit gleichen Messmodellen voneinander unterscheidet.[599] Eine Beurteilung dieses Validitätskriteriums orientiert sich an der Stärke der Assoziationen zwischen Indikatoren, die verschiedenen Konstrukten zugeordnet sind. Dabei wird in der Regel gefordert, dass diese schwächer sind als die Assoziationen zwischen Indikatoren, die dasselbe Konstrukt messen.[600]
- *Nomologische Validität* ist der Grad, zu dem eine Prognose innerhalb eines Systems von Hypothesen zu bestätigen ist. Voraussetzung dafür ist, dass ein Konstrukt theoriegeleitet aufgebaut wurde (Einbindung in einen übergeordneten theoretischen Rahmen).[601] Eine Messung kann als nomologisch valide angesehen werden, wenn sie die Bedingungen der Konvergenz- und Diskriminanzvalidität erfüllt.[602]

Die Beurteilung der Reliabilität sowie Validität von Konstruktmessungen kann auf Basis quantitativer Methoden und Kriterien erfolgen. Im Rahmen der vorliegenden Arbeit wird auf folgende Methoden und Gütekriterien zurückgegriffen:

- die explorative Faktorenanalyse,
- Cronbach's Alpha,
- die Item-to-Total-Korrelation sowie
- die Analyse einer Multimerkmals-Multimethoden-Matrix.

Mit Hilfe der **explorativen Faktorenanalyse** kann eine Menge von Indikatoren auf die zugrunde liegende Faktorenstruktur untersucht werden, wobei diesbezüglich eine

596 Vgl. Hildebrandt (1984), S. 91.
597 Vgl. Bagozzi/Phillips (1982), S. 468.
598 Vgl. Homburg (1998), S. 70.
599 Vgl. Bagozzi/Phillips (1982), S. 469.
600 Vgl. Bagozzi/Yi/Phillips (1991), S. 425.
601 Vgl. Hildebrandt (1984), S. 93.
602 Vgl. Trommsdorff (2004), S. 45.

Formulierung von Hypothesen nicht erforderlich ist.[603] Sie dient der Verdichtung der Indikatoren zu Faktoren und wird im Kontext der Operationalisierung von Konstrukten vor allem zur Prüfung der Validität eines Messinstruments eingesetzt. So lassen sich mithilfe der explorativen Faktorenanalyse Aussagen über die Konvergenz- und Diskriminanzvalidität des Konstrukts treffen. Dabei wird gefordert, dass alle Indikatoren auf einen Faktor ausreichend hoch laden (≥ 0,45),[604] während sie im Hinblick auf die anderen Faktoren deutlich niedrigere Faktorladungen aufweisen sollen. Darüber hinaus wird gefordert, dass durch die extrahierten Faktoren ein hohes Maß an Varianz der Indikatorvariablen erklärt werden sollte. In der Regel wird ein Mindestwert von 50% als wünschenswert angesehen.[605]

Cronbach's Alpha ist ein Reliabilitätsmaß für die interne Konsistenz einer Gruppe von Indikatoren, die ein Konstrukt messen.[606] Dieser Reliabilitätskoeffizient bildet den Durchschnitt aller Korrelationen, die entstehen, wenn die Indikatoren eines Konstrukts auf alle möglichen Arten in zwei Hälften geteilt werden und die Summen (der sich jeweils ergebenden Variablenhälften) anschließend miteinander korreliert werden.[607] Cronbach's Alpha kann Werte von null bis eins einnehmen, wobei hohe Werte auf ein hohes Maß an Reliabilität des Messinstruments schließen lassen.[608] Im Allgemeinen wird für den Reliabilitätskoeffizienten ein Schwellenwert, ab dem ein Messkonzept als ausreichend reliabel gilt, von 0,7 gefordert.[609] Da eine hohe Anzahl an Indikatoren den Koeffizienten positiv beeinflusst, wird für die Analyse von Messkonzepten mit drei oder weniger Indikatoren ein niedrigerer Mindestwert von 0,4 vorausgesetzt.[610]

Die **Item-to-Total-Korrelation** bezieht sich gleichfalls auf eine Menge von Indikatoren, die dasselbe Konstrukt messen. Sie wird berechnet als Korrelation zwischen einem Indikator und der Summe aller demselben Konstrukt zugeordneten Indikato-

---

603 Mit Faktorenanalyse bezeichnet man eine Reihe multivariater Analyseverfahren, die die Zielsetzung haben, ausgehend vom Geflecht der Beziehungen, die zwischen einer Menge von gegebenen Variablen bestehen, die dahinter stehenden, voneinander unabhängigen (hypothetischen) Einflussfaktoren herauszukristallisieren (vgl. Überla (1977), S. 7 ff.; Backhaus et al. (2003), S. 260 ff. sowie Hüttner/Schwarting (1999), S. 383 ff.).

604 Während bei Homburg/Giering (1996, S. 8) der Wert bei > 0,4 liegt, nennen andere Autoren, wie z.B. Backhaus et al. (2003, S. 331), Werte von > 0,5 als Untergrenze. In der vorliegenden Untersuchung sollen Items mit einem Wert ≥ 0,45 (d.h. 0,5 nach Aufrundung) berücksichtigt werden.

605 Vgl. Homburg/Giering (1996), S. 8.

606 Vgl. Nunnally (1978), S. 229 ff.

607 Vgl. Carmines/Zeller (1979), S. 45.

608 Vgl. Churchill (1979), S. 68.

609 Vgl. u.a. Nunnally (1978), S. 245.

610 Vgl. Nunnally (1978), S. 245; Cortina (1993), S. 101.

ren.[611] Diese Korrelationen dienen vor allem als Kriterium für die Elimination von Indikatoren für den Fall, dass das Cronbach's Alpha für ein Konstrukt unter dem kritischen Schwellenwert liegt: Um die Reliabilität des Messkonzepts zu erhöhen, wird der Indikator mit der niedrigsten Item-to-Total-Korrelation eliminiert.[612]

Die Analyse einer **Multimerkmals-Multimethoden-Matrix** (Multitrait-Multimethod-Matrix) dient der Prüfung der Konvergenz- sowie der Diskriminanzvalidität eines Konstrukts, das mit mehreren, unterschiedlichen Instrumenten gemessen wurde.[613] Die Konvergenz- und Diskriminanzvalidität wird bestimmt durch die Überprüfung der Korrelationskoeffizienten der Messreihen und des Musters der MM-Matrix.[614] Da die theoretische Erläuterung der Vorgehensweise ohne ein Beispiel recht schwer verständlich ist, sei an dieser Stelle auf Kapitel 6.4.1 verwiesen, wo diese Methode angewandt wird. Die MM-Matrix erfordert einen sehr hohen Aufwand, da für jedes zu messende Konstrukt ein „Außenwert" zur Überprüfung der Validität erhoben werden muss. Daher findet sie im Rahmen dieser Arbeit nur bei der Operationalisierung des Einstellungskonstrukts Anwendung.

Abbildung 46 gibt einen Überblick über die Schwellenwerte der angewandten Gütekriterien sowie über die Konsequenzen, wenn diese Schwellenwerte unterschritten werden.

Die hier skizzierten Reliabilitäts- und Validitätskriterien werden auch als Gütekriterien der „ersten Generation" bezeichnet.[615] Sie haben sich in der Praxis der Marketingforschung bewährt, bieten aber auch Anlass zur Kritik. Der häufigste Kritikpunkt bezieht sich darauf, dass die Beurteilung von Validitäts- und Reliabilitätkriterien im Wesentlichen auf Faustregeln und nicht auf inferenzstatistischen Prüfungen beruht.[616] Manche Autoren empfehlen bei der Operationalisierung von Konstrukten zusätzlich noch die Prüfung von „Validitäts- und Reliabilitätkriterien der zweiten Generation", die auf der konfirmatorischen Faktorenanalyse basieren.[617] In der vorliegenden Untersuchung wird auf die zusätzliche Prüfung dieser Kriterien der „zweiten Generation" aus mehreren Gründen verzichtet. Zum einen sind zur Berechnung dieser Kriterien min-

---

611 Vgl. Homburg (1998), S. 86.
612 Vgl. Churchill (1979), S. 68; Homburg (1998), S. 86.
613 Vgl. Hildebrandt (1998), S. 92 ff. und Churchill (1979), S. 70 f.
614 Vgl. Hildebrandt (1998), S. 91 f.
615 Vgl. Homburg (1998), S. 72.
616 Vgl. Hildebrandt (1984), S. 94.
617 Vgl. Homburg/Giering (1996), S. 9.

destens drei bzw. vier Indikatoren[618] erforderlich. Diese Mindestzahl von Indikatoren ist im Rahmen der vorliegenden Untersuchung nur für einen Teil der Konstrukte gegeben. Der explorativen Natur der Untersuchung entsprechend haben sich im Rahmen der Konstruktmessung stellenweise andere Faktorstrukturen ergeben, als bei der Konzeptualisierung angenommen. Zweitens ist bei der Durchführung einer konfirmatorischen Faktorenanalyse „unabdingbar notwendig, a priori genaue und gesicherte Vorstellungen über mögliche Beziehungszusammenhänge zu besitzen"[619]. Diese Voraussetzung ist in diesem Fall nicht erfüllt, da für die vorliegende Untersuchung diese Zusammenhänge erst auf explorative Weise herausgearbeitet werden müssen.

b) Vorgehensweise bei der Operationalisierung von Konstrukten

Im Folgenden soll die konkrete Vorgehensweise bei der Operationalisierung und Bestimmung eines validen und reliablen Modells zur Konstruktmessung dargestellt werden.[620] In einem ersten Schritt erfolgt eine Überprüfung der Faktorenstruktur des interessierenden Konstrukts. Um die zu Grunde liegende Faktorenstruktur zu erkennen, wird für die gesamte Indikatorenmenge eine explorative Faktorenanalyse durchgeführt. Im Vorfeld gilt es jedoch, zunächst die Eignung der einzelnen Indikatoren für faktorenanalytische Auswertungen zu beurteilen. Als das dafür beste zur Verfügung stehende Verfahren wird das **Kaiser-Meyer-Olkin-Kriterium** (KMO) angesehen. Das KMO-Kriterium zeigt an, in welchem Umfang die Ausgangsindikatoren zusammengehören. Es kann Werte zwischen null und eins einnehmen, wobei ein KMO-Wert von größer 0,7 als wünschenswert gilt. Eine Indikatorenmenge mit einem KMO-Wert kleiner als 0,5 wird für eine explorative Faktorenanalyse als ungeeignet angesehen. Zusammen mit dem KMO wird in der Regel der **Bartlett-Test auf Sphärizität** durchgeführt. Der Bartlett-Test auf Sphärizität überprüft (mittels eines Chi^2-Tests) die Nullhypothese, dass die Stichprobe aus einer Grundgesamtheit entstammt, in der die Variablen unkorreliert sind. Kann diese Hypothese abgelehnt werden, dann ist der Schluss zulässig, dass die Ausgangsvariablen miteinander korreliert und daher für faktorenanalytische Zwecke geeignet sind.

618 Zur Berechnung der Kriterien Indikatorreliabilität, t-Wert der Faktorladung und Faktorreliabilität sind mindestens drei Indikatoren erforderlich. Zur Berechnung der Kriterien: Chi^2/df, RMSEA, GFI, AGFI und CFI sind mindestens vier Indikatoren erforderlich. Zur Beschreibung, Anwendung und zu den Voraussetzungen dieser Kriterien vgl. Backhaus et al. (2003), S. 370 ff.; Homburg/Giering (1996), S. 9 ff.; Homburg (1998), S. 88 ff.; Fritz (1995), S. 128 ff.; Passenheim (2003), S. 386.

619 Backhaus et al. (2000), S. 409.

620 Diese Vorgehensweise orientiert sich an der Empfehlung von Churchill (1979, S. 64 ff.) sowie Homburg/Giering (1996), S. 5 ff. bezüglich der Kriterien der „ersten Generation".

Erreichen das KMO-Kriterium und/oder der Bartlett-Test unbefriedigende Werte, dann bietet sich die Analyse der **Anti-Image-Korrelations-Matrix** an. Durch die Elimination von Indikatoren mit niedrigen Anti-Image-Korrelationen kann die faktorenanalytische Eignung der Indikatoren steigen.[621] Um ein valides Messkonstrukt zu generieren, wird empfohlen, im Rahmen der eigentlichen explorativen Faktorenanalyse diejenigen Indikatoren zu eliminieren, die hohe Querladungen mit anderen Faktoren oder zu niedrige Faktorladungen (< 0,45) aufweisen bzw. inhaltlich nicht sinnvoll interpretierbar sind.

Im nächsten Schritt erfolgt eine Berechnung des Reliabilitätskoeffizienten Cronbach's Alpha. Wird bei einer Gruppe von mehr als drei Indikatoren der Schwellenwert von 0,7 unterschritten, dann wird empfohlen, diejenige Variable mit der niedrigsten Item-to-Total-Korrelation zu eliminieren. Das Resultat dieser Untersuchung sind für jeden einzelnen Faktor unter den Gesichtspunkten der Reliabilität und Validität bereinigte Indikatoren.

Abbildung 46 gibt einen Überblick über die bei der Operationalisierung von Konstrukten angewandten Gütekriterien, deren Schwellenwerte und die Vorgehensweise, wenn die Schwellenwerte unterschritten werden.

Methode / Gütekriterium	Schwellenwert	Vorgehensweise bei Unterschreitung des Schwellenwerts
Explorative Faktorenanalyse		
• *KMO-Kriterium*	**≥ 0,5**	• Elimination von Indikatoren mit niedrigen Anti-Image-Korrelationen
• *Signifikanz des Bartlett-Tests*	**< 0,1**	• keine expl. Faktorenanalyse (Daten sind nicht geeignet)
• *Faktorladung*	**≥ 0,45** auf einen Faktor **< 0,45** auf alle anderen Faktoren	• Elimination der Indikatoren mit Faktorladung < 0,45
• *Kumulierter Varianzerklärungsanteil*	**≥ 50%**	• Elimination von Indikatoren mit niedrigen Anti-Image-Korrelationen
Cronbach's Alpha	**≥ 0,7** (Anzahl Indikatoren > 3) **≥ 0,4** (Anzahl Indikatoren ≤ 3)	• Elimination der Indikatoren mit der niedrigsten Item-to-Total-Korrelation

Abbildung 46: Angewandte Gütekriterien bei der Operationalisierung von Konstrukten

621 Vgl. dazu vertiefend Backhaus et al. (2003), S. 272 ff.

6.1.2 Vorgehensweise bei der Hypothesenprüfung

Ziel des Hypothesentests ist es, „eine Entscheidung darüber herbeizuführen, ob die aufgestellte Hypothese abzulehnen (zu „verwerfen") ist oder nicht"[622]. Da es sich um eine Stichprobe und damit um eine Teilmenge der Grundgesamtheit handelt, kann diese Entscheidung nicht mit „Sicherheit" getroffen werden, sondern nur mit einer gewissen Wahrscheinlichkeit. Die Wahrscheinlichkeit, sich zu irren und eine richtige Hypothese abzulehnen, wird „Irrtumswahrscheinlichkeit" genannt.[623]

Ziel der Hypothesenprüfung durch **Signifikanztests** ist festzustellen, ob Unterschiede zwischen zwei oder mehreren Stichprobenergebnissen nur zufällig sind oder ob sie, mit einer bestimmten Wahrscheinlichkeit, nicht zufällig, d.h. statistisch gesichert, signifikant sind. Das grundsätzliche Vorgehen bei der Hypothesenprüfung sieht wie folgt aus:[624]

1. *Aufstellung der Hypothesen:* Dies äußert sich formal in der Formulierung von zwei Hypothesen: der Nullhypothese und der Alternativhypothese. Die Alternativhypothese ist die Forschungshypothese. In dieser Arbeit sind es die Hypothesen, die in Kapitel 4 formuliert wurden. Die Nullhypothese wird als das Gegenteil derjenigen Aussage formuliert, die man beweisen möchte, so dass man daran interessiert ist, sie abzulehnen. Die Hypothesen können ein- bzw. zweiseitig formuliert und getestet werden. Bei einer einseitigen Formulierung kann die Wirkungsrichtung einer Beziehung bei der Hypothesenformulierung eindeutig entschieden werden. In diesem Fall interessieren nur Abweichungen von der Nullhypothese in eine bestimmte Richtung (entweder größer oder kleiner). Bei einer zweiseitigen Formulierung wird keine Wirkungsrichtung vorgegeben. Ob die Hypothese ein- oder zweiseitig formuliert wird und ein ein- oder zweiseitiger Test zu verwenden ist, muss ausschließlich inhaltlich begründet werden. Liegen aufgrund theoretischer Überlegungen keine gesicherten Hinweise über die Wirkungsrichtung einer Beziehung vor, dann empfiehlt es sich, immer zweiseitig zu testen.[625]
2. *Wahl des Testverfahrens:* Zur Auswahl stehen verschiedene Verfahren. Welche in den einzelnen Fällen sinn- und zweckvoll sind, wird bei der Auswertung der empirischen Ergebnisse in Kapitel 6 fallweise entschieden und begründet.

---

622 Hüttner (1989), S. 33.
623 Vgl. Hammann/Erichson (1994), S. 130 f.
624 Vgl. zur Vorgehensweise Bücker (1997), S. 201 ff.; Hüttner (1989), S. 33 ff.; Hammann/Erichson (1994), S. 130 ff.
625 Vgl. Hüttner (1989), S. 35.

3. *Festlegung der Signifikanzniveaus:* Dies ist eine „außerstatistische" Entscheidung, die vor dem Testen der Hypothesen erfolgen sollte. Abbildung 47 gibt die in der vorliegenden Untersuchung angewandten Signifikanzniveaus wieder. Es werden alle Signifikanzniveaus < 0,1 akzeptiert.

4. *Berechnung der Prüfgröße:* Diese hängt mit dem unter Punkt 3 gewählten Testverfahren zusammen.

5. *Entscheidung, ob die Nullhypothese verworfen werden soll oder nicht.* Wird die Nullhypothese verworfen, dann kann die Alternativhypothese (die Forschungshypothese) nicht verworfen werden. In diesem Fall wird sie beibehalten. Ein Teil der Hypothesen beinhaltet nicht nur eine, sondern mehrere Aussagen. So besagt z.B. die Hypothese $\mathbf{H_{Ein.1}}$, dass Käufer eine bessere Einstellung gegenüber dem Kanal haben, in dem sie mindestens einmal gekauft haben, als Nichtkäufer. Da es sich um fünf Kanäle handelt, muss die Hypothese für alle fünf Kanäle überprüft werden. Folgende Regel wird bei der Entscheidung angewandt, ob eine Hypothese, die mehrere Aussagen beinhaltet, vollständig bzw. teilweise abgelehnt werden kann:
   - Wird der angenommene Zusammenhang für alle Aussagen der Hypothese (in dem obigen Beispiel fünf Kanäle) empirisch gestützt, dann **kann die Alternativhypothese nicht abgelehnt werden** und wird beibehalten.
   - Wird der angenommene Zusammenhang nur für die Hälfte oder mehr der Hypothesen-Aussagen (in dem obigen Beispiel drei oder mehr Kanäle) empirisch gestützt, dann **muss die Alternativhypothese teilweise abgelehnt werden.**
   - Wird der angenommene Zusammenhang für weniger als die Hälfte der Hypothesen-Aussagen (in dem obigen Beispiel zwei oder weniger Kanäle) empirisch gestützt, dann **muss die Alternativhypothese abgelehnt werden.**

Symbolik	**Interpretation**	**Irrtumswahrscheinlichkeit**
***	„hoch signifikant"	0,01 < p
**	„signifikant"	0,05 < p ≤ 0,01
*	„schwach signifikant"	0,1 < p ≤ 0,05
n.s.	„nicht signifikant"	p > 0,1

Abbildung 47: Angewandte Signifikanzniveaus

6.2 Das Involvement

In diesem Kapitel wird das Involvementkonstrukt nach der beschriebenen Vorgehensweise operationalisiert und beurteilt. Anschließend werden die aufgestellten Hypothesen statistisch überprüft.

6.2.1 Operationalisierung des Konstrukts

a) Erhebung des Produktinvolvements und des Kaufentscheidungs-Typs

Das produktbezogene **Involvementkonstrukt** wurde in Anlehnung an LAURENT/KAPFERER (1985) durch sechs Statements erhoben.[626] Die Statements beziehen sich auf ein bestimmtes Produkt, in der Regel das letzte, das der Kunde bei dem Multi-Channel-Retailer gekauft hat.[627] Drei Statements stehen für das *kognitive Involvement* und beziehen sich auf den subjektiv empfundenen materiellen Wert des Produkts sowie auf das wahrgenommene Risiko beim Kauf des Produkts:

- Dieser Artikel ist für mich eine teure Anschaffung.
- Beim Kauf dieses Artikels kann man auch eine falsche Wahl treffen.
- Ich finde es ärgerlich, wenn ich beim Kauf eines solchen Artikels einen „Fehlgriff" mache.

Drei weitere Statements stehen für das *emotionale Involvement* und spiegeln den hedonistischen und den symbolischen Wert sowie die subjektive Wichtigkeit des Produkts wider:

- Der Kauf dieses Artikels machte mir Spaß.
- Dieser Artikel ist für mich wichtig.
- Der Besitz dieses Artikels ist für mich auch Ausdruck meiner Persönlichkeit.

Alle Statements wurden auf einer 5er-Ratingskala von 1 („trifft voll und ganz zu") bis 5 („trifft überhaupt nicht zu") gemessen.

Wie in Kapitel 4.3.2.4 dargestellt, wird zur Bestimmung der Art der Kaufentscheidung neben der Stärke des Produktinvolvements auch das Informationsverhalten benötigt.

---

[626] Vgl. hierzu Frage 14 im Anhang A.6.
[627] Bezüglich der Fragen zum Produkt vgl. Frage 13 im Anhang A.6.

Das **Informationsverhalten** beim Kauf eines bestimmten Produkts wurde durch vier Statements operationalisiert. Sie beziehen sich auf die Informationssuche vor dem Kauf sowie auf die Länge des Entscheidungsprozesses:[628]

Beim Kauf eines solchen Artikels...
- informiere ich mich gründlich darüber.
- schaue ich mich vor dem Kauf in mehreren Geschäften um.
- suche ich so lange, bis ich ein Produkt finde, dass mich 100%ig überzeugt.
- lasse ich mir Zeit für meine Kaufentscheidung.

Alle Statements wurden auf einer 5er-Ratingskala von 1 („trifft voll und ganz zu") bis 5 („trifft überhaupt nicht zu") gemessen.

Zur Operationalisierung des **Kaufentscheidungsprozesses** und Bestimmung der vier Entscheidungstypen wurde in Anlehnung an KROEBER-RIEL/WEINBERG (2003) auf die dominanten Prozesse abgestellt: emotionale, kognitive sowie reaktive Prozesse.[629]

- Die *emotionalen Prozesse* entsprechen dem emotionalen Produktinvolvement (aggregiert über den Mittelwert).
- Die *kognitiven Prozesse* setzen sich aus dem kognitiven Produktinvolvement und der Informationsverarbeitungstiefe zusammen (jeweils aggregiert über den Mittelwert).
- Die *reaktiven Prozesse* wurden über Frage 16 erhoben („Wussten Sie, bevor Sie in diese Einkaufsstätte gegangen sind, dass Sie diesen bestimmten Artikel kaufen wollten?"). Für den Fall des *impulsiven Kaufprozesses* darf die Antwort nicht „ja" lauten.

Abbildung 48 gibt die Kriterien wieder, die zur Bestimmung der vier Entscheidungstypen dienen. Die Werte in Klammern geben die Index-Werte für das jeweilige Konstrukt wieder. Ob und welche Statements zu einem Index zusammengefasst werden dürfen, wird im Rahmen der Beurteilung der Konstrukte besprochen. Die Fälle, die nach diesem Muster nicht eindeutig einem Entscheidungstyp zugeordnet werden können, werden nicht berücksichtigt.

---

628 Vgl. hierzu Frage 14 im Anhang A.6.
629 Vgl. Kroeber-Riel/Weinberg (2003), S. 370.

Art der Entscheidung	Dominante Prozesse			
	Kognitiv		Emotional	Reaktiv
	Informations-verarbeitung	Kognitives Involvement	Emotionales Involvement	
Extensiv	tief (1 bis 2)	sehr stark bis stark (1 bis 2,3)	sehr stark bis stark (1 bis 2,3)	nein
Limitiert	mittel (2 bis 3)	sehr stark bis stark (1 bis 2,3)	mittel bis sehr schwach (2,7 bis 5)	nein
Habitualisiert	gering (3 bis 4)	mittel bis sehr schwach (2,7 bis 5)	mittel bis sehr schwach (2,7 bis 5)	nein
Impulsiv	keine (4 bis 5)	mittel bis sehr schwach (2,7 bis 5)	sehr stark bis stark (1 bis 2,3)	ja (kein Zielkauf)
In Klammern befinden sich die Bereiche der Mittelwerte, die die Prozesse erfassen.				

Abbildung 48: Bestimmung des Entscheidungstyps

b) Konstruktbestimmung und -beurteilung

Zur Bestimmung und -beurteilung des **Involvementkonstrukts** wurde mittels einer explorativen Faktorenanalyse überprüft, inwiefern sich die aus theoretischen Überlegungen vorgenommene Zuordnung der 6 Items zu den beiden Faktoren des emotionalen und kognitiven Involvements auch in den empirischen Daten widerspiegelt. Zunächst wurden die Items auf die grundsätzliche Eignung für eine Faktorenanalyse überprüft. Diese kann bei einem KMO-Wert von 0,6 sowie einem signifikanten Chi^2-Wert von 213,2 und einem Signifikanzniveau des Bartlett-Tests von 0,000 als gegeben angesehen werden.[630] Die Faktorenanalysen wurden für alle Konstrukte in diesem Abschnitt mit folgenden Einstellungen durchgeführt: Zur Faktorenextraktion wurde die Hauptkomponentenanalyse gewählt. Als Rotationsverfahren wurde das schiefwinklige Oblimin-Verfahren mit Kaiser-Normalisierung eingesetzt.[631] Nach der Faktorenanalyse wurden zwei Faktoren extrahiert, die das Kaiser-Kriterium erfüllen[632] und den unterstellten Dimensionen des Involvements entsprechen. Wie in Kapitel 6.1.1 dargestellt, wird gefordert, dass durch die extrahierten Faktoren mindestens 50% der Varianz der Indikatorvariablen erklärt werden. Dieser Wert wird in diesem

630 Vgl. Backhaus et al. (2003), S. 274 ff. Auch wenn der KMO-Wert mit 0,6 als „mittelmäßig" eingestuft wird, so eignen sich die Daten trotzdem für eine Faktorenanalyse (erst bei einem KMO-Wert von < 0,5 wird von einer Faktorenanalyse abgeraten).

631 Diese Methode geht im Unterschied zu der Varimax-Methode davon aus, dass die extrahierten Faktoren nicht unabhängig voneinander sind.

632 Nach dem Kaiser-Kriterium entspricht die Anzahl der zu extrahierenden Faktoren der Zahl der Faktoren mit einem Eigenwert höher als 1 (vgl. Backhaus et al. (2003), S. 295).

Falle nur geringfügig unterschritten, weswegen das Kriterium als erfüllt angesehen wird und auf eine Eliminierung von Indikatoren verzichtet wird.

Die Ergebnisse der Faktoren- und Reliabilitätsanalyse sind in Abbildung 49 zusammengefasst. Das Kriterium der *Konvergenzvalidität* ist erfüllt: Alle Indikatoren laden ausreichend hoch (≥ 0,45) auf einen Faktor. Auch die Anforderungen an die *Diskriminanzvalidität* sind erfüllt: Alle Indikatoren weisen hinsichtlich der anderen Faktoren niedrigere Faktorladungen auf. Die für beide Faktoren durchgeführten *Reliabilitätsanalysen*[633] ergaben jeweils einen „akzeptablen" Cronbach's Alpha-Wert von 0,5.[634] Ein Reliabilitätskoeffizient von 0,5 deutet darauf hin, dass die jeweils drei Indikatoren das gleiche zu Grunde liegende Konstrukt messen, das kognitive bzw. emotionale Involvement. Aus diesem Grund können die Indikatoren zu jeweils einem Index zusammengefasst werden.

Items	Faktor 1	Faktor 2	Cronbach's Alpha
Emotionales Involvement			**0,5**
der Kauf dieses Artikels machte mir Spaß	0,789		
dieser Artikel ist für mich wichtig	0,673		
der Besitz ist für mich auch Ausdruck der Persönlichkeit	0,655		
Kognitives Involvement			**0,5**
beim Kauf kann man auch eine falsche Wahl treffen.		0,774	
ärgerlich, wenn ich beim Kauf einen „Fehlgriff" mache.		0,698	
dieser Artikel ist eine teure Anschaffung		0,576	
Eigenwert	1,732	1,254	
Varianzerklärungsanteil	28,86	20,89	
Kum. Varianzerklärungsanteil	28,86	49,75	
Faktorladungen < |0,4| werden nicht angezeigt			

Abbildung 49: Faktorenstruktur des Involvementkonstrukts

Die Aggregation aller sechs Items zu einem gesamten Involvement-Wert ist hingegen nicht zulässig: Die Überprüfung des Reliabilitätskoeffizienten über alle sechs Items ergibt mit 0,5 einen nicht ausreichenden Wert für Messmodelle mit mehr als drei Items.[635] Da zur Überprüfung der Hypothese $\mathbf{H_{Inv.1}}$ die Stärke des Involvements dichotom als hoch bzw. niedrig aufgefasst wurde, wird zur Bestimmung der Involve-

633 Siehe zur Reliabilitätsanalyse des Konstrukts auch Anhang A.3.1

634 Im Allgemeinen wird für den Reliabilitätskoeffizienten Cronbach's Alpha ein Wert von > 0,7 gefordert. Da eine hohe Zahl an Indikatoren den Reliabilitätskoeffizienten positiv beeinflusst, wird für die Analyse von zwei bzw. drei Indikatoren ein niedrigerer Mindestwert von 0,4 vorausgesetzt (vgl. Nunnally (1978), S. 245). Siehe auch die Ausführungen im Kapitel 6.1.1.

635 Eine Aggregation der 6 Statements über den Mittelwert wäre dann zulässig, wenn die Reliabilitätsanalyse einen Cronbach's Alpha-Wert von ≥ 0,7 ergäbe.

ment-Höhe eine Transformationsregel der 5er-Skala (1 = „trifft voll und ganz zu"; 2 = „trifft überwiegend zu"; 3 = „trifft teils zu, teils nicht"; 4 = „trifft überwiegend nicht zu" und 5 = „trifft überhaupt nicht zu) für eine dichotome Skala benötigt. Dazu soll wie folgt vorgegangen werden. Die Schritte beziehen sich immer auf einen Fall = eine Auskunftsperson. Als Erstes werden die Indizes für beide Involvement-Typen (kognitiv und emotional) berechnet, indem der Durchschnitt für jeden der beiden Faktoren gebildet wird. Da jeder Faktor mit drei Statements gemessen wurde, ergeben sich folgende mögliche Werte für die Durchschnitte (eine ganze Zahl wird durch 3 geteilt): **1,00**; 1,33; 1,67; **2,00**; 2,33; 2,67; **3,00**; 3,33; 3,67; **4,00**; 4,33; 4,67; **5,00**. Dadurch entsteht eine Skala mit den Extremwerten 1 und 5 sowie zwölf gleich großen Abständen (ähnlich dem deutschen Hochschul-Notensystem). Die Extremwerte werden umbenannt in: 1 = „sehr hohes/starkes Involvement" und 5 = „sehr niedriges/schwaches Involvement". Die Bezeichnung der weiteren Werte sieht wie folgt aus:

- Die Werte: 1,33; 1,67; **2,00**; 2,33 werden als hohes/starkes Involvement bezeichnet.
- Die Werte: 2,67; **3,00**; 3,33; 3,67, werden als mittleres Involvement bezeichnet.
- Die Werte: **4,00**; 4,33; 4,67 werden als niedriges/schwaches Involvement bezeichnet.

Da die Skala 13 bzw. ohne Extremwerte 11 Werte enthält, sind die Teilskalen ungleich. Der Bereich „niedriges/schwaches Involvement" enthält nur drei Werte, während die beiden anderen Bereiche vier Werte enthalten. Dies ist nach Meinung der Verfasserin jedoch nicht problematisch, da zur Überprüfung der Hypothese $\mathbf{H_{Inv.1}}$ das Hauptaugenmerk auf dem oberen Bereich der Skala, im Bereich der hoch involvierten Kunden, liegt. Die Einordnung eines gekauften Produkts als High-Involvement-Produkt erfolgt nach folgendem Schema:[636] Es wird von einem **hohen Produktinvolvement** ausgegangen, wenn (a) sowohl das emotionale als auch das kognitive Involvement stark ausgeprägt ist (Durchschnittswerte von 1 bis 2,33) oder wenn (b) entweder das emotionale oder das kognitive Involvement sehr hoch ist (Durchschnittswerte von 1). Weiterhin wird davon ausgegangen, dass das Produktinvolvement nicht hoch ist, wenn sowohl das emotionale als auch das kognitive Involvement mittel bis sehr schwach ausgeprägt sind (Durchschnittswerte von 2,67 bis 5). An dieser Stelle sei noch einmal betont, dass sich die Hypothese $\mathbf{H_{Inv.1}}$ nur auf die Fälle mit hohem Produktinvolvement bezieht. Daher sind die übrigen Abstufungen zwischen

[636] Vgl. zu der Vorgehensweise Gröppel (1994), S. 383.

den Werten 2,7 und 5 nicht relevant. Diese Transformationsregel zur dichotomen Messung des kognitiven und emotionalen Produktinvolvements gilt auch bei der Bestimmung des Entscheidungstyps (s. Abbildung 48).

Bei der Beurteilung der Güte des Konstrukts **Informationsverhalten** gilt es, zunächst mithilfe einer explorativen Faktorenanalyse zu überprüfen, ob es sich um ein einoder mehrdimensionales Konstrukt handelt. Die faktorenanalytische Eignung der Items kann als gegeben angesehen werden: bei einen KMO-Wert von 0,7 sowie einem signifikanten (p = 0,000) Chi^2-Wert von 260,9 bei 6 Freiheitsgraden des Bartlett-Tests. Nach der explorativen Faktorenanalyse wurde ein Faktor extrahiert, der 49,2% der Gesamtvarianz erklärt. Der Anteil der erklärten Gesamtvarianz liegt knapp unter der Grenze von 50%, wird aber als noch ausreichend für eine explorative Untersuchung angesehen. Eine Extraktion eines zweiten Faktors, mit einem Eigenwert von 0,74, würde zwar den Anteil der erklärten Gesamtvarianz auf 67,7% erhöhen, ist aber aus theoretischen und methodischen Gesichtspunkten sowie aus Plausibilitätsüberlegungen nicht sinnvoll. Die Reliabilitätsanalyse ergab einen akzeptablen Cronbach's Alpha-Wert von 0,7.[637] Die Ergebnisse der Faktorenanalyse und der Reliabilitätsanalyse sind in Abbildung 50 zusammenfassend dargestellt. Auf der Basis dieser Werte ist die Aggregation der Indikatoren zu einem Informationsverarbeitungs-Index zulässig. Dafür wird der Mittelwert der vier Items für eine Auskunftsperson gebildet.

Items	Faktor 1	Cronbach's Alpha
gründlich informieren	0,727	**0,7**
Information in mehreren Geschäften	0,766	
Suche nach einem Produkt, das 100% überzeugt	0,703	
Zeit für die Kaufentscheidung	0,666	
Eigenwert	1,965	
Varianzerklärungsanteil	49,12	

Abbildung 50: Faktorenstruktur des Konstrukts Informationsverarbeitungstiefe

6.2.2 Hypothesenprüfung

Die Hypothese $\mathbf{H_{Inv.1}}$ postuliert, dass „zu der Gruppe der Multi-Channel-Kunden häufiger hoch involvierte Kunden gehören als zur Gruppe der Single-Channel-Kunden". Die Gruppierung in Single-Channel- und Multi-Channel-Kunden fand nach den bekannten Kriterien statt: nach dem Kanal, in dem die Information stattfand, und dem

637 Siehe zur Reliabilitätsanalyse des Konstrukts auch Anhang A.3.2

Kanal, in dem das Produkt gekauft wurde.

Zur Überprüfung der Hypothese wurde ein **Chi²-Unabhängigkeitstest** durchgeführt. Wie bereits in Kapitel 5.2.2.2 beschrieben, überprüft der Chi²-Unabhängigkeitstest die statistische Nullhypothese, dass die betrachteten Variablen voneinander unabhängig sind, indem er die beobachtbaren und erwarteten Häufigkeiten analysiert.[638] Abbildung 51 gibt die Kreuztabelle zwischen den Kanalnutzungsmustern und der (dichotomisierten) Höhe des Produktinvolvements wieder. Die **Hypothese $H_{Inv.1}$ muss abgelehnt werden.** Der Chi²-Test ergibt, dass kein signifikanter Zusammenhang zwischen einem hohen Produktinvolvement und der Anzahl der genutzten Kanäle besteht (χ^2 = 0,001; df = 1; p = 0,980).

Kanalnutzung \ Hohes Produkt-Involvement		ja	nein	gesamt
Single-Channel-Kunden	Anzahl	51	302	353
	%	**14,4%**	**85,6%**	**100%**
Multi-Channel-Kunden	Anzahl	16	94	110
	%	**14,5%**	**85,5%**	**100%**
gesamt	Anzahl	67	396	463
	%	**14,5%**	**85,5%**	**100%**

Abbildung 51: Kreuztabelle zwischen der Höhe des Produktinvolvements und der Kanalnutzung im Mehrkanalsystem

Hypothese **$H_{Inv.2}$** postuliert, dass „im Rahmen eines extensiven oder limitierten Kaufentscheidungsprozesses häufiger mehrere Kanäle genutzt werden (Multi-Channel-Nutzung) als bei den habitualisierten oder impulsiven Kaufprozessen". Auch der Zusammenhang zwischen dem Kaufentscheidungstyp und der Anzahl der genutzten Kanäle des Mehrkanalsystems wurde durch einen Chi²-Unabhängigkeitstest überprüft. Der Chi²-Test hat bestätigt, dass ein hoch signifikanter Zusammenhang besteht (χ^2 = 15,642; df = 3; p = 0,001). Die **Hypothese $H_{Inv.2}$ muss aber teilweise abgelehnt werden**: Im Falle eines **extensiven** Kaufentscheidungsprozesses kombinieren Kunden überdurchschnittlich oft unterschiedliche Kanäle des Mehrkanalsystems, um sich zu informieren und zu kaufen (Multi-Channel-Kunden). Im Gegensatz dazu scheint es im Falle **limitierter** Kaufprozesse, bei denen das emotionale Involvement definitionsgemäß gering ist, keinen signifikanten Unterschied zwischen der Single- und Multi-Channel-Nutzung zu geben. Im Falle impulsiver Kaufentscheidungsprozesse werden unterdurchschnittlich oft mehrere Kanäle im Rahmen eines Kaufprozes-

[638] Siehe zum Chi²-Unabhängigkeitstest auch Fußnote 582.

ses benutzt. Dieses Ergebnis scheint nicht verwunderlich, da es in der Natur der impulsiven Kaufentscheidungen liegt, dass Kunden auf einen Reiz am POP sofort reagieren und kaufen.

Kanalnutzung \ Kaufentscheidungsprozess		extensiv	limitiert	habitualisiert	impulsiv	gesamt
Single-Channel-Kunden	Anzahl	38	34	152	81	305
	%	**12,5 %**	**11,1 %**	**49,8 %**	**26,6 %**	**100 %**
	Stand. Res.	*-1,4*	*0,5*	*-0,2*	*1,1*	
Multi-Channel-Kunden	Anzahl	24	6	47	12	89
	%	**27,0 %**	**6,7 %**	**52,8 %**	**13,5 %**	**100 %**
	Stand. Res.	***2,7***	*-1,0*	*0,3*	***-2,0***	
gesamt	Anzahl	62	40	199	93	394
	%	**15,7 %**	**10,2 %**	**50,5 %**	**23,6 %**	**100 %**

Abbildung 52: Kaufentscheidungsprozess und Kanalnutzung in dem Mehrkanalsystem

<u>Zusammenfassend</u> kann festgehalten werden, dass unterschiedliche Kanäle den Kunden in unterschiedlichem Maße für die Beschaffung von Informationen sowie für den Kauf geeignet erscheinen. Ein hohes Produktinvolvement alleine vermag aber noch kein Grund für die Nutzung unterschiedlicher Kanäle im Rahmen eines Kaufprozesses zu sein, wohl aber der Typ des Kaufprozesses. Bei extensiven Kaufentscheidungsprozessen, bei denen der Kunde unterschiedliche Kanäle nutzen möchte, zahlt es sich für den Multi-Channel-Retailer aus, dem Kunden innerhalb des Systems die Möglichkeit zur tieferen Information zu geben, um ihn nicht an die Wettbewerber zu verlieren. Abbildung 53 fasst die Ergebnisse der Hypothesenprüfung zusammen.

Hyp.-Nr.	Aussage der Hypothese	Empirisch gestützt?
$H_{Inv.1}$	Zu der Gruppe der Multi-Channel-Kunden gehören häufiger hoch involvierte Kunden als zur Gruppe der Single-Channel-Kunden.	**nein**
$H_{Inv.2}$	Handelt es sich um einen extensiven oder limitierten Kaufentscheidungsprozess, dann werden häufiger im Rahmen dieses Kaufprozesses mehrere Kanäle genutzt (Multi-Channel-Nutzung) als bei den habitualisierten oder impulsiven Kaufprozessen.	**teilweise**

Abbildung 53: Ergebnisse der Hypothesenprüfung zum Zusammenhang zwischen dem Involvement, dem Typ des Kaufentscheidungsprozesses und der Kanalnutzung

6.3 Einkaufsmotive

In diesem Kapitel wird das Einkaufsmotiv-Konstrukt nach der beschriebenen Vorgehensweise operationalisiert und beurteilt, sowohl als Gesamtkonstrukt als auch für die einzelnen Einkaufsmotive. Anschließend werden die aufgestellten Hypothesen statistisch überprüft.

6.3.1 Operationalisierung der Konstrukte

a) Erhebung der Einkaufsmotive

Grundlage für die Operationalisierung der Einkaufsmotive sind die in Kapitel 4.3.3.3 besprochenen Erkenntnisse aus der Literatur sowie die Ergebnisse der explorativen Untersuchung (Fokusgruppen und Einzelinterviews), die in Kapitel 4.3.3.4 als beispielhafte Statements dargestellt wurden. Die Fragen zu den Einkaufsmotiven befanden sich im Fragebogen in zwei unterschiedlichen Themenbereichen. Der erste Bereich enthielt allgemeine Statements zu den Einkaufsmotiven. Die Befragten wurden gebeten, sich zum Einkaufen im Allgemeinen zu äußern (Frage 4). Es war ihnen an dieser Stelle der Befragung nicht bekannt, dass weitere Fragen eine bestimmte Handelsunternehmung betrafen. Der zweite Themenbereich hatte Fragen zum Gegenstand, die sich auf einen ganz bestimmten, zurückliegenden (in der Regel letzten) Kaufvorgang bezogen. Für diesen bestimmten Kaufvorgang wurde auch die Nutzung der Kanäle zur Information und zum Kauf erhoben.

Nun stellt sich die Frage, ob diese Vorgehensweise sinnvoll ist. Diese Frage kann bejaht werden: Die allgemeine Erhebung der Einkaufsmotive ist aus zwei Gründen sinnvoll. Zum einen zeigt die Mehrzahl der Untersuchungen zu den Einkaufsmotiven, dass „these need states are assumed relatively enduring characteristics of individuals, hence manifesting themselves on a regular basis over a wide range of shopping occasions"[639]. Manche Autoren, wie z.B. GRÖPPEL (1994)[640], setzen daher Einkaufsmotive sogar mit dem personenspezifischen Involvement gleich.
Ein weiterer Grund ist, dass Motive dem Kunden nicht immer bewusst sind. Oder wenn sie bewusst sind, kommt es häufig vor, dass Kunden aus Prestigegründen direkt gestellte Fragen nicht oder nicht wahrheitsgemäß beantworten. Würde man ei-

---

639 Weestbrook/Black (1985), S. 87, ähnlich auch Babin/Dardeen/Griffin (1994).
640 Vgl. Gröppel (1994), S. 387.

nen Verbraucher direkt nach den Einkaufsmotiven in einer spezifischen Situation fragen, dann ist das Risiko groß, Artefakte zu generieren.[641] Folgendes Beispiel soll dies verdeutlichen: Es mag sein, dass für eine einsame Rentnerin das „Einkaufengehen" und sich mit dem Verkaufspersonal zu unterhalten die einzigen Möglichkeiten zur sozialen Interaktion sind. Würde man sie direkt danach fragen: „Sind sie in dieses Geschäft gegangen, weil Sie sich mit der Verkäuferin unterhalten wollten?", dann ist es fraglich, ob sie dem zugestimmt hätte, auch wenn es der Wahrheit entspricht. Es ist denkbar, dass sie versuchen würde, rationale, rollenkonforme Gründe zu nennen. Aus diesem Grund empfiehlt es sich, auf direkte Fragen zu Gunsten indirekter Fragestellungen (auch psychotaktisch-zweckmäßige Befragungsweise genannt) zu verzichten.[642] Anstelle zu fragen: „Sind Sie in diesem Fall einkaufen gegangen, weil sie unter Menschen sein wollten?" (was vom Befragten auch so interpretiert werden könnte: „weil Sie sehr einsam sind?"), sollte allgemeiner formuliert werden: „Ich finde es gut, beim Einkaufen unter Menschen zu kommen."

Aufgrund dieser Überlegungen wurden bei der Datenerhebung die Statements zu den Einkaufsmotiven, die sich nicht direkt auf ein Produkt beziehen (Erlebnisorientierung, Convenienceorientierung, Risikoabneigung und Unabhängigkeitsorientierung), allgemein erhoben (Frage 4). Die Statements zu den Einkaufsmotiven, die sich auf ein Produkt beziehen (Preisorientierung, Qualitätsorientierung, Beratungsorientierung), wurden dagegen auf das tatsächliche Produkt bzw. den realen Kaufvorgang bezogen (Frage 14). Die Statements zur Messung der Einkaufsmotive wurden auf einer 5er-Ratingskala (von 1 „trifft voll und ganz zu" bis 5 „trifft überhaupt nicht zu") gemessen.

Die folgende, vorläufige Zuordnung der Statements zu den einzelnen Einkaufsmotiven erfolgte auf Basis theoretischer Überlegungen. Erst durch die explorative Faktorenanalyse und anschließende Konstruktbeurteilung werden die Statements endgültig einem Einkaufsmotiv zugeordnet oder ggf. aus der Untersuchung entfernt.

---

641 Vgl. Hammann/Erichson (1994), S. 80 ff.

642 Vgl. Hüttner (1989), S. 57 f. Aus dem gleichen Grund wurden im Rahmen der Gruppendiskussionen auch projektive Techniken eingesetzt, um die möglichen Einkaufsmotive zu sammeln.

Vorläufige Statements zur Operationalisierung der Einkaufsmotive:

Erlebnisorientierung[643]

- Einkaufen ist für mich auch Freizeitbeschäftigung.
- Mir macht Einkaufen Spaß, unabhängig von den Dingen, die ich kaufen muss.
- Beim Einkaufen hole ich mir Anregungen darüber, was es Neues gibt.
- Ich unterhalte mich gerne mit den Verkäuferinnen / dem Verkaufspersonal.
- Ich finde es gut, beim Einkaufen unter Menschen zu kommen.
- Ich finde es gut, beim Einkaufen Freunde oder Bekannte zu treffen.

Convenienceorientierung

- Ich gehe nur dann in ein Geschäft, wenn ich etwas Bestimmtes kaufen möchte.
- Ich habe genaue Vorstellungen von den Sachen, die ich kaufen will.
- Einkaufen bedeutet für mich Stress.
- Ich möchte so wenig Zeit wie möglich mit Einkaufen verbringen.
- Ich mag beim Einkaufen keine lange Wege.
- Ich erledige gerne mehrere Einkäufe auf einem Einkaufsweg.

Unabhängigkeitsorientierung

- Beim Kauf eines solchen Artikels ist es mir wichtig, rund um die Uhr einkaufen zu können (unabhängig von den Öffnungszeiten der Geschäfte).
- Ich finde es angenehm, von zu Hause aus einzukaufen.

Risikoabneigung

Produktbezogene Risikoabneigung

- Bei einer Bestellung ist das Risiko groß, dass das Produkt nicht der Abbildung entspricht.
- Bei einer Bestellung ist das Risiko groß, dass das Produkt nicht passt.

Personenbezogene Risikoabneigung

- Ich gebe ungern beim Einkaufen meine persönlichen Daten an.

Zahlungsbezogene Risikoabneigung

- Es ist mir zu unsicher, meine Kreditkartennummer im Internet anzugeben.
- Bei einer Bestellung ist das Risiko groß, dass die Rechnung nicht stimmt.

---

643 Der Aspekt „Selbstbelohnung“ wurde nach dem Pretest nicht weiter berücksichtigt.

Abwicklungsbezogene Risikoabneigung
- Bei einer Bestellung ist das Risiko groß, dass ich die falsche Ware erhalte.
- Bei einer Bestellung ist das Risiko groß, dass die Ware nicht geliefert wird.
- Bei einer Bestellung ist das Risiko groß, dass die Ware zu spät geliefert wird.

Preisorientierung
Preisorientierung i.e.S.
- Beim Kauf eines solchen Artikels finde ich es toll, wenn ich ein Schnäppchen machen kann.
- Beim Kauf eines solchen Artikels kommt es mir vor allem auf ein gutes Preis-Leistungs-Verhältnis an.

Smart-Shopping-Orientierung
- Beim Kauf eines solchen Artikels kaufe ich gerne Sonderangebote.
- Beim Kauf eines solchen Artikels ist der Preis das ausschlaggebende Argument beim Kauf.

Qualitätsorientierung
Beim Kauf eines solchen Artikels ...
- achte ich in erster Linie auf Qualität und weniger auf den Preis.
- bin ich auch bereit, für eine bessere Qualität mehr zu zahlen.
- ist es wichtig, vor dem Kauf die Produkte anzufassen und anprobieren zu können.

Beratungsorientierung
Beim Kauf eines solchen Artikels ...
- ist mir Beratung wichtig.
- bin ich bereit, für eine entsprechende Beratung einen höheren Preis zu bezahlen.

b) Konstruktbestimmung und -beurteilung

Zur Bestimmung des Einkaufsmotivkonstrukts wurde eine explorative Faktorenanalyse durchgeführt. Die Ergebnisse der Faktorenanalyse[644] sind in Abbildung 54 dargestellt.

[644] Die Faktorenanalyse wurde mit folgenden Einstellungen durchgeführt: Zur Faktorenextraktion wurde die Hauptkomponentenanalyse gewählt. Als Rotationsverfahren wurde das schiefwinklige Verfahren „Oblimin mit Kaiser-Normalisierung" eingesetzt. Dieses Rotationsverfahren ist in diesem Fall sinnvoller als das orthogonale Verfahren, weil davon auszugehen ist, dass die Einkaufsmotive nicht unabhängig voneinander sind.

Indikatoren	Faktoren									
	1	2	3	4	5	6	7	8	9	10
	EO	RA1	CO	BO	SO	RA 2	QO	RA 3	UO	PO
Erlebnisorientierung										
Spaß am Einkaufen	**0,780**									
Kontakt zu Menschen	**0,702**									
Anregungen über Neues erhalten	**0,573**									
Einkaufen als Freizeitbeschäftigung[a]	**0,554**		**-0,478**							
Unterhaltung mit dem Verkaufspersonal	**0,492**			0,411						
Einkaufen als Stress	**-0,475**									
Freunde treffen	**0,455**			0,423						
Risikoabneigung (RA1) Abwicklung										
Nichtlieferung der Ware		**0,810**								
Rechnung stimmt nicht		**0,770**								
falsch gelieferte Ware		**0,717**								
Ware wird zu spät geliefert		**0,666**								
Convenienceorientierung										
wenig Zeit mit Einkaufen verbringen			**0,716**							
etwas Bestimmtes kaufen wollen			**0,692**							
klare Vorstellungen über den Kauf			**0,663**							
mehrere Einkäufe auf einem Weg			**0,518**							
Beratungsorientierung										
ist mir Beratung wichtig				**0,736**						
einen höheren Preis für Beratung zahlen				**0,620**						
Smart-Shopping-Orientierung										
Schnäppchen-Suche					**0,778**					
gutes Preis-Leistungs-Verhältnis					**0,654**					
Kauf von Sonderangeboten					**0,614**					0,402
Risikoabneigung (RA 2) Produkt										
Produkt passt nicht						**0,855**				
Produkt entspricht nicht der Abbildung						**0,846**				
Qualitätsorientierung[b]										
bereit, für bessere Qualität zu zahlen							**-0,718**			
Qualität wichtiger als Preis							**-0,702**			
Produkt vor dem Kauf anfassen							**-0,574**			
Risikoabneigung (RA 3) Person										
keine Angabe von persönlichen Daten								**0,822**		
keine Angabe der Kreditkarten-Nr. im Internet								**0,640**		
keine langen Wege beim Einkaufen[a]			**0,450**					**0,507**		
Streben nach Unabhängigkeit										
von zu Hause aus einkaufen									**0,788**	
rund um die Uhr einkaufen									**0,663**	
Preisorientierung i.e.S.										
Preis als ausschlaggebendes Kaufargument										**0,711**

	Faktoren									
	1	2	3	4	5	6	7	8	9	10
	EO	**RA1**	**CO**	**BO**	**SO**	**RA 2**	**QO**	**RA 3**	**UO**	**PO**
Eigenwert	3,36	2,89	2,56	1,83	1,57	1,47	1,38	1,10	1,04	1,01
Varianzerklärungsanteil	10,82	9,33	8,22	5,90	5,06	4,63	4,46	3,55	3,35	3,26
Kumulierter Varianzerklärungsanteil	10,82	20,16	28,38	34,28	39,34	43,97	48,43	51,98	55,33	58,59
Cronbach's Alpha	**0,7**	**0,8**	**0,7**	**0,4**	**0,5**	**0,8**	**0,5**	**0,4**	**0,5**	**-**

EO = Erlebnisorientierung, **RA1** = abwicklungsbezogene Risikoabneigung,
CO = Convenienceorientierung, **BO** = Beratungsorientierung, **SO** = Smart-Shopping-Orientierung,
RA2 = produktbezogene Risikoabneigung, **QO** = Qualitätsorientierung,
RA3 = personenbezogene Risikoabneigung, **UO** = Unabhängigkeitsorientierung,
PO = Preisorientierung i.e.S.

Faktorladungen < |0,4| wurden nicht angezeigt. Bei der Interpretation der Faktoren und Berechnung des Mittelwerts wurden nur die fett gedruckten Statements berücksichtigt (mit einer Faktorladung ≥ 0,45).

[a] Statement wurde bei der Interpretation beider Faktoren berücksichtigt.
[b] Die Minuszeichen bei den drei Faktorladungen sind aufgrund der Oblimin-Rotation entstanden und nicht inhaltlich zu interpretieren.

n = 525

Abbildung 54: Ergebnisse der explorativen Faktorenanalyse für das Konstrukt Einkaufsmotive

Die explorative Faktorenanalyse gibt Auskunft darüber, inwieweit die vorgenommene Zuordnung der 31 Statements zu den sieben Motiven sich in den empirischen Daten widerspiegelt. Im Vorfeld der Analyse wurde der Datensatz auf seine grundsätzliche Eignung für die explorative Faktorenanalyse überprüft: Das Kaiser-Meyer-Olkin-Kriterium ergibt mit 0,72, dass die vorliegenden Daten „ziemlich gut“ für eine Faktorenanalyse geeignet sind.[645] Auch der Bartlett-Test (ungefähres Chi^2 = 2791,17; df = 465; p = 0,000) bestätigt dies.

Für die Interpretation der Faktoren (Mittelwertberechnung) sollen nur diejenigen Items berücksichtigt werden, deren Ladung auf einen Faktor aufgerundet gleich oder höher 0,45 ist.[646] Die Hauptkomponentenanalyse nach dem Kaiser-Kriterium legt eine Lösung mit zehn Faktoren nahe.[647] Das Einkaufsmotiv *Preisorientierung* weist, wie angenommen, eine zweifaktorielle Struktur auf. Entgegen der Annahme weist

645 Vgl. Backhaus et al. (2003), S. 276.
646 Siehe hierzu auch die Anmerkungen in Fußnote 604.
647 Nach dem Kaiser-Kriterium entspricht die Anzahl der zu extrahierenden Faktoren der Zahl der Faktoren mit einem Eigenwert höher als 1 (vgl. Backhaus et al. (2003), S. 295).

das Konstrukt *Risikoabneigung* nicht eine vierfaktorielle, sondern eine dreifaktorielle Struktur auf.

I. Beurteilung der Messung des Gesamtkonstrukts Einkaufsmotive

Das extrahierte zehnfaktorielle Modell erklärt 59% der Varianz der Daten und liegt somit über dem angeforderten Schwellenwert von 50%. Die *Reliabilität* des gesamten Konstrukts ist als hinreichend hoch zu bewerten: Die Cronbach's Alpha-Werte für Faktoren mit drei oder weniger Indikatoren liegen über der Grenze von 0,4 (mit Werten zwischen 0,4 und 0,8) und für Faktoren mit mehr als drei Indikatoren liegen sie über der Grenze von 0,7 (mit Werten zwischen 0,7 und 0,8).[648]

Das Kriterium der *Konvergenzvalidität* ist erfüllt: Alle Indikatoren laden ausreichend hoch (≥ 0,45) auf einen Faktor. Auch die Anforderungen an die *Diskriminanzvalidität* sind erfüllt: alle Indikatoren weisen hinsichtlich der anderen Faktoren niedrigere Faktorladungen auf. Bei vier (von 31) Indikatoren liegt die Differenz der Faktorladungen auf zwei unterschiedlichen Faktoren unter 0,1 (hohe Querladungen). Allerdings werden nur zwei dieser Indikatoren zur Erklärung beider Faktoren herangezogen:[649]

- Der Indikator „Einkaufen als Freizeitbeschäftigung" lädt sowohl auf den Faktor „Erlebnisorientierung" als auch auf den Faktor „Convenienceorientierung" (mit umgekehrten Vorzeichen) höher als 0,45. Um zu vermeiden, dass wichtige Aspekte verloren gehen, wird dieser Indikator bei der Erklärung beider Einkaufsmotive berücksichtigt.
- Der Indikator „Ich mag beim Einkaufen keine langen Wege" lädt sowohl auf den Faktor „Convenienceorientierung" als auch auf das Einkaufsmotiv „personenbezogene Risikoabneigung" höher als 0,45. Daher wird auch dieses Statement bei der Erklärung beider Einkaufsmotive berücksichtigt.

<u>Zusammenfassend</u> kann festgehalten werden, dass das Gesamtkonstrukt Einkaufsmotive als reliabel und valide beurteilt wird.

---

648 An dieser Stelle sei auf die Möglichkeit einer sehr restriktiven Auslegung des Reliabilitätskriteriums hingewiesen: Der Schwellenwert für Cronbach's Alpha liegt für Faktoren mit zwei Indikatoren bei 0,5 und für Faktoren mit drei und mehr Indikatoren bei 0,7 (vgl. Peterson (1994), S. 390). Würde man dieser Auffassung folgen, dann würden sich statt zehn nur fünf Faktoren ergeben, die diese Kriterien erfüllen (Erlebnisorientierung, Convenienceorientierung, Unabhängigkeitsorientierung sowie abwicklungsbezogene (RA1) und produktbezogene Risikoabneigung (RA2)). In der vorliegenden Untersuchung werden die in Kapitel 6.1.1 festgelegten Schwellenwerte für das Reliabilitätskriterium angewandt.

649 Die beiden anderen Indikatoren mit hohen Querladungen werden nur zur Erklärung des Faktors herangezogen, auf den sie ausreichend hoch (≥ 0,45) laden.

II. Beurteilung der Messung der einzelnen Einkaufsmotive
Im Folgenden soll die Güte der jeweiligen Messungen für die einzelnen Einkaufsmotive beurteilt werden. Anhang A.4.2 gibt die Ergebnisse der Reliabilitätsanalyse wieder.

Erlebnisorientierung

Der Faktor Erlebnisorientierung hat den höchsten Eigenwert und auf ihn entfällt der höchste Anteil der erklärten Varianz in den Daten. Der Reliabilitätskoeffizient Alpha liegt über dem Schwellenwert von 0,7.

Convenienceorientierung

Der Faktor Convenienceorientierung hat den dritthöchsten Eigenwert und erklärt 8,2% der Varianz in den Daten. Der Reliabilitätskoeffizient Alpha liegt (nach dem Aufrunden) über dem Schwellenwert von 0,7.

Unabhängigkeitsorientierung

Wie schon im theoretischen Part angenommen, bilden die „place"- und „schedule"-Convenience in Zusammenhang mit dem Distanzkauf ein eigenständiges Einkaufsmotiv, die „Unabhängigkeitsorientierung". Der Reliabilitätskoeffizient Alpha liegt über dem Schwellenwert von 0,4 (für Konstrukte mit drei oder weniger Items).

Risikoabneigung

Bei der Risikoabneigung handelt es sich nicht, wie angenommen, um vier, sondern um drei Faktoren. Der erste Faktor *„abwicklungsbezogene Risikoabneigung"* (RA 1) fasst solche Aspekte der Risikoabneigung zusammen, die im Zusammenhang mit der Abwicklung einer Bestellung und Lieferung der Ware stehen.
Die *„produktbezogene Risikoabneigung"* (RA 2) fasst solche Risikoaspekte zusammen, die sich daraus ergeben, dass das Produkt vor dem Kauf nicht physisch inspiziert werden kann und man sich auf die Angaben des Händlers verlassen muss.
Bei der personenbezogenen und der zahlungsbezogenen Risikoabneigung handelt es sich nicht um zwei unterschiedliche Risikoarten, sondern um eine. Dieser Faktor wird aus Gründen der Übersichtlichkeit im weiteren Verlauf der Arbeit nur *„personenbezogene Risikoabneigung"* (RA 3) genannt. Er umfasst einerseits die Risikoaspekte, die sich mit der persönlichen Sicherheit der Kunden beim Einkaufen befassen. Diese Aspekte beziehen sich nicht nur auf die Nutzung der Distanzkanäle, sondern auch auf die Nutzung der stationären Kanäle (wie z.B. die Angabe von persönlichen Daten beim Einkaufen). Es ist zwar überraschend, aber auch einleuchtend, dass Kunden

mit einer starken persönlichen Risikoabneigung auch lange Wege als unsicher betrachten (und damit die Gefahr verbinden, dass ihnen etwas auf dem Weg zustößt). Daher wird das Statement „Ich mag beim Einkaufen keine langen Wege“ auch zur Erklärung dieses Faktors berücksichtigt.
Andererseits wird auch die Abneigung der Kunden, ihre Kreditkartennummer im Internet anzugeben, durch diesen Risikofaktor erfasst.

Der Reliabilitätskoeffizient Alpha liegt für RA 3 über dem Schwellenwert von 0,4 (für Konstrukte mit drei oder weniger Items) und über 0,7 für die beiden anderen Motive RA 1 bzw. RA 2.

Preisorientierung und Smart-Shopping-Orientierung

Wie angenommen, laden die vier Statements, die zur Operationalisierung des Einkaufsmotivs Preisorientierung herangezogen wurden, auf zwei Faktoren: Der erste Faktor *„Smart-Shopping-Orientierung“* fasst diejenigen Aspekte der Preisorientierung zusammen, die auf einem Preis<u>würdigkeit</u>surteil der Kunden basieren. Der Faktor *„Preisorientierung im engeren Sinne“* besteht aus nur einem Indikator und reflektiert den Wunsch, günstig zu kaufen (Preis<u>günstigkeit</u>surteil). Der Reliabilitätskoeffizient Alpha für den Faktor Smart-Shopping-Orientierung liegt über dem Schwellenwert von 0,4 (für Konstrukte mit drei oder weniger Items).

Qualitätsorientierung

Der Wunsch, ein Produkt vor dem Kauf anzufassen bzw. anzuprobieren („Feel & Touch“), ist wie angenommen kein eigenständiges Einkaufsmotiv, sondern ein Aspekt der Qualitätsorientierung (als Maßnahme, mögliche Produktrisiken abzubauen). Der Reliabilitätskoeffizient liegt mit 0,5 (nach Aufrundung) über dem Schwellenwert von 0,4 (für Konstrukte mit drei oder weniger Items).[650]

650 Aus dem Anhang A.4.2 ist ersichtlich, dass sich der Reliabilitätskoeffizient für die Qualitätsorientierung bei einer Elimination des Statements „Produkt vor dem Kauf anfassen/anprobieren“ auf 0,54 verbessern würde. Auf eine Elimination wird aber verzichtet, da der Koeffizient bereits über dem Schwellenwert von 0,4 liegt.

Beratungsorientierung

Das Bedürfnis, Beratungsleistungen des Anbieters in Anspruch zu nehmen, ist, wie bereits bei der Konzeptualisierung der Einkaufsmotive angenommen, ein eigenständiges Einkaufsmotiv. Der Reliabilitätskoeffizient erreicht nach der Aufrundung knapp den Schwellenwert von 0,4 (für Konstrukte mit drei oder weniger Items).[651]

Zusammenfassend kann festgehalten werden, dass die durchgeführte explorative Faktorenanalyse der 31 Statements eine zehnfaktorielle Struktur der Einkaufsmotive ergab. Diese zehn Einkaufsmotive sind Erlebnisorientierung, Convenienceorientierung, Unabhängigkeitsorientierung, abwicklungsbezogene Risikoabneigung (RA 1), produktbezogene Risikoabneigung (RA 2) sowie personenbezogene Risikoabneigung (RA 3), Smart-Shopping-Orientierung, Preisorientierung im engeren Sinne, Qualitätsorientierung und Beratungsorientierung. Die Überprüfung der Reliabilität und Validität für die zehn Einkaufsmotive ergibt, dass sie die Anforderungen erfüllen.

6.3.2 Hypothesenprüfung

6.3.2.1 Beschreibung der Kundengruppen anhand der Einkaufsmotive

Wie bereits in Kapitel 5.2.2 dargestellt, wurden die Kunden in Abhängigkeit von den Kanälen, in denen sie sich vor dem Kauf informiert und anschließend gekauft haben, gruppiert. Sechs Gruppen haben eine für statistische Auswertungen relevante Größe (n > 30): die Single-Channel-Kundengruppen (FL+FL), (BS+BS), (LS+LS), (KT+KT) und (ON+ON) sowie die Multi-Channel-Kundengruppe (ON+FL). Abbildung 55 beschreibt die Kundengruppen anhand der zehn Einkaufsmotive.[652] Da die Einkaufsmotive mit derselben Skala gemessen wurden (1 bis 5), erlaubt die Tabelle auch Aussagen über die Rangfolge der Motive in einer Kundengruppe. In der Spalte „Gesamt"

---

651 Um diese Situation zu „umgehen", könnte ein Statement eliminiert werden, so dass dieses Motiv eine Single-Item-Messung erfahren würde. Auf eine Eliminierung des Statements „bin ich auch bereit, für eine entsprechende Beratung einen höheren Preis zu bezahlen" (das von den beiden Statements die niedrigere Faktorladung aufweist) wird jedoch verzichtet. Wir sind der Auffassung, dass auch eine Erreichung des Schwellenwerts nach Aufrundung die gestellten Anforderungen an das Kriterium erfüllt.

652 Dazu wurde der arithmetische Mittelwert pro Kundengruppe berechnet. Um Verzerrungen zu vermeiden, die aus der unterschiedlichen Anzahl an Indikatoren pro Faktor (Einkaufsmotiv) resultieren, wurde jedes Einkaufsmotiv über den Faktormittelwert aggregiert. Die Faktorenmittelwerte wurden als arithmetischer Mittelwert der absoluten Werte aller zum Motiv gehörenden Items, mit einer Faktorladung von 0,45 und größer, berechnet. Basis ist jeweils die Skala von 1 bis 5.

wurden die durchschnittlichen Werte über alle Kundengruppen hinweg dargestellt.[653]

Kundengruppe / Einkaufsmotiv	Durchschnitt		FL+FL (n = 157)		LS+LS (n = 66)		BS+BS (n = 32)		KT+KT (n = 59)		ON+ON (n = 40)		ON+FL (n = 31)	
	MW	**R**	**MW**	**R**	**MW**	**R**	**MW**	**R**	**MW**	**R**	**MW**	**R**	**MW**	**R**
SO	1,67	**1**	1,65	**1**	1,73	**1**	1,52	**1**	1,75	**1**	1,61	**1**	1,74	**1**
RA3	2,21	**2**	2,25	**3**	2,14	**2**	2,09	**2**	2,19	**3**	2,33	**3**	2,15	**2**
CO	2,28	**3**	2,45	**4**	2,22	**4**	2,16	**3**	2,08	**2**	2,19	**2**	2,19	**3**
QO	2,30	**4**	2,22	**2**	2,16	**3**	2,27	**4**	2,43	**4**	2,63	**5**	2,31	**4**
EO	2,70	**5**	2,54	**5**	2,78	**6**	2,56	**5**	2,89	**7**	2,88	**7**	2,86	**6**
RA2	2,77	**6**	2,74	**6**	2,74	**5**	2,55	**5**	2,76	**6**	3,15	**8**	2,81	**5**
UO	3,24	**7**	3,47	**8**	3,27	**8**	3,33	**8**	3,07	**8**	2,56	**4**	3,16	**7**
PO	3,78	**8**	2,96	**7**	3,11	**7**	2,68	**7**	2,59	**5**	2,88	**6**	3,26	**8**
BO	3,78	**9**	3,58	**9**	4,01	**10**	3,87	**10**	3,97	**10**	3,78	**9**	3,92	**10**
RA1	3,82	**10**	3,75	**10**	3,83	**9**	3,57	**9**	3,91	**9**	4,20	**10**	3,77	**9**

SO = Smart-Shopping-Orientierung, **RA3** = personenbezogene Risikoabneigung, **CO** = Convenienceorientierung, **QO** = Qualitätsorientierung, **EO** = Erlebnisorientierung, **RA2** = produktbezogene Risikoabneigung, **UO** = Unabhängigkeitsorientierung, **PO** = Preisorientierung i.e.S., **BO** = Beratungsorientierung, **RA1** = abwicklungsbezogene Risikoabneigung.

FL = Filiale, **LS** = Shop im Lebensmitteleinzelhandel, **BS** = Shop in Bäckerei, **KT** = Katalog, **ON** = Online-Shop. Mit **(ON+FL)** werden diejenigen Kunden bezeichnet, die sich im Rahmen eines Kaufprozesses im Online-Shop informieren und anschließend in der Filiale kaufen.

Abbildung 55: Beschreibung der Kundensegmente anhand der Einkaufsmotive

Für den ersten und zum Teil für den letzten Rang ergibt sich über alle Kundengruppen hinweg ein einheitliches Bild: Das stärkste Motiv für alle Kundengruppen ist die *Smart-Shopping-Orientierung.* Dieses Ergebnis ist nicht verwunderlich, bedenkt man, dass es sich bei dem betrachteten Multi-Channel-Retailer um einen Partievermarkter handelt. Die größte Stärke der Partievermarkter ist aus Kundensicht deren gutes Preis-Leistungs-Verhältnis.[654] Die *Preisorientierung i.e.S.* ist im Gegensatz zu der *Smart-Shopping-Orientierung* nicht so stark ausgeprägt (Ränge zwischen 5 und 8). Für die Kunden scheint billig allein nicht so bedeutend zu sein, wie das bereits erwähnte gute Preis-Leistungs-Verhältnis.

[653] Diese Ergebnisse werden stark von der Gruppe der Filial-Kunden (FL+FL) beeinflusst, die 41% der Kunden ausmachen.

[654] Siehe hierzu auch die Ausführungen zum Partievermarktungskonzept in Kapitel 2.3.2.1

Die beiden letzten Ränge teilen sich (je nach Kundengruppe) die Einkaufsmotive *abwicklungsbezogene Risikoabneigung* (RA 1) und *Beratungsorientierung*. Ein Grund, weswegen das Einkaufsmotiv *Beratungsorientierung* für die Befragten eine nicht so wichtige Rolle im Vergleich zu den anderen Motiven spielt (9. und 10. Rang), könnte die sortimentspolitische Besonderheit der untersuchten Unternehmung sein. Die angebotenen Produkte sind in der Mehrzahl der Fälle wenig beratungsintensiv.
Die relative „Unwichtigkeit" des Einkaufsmotivs *abwicklungsbezogene Risikoabneigung* (RA1) deutet darauf hin, dass die Befragten bereit sind, diese Risiken auf sich zu nehmen. Bedenkt man, dass bei der Erhebung der Indikatoren zur *abwicklungsbezogenen Risikoabneigung* (RA 1) den Befragten noch nicht klar war, um welche Handelsunternehmung es sich handelt, deutet dies auf ein Vertrauen der deutschen Kunden in die Distanzhändler hin. Dies kann auch durch den im internationalen Vergleich hohen Anteil des Distanzhandels in Deutschland erklärt werden. Demgegenüber scheint die *personenbezogene Risikoabneigung* (RA 3) für alle Segmente sehr hoch zu sein (Rang 2 bzw. 3). Die Kunden scheinen ein allgemeines Misstrauen zu haben, wenn es um die Weitergabe von persönlichen Daten und/oder der Kreditkarten-Nummer geht, unabhängig von dem Kanal, in dem sie sich informieren und kaufen. Auch hier gilt, dass bei der Erhebung dieses Einkaufsmotivs den Befragten noch nicht klar war, um welche Unternehmung es sich handelt.

Es ist keine Überraschung, dass für die Kunden, die beide Phasen des Kaufprozesses in den Distanzkanälen abwickeln ((KT+KT) und (ON+ON)), die *Convenienceorientierung* das zweitstärkste Einkaufsmotiv darstellt. Auch für die anderen Gruppen spielt dieses Motiv eine bedeutende Rolle (3. bzw. 4. Rang). Überraschend ist, dass bei dem Einkaufsmotiv *Unabhängigkeitsorientierung* sich die beiden Distanzkauf-Segmente deutlich unterscheiden: Für die (KT+KT)-Kunden scheint dieses Motiv eine genauso unbedeutende Rolle zu spielen wie für die Kunden, die sich stationär informieren und kaufen (Rang 8). Auch für die Multi-Channel-Kunden (ON+FL) spielt dieses Einkaufsmotiv keine so herausragende Rolle (Rang 7). Im Gegensatz dazu spielt die *Unabhängigkeitsorientierung* für das (ON+ON)-Segment eine bedeutendere Rolle (Rang 4 nach den Motiven Smart-Shopping-Orientierung, Convenienceorientierung und personenbezogene Risikoabneigung (RA 3)). Ähnlich verhält es sich mit dem Motiv *produktbezogene Risikoabneigung (RA 2):* Während dieses Motiv bei den (KT+KT)-Kunden einen ähnlichen Rang belegt wie bei den stationären Kunden (Rang 6), ist es bei den (ON+ON)-Kunden schwächer ausgeprägt und belegt lediglich Rang 8.

Erstaunlich zu sein scheint, dass das Motiv *Erlebnisorientierung* nur auf eine Mittelplatzierung kommt (zwischen dem 5. und dem 7. Rang). Dieses Ergebnis scheint im Widerspruch zu der Aussage zu stehen, dass Erlebnisorientierung einer der wichtigsten aktuellen Trends darstellt. Die Verfasserin sieht dies nicht als einen Widerspruch. Angesichts der Vielzahl an Möglichkeiten zur Freizeitgestaltung (manche sprechen sogar von „Freizeitstress") scheinen die Kunden andere Möglichkeiten zur Befriedigung dieses Bedürfnisses als geeigneter einzuschätzen als „Einkaufengehen". Des Weiteren kann es sein, dass die Produkte und/oder Einkaufsstätten des untersuchten Multi-Channel-Retailers nicht besonders zur Befriedigung dieses Einkaufsmotivs geeignet sind. Es darf nicht vergessen werden, dass die untersuchte Unternehmung ein Partievermarkter ist, auch wenn sie in ihrer Kommunikation eine emotionale Kundenansprache befolgt.

6.3.2.2 Wirkung der Einkaufsmotive

6.3.2.2.1 Überblick

Die einzelnen Kundengruppen (Verhaltensmuster) lassen sich nun daraufhin untersuchen, ob sie sich signifikant bezüglich der Einkaufsmotive unterscheiden. An dieser Stelle gilt es, ein Verfahren zur Überprüfung der in Kapitel 4.3.3.5 formulierten Hypothesen auszuwählen. Zur inferenzstatistischen Beurteilung der Mittelwertunterschiede zwischen den als unabhängig zu betrachtenden Nutzungsgruppen eignet sich der **U-Test nach Mann und Whitney.** Der U-Test nach Mann und Whitney ist eine verteilungsfreie Teststatistik zur Überprüfung von Mittelwertunterschieden. Der U-Test nach Mann und Whitney testet die Nullhypothese, dass die Mittelwertunterschiede zwischen den einzelnen Gruppen nur zufällig, d.h. statistisch nicht signifikant, sind.[655] Einen Überblick über die Ergebnisse der Signifikanzprüfung mithilfe des U-Tests (ein- bzw. zweiseitig) für alle Kundengruppen im Vergleich gibt Anhang A.4.3 Die gerichtet formulierten Hypothesen wurden einseitig getestet und die Ergebnisse sind in den Tabellen grau hinterlegt.

Als alternative Verfahren zur Mittelwertanalyse kommen noch die einfaktorielle Varianzanalyse (ANOVA), der t-Test sowie die Diskriminanzanalyse in Frage. Die **einfaktorielle Varianzanalyse** kommt nicht zum Einsatz, weil dieses Verfahren erfordert, dass die abhängige Variable metrisches Skalenniveau aufweisen muss. Dies ist im

655 Vgl. Eckstein (2000), S. 162 ff.

vorliegenden Fall nicht gegeben: Die abhängige Variable (Nutzung der Kanäle zur Information und zum Kauf) weist lediglich nominales Skalenniveau auf.

Der **t-Test** für zwei unabhängige Stichproben ist ein weiteres Testverfahren zur Überprüfung von Mittelwertunterschieden. Dieses Verfahren setzt eine Normalverteilung der unabhängigen Variablen voraus. Zwar ergibt ein durchgeführter Kolmogorov-Smirnoff-Test[656] ($p < 0{,}001$), dass einzelne Items zur Messung der Einkaufsmotive nicht normalverteilt sind. Der t-Test gilt aber bei nicht zu kleinen Stichproben auch bei der Verletzung der Normalitätsprämisse als robust.[657] Da die Fallzahl in den einzelnen Gruppen über 30 liegt, kann diese Voraussetzung als erfüllt angesehen werden. Abweichend davon fordern manche Autoren bei Verletzung der Normalitätsprämisse eine Mindestfallzahl von 50.[658] In der vorliegenden Untersuchung wurde parallel zum U-Test nach Mann und Whitney auch ein t-Test durchgeführt. Die Ergebnisse der Signifikanzprüfung mithilfe des t-Tests (ein- bzw. zweiseitig) für alle Kundengruppen im Vergleich sind im Anhang A.4.4 dargestellt. Wendet man zur Überprüfung der Hypothesen den (ein- oder zweiseitigen, je nach Fragestellung) t-Test an, so zeigen sich kaum Unterschiede zum U-Test nach Mann und Whitney: Von 150 Paarvergleichen für die einzelnen Einkaufsmotive fallen nur 12 Vergleiche unterschiedlich aus (diese Fälle sind im Anhang A.4.4 *kursiv* dargestellt):

- Bei zwei Paarvergleichen gibt es eine Verbesserung von dem Niveau „nicht signifikant" (n.s.) auf „schwach signifikant" (*).
- Bei zwei Paarvergleichen gibt es eine Verbesserung von dem Niveau „schwach signifikant" (*) auf „signifikant" (**).
- Bei fünf Paarvergleichen gibt es eine Verbesserung von dem Niveau „signifikant" (**) auf „hoch signifikant" (***).
- Bei drei Paarvergleichen gibt es eine Verschlechterung von dem Niveau „hoch signifikant" (***) auf „signifikant" (**).

Da es in der Literatur keine einheitliche Auffassung über die Mindestfallgröße beim Einsatz des t-Tests bei Verletzung der Normalitätsprämisse gibt, werden im Folgenden bei der Besprechung der Hypothesenprüfung nur die Ergebnisse des U-Tests nach Mann und Whitney dargestellt.

---

656 Der Kolmogorov-Smirnoff-Test dient der Überprüfung der Verteilungsform einer Variablen (vgl. zur Durchführung des Tests u.a. Bühl/Zöfel (2000), S. 310).

657 Vgl. u.a. Bücker (1997), S. 208.

658 Vgl. Eckstein (2000), S. 135 ff.

Die **Diskriminanzanalyse** ist ein multivariates Verfahren, mit dessen Hilfe die Unterschiedlichkeit von zwei oder mehreren Gruppen hinsichtlich einer Mehrzahl von metrisch skalierten Variablen untersucht werden kann.[659/660] Im Rahmen der Diskriminanzanalyse wird eine Diskriminanzfunktion formuliert und geschätzt (hier als Kombination der Einkaufsmotive), die eine optimale Trennung zwischen den Gruppen und eine Prüfung der diskriminatorischen Bedeutung der Merkmalsvariablen (Einkaufsmotive) ermöglicht.[661] Das gebräuchlichste Kriterium zur Prüfung der Unterschiedlichkeit von Gruppen (Diskriminanz) ist die Testgröße Wilks' Lambda. *Wilks' Lambda* lässt sich dadurch berechnen, dass die „nicht erklärte Streuung" durch die Gesamtstreuung geteilt wird. Durch seine Transformation in eine probabilistische Variable wird eine statistische Signifikanzprüfung der Diskriminanzfunktion möglich.[662]

Der Einsatz der Diskriminanzanalyse kommt für die vorliegende Untersuchung grundsätzlich in Frage. Da die Hypothesen bezüglich der Einkaufsmotive sich jeweils nur auf ein Merkmal (= Einkaufsmotiv) beziehen, ist jedoch ihre Anwendung weniger geeignet als die Durchführung der beiden besprochenen Tests.[663]

Sinnvoll ist der alternative Einsatz der Diskriminanzanalyse zur Überprüfung der Haupthypothese $\mathbf{H_{EKM1}}$. Die zu testende Nullhypothese lautet in diesem Fall: „Die sechs Kundengruppen unterscheiden sich nicht signifikant in den Einkaufsmotiven." Die Diskriminanzanalyse kommt zu einem ähnlichen Ergebnis wie die durchgeführten U-Tests nach Mann und Whitney bzw. die t-Tests. Der Test über *Wilks' Lambda* ergibt, dass sich die mittleren Werte der Diskriminanzfunktion in den sechs Gruppen hoch signifikant ($p < 0{,}001$) voneinander unterscheiden (siehe Anhang A.4.5). Dies führt dazu, dass die Hypothese $\mathbf{H_{EKM1}}$ **nicht abgelehnt werden kann**.

Betrachtet man die Trennschärfe der einzelnen Einkaufsmotive zwischen allen Nutzungsmustern, dann unterscheiden sich die sechs Kundengruppen signifikant hinsichtlich sechs Einkaufsmotiven: Unabhängigkeitsorientierung ($p < 0{,}009$), Convenienceorientierung ($p < 0{,}009$), lieferbezogene Risikoabweichung (RA 1) ($p < 0{,}047$), Erlebnisorientierung ($p < 0{,}004$), Qualitätsorientierung ($p < 0{,}059$) und Beratungsori-

---

659 Vgl. Backhaus et al. (2000), S. 146.

660 In der jüngeren Vergangenheit wird als alternatives Verfahren zur Diskriminanzanalyse die „logistische Regression" herangezogen. Dieses Verfahren kommt für die vorliegende Untersuchung nicht zum Einsatz, da eine seiner wesentlichen Voraussetzungen, die Unabhängigkeit der Regressoren (hier Einkaufsmotive), verletzt ist (vgl. Krafft (1999), S. 239 ff.).

661 Vgl. Backhaus et al. (2000), S. 151.

662 Vgl. Bühl/Zöfel (2000), S. 430.

663 Vgl. Backhaus et al. (2000), S. 146.

entierung ($p < 0,026$). Diese Reihenfolge entspricht der diskriminierenden Bedeutung der einzelnen Einkaufsmotive für die Diskriminanzfunktion (standardisierte kanonische Diskriminanzkoeffizienten).[664]

Wie sich die einzelnen Kundengruppen hinsichtlich der Einkaufsmotive unterscheiden, zeigen die Ergebnisse des U-Tests nach Mann und Whitney im Anhang A.4.3. Die Einkaufsmotive variieren

- erstens zwischen den stationär ausgerichteten Verhaltensweisen (FL+FL), (LS+LS) und (BS+BS),
- zweitens zwischen den nichtstationär ausgerichteten Verhaltensweisen (ON+ON) und (KT+KT) sowie
- drittens zwischen den Kundengruppen, die ausschließlich einen stationären oder einen nichtstationären Kanal nutzen.

Zwei Beispiele für motivationale Unterschiede innerhalb des stationären bzw. des nichtstationären Kanals: Die (FL+FL)-Kunden sind stärker erlebnisorientiert als die (LS+LS)-Kunden. Ein Grund hierfür mag darin liegen, dass Filialen teilweise mit einer Coffee Bar ausgestattet sind und ihren Kunden damit mehr Einkaufserlebnisse vermitteln. Die (ON+ON)-Kunden werden mehr durch Unabhängigkeit zur Nutzung des Kanals motiviert als die (KT+KT)-Kunden und haben eine geringere abwicklungsbezogene Risikoabneigung. Auf die einzelnen Unterschiede soll im Rahmen der weiteren Hypothesenprüfung eingegangen werden. Auch die Multi-Channel-Kunden (ON+FL) unterscheiden sich signifikant von den beiden Gruppen der Single-Channel-Kunden (FL+FL) und (ON+ON).

Da die Gruppe der Multi-Channel-Kunden, die einen stationären Kanal zur Information und einen nichtstationären Kanal zum Kauf nutzen (FL+ON), für statistische Auswertungen nicht hinreichend vertreten ist, können die dazugehörenden Hypothesen nicht überprüft werden.

6.3.2.2.2 Erlebnisorientierung

Abbildung 56 wiederholt die in Kapitel 4.3.3.5.2 formulierten Hypothesen zur Stärke der Erlebnisorientierung in den einzelnen Kundengruppen. Abbildung 57 zeigt die Ausprägungen des Einkaufsmotivs Erlebnisorientierung in den einzelnen Kundengruppen und Abbildung 58 die Ergebnisse der dazugehörenden Mann-Whitney-

---

[664] Vgl. Backhaus et al. (2000), S. 196.

Tests.

Hyp.-Nr.	Single-Channel-Nutzung Aussage der Hypothese	Hyp.-Nr.	Multi-Channel-Nutzung 1 (ON+FL) Aussage der Hypothese
E1	(FL+FL) = (BS+BS)	**E5**	(ON+FL) = (ON+ON)
E2	(FL+FL) > (LS+LS) (BS+BS) > (LS+LS)	**E6**	(ON+FL) < (FL+FL)
E3	(ON+ON) < (FL+FL) (ON+ON) < (BS+BS) (ON+ON) < (LS+LS) (KT+KT) < (FL+FL) (KT+KT) < (BS+BS) (KT+KT) < (LS+LS)		
E4	(ON+ON) > (KT+KT)		

FL = Filiale, **LS** = Shop im Lebensmitteleinzelhandel, **BS** = Shop in Bäckerei, **KT** = Katalog, **ON** = Online-Shop.

„=“ gleich stark erlebnisorientiert / „<“ weniger erlebnisorientiert / „>“ stärker erlebnisorientiert

Lesebeispiel: Hypothese H_{E6} sagt aus, dass Kunden, die sich im Online-Shop informieren und in der Filiale kaufen (ON+FL), weniger erlebnisorientiert sind als die Kunden, die sich in der Filiale informieren und dort auch kaufen (FL+FL).

Abbildung 56: Überblick über die Hypothesen zur Erlebnisorientierung

An dieser Stelle sei daran erinnert, dass ein hoher absoluter Mittelwert aufgrund der Skalierung (1 = sehr stark ausgeprägt bis 5 = sehr schwach ausgeprägt) auf eine niedrige Ausprägung des Einkaufsmotivs hindeutet: Um z.B. die Hypothese $\mathbf{H_{E6}}$ beibehalten zu können [(ON+FL) < (FL+FL)], muss der absolute Wert der Erlebnisorientierung für die Gruppe (ON+FL) größer sein als der absolute Wert der Erlebnisorientierung für die Gruppe (FL+FL). Dies ist, wie Abbildung 57 zeigt, der Fall: (2,86 > 2,54), was denn Schluss zulässt, dass die Kunden, die sich im Online-Shop informieren und in der Filiale kaufen (ON+FL), weniger erlebnisorientiert sind als die Kunden, die sich in der Filiale informieren und dort auch kaufen (FL+FL). Aus Abbildung 58 ist ersichtlich, dass dieser Unterschied mit einer Irrtumswahrscheinlichkeit von p = 0,011 signifikant ist (einseitiger Mann-Whitney-Test). Aus diesem Grund kann die Hypothese $\mathbf{H_{E6}}$ beibehalten werden.

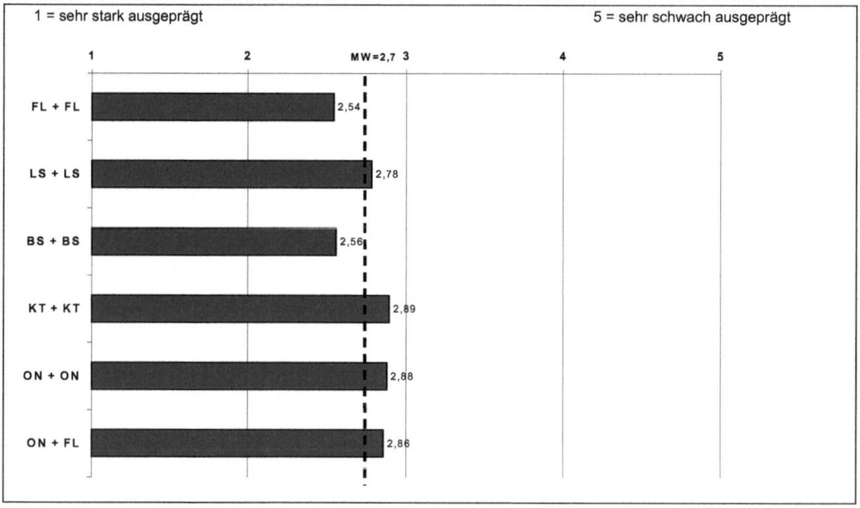

Abbildung 57: Ausprägungen der Erlebnisorientierung in den Kundengruppen

	LS+LS (n = 66)		BS+BS (n = 32)		KT+KT (n = 59)		ON+ON (n = 40)		ON+FL (n = 31)	
	p	Signif.	p	Signif.	p	Signif.	p	Signif.	p	Signif.
FL+FL (n = 157)	**0,022**	**	0,974	n.s.	**0,001**	***	**0,002**	***	**0,011**	**
LS+LS			0,113	n.s.	0,218	n.s.	0,300	n.s.	0,810	n.s.
BS+BS					**0,038**	**	0,052	*	0,168	n.s.
KT+KT							0,395	n.s.	0,604	n.s.
ON+ON									0,675	n.s.

FL = Filiale, **LS** = Shop im Lebensmitteleinzelhandel, **BS** = Shop in Bäckerei, **KT** = Katalog, **ON** = Online-Shop. Mit **(ON+FL)** werden diejenigen Kunden bezeichnet, die sich im Rahmen eines Kaufprozesses im Online-Shop informieren und anschließend in der Filiale kaufen.

*** signifikant p < 0,01; ** signifikant p < 0,05; * signifikant p < 0,10; n.s. nicht signifikant

Die Ergebnisse des einseitigen Tests sind grau hinterlegt. Sonst wurde zweiseitig getestet.

Abbildung 58: Ergebnisse des Mann-Whitney-Tests für die Erlebnisorientierung

Die Hypothese H_{E1} **kann nicht abgelehnt werden** und wird beibehalten: Die beiden stationären Kundengruppen (FL+FL) und (BS+BS) unterscheiden sich nicht voneinander im Hinblick auf das Einkaufsmotiv Erlebnisorientierung.

Die Hypothese H_{E2} **muss zum Teil abgelehnt werden**: Zwar ist bei den stationären Kundengruppen (FL+FL) und (BS+BS) das Motiv Erlebnisorientierung stärker ausgeprägt als bei der (LS+LS)-Kundengruppe. Signifikante Unterschiede lassen sich aber nur bei den Filial-Kunden (FL+FL) feststellen. Es ist davon auszugehen, dass die unterschiedlich großen Fallzahlen hier eine Rolle spielen.[665]

Die Hypothese H_{E3} **muss zum Teil abgelehnt werden**: Zwar sind die Kunden des Distanzhandels hoch signifikant weniger erlebnisorientiert als die Filial-Kunden (FL+FL). Auch im Vergleich zu den Bäckerei-Kunden (BS+BS) gibt es einen signifikanten bzw. schwach signifikanten Unterschied im Vergleich zu den Distanzhandelskunden. Keine signifikanten Unterschiede lassen sich bei diesem Motiv zwischen der (LS+LS)-Kundengruppe und den Kunden des Distanzhandels feststellen. Hier könnte das schon oben angesprochene Argument zum Tragen kommen, dass Spaß und Freude beim Einkauf vor allem durch das Vorhandensein der Coffee Bars und des Verkaufspersonals in den Filialen und den Bäckereien ausgelöst werden. Sie bieten sowohl Entspannung als auch Anlass für Kommunikation und damit Erlebnis.

Die Hypothese H_{E4} **muss abgelehnt werden**: Die Kunden des Distanzhandels, die sich im Online-Shop informieren und auch dort kaufen (ON+ON), unterscheiden sich nicht von der Gruppe der Katalog-Kunden (KT+KT) im Hinblick auf ihre Erlebnisorientierung. Beide Distanzkanäle scheinen genauso gut bzw. schlecht den Wunsch nach sozialer Interaktion und nach Stimulierung zu erfüllen.

Die Hypothesen H_{E5} **und** H_{E6} **können nicht abgelehnt werden** und werden beibehalten. Die Multi-Channel-Kunden (ON+FL) unterscheiden sich bezüglich ihrer Erlebnisorientierung hoch signifikant von den Single-Channel-Filial-Kunden (FL+FL), aber nicht von den Single-Channel-Online-Kunden (ON+ON).

6.3.2.2.3 Convenienceorientierung

Abbildung 59 stellt die in Kapitel 4.3.3.5.3 formulierten Hypothesen zur Wirkung der Convenienceorientierung dar. Abbildung 60 zeigt die Ausprägungen des Einkaufsmotivs Convenienceorientierung in den einzelnen Kundengruppen und Abbildung 61 die Ergebnisse der dazugehörenden Mann-Whitney-Tests.

---

665 An dieser Stelle sei noch einmal darauf hingewiesen, dass der U-Test nach Mann und Whitney nicht die absoluten Mittelwerte miteinander vergleicht, sondern als Rangsummentest empfindlich bei Unterschieden zwischen den Medianen ist (vgl. Eckstein (2000), S. 162 f.).

Hyp.-Nr.	Single-Channel-Nutzung Aussage der Hypothese	Hyp.-Nr.	Multi-Channel-Nutzung 1 (ON+FL) Aussage der Hypothese
C1	(FL+FL) < (BS+BS) (FL+FL) < (LS+LS) (FL+FL) < (KT+KT) (FL+FL) < (ON+ON)	**C5**	(ON+FL) = (ON+ON)
C2	(BS+BS) = (LS+LS)	**C6**	(ON+FL) > (FL+FL)
C3	(ON+ON) = (KT+KT)		
C4	(ON+ON) > (FL+FL) (ON+ON) > (BS+BS) (ON+ON) > (LS+LS) (KT+KT) > (FL+FL) (KT+KT) > (BS+BS) (KT+KT) > (LS+LS)		

FL = Filiale, **LS** = Shop im Lebensmitteleinzelhandel, **BS** = Shop in Bäckerei, **KT** = Katalog, **ON** = Online-Shop.

„=“ gleich stark convenienceorientiert / „<“ weniger convenienceorientiert / „>“ stärker convenienceorientiert

Lesebeispiel: Hypothese H_{C6} sagt aus, dass Kunden, die sich im Online-Shop informieren und in der Filiale kaufen (ON+FL), stärker convenienceorientiert sind als die Kunden, die sich in der Filiale informieren und dort auch kaufen (FL+FL).

Abbildung 59: Überblick über die Hypothesen zur Convenienceorientierung

Die Hypothese **H_{C1} kann nicht abgelehnt werden** und wird beibehalten: Bei den Single-Channel-Kunden der Filiale (FL+FL) ist das Motiv der Convenienceorientierung signifikant schwächer ausgeprägt als bei allen anderen Kunden.

Die Hypothese **H_{C2} kann nicht abgelehnt werden** und wird beibehalten: Kunden, die sich in der Bäckerei informieren und dort auch kaufen (BS+BS), sind genauso stark convenienceorientiert wie die Kunden, die sich im Lebensmitteleinzelhandel informieren und dort auch kaufen (LS+LS).

Die Hypothese **H_{C3} kann nicht abgelehnt werden**: Beide Gruppen der Single-Channel-Distanzkunden, das sind die (ON+ON)- und die (KT+KT)-Kunden, sind gleich stark convenienceorientiert.

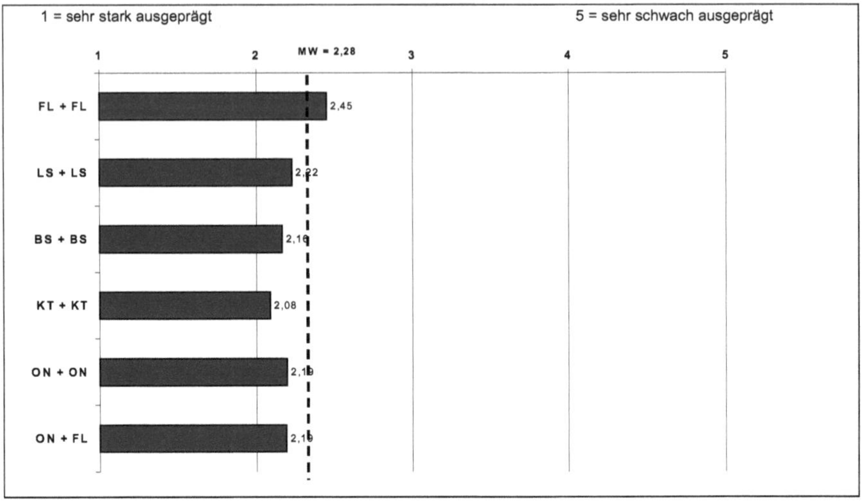

Abbildung 60: Ausprägungen der Convenienceorientierung in den Kundengruppen

	LS+LS (n = 66)		BS+BS (n = 32)		KT+KT (n = 59)		ON+ON (n = 40)		ON+FL (n = 31)	
	p	Signif.	p	Signif.	p	Signif.	p	Signif.	p	Signif.
FL+FL (n = 157)	**0,010**	**	**0,021**	**	**0,001**	***	**0,020**	**	**0,023**	**
LS+LS			0,817	n.s.	0,163	n.s.	0,447	n.s.	0,84	n.s.
BS+BS					0,346	n.s.	0,402	n.s.	0,95	n.s.
KT+KT							0,497	n.s.	0,528	n.s.
ON+ON									0,963	n.s.

FL = Filiale, **LS** = Shop im Lebensmitteleinzelhandel, **BS** = Shop in Bäckerei, **KT** = Katalog, **ON** = Online-Shop. Mit **(ON+FL)** werden diejenigen Kunden bezeichnet, die sich im Rahmen eines Kaufprozesses im Online-Shop informieren und anschließend in der Filiale kaufen.

*** signifikant p < 0,01; ** signifikant p < 0,05; * signifikant p < 0,10; n.s. nicht signifikant

Die Ergebnisse des einseitigen Tests sind grau hinterlegt. Sonst wurde zweiseitig getestet.

Abbildung 61: Ergebnisse der Mann-Whitney-Tests für die Convenienceorientierung

Die Hypothese H_{C4} **muss abgelehnt werden**: Bei den Kunden der nichtstationären Kanäle ((ON+ON) und (KT+KT)) ist das Motiv Convenienceorientierung signifikant (bzw. hoch signifikant) stärker ausgeprägt als bei den (FL+FL)-Kunden. Signifikante Unterschiede zu den beiden anderen Formaten des stationären Einzelhandels (BS, LS) lassen sich aber nicht feststellen. Eine mögliche Erklärung ist, dass diese beiden stationären Formate (BS, LS) auch Verbundkäufe mit Waren erlauben, die nicht zum Angebot des Multi-Channel-Retailers gehören (vor allem Lebensmittel). Somit sind mehr Ansatzpunkte für Convenience vorhanden als bei den Filialen, wo der Kunde nur die Waren der untersuchten Unternehmung erhalten kann.

Die Hypothesen **H_{C5} und H_{C6} können nicht abgelehnt werden.** Die Multi-Channel-Kunden, das sind die Kunden, die sich im Online-Shop informieren und in der Filiale kaufen (ON+FL), sind ähnlich stark convenienceorientiert wie Kunden, die sich im Online-Shop informieren und dort auch kaufen (ON+ON). Auf der anderen Seite sind sie signifikant stärker convenienceorientiert als die Kunden, die sich in der Filiale informieren und dort auch kaufen (FL+FL).

6.3.2.2.4 Unabhängigkeitsorientierung

Abbildung 62 gibt einen Überblick über die in Kapitel 4.3.3.5.4 formulierten Hypothesen zur Wirkung der Unabhängigkeitsorientierung. Abbildung 63 zeigt die Ausprägungen des Einkaufsmotivs Unabhängigkeitsorientierung in den einzelnen Kundengruppen und Abbildung 64 die Ergebnisse der dazugehörenden Mann-Whitney-Tests.

Hyp.-Nr.	Single-Channel-Nutzung Aussage der Hypothese	Hyp.-Nr.	Multi-Channel-Nutzung 1 (ON+FL) Aussage der Hypothese
U1	(FL+FL) = (BS+BS) = (LS+LS)	**U4**	(ON+FL) < (ON+ON)
U2	(ON+ON) > (FL+FL) (ON+ON) > (BS+BS) (ON+ON) > (LS+LS) (KT+KT) > (FL+FL) (KT+KT) > (BS+BS) (KT+KT) > (LS+LS)	**U5**	(ON+FL) > (FL+FL)
U3	(ON+ON) = (KT+KT)		

FL = Filiale, **LS** = Shop im Lebensmitteleinzelhandel, **BS** = Shop in Bäckerei, **KT** = Katalog, **ON** = Online-Shop.

„=“ gleich stark unabhängigkeitsorientiert / „<“ weniger unabhängigkeitsorientiert / „>“ stärker unabhängigkeitsorientiert

Lesebeispiel: Hypothese **H_{U5}** sagt aus, dass Kunden, die sich im Online-Shop informieren und in der Filiale kaufen (ON+FL), stärker unabhängigkeitsorientiert sind als die Kunden, die sich in der Filiale informieren und dort auch kaufen (FL+FL).

Abbildung 62: Überblick über die Hypothesen zur Unabhängigkeitsorientierung

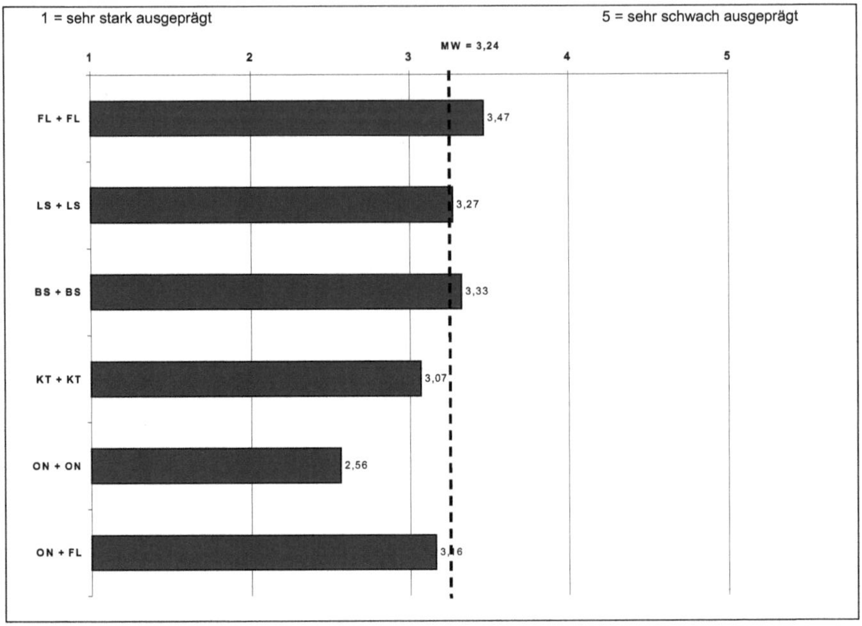

Abbildung 63: Ausprägungen des Einkaufsmotivs Unabhängigkeitsorientierung in den Kundengruppen

	LS+LS (n = 66)		BS+BS (n = 32)		KT+KT (n = 59)		ON+ON (n = 40)		ON+FL (n = 31)	
	p	Signif.	p	Signif.	p	Signif.	p	Signif.	p	Signif.
FL+FL (n = 157)	0,254	n.s.	0,628	n.s.	**0,018**	**	**0,000**	***	**0,079**	*
LS+LS			0,807	n.s.	0,188	n.s.	**0,002**	***	0,673	n.s.
BS+BS					0,178	n.s.	**0,007**	***	0,561	n.s.
KT+KT							**0,049**	**	0,707	n.s.
ON+ON									**0,019**	**

FL = Filiale, **LS** = Shop im Lebensmitteleinzelhandel, **BS** = Shop in Bäckerei, **KT** = Katalog, **ON** = Online-Shop. Mit **(ON+FL)** werden diejenigen Kunden bezeichnet, die sich im Rahmen eines Kaufprozesses im Online-Shop informieren und anschließend in der Filiale kaufen.

*** signifikant p < 0,01; ** signifikant p < 0,05; * signifikant p < 0,10; n.s. nicht signifikant

Die Ergebnisse des einseitigen Tests sind grau hinterlegt. Sonst wurde zweiseitig getestet.

Abbildung 64: Ergebnisse der Mann-Whitney-Tests für die Unabhängigkeitsorientierung

Die Hypothese H_{U1} **kann nicht abgelehnt werden**: Kunden, die sich in einem der drei stationären Kanäle informieren und dort auch kaufen ((FL+FL), (LS+LS) und

(BS+BS)), unterscheiden sich nicht signifikant voneinander bezüglich der Unabhängigkeitsorientierung.

Die Hypothese **H_{U2} muss zum Teil abgelehnt werden**: Das Einkaufsmotiv Unabhängigkeitsorientierung ist bei den (ON+ON)-Kunden am stärksten ausgeprägt. Die Unterschiede zu allen anderen Single-Channel-Kundengruppen sind hoch signifikant. Im Gegensatz dazu und entgegen unserer Annahme ist die Unabhängigkeitsorientierung der Versandhandelskunden (KT+KT) nur gegenüber den Filial-Kunden (FL+FL) signifikant stärker ausgeprägt, nicht aber im Vergleich zu den Kunden anderer stationärer Kanäle. Folgender Grund könnte für dieses Ergebnis verantwortlich sein. Im stationären Bereich empfinden die Kunden die Öffnungszeiten unterschiedlich restriktiv. Die Shop-in-Shop-Konzepte (Lebensmitteleinzelhandel, Bäckereien) passen mit ihren Öffnungszeiten besser zu den Einkaufszeiten der Kunden als die Filialen, die vielfach früher schließen als die Lebensmittelhändler und von denen die Kunden längere Öffnungszeiten in den Abendstunden erwarten als von Bäckereien.

Die Hypothese **H_{U3} muss abgelehnt werden**: Das Einkaufsmotiv Unabhängigkeitsorientierung ist bei den Versandhandelskunden signifikant schwächer als bei den Online-Kunden. Der Grund dafür könnte darin liegen, dass der elektronische Kanal mehr Unabhängigkeit (Gefühl der größeren Unmittelbarkeit) bietet als der Versandkatalog.

Die Hypothese **H_{U4} kann nicht abgelehnt werden**: Die Multi-Channel-Kunden, die sich im Online-Shop informieren und in der Filiale kaufen (ON+FL), sind signifikant weniger unabhängigkeitsorientiert als die Single-Channel-Online-Kunden (ON+ON).

Auch die Hypothese **H_{U5} kann nicht abgelehnt werden** und wird beibehalten: Kunden, die sich im Online-Shop informieren und in der Filiale kaufen (ON+FL), sind schwach signifikant unabhängigkeitsorientierter als die Kunden, die sich in der Filiale informieren und dort auch kaufen (FL+FL).

6.3.2.2.5 Risikoabneigung

Abbildung 65 gibt einen Überblick über die Hypothesen zur Wirkung der Risikoabneigung auf die Kanalwahl. Da bei der Hypothesenformulierung im Kapitel 4.3.3.5.5 keine Erkenntnisse vorlagen, die auf unterschiedliche Auswirkungen der verschiedenen Risikoarten auf die Nutzung der Kanäle hindeuteten, wurde jede einzelne Hypothese nur einmal formuliert. Sie gilt aber für jede einzelne Risikoart. Im Folgenden wird jede einzelne Hypothese getrennt für die *abwicklungsbezogene* (RA 1), für die *produktbezogene* (RA 2) sowie für die *personenbezogene* (RA 3) Risikoabneigung überprüft.

Hyp.-Nr.	**Single-Channel-Nutzung** **Aussage der Hypothese**	Hyp.-Nr.	**Multi-Channel-Nutzung 1 (ON+FL)** **Aussage der Hypothese**
H_{R1}	(FL+FL) = (BS+BS) = (LS+LS)	H_{R4}	(ON+FL) > (ON+ON)
H_{R2}	(ON+ON) < (FL+FL) (ON+ON) < (BS+BS) (ON+ON) < (LS+LS) (KT+KT) < (FL+FL) (KT+KT) < (BS+BS) (KT+KT) < (LS+LS)	H_{R5}	(ON+FL) = (FL+FL)
H_{R3}	(ON+ON) = (KT+KT)		

FL = Filiale, **LS** = Shop im Lebensmitteleinzelhandel, **BS** = Shop in Bäckerei, **KT** = Katalog, **ON** = Online-Shop.

„=“ gleich stark risikoabgeneigt / „<“ weniger risikoabgeneigt / „>“ stärker risikoabgeneigt

Lesebeispiel: Hypothese H_{R5} sagt aus, dass Kunden, die sich im Online-Shop informieren und in der Filiale kaufen (ON+FL), genauso stark risikoabgeneigt sind wie die Kunden, die sich in der Filiale informieren und dort auch kaufen (FL+FL).

Abbildung 65: Überblick über die Hypothesen zur Risikoabneigung

a) Abwicklungsbezogene Risikoabneigung (RA 1)

Die Ausprägungen der abwicklungsbezogenen Risikoabneigung in den einzelnen Kundengruppen werden in Abbildung 66 graphisch dargestellt. Abbildung 67 zeigt die Ergebnisse der dazugehörenden Mann-Whitney-Tests.

Die Hypothese H_{R1} **kann nicht abgelehnt werden**: Kunden, die sich in einem der drei stationären Kanäle informieren und dort auch kaufen ((FL+FL), (LS+LS) und (BS+BS)), unterscheiden sich nicht signifikant voneinander bezüglich der abwicklungsbezogenen Risikoabneigung.

Die Hypothese H_{R2} **muss teilweise abgelehnt werden**: Die (ON+ON)-Kunden haben im Vergleich zu allen stationär orientierten Kunden eine hoch signifikant bzw. signifikant geringere abwicklungsbezogene Risikoabneigung. Im Gegensatz zu den Online-Kunden weisen die (KT+KT)-Kunden bei der Risikoabneigung – mit einer Ausnahme – keine signifikanten Unterschiede zu den stationär orientierten Kunden auf. Die Ausnahme bezieht sich auf die (BS+BS)-Kunden, die im Hinblick auf die abwicklungsbezogenen Risiken schwach signifikant risikoabgeneigter sind als die (KT+KT)-Kunden.

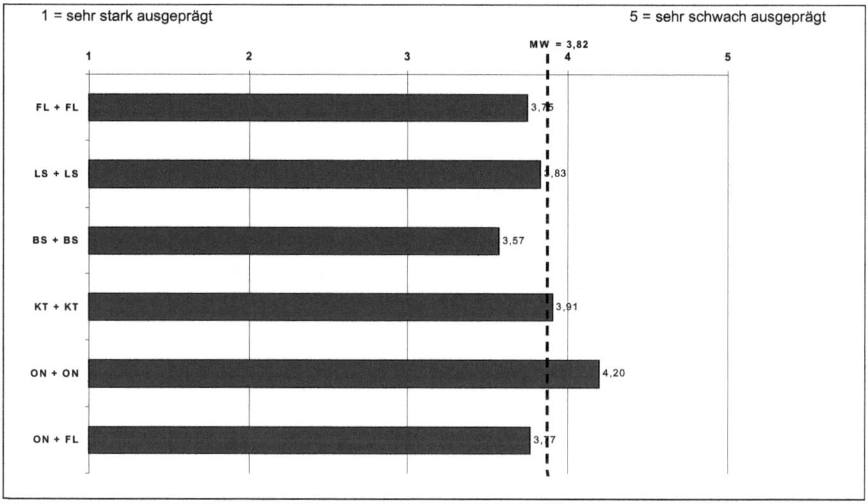

Abbildung 66: Ausprägungen des Einkaufsmotivs abwicklungsbezogene Risikoabneigung (RA 1) in den Kundengruppen

	LS+LS (n = 66)		BS+BS (n = 32)		KT+KT (n = 59)		ON+ON (n = 40)		ON+FL (n = 31)	
	p	Signif.	p	Signif.	p	Signif.	p	Signif.	p	Signif.
FL+FL (n = 157)	0,684	n.s.	0,344	n.s.	0,158	n.s.	**0,003**	***	0,978	n.s.
LS+LS			0,24	n.s.	0,347	n.s.	**0,011**	**	0,774	n.s.
BS+BS					**0,071**	*	**0,003**	***	0,437	n.s.
KT+KT							**0,085**	*	0,454	n.s.
ON+ON									**0,020**	**

FL = Filiale, **LS** = Shop im Lebensmitteleinzelhandel, **BS** = Shop in Bäckerei, **KT** = Katalog, **ON** = Online-Shop. Mit **(ON+FL)** werden diejenigen Kunden bezeichnet, die sich im Rahmen eines Kaufprozesses im Online-Shop informieren und anschließend in der Filiale kaufen.

*** signifikant p < 0,01; ** signifikant p < 0,05; * signifikant p < 0,10; n.s. nicht signifikant

Die Ergebnisse des einseitigen Tests sind grau hinterlegt. Sonst wurde zweiseitig getestet.

Abbildung 67: Ergebnisse der Mann-Whitney-Tests für die abwicklungsbezogene Risikoabneigung (RA1)

Die Hypothese H_{R3} **muss abgelehnt werden:** Die Gruppe der Katalog-Kunden (KT+KT) weist eine schwach signifikant höhere abwicklungsbezogene Risikoabneigung auf als die (ON+ON)-Kunden.

Die Hypothese H_{R4} **kann nicht abgelehnt werden**: Die Multi-Channel-Kunden (ON+FL) weisen bezüglich abwicklungsbezogener Risiken eine signifikant stärkere Abneigung auf als die Kunden, die sich im Online-Shop informieren und dort auch kaufen (ON+ON).

Auch die Hypothese H_{R5} **kann nicht abgelehnt werden**: Die Gruppe der Multi-Channel-Kunden (ON+FL) unterscheidet sich bezüglich ihrer abwicklungsbezogenen Risikoabneigung nicht signifikant von den Kunden, die sich in der Filiale informieren und dort auch kaufen (FL+FL).

b) Produktbezogene Risikoabneigung (RA 2)

Abbildung 68 gibt die Ausprägungen der produktbezogenen Risikoabneigung in den einzelnen Kundengruppen graphisch wieder und Abbildung 69 zeigt die Ergebnisse der dazugehörenden Mann-Whitney-Tests.

Die Hypothese H_{R1} **kann nicht abgelehnt werden**: Kunden, die sich in einem der drei stationären Kanäle informieren und dort auch kaufen ((FL+FL), (LS+LS) und (BS+BS)), unterscheiden sich nicht signifikant voneinander bezüglich der produktbezogenen Risikoabneigung.

Die Hypothese H_{R2} **muss teilweise abgelehnt werden:** Die (ON+ON)-Kunden haben im Vergleich zu allen stationären Kunden eine signifikant geringere produktbezogene Risikoabneigung. Im Gegensatz zu den Online-Kunden weisen die (KT+KT)-Kunden bei der produktbezogenen Risikoabneigung keine signifikanten Unterschiede zu den stationären Kunden auf.

Die Hypothese H_{R3} **kann nicht abgelehnt werden:** Die Gruppe der Katalog-Kunden (KT+KT) unterscheidet sich nicht signifikant von den (ON+ON)-Kunden bezüglich der produktbezogenen Risikoabneigung.

Die Hypothese H_{R4} **muss abgelehnt werden**: Die Multi-Channel-Kunden (ON+FL) unterscheiden sich nicht signifikant hinsichtlich ihrer produktbezogenen Risikoabneigung von den Kunden, die sich im Online-Shop informieren und dort auch kaufen (ON+ON).

Die Hypothese H_{R5} **kann nicht abgelehnt werden**: Die Gruppe der Multi-Channel-Kunden (ON+FL) unterscheidet sich bezüglich ihrer produktbezogenen Risikoabneigung nicht signifikant von den Kunden, die sich in der Filiale informieren und dort auch kaufen (FL+FL).

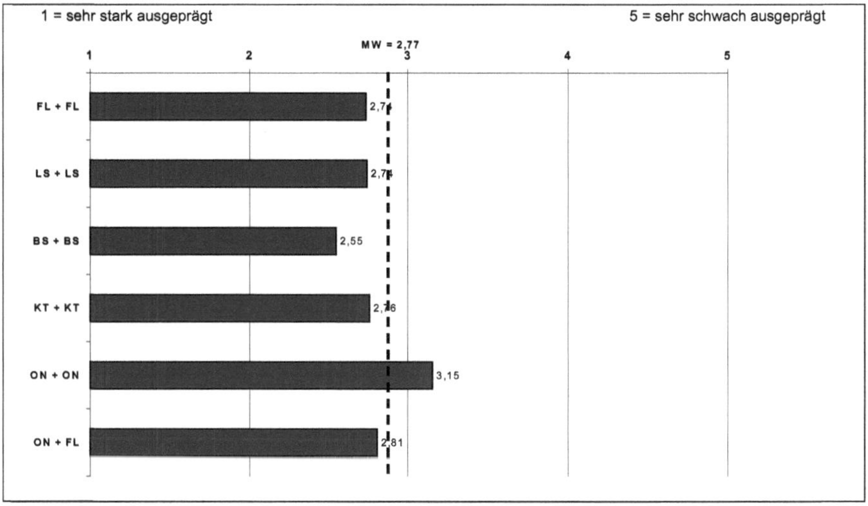

Abbildung 68: Ausprägungen des Einkaufsmotivs produktbezogene Risikoabneigung (RA2) in den Kundengruppen

	LS+LS (n = 66)		BS+BS (n = 32)		KT+KT (n = 59)		ON+ON (n = 40)		ON+FL (n = 31)	
	p	Signif.	p	Signif.	p	Signif.	p	Signif.	p	Signif.
FL+FL (n = 157)	0,97	n.s.	0,398	n.s.	0,356	n.s.	**0,021**	**	0,63	n.s.
LS+LS			0,448	n.s.	0,388	n.s.	**0,038**	**	0,68	n.s.
BS+BS					0,182	n.s.	**0,018**	**	0,342	n.s.
KT+KT							0,117	n.s.	0,864	n.s.
ON+ON									0,118	n.s.

FL = Filiale, **LS** = Shop im Lebensmitteleinzelhandel, **BS** = Shop in Bäckerei, **KT** = Katalog, **ON** = Online-Shop.

*** signifikant p < 0,01; ** signifikant p < 0,05; * signifikant p < 0,10; n.s. nicht signifikant

Die Ergebnisse des einseitigen Tests sind grau hinterlegt. Sonst wurde zweiseitig getestet.

Abbildung 69: Ergebnisse der Mann-Whitney-Tests für die produktbezogene Risikoabneigung (RA2)

c) Personenbezogene Risikoabneigung (RA 3)

Die Ausprägungen der personenbezogenen Risikoabneigung in den einzelnen Kundengruppen werden in Abbildung 70 graphisch dargestellt. Abbildung 71 zeigt die Ergebnisse der dazugehörenden Mann-Whitney-Tests.

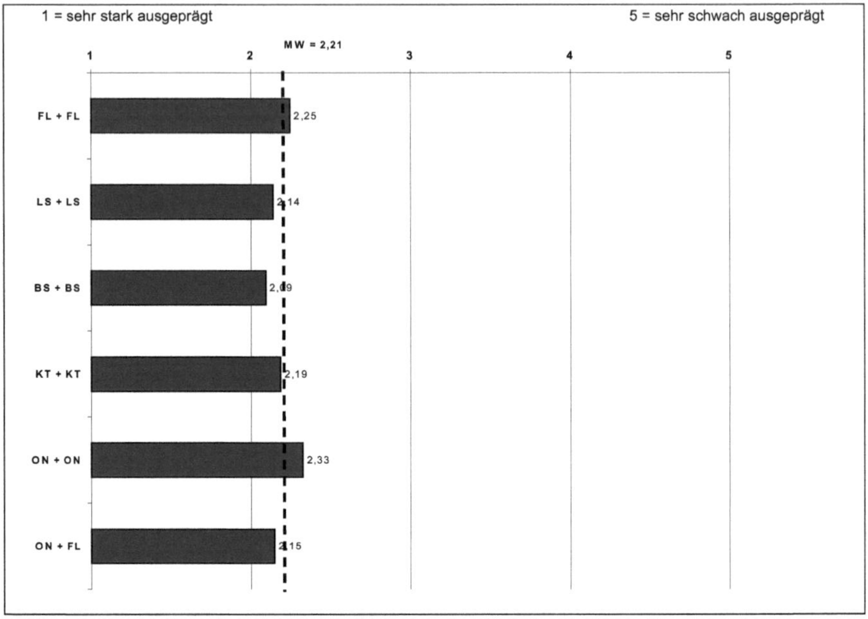

Abbildung 70: Ausprägungen des Einkaufsmotivs personenbezogene Risikoabneigung (RA3) in den Kundengruppen

	LS+LS (n = 66)		BS+BS (n = 32)		KT+KT (n = 59)		ON+ON (n = 40)		ON+FL (n = 31)	
	p	Signif.	p	Signif.	p	Signif.	p	Signif.	p	Signif.
FL+FL (n = 157)	0,362	n.s.	0,286	n.s.	0,309	n.s.	0,359	n.s.	0,615	n.s.
LS+LS			0,677	n.s.	0,379	n.s.	0,172	n.s.	0,851	n.s.
BS+BS					0,268	n.s.	0,138	n.s.	0,697	n.s.
KT+KT							0,505	n.s.	0,878	n.s.
ON+ON									0,237	n.s.

FL = Filiale, **LS** = Shop im Lebensmitteleinzelhandel, **BS** = Shop in Bäckerei, **KT** = Katalog, **ON** = Online-Shop.

*** signifikant p < 0,01; ** signifikant p < 0,05; * signifikant p < 0,10; n.s. nicht signifikant

Die Ergebnisse des einseitigen Tests sind grau hinterlegt. Sonst wurde zweiseitig getestet.

Abbildung 71: Ergebnisse der Mann-Whitney-Tests für die Risikoabneigung

Die Hypothese $\mathbf{H_{R1}}$ **kann nicht abgelehnt werden**: Kunden, die sich in einem der drei stationären Kanäle informieren und dort auch kaufen ((FL+FL), (LS+LS) und (BS+BS)), unterscheiden sich nicht signifikant voneinander bezüglich der personenbezogenen Risikoabneigung.

Die Hypothese H_{R2} **muss abgelehnt werden:** Die beiden Gruppen der Distanzkunden (KT+KT) und (ON+ON) unterscheiden sich nicht von den drei stationären Kundengruppen (FL+FK), (LS+LS) und (BS+BS) in Bezug auf die personenbezogene Risikoabneigung (RA 3).
Die Hypothese H_{R3} **kann nicht abgelehnt werden:** Die Gruppe der Katalog-Kunden (KT+KT) unterscheidet sich nicht von den (ON+ON)-Kunden hinsichtlich der personenbezogenen Risikoabneigung.
Die Hypothese H_{R4} **muss abgelehnt werden**: Die Multi-Channel-Kunden (ON+FL) unterscheiden sich nicht signifikant von den Kunden, die sich im Online-Shop informieren und dort auch kaufen (ON+ON).
Die Hypothese H_{R5} **kann nicht abgelehnt werden**: Die Gruppe der Multi-Channel-Kunden (ON+FL) unterscheidet sich bezüglich ihrer personenbezogenen Risikoabneigung nicht signifikant von den Kunden, die sich in der Filiale informieren und dort auch kaufen (FL+FL).

Als Fazit kann an dieser Stelle festgehalten werden, dass sich die drei risikobezogenen Einkaufsmotive in ihrer Wirkung auf die Kanalnutzung zum Teil unterscheiden. Eine der drei identifizierten Arten der Risikoabneigung, die personenbezogene Risikoabneigung (RA3), ist bei allen Kundengruppen hoch. Dieses Einkaufsmotiv differenziert nicht zwischen den Gruppen, auch nicht bei den sonst weniger risikoabgeneigten Online-Kunden (ON+ON). Aufgrund dessen kann gefolgert werden, dass dieses Motiv keine Barriere bei der Nutzung der Distanzkanäle bildet.

Bemerkenswert ist der Unterschied zwischen den beiden Gruppen der Single-Channel-Distanzkunden (ON+ON) und (KT+KT) bezüglich der abwicklungsbezogenen (RA 1) und produktbezogenen (RA 2) Risikoabneigung. Während die Online-Kunden (ON+ON) eine geringere Risikoabneigung als die drei Gruppen der stationären Kunden (FL, LS und BS) haben, unterscheiden sich die Katalog-Kunden (KT+KT) nicht von den Filial- und Lebensmitteleinzelhandels-Kunden (FL und LS) bzw. nur schwach signifikant von den Bäckerei-Kunden (BS). Hier wäre zu untersuchen, ob die (ON+ON)-Kunden ein besonderes Vertrauen zu diesem Anbieter im Speziellen oder zum elektronischen Kanal im Allgemeinen haben. Den Befragten der vorliegenden Untersuchung war zum Zeitpunkt, als die Fragen zur Risikoabneigung gestellt wurden, nicht bekannt, um welche Unternehmung es sich dabei handelte. Daher nehmen wir an, dass die Online-Kunden (ON+ON) Vertrauen zum elektronischen Kanal im Allgemeinen haben.

6.3.2.2.6 Preisorientierung

Die Hypothesen zur Wirkung der Preisorientierung sind als Überblick in Abbildung 72 dargestellt.

Hyp.-Nr.	Single-Channel-Nutzung Aussage der Hypothese	Hyp.-Nr.	Multi-Channel-Nutzung 1 (ON+FL) Aussage der Hypothese
P1	(FL+FL) = (LS+LS)	**P5**	(ON+FL) = (FL+FL)
P2	(BS+BS) < (FL+FL) (BS+BS) < (LS+LS)	**P6**	(ON+FL) < (ON+ON)
P3	(ON+ON) > (FL+FL) (ON+ON) > (BS+BS) (ON+ON) > (LS+LS) (KT+KT) > (FL+FL) (KT+KT) > (BS+BS) (KT+KT) > (LS+LS)		
P4	(ON+ON) = (KT+KT)		

FL = Filiale, **LS** = Shop im Lebensmitteleinzelhandel, **BS** = Shop in Bäckerei, **KT** = Katalog, **ON** = Online-Shop.

„=“ gleich stark preisorientiert / „<“ weniger preisorientiert / „>“ stärker preisorientiert

Lesebeispiel: Hypothese H_{P5} sagt aus, dass bei Kunden, die sich im Online-Shop informieren und in der Filiale kaufen (ON+FL), die Preisorientierung (sowohl PO als auch SO) genauso stark ausgeprägt ist wie bei Kunden, die sich in der Filiale informieren und dort auch kaufen (FL+FL).

Abbildung 72: Überblick über die Hypothesen zur Preisorientierung

Da bei der Hypothesenformulierung im Kapitel 4.3.3.5.5 keine Erkenntnisse vorlagen, die auf unterschiedliche Auswirkungen der beiden Einkaufsmotive *Preisorientierung i.e.S.* und *Smart-Shopping-Orientierung* auf die Nutzung der Kanäle hindeuteten, wurde jede einzelne Hypothese nur einmal formuliert. Die formulierten Hypothesen gelten für beide Einkaufsmotive. Jede einzelne Hypothese wird sowohl für die Preisorientierung i.e.S. als auch für die Smart-Shopping-Orientierung überprüft.

a) Preisorientierung i.e.S.

Die Ausprägungen des Einkaufsmotivs Preisorientierung i.e.S. in den einzelnen Kundengruppen sind in Abbildung 73 graphisch dargestellt. Abbildung 74 zeigt die Ergebnisse der dazugehörenden Mann-Whitney-Tests.

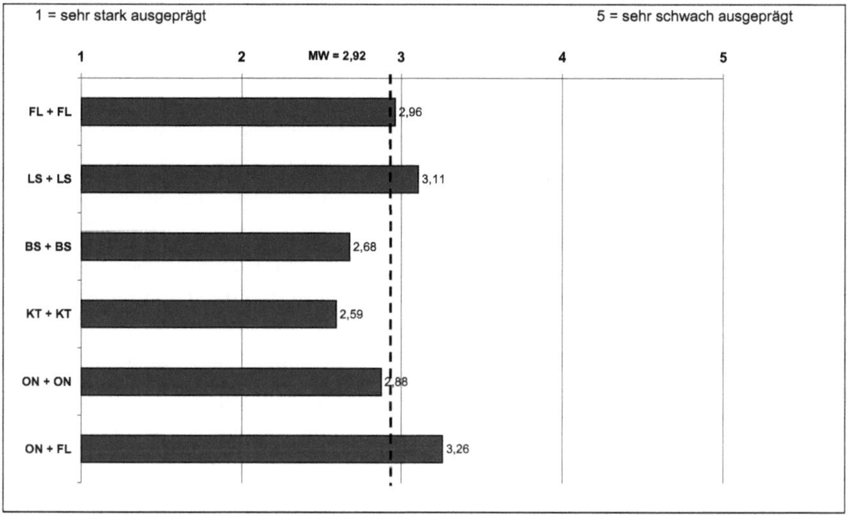

Abbildung 73: Ausprägungen des Einkaufsmotivs Preisorientierung i.e.S. in den Kundengruppen

	LS+LS (n = 66)		BS+BS (n = 32)		KT+KT (n = 59)		ON+ON (n = 40)		ON+FL (n = 31)	
	p	Signif.	p	Signif.	p	Signif.	p	Signif.	p	Signif.
FL+FL (n = 157)	0,375	n.s.	0,129	n.s.	**0,021**	**	0,308	n.s.	0,207	n.s.
LS+LS			**0,066**	*	**0,011**	**	0,16	n.s.	0,636	n.s.
BS+BS					0,376	n.s.	0,285	n.s.	**0,08**	*
KT+KT							0,296	n.s.	**0,015**	**
ON+ON									**0,089**	*

FL = Filiale, **LS** = Shop im Lebensmitteleinzelhandel, **BS** = Shop in Bäckerei, **KT** = Katalog, **ON** = Online-Shop.

*** signifikant p < 0,01; ** signifikant p < 0,05; * signifikant p < 0,10; n.s. nicht signifikant

Die Ergebnisse des einseitigen Tests sind grau hinterlegt. Sonst wurde zweiseitig getestet.

Abbildung 74: Ergebnisse der Mann-Whitney-Tests für die Preisorientierung i.e.S.

Die Hypothese ***H_{P1}* kann nicht abgelehnt werden**: Die Kunden, die sich in der Filiale informieren und dort auch kaufen (FL+FL), unterscheiden sich nicht signifikant von den (LS+LS)-Kunden bezüglich der Preisorientierung i.e.S.

Die Hypothese ***H_{P2}* muss abgelehnt werden**: Zwar unterscheiden sich die Kunden, die sich in der Bäckerei informieren und dort auch kaufen (BS+BS), schwach signifikant von den (LS+LS)-Kunden. Aber entgegen der Annahme sind die (BS+BS)-Kunden nicht weniger, sondern stärker preisorientiert. Der Unterschied zu den (FL+FL)-Kunden ist nicht signifikant.

Die Hypothese ***H_{P3}* muss abgelehnt werden**: Die Online-Kunden (ON+ON) unterscheiden sich bezüglich ihrer Preisorientierung nicht von den drei Gruppen der stationären Single-Channel-Kunden (FL, LS und BS).

Die Katalog-Kunden (KT+KT) sind zwar signifikant stärker preisorientiert als die Gruppe der Single-Channel-Kunden aus der Filiale (FL+FL) und aus den Depots des Lebensmitteleinzelhandels (LS+LS). Sie unterscheiden sich aber im Hinblick auf die Stärke der Preisorientierung i.e.S. nicht von den Kunden, die sich in der Bäckerei informieren und dort auch kaufen (BS+BS).

Die Hypothese ***H_{P4}* kann nicht abgelehnt werden**: Die beiden Kunden-Gruppen, die sich in den Distanzkanälen informieren und dort auch kaufen ((KT+KT) und (ON+ON)), unterscheiden sich nicht signifikant voneinander bezüglich der Preisorientierung i.e.S.

Auch die Hypothese ***H_{P5}* kann nicht abgelehnt werden**: Die Kunden, die sich im Online-Shop informieren und in der Filiale kaufen (ON+FL), unterscheiden sich nicht signifikant hinsichtlich der Stärke der Preisorientierung i.e.S. von den Kunden, die sich in der Filiale informieren und dort auch kaufen (FL+FL).

Die Hypothese ***H_{P6}* kann nicht abgelehnt werden**: Die Kunden, die sich im Online-Shop informieren und in der Filiale kaufen (ON+FL), unterscheiden sich schwach signifikant hinsichtlich der Stärke der Preisorientierung i.e.S. von den Kunden, die sich im Online-Shop informieren und dort auch kaufen (ON+ON).

b) Smart-Shopping-Orientierung

Abbildung 75 zeigt die Ausprägungen der Smart-Shopping-Orientierung in den einzelnen Kundengruppen. Sie ist für alle Kundengruppen stark ausgeprägt. Dieses Ergebnis lässt sich durch die Charakteristika des Sortiments des betrachteten Multi-Channel-Retailers erklären (Partieware).[666] Abbildung 76 zeigt die Ergebnisse der dazugehörenden Mann-Whitney-Tests.

---

[666] Siehe hierzu auch die Ausführungen zum Partievermarktungskonzept in Kapitel 2.3.2.1

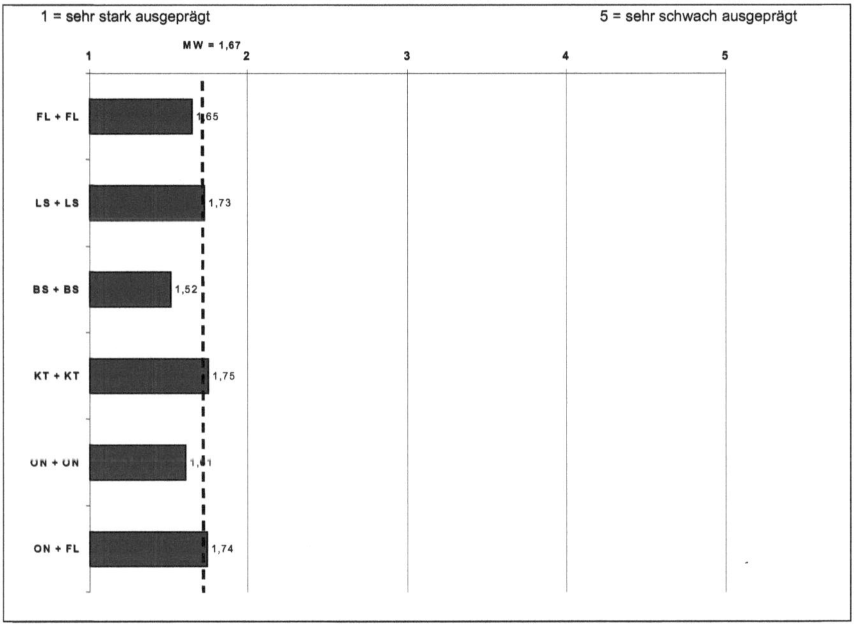

Abbildung 75: Ausprägungen des Einkaufsmotivs Smart-Shopping-Orientierung in den Kundengruppen

	LS+LS (n = 66)		BS+BS (n = 32)		KT+KT (n = 59)		ON+ON (n = 40)		ON+FL (n = 31)	
	p	Signif.	p	Signif.	p	Signif.	p	Signif.	p	Signif.
FL+FL (n = 157)	0,544	n.s.	0,138	n.s.	0,138	n.s.	0,384	n.s.	0,553	n.s.
LS+LS			**0,076**	*	0,347	n.s.	0,224	n.s.	0,896	n.s.
BS+BS					**0,045**	**	0,235	n.s.	0,174	n.s.
KT+KT							0,285	n.s.	0,839	n.s.
ON+ON									0,221	n.s.

FL = Filiale, **LS** = Shop im Lebensmitteleinzelhandel, **BS** = Shop in Bäckerei, **KT** = Katalog, **ON** = Online-Shop.

*** signifikant p < 0,01; ** signifikant p < 0,05; * signifikant p < 0,10; n.s. nicht signifikant

Die Ergebnisse des einseitigen Tests sind grau hinterlegt. Sonst wurde zweiseitig getestet.

Abbildung 76: Ergebnisse der Mann-Whitney-Tests für die Smart-Shopping-Orientierung

Die Hypothese **H_{P1} kann** auch für die Smart-Shopping-Orientierung **nicht abgelehnt werden**: Die Kunden, die sich in der Filiale informieren und dort auch kaufen (FL+FL), unterscheiden sich nicht von den (LS+LS)-Kunden.

Die Hypothese **H_{P2} muss abgelehnt werden**: Die Kunden, die sich in der Bäckerei informieren und dort auch kaufen (BS+BS), unterscheiden sich nicht signifikant von den (FL+FL)-Kunden, aber schwach signifikant von den (LS+LS)-Kunden. Entgegen der Annahme ist die Smart-Shopping-Orientierung der (BS+BS)-Kunden aber nicht niedriger, sondern höher als bei den (LS+LS)-Kunden.

Auch für die Smart-Shopping-Orientierung **muss Hypothese H_{P3} abgelehnt werden**: Die Online-Kunden (ON+ON) unterscheiden sich bezüglich ihrer Smart-Shopping-Orientierung nicht von den drei Gruppen der stationären Single-Channel-Kunden (FL, LS und BS).

Die Katalog-Kunden (KT+KT) unterscheiden sich nicht signifikant von der Gruppe der Single-Channel-Kunden aus der Filiale (FL+FL) und dem Lebensmitteleinzelhandel (LS+LS). Sie unterscheiden sich aber signifikant von den Kunden, die sich in der Bäckerei informieren und dort auch kaufen (BS+BS). Aber auch in diesem Fall ist entgegen der Annahme die Smart-Shopping-Orientierung der (BS+BS)-Kunden nicht niedriger, sondern höher als bei den Katalog-Kunden.

Die Hypothese **H_{P4} kann nicht abgelehnt werden**: Die beiden Kunden-Gruppen, die sich in den Distanzkanälen informieren und dort auch kaufen ((KT+KT) und (ON+ON)), unterscheiden sich nicht signifikant voneinander bezüglich ihrer Smart-Shopping-Orientierung.

Auch die Hypothese **H_{P5} kann nicht abgelehnt werden**: Die Kunden, die sich im Online-Shop informieren und in der Filiale kaufen (ON+FL), unterscheiden sich nicht signifikant hinsichtlich der Stärke der Smart-Shopping-Orientierung von den Kunden, die sich in der Filiale informieren und dort auch kaufen (FL+FL).

Die Hypothese **H_{P6} muss abgelehnt werden**: Die Kunden, die sich im Online-Shop informieren und in der Filiale kaufen (ON+FL), unterscheiden sich nicht signifikant hinsichtlich der Stärke der Smart-Shopping-Orientierung von den Kunden, die sich im Online-Shop informieren und dort auch kaufen (ON+ON).

Als Fazit der Überprüfung der sechs Hypothesen für die beiden Einkaufsmotive Preisorientierung i.e.S. und Smart-Shopping-Orientierung kann festgehalten werden, dass sich die beiden Einkaufsmotive in ihrer Wirkung auf die Nutzung der Kanäle zur Information und zum Kauf zum Teil unterscheiden. Am deutlichsten wird dieser Unterschied im Falle der Hypothese **H_{P6}**, die für das Motiv Preisorientierung i.e.S. beibehalten werden konnte, während sie für das Motiv Smart-Shopping-Orientierung abgelehnt werden musste.

Zwei unserer Grundannahmen bei der Hypothesenformulierung konnten empirisch nicht gestützt werden: Wir gingen davon aus, dass die Kunden, die einen Distanzka-

nal zur Information und zum Kauf nutzen, aufgrund des Images der Distanzkanäle (niedrigere Preise) stärker preisorientiert sind als die stationären Kunden. Diese Annahme konnte für die Online-Kunden (ON+ON) für keines der beiden preisorientierten Einkaufsmotive empirisch gestützt werden. Weder die Preisorientierung i.e.S. noch die Smart-Shopping-Orientierung ist bei den Online-Kunden (ON+ON) stärker ausgeprägt als bei den stationären Single-Channel-Kunden (FL, LS, BS). Die Katalog-Kunden sind zwar stärker preisorientiert i.e.S. als die Single-Channel-Kunden aus den Filialen und den Depots im Lebensmitteleinzelhandel (FL, LS), unterscheiden sich aber nicht von ihnen bezüglich der Smart-Shopping-Orientierung.
Die Kunden, die sich in der Bäckerei informieren und einkaufen, sind, entgegen unserer Annahme, nicht weniger, sondern stärker preisorientiert im Vergleich zu den anderen stationären Kundengruppen.

6.3.2.2.7 Qualitätsorientierung

Abbildung 77 gibt einen Überblick über die in Kapitel 4.3.3.5.7 formulierten Hypothesen zur Wirkung der Unabhängigkeitsorientierung.

Hyp.-Nr.	Single-Channel-Nutzung Aussage der Hypothese	Hyp.-Nr.	Multi-Channel-Nutzung 1 (ON+FL) Aussage der Hypothese
Q1	(FL+FL) = (BS+BS) = (LS+LS)	Q4	(ON+FL) = (FL+FL)
Q2	(ON+ON) < (FL+FL) (ON+ON) < (BS+BS) (ON+ON) < (LS+LS) (KT+KT) < (FL+FL) (KT+KT) < (BS+BS) (KT+KT) < (LS+LS)	Q5	(ON+FL) > (ON+ON)
Q3	(ON+ON) = (KT+KT)		

FL = Filiale, **LS** = Shop im Lebensmitteleinzelhandel, **BS** = Shop in Bäckerei, **KT** = Katalog, **ON** = Online-Shop.

„=“ gleich stark qualitätsorientiert / „<“ weniger qualitätsorientiert / „>“ stärker qualitätsorientiert

Lesebeispiel: Hypothese H_{Q4} sagt aus, dass Kunden, die sich im Online-Shop informieren und in der Filiale kaufen (ON+FL), genauso stark qualitätsorientiert sind wie die Kunden, die sich in der Filiale informieren und dort auch kaufen (FL+FL).

Abbildung 77: Überblick über die Hypothesen zur Qualitätsorientierung

Abbildung 78 zeigt die Ausprägungen des Einkaufsmotivs Qualitätsorientierung in den einzelnen Kundengruppen und Abbildung 79 die Ergebnisse der dazugehörenden Mann-Whitney-Tests.

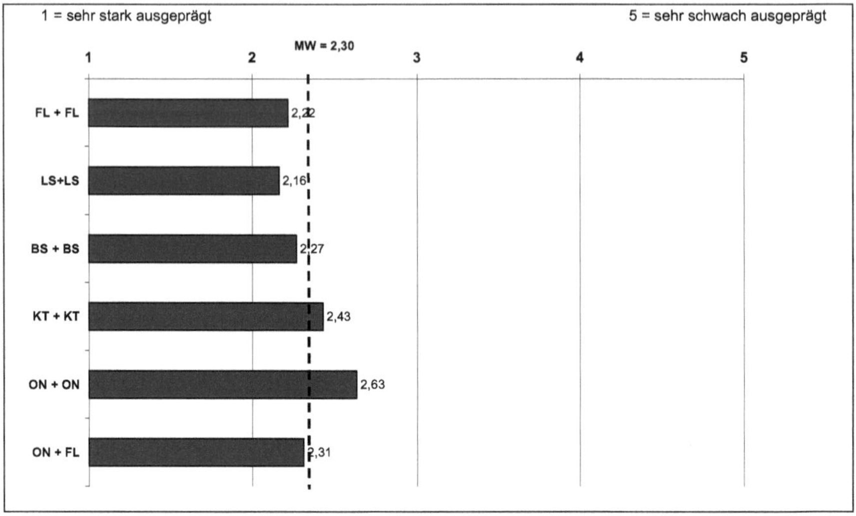

Abbildung 78: Ausprägungen des Einkaufsmotivs Qualitätsorientierung in den Kundengruppen

	LS+LS (n = 66)		BS+BS (n = 32)		KT+KT (n = 59)		ON+ON (n = 40)		ON+FL (n = 31)	
	p	Signif.	p	Signif.	p	Signif.	p	Signif.	p	Signif.
FL+FL (n = 157)	0,608	n.s.	0,65	n.s.	**0,015**	**	**0,001**	***	0,525	n.s.
LS+LS			0,499	n.s.	**0,016**	**	**0,001**	***	0,404	n.s.
BS+BS					0,221	n.s.	**0,045**	**	0,848	n.s.
KT+KT							0,239	n.s.	0,601	n.s.
ON+ON									**0,082**	*

FL = Filiale, **LS** = Shop im Lebensmitteleinzelhandel, **BS** = Shop in Bäckerei, **KT** = Katalog, **ON** = Online-Shop.

*** signifikant p < 0,01; ** signifikant p < 0,05; * signifikant p < 0,10; n.s. nicht signifikant

Die Ergebnisse des einseitigen Tests sind grau hinterlegt. Sonst wurde zweiseitig getestet.

Abbildung 79: Ergebnisse der Mann-Whitney-Tests für die Qualitätsorientierung

Die Hypothese H_{Q1} **kann nicht abgelehnt werden**: Kunden, die sich in einem der drei stationären Kanäle informieren und dort auch kaufen ((FL+FL), (LS+LS) und (BS+BS)), unterscheiden sich nicht signifikant voneinander bezüglich der Qualitätsorientierung.

Die Hypothese H_{Q2} **muss** aufgrund einer Ausnahme **zum Teil abgelehnt werden**: Zwar sind die Kunden, die sich in der Filiale oder im Lebensmitteleinzelhandel informieren und dort auch kaufen ((FL+FL) und (LS+LS)), signifikant bzw. hoch signifikant stärker qualitätsorientiert als die beiden Gruppen der Distanz-Kunden (KT+KT) und (ON+ON). Auch ist die Gruppe der Kunden, die sich in der Bäckerei informieren und dort auch kaufen (BS+BS), signifikant stärker qualitätsorientiert als die Gruppe der Online-Kunden. Aber zwischen den Bäckerei-Kunden und den Katalog-Kunden gibt es keine signifikanten Unterschiede bezüglich der Qualitätsorientierung.

Die Hypothese H_{Q3} **kann nicht abgelehnt werden**: Die Kunden, die sich in den beiden Distanzkanälen informieren und dort auch kaufen ((KT+KT) und (ON+ON)), unterscheiden sich nicht signifikant voneinander bezüglich der Qualitätsorientierung.

Die Hypothese H_{Q4} **kann nicht abgelehnt werden**: Die Multi-Channel-Kunden (ON+FL) unterscheiden sich nicht signifikant im Hinblick auf das Einkaufsmotiv Qualitätsorientierung von den Kunden, die sich in der Filiale informieren und dort auch kaufen (FL+FL).

Auch die Hypothese H_{Q5} **kann nicht abgelehnt werden**: Die Multi-Channel-Kunden (ON+FL) unterscheiden sich schwach signifikant im Hinblick auf das Einkaufsmotiv Qualitätsorientierung von den Kunden, die sich im Online-Shop informieren und dort auch kaufen (ON+ON).

6.3.2.2.8 Beratungsorientierung

Die in Kapitel 4.3.3.5.8 formulierten Hypothesen zur Wirkung der Beratungsorientierung sind in Abbildung 80 noch einmal dargestellt. Die Ausprägungen des Einkaufsmotivs Beratungsorientierung in den einzelnen Kundengruppen werden in Abbildung 81 graphisch dargestellt. Daraus wird ersichtlich, dass die Beratungsorientierung für alle Kundengruppen schwach ausgeprägt ist. Ein Grund dafür könnte die sortimentspolitische Besonderheit der untersuchten Unternehmung sein. Die angebotenen Produkte sind in der Mehrzahl der Fälle wenig beratungsintensiv. Abbildung 82 zeigt die Ergebnisse der dazugehörenden Mann-Whitney-Tests.

Hyp.-Nr.	Single-Channel-Nutzung Aussage der Hypothese	Hyp.-Nr.	Multi-Channel-Nutzung 1 (ON+FL) Aussage der Hypothese
B1	(FL+FL) = (BS+BS)	**B5**	(ON+FL) < (FL+FL)
B2	(FL+FL) > (LS+LS) (BS+BS) > (LS+LS)	**B6**	(ON+FL) = (ON+ON)
B3	(ON+ON) < (FL+FL) (ON+ON) < (BS+BS) (ON+ON) < (LS+LS) (KT+KT) < (FL+FL) (KT+KT) < (BS+BS) (KT+KT) < (LS+LS)		
B4	(ON+ON) = (KT+KT)		

FL = Filiale, **LS** = Shop im Lebensmitteleinzelhandel, **BS** = Shop in Bäckerei, **KT** = Katalog, **ON** = Online-Shop.

„=“ gleich stark beratungsorientiert / „<“ weniger beratungsorientiert / „>“ stärker beratungsorientiert

Lesebeispiel: Hypothese H_{B5} sagt aus, dass Kunden, die sich im Online-Shop informieren und in der Filiale kaufen (ON+FL), weniger beratungsorientiert sind als die Kunden, die sich in der Filiale informieren und dort auch kaufen (FL+FL).

Abbildung 80: Überblick über die Hypothesen zur Beratungsorientierung

Die Hypothese H_{B1} **kann nicht abgelehnt werden**: Bei den Kunden, die sich in der Filiale informieren und dort kaufen (FL+FL), ist das Einkaufsmotiv Beratungsorientierung genauso stark ausgeprägt wie bei den Kunden, die sich in der Bäckerei informieren und dort auch kaufen (BS+BS).

Die Hypothese H_{B2} **muss zum Teil abgelehnt werden**: Zwar ist die Gruppe der Single-Channel-Filial-Kunden (FL+FL) hoch signifikant stärker beratungsorientiert als die Gruppe der Lebensmitteleinzelhandel-Kunden (LS+LS). Die Gruppe der Kunden, die sich in der Bäckerei informieren und dort auch kaufen (BS+BS), unterscheidet sich jedoch nicht signifikant von der Gruppe der Lebensmitteleinzelhandel-Kunden (LS+LS) hinsichtlich ihrer Beratungsorientierung. Ein Grund dafür könnte die Bediensituation in den Bäckereien sein, die wenig Raum und Zeit für Beratungsgespräche lässt.

Die Hypothese H_{B3} **muss abgelehnt werden**: Nicht bei den Kunden der Distanzkanäle, sondern bei den Lebensmitteleinzelhandel-Kunden (LS+LS) ist das Einkaufsmotiv Beratungsorientierung am schwächsten ausgeprägt. Die Kunden, die sich im Katalog informieren und dort auch kaufen (KT+KT), unterscheiden sich signifikant bezüglich der Beratungsorientierung nur von den Filial-Kunden (FL+FL).

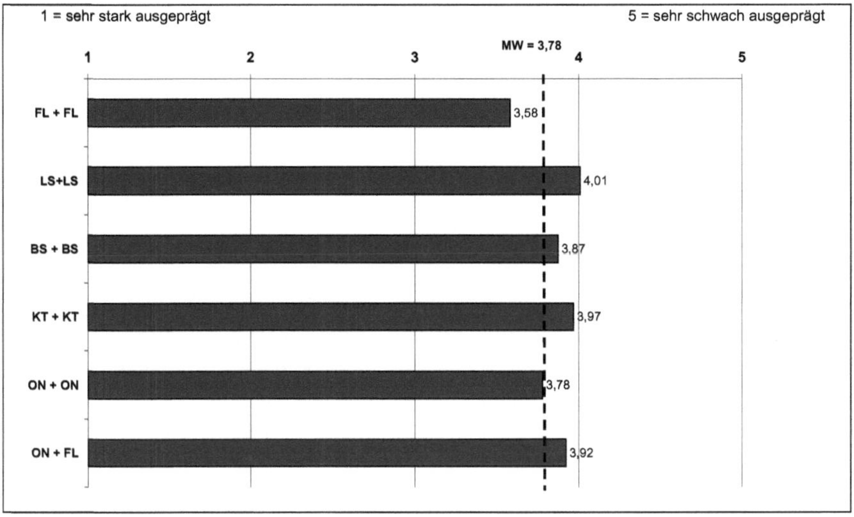

Abbildung 81: Ausprägungen des Einkaufsmotivs Beratungsorientierung in den Kundengruppen

	LS+LS (n = 66)		BS+BS (n = 32)		KT+KT (n = 59)		ON+ON (n = 40)		ON+FL (n = 31)	
	p	Signif.	p	Signif.	p	Signif.	p	Signif.	p	Signif.
FL+FL (n = 157)	**0,004**	***	0,249	n.s.	**0,011**	**	0,149	n.s.	**0,071**	*
LS+LS			0,271	n.s.	0,373	n.s.	**0,08**	*	0,557	n.s.
BS+BS					0,28	n.s.	0,393	n.s.	0,841	n.s.
KT+KT							0,335	n.s.	0,71	n.s.
ON+ON									0,683	n.s.

FL = Filiale, **LS** = Shop im Lebensmitteleinzelhandel, **BS** = Shop in Bäckerei, **KT** = Katalog, **ON** = Online-Shop.

*** signifikant p < 0,01; ** signifikant p < 0,05; * signifikant p < 0,10; n.s. nicht signifikant

Die Ergebnisse des einseitigen Tests sind grau hinterlegt. Sonst wurde zweiseitig getestet.

Abbildung 82: Ergebnisse der Mann-Whitney-Tests für die Beratungsorientierung

Die Hypothese H_{B4} **kann nicht abgelehnt werden**: Bei den Kunden, die sich im Online-Shop informieren und dort auch kaufen (ON+ON), ist das Einkaufsmotiv Beratungsorientierung zwar stärker ausgeprägt als bei der anderen Gruppe der Distanzkunden (KT+KT), dieser Unterschied ist aber nicht signifikant.

Die Hypothese H_{B5} **kann nicht abgelehnt werden**: Bei den Multi-Channel-Kunden, die sich im Online-Shop informieren und in der Filiale kaufen (ON+FL), ist das Einkaufsmotiv Beratungsorientierung weniger stark ausgeprägt als bei den Kunden, die sich in der Filiale informieren und dort kaufen (FL+FL). Der Unterschied ist schwach

signifikant.
Auch die Hypothese H_{B6} **kann nicht abgelehnt werden**: Die Multi-Channel-Kunden (ON+FL) unterscheiden sich nicht signifikant hinsichtlich des Einkaufsmotivs Beratungsorientierung von den Kunden, die sich im Online-Shop informieren und dort auch kaufen (ON+ON).

6.3.2.2.9 Zusammenfassung der Wirkung der Einkaufsmotive

Zusammenfassend kann als Erstes festgehalten werden, dass die Haupthypothese der Untersuchung bezüglich der Wirkung der Einkaufsmotive beibehalten werden konnte. Einkaufsmotive erklären, warum Kunden sich in einer bestimmten Situation für einen Kanal zur Information und für denselben oder einen anderen zum Kauf entscheiden. Und das nicht nur bei einer Entscheidung zwischen den beiden Kontaktprinzipien (Residenz vs. Distanz), sondern auch innerhalb eines Kontaktprinzips. Bei der Wirkung der Einkaufsmotive spielt also nicht nur die Kontaktform eine Rolle, sondern auch die Ausgestaltung der Kanäle innerhalb einer Kontaktform.

a) Ergebnisse zur Single-Channel-Nutzung des Mehrkanalsystems
a.1) Folgende Einkaufsmotive erklären die Entscheidung zwischen den stationären Kanälen:

- Die Kunden entscheiden sich für die Nutzung der **Filialen (FL+FL)** anstelle der Depots im Lebensmitteleinzelhandel, weil sie stärker erlebnis- und beratungsorientiert sind und weniger convenienceorientiert als die Lebensmitteleinzelhandel-Kunden. Im Vergleich zu den Bäckerei-Kunden sind sie weniger convenienceorientiert.
- Die Kunden entscheiden sich für die Nutzung der **Depots im Lebensmitteleinzelhandel (LS+LS)**, weil sie stärker convenienceorientiert sind und weniger erlebnis- und beratungsorientiert als die Filial-Kunden. Außerdem sind sie weniger preisorientiert (sowohl hinsichtlich der Preisorientierung i.e.S. als auch der Smart-Shopping-Orientierung) als die Bäckerei-Kunden.
- Die Entscheidung für die Nutzung der **Depots in den Bäckereien (BS+BS)** anstelle eines anderen stationären Kanals basiert auf der stärkeren Convenienceorientierung dieser Kundengruppe (im Vergleich zu den Filial-Kunden) bzw. auf ihrer stärkeren Preisorientierung i.e.S. und Smart-Shopping-Orientierung (im Vergleich zu den Lebensmitteleinzelhandel-Kunden).

a.2) Die Entscheidung zwischen den Distanzkanälen kann durch folgende Einkaufsmotive erklärt werden: Die Online-Kunden (ON+ON) sind stärker unabhängigkeitsorientiert und weniger risikoabgeneigt bezüglich der abwicklungsbezogenen Risiken als die Katalog-Kunden (KT+KT).

a.3) Die Unterschiede zwischen den stationären Kanälen einerseits und den Distanzkanälen andererseits sowie innerhalb eines Kontaktprinzips sind, wie oben dargestellt, vielseitig. Da nicht im Allgemeinen von Unterschieden zwischen den stationären und den Distanzkanälen gesprochen werden kann, müssten hier Paarvergleiche zwischen den Gruppen (KT+KT) und (FL+FL), (KT+KT) und (LS+LS), (KT+KT) und (BS+BS), (ON+ON) und (FL+FL), (ON+ON) und (LS+LS) sowie (ON+ON) und (BS+BS) vorgenommen werden. Darauf wird an dieser Stelle aus Gründen der Übersichtlichkeit verzichtet. Beispielhaft soll der Unterschied beim Vergleich zwischen den Filial-Kunden (FL+FL) und den Online-Kunden (ON+ON) dargestellt werden. Für die anderen Kundengruppen-Vergleiche sei auf Abbildung 83 hingewiesen.
Die Filial-Kunden (FL+FL) nutzen die Filialen zur Information und zum Kauf, weil sie stärker erlebnis- und qualitätsorientiert sowie stärker risikoabgeneigt (RA1 und RA2) sind als die Online-Kunden (ON+ON). Sie sind auch weniger convenience- und unabhängigkeitsorientiert als die Online-Kunden (ON+ON). Das Gleiche gilt vice versa für die Online-Kunden.

b) Ergebnisse zur Multi-Channel-Nutzung des Mehrkanalsystems

Sieben der zehn Einkaufsmotive erklären die Unterschiede bei der Kanalnutzung durch die Multi-Channel-Nutzer. Multi-Channel-Kunden (ON+FL) entscheiden sich für die Information im Internet vor dem Kauf in der Filiale, weil sie weniger stark erlebnis- und beratungsorientiert sind als die stationären Single-Channel-Kunden (FL+FL). Sie sind aber stärker convenience- und unabhängigkeitsorientiert als die stationären Single-Channel-Kunden (FL+FL).
Die Multi-Channel-Kunden (ON+FL) kaufen anschließend nicht im Internet, sondern in der Filiale, weil sie im Vergleich zu den Online-Single-Channel-Kunden (ON+ON) eine stärkere abwicklungsbezogene Risikoabneigung (RA 1) sowie eine stärkere Qualitätsorientierung empfinden. Auch sind sie weniger unabhängigkeitsorientiert und weniger preisorientiert i.e.S. als die Single-Channel-Kunden (ON+ON). Multi-Channel-Kunden verknüpfen offenbar die Unabhängigkeit der Information im Online-Shop mit der Reduzierung des abwicklungsbezogenen Risikos (RA 1) durch den Kauf in der Filiale, die ihnen Ansicht und Prüfung der Produkte ermöglicht.

Abbildung 83 fasst die Hypothesen zur Wirkung der Einkaufsmotive sowie die Ergebnisse der Überprüfung zusammen. Die Hypothesen zum zweiten Typ der Multi-Channel-Nutzung, Information in der Filiale und Kauf im Online-Shop (FL+ON), konnten aufgrund der für statistische Auswertungen zu kleinen Stichprobe nicht überprüft werden.

Einkaufsmotiv	*Hyp.-Nr.*	Aussage der Hypothese	Empirisch gestützt?
Erlebnisorientierung		**Single-Channel-Nutzung**	
	E1	(FL+FL) = (BS+BS)	**ja**
	E2	(FL+FL) > (LS+LS) (BS+BS) > (LS+LS)	**teilweise**
	E3	Distanz-K. < Stationärer K.	**teilweise**
	E4	(ON+ON) > KT+KT)	**nein**
		Multi-Channel-Nutzung (ON+FL)	
	E5	(ON+FL) = (ON+ON)	**ja**
	E6	(ON+FL) < (FL+FL)	**ja**
Convenience-orientierung		**Single-Channel-Nutzung**	
	C1	(FL+FL) < (BS+BS) (FL+FL) < (LS+LS) (FL+FL) < (KT+KT) (FL+FL) < (ON+ON)	**ja**
	C2	(BS+BS) = (LS+LS)	**ja**
	C3	(ON+ON) = (KT+KT)	**ja**
	C4	Distanz-K. > Stationärer K.	**nein**
		Multi-Channel-Nutzung (ON+FL)	
	C5	(ON+FL) = (ON+ON)	**ja**
	C6	(ON+FL) > (FL+FL)	**ja**
Unabhängigkeits-orientierung		**Single-Channel-Nutzung**	
	U1	(FL+FL) = (BS+BS) = (LS+LS)	**ja**
	U2	Distanz-K. > Stationärer K.	**teilweise**
	U3	(ON+ON) = (KT+KT)	**nein**
		Multi-Channel-Nutzung (ON+FL)	
	U4	(ON+FL) < (ON+ON)	**ja**
	U5	(ON+FL) > (FL+FL)	**ja**
RISIKOABNEIGUNG – Abwicklungs-bezogen (RA 1)		**Single-Channel-Nutzung**	
	H_{R1}	(FL+FL) = (BS+BS) = (LS+LS)	**ja**
	H_{R2}	Distanz-K. < Stationärer K.	**teilweise**
	H_{R3}	(ON+ON) = (KT+KT)	**nein**
		Multi-Channel-Nutzung (ON+FL)	
	H_{R4}	(ON+FL) > (ON+ON)	**ja**
	H_{R5}	(ON+FL) = (FL+FL)	**ja**
RISIKOABNEIGUNG – Produkt-bezogen (RA 2)	H_{R1}	(FL+FL) = (BS+BS) = (LS+LS)	**ja**
	H_{R2}	Distanz-K. < Stationärer K.	**teilweise**
	H_{R3}	(ON+ON) = (KT+KT)	**ja**
		Multi-Channel-Nutzung (ON+FL)	
	H_{R4}	(ON+FL) > (ON+ON)	**nein**
	H_{R5}	(ON+FL) = (FL+FL)	**ja**
RISIKOABNEIGUNG – Personen-bezogen (RA 3)		**Single-Channel-Nutzung**	
	H_{R1}	(FL+FL) = (BS+BS) = (LS+LS)	**ja**
	H_{R2}	Distanz-K. < Stationärer K.	**nein**
	H_{R3}	(ON+ON) = (KT+KT)	**ja**
		Multi-Channel-Nutzung (ON+FL)	
	H_{R4}	(ON+FL) > (ON+ON)	**nein**
	H_{R5}	(ON+FL) = (FL+FL)	**ja**

Einkaufsmotiv		*Hyp.-Nr.*	Aussage der Hypothese	Empirisch gestützt?
PREISORIENTIERUNG	Preis-orientierung i.e.S.		**Single-Channel-Nutzung**	
		P1	(FL+FL) = (LS+LS)	**ja**
		P2	(BS+BS) < (FL+FL) (BS+BS) < (LS+LS)	**nein**
		P3	Distanz-K. > Stationärer K.	**nein**
		P4	(ON+ON) = (KT+KT)	**ja**
			Multi-Channel-Nutzung (ON+FL)	
		P5	(ON+FL) = (FL+FL)	**ja**
		P6	(ON+FL) < (ON+ON)	**ja**
	Smart-Shoping-Orientierung		**Single-Channel-Nutzung**	
		P1	(FL+FL) = (LS+LS)	**ja**
		P2	(BS+BS) < (FL+FL) (BS+BS) < (LS+LS)	**nein**
		P3	Distanz-K. > Stationärer K.	**nein**
		P4	(ON+ON) = (KT+KT)	**ja**
			Multi-Channel-Nutzung (ON+FL)	
		P5	(ON+FL) = (FL+FL)	**ja**
		P6	(ON+FL) < (ON+ON)	**nein**
Qualitätsorientierung			**Single-Channel-Nutzung**	
		Q1	(FL+FL) = (BS+BS) = (LS+LS)	**ja**
		Q2	Distanz-K. < Stationärer K.	**teilweise**
		Q3	(ON+ON) = (KT+KT)	**ja**
			Multi-Channel-Nutzung (ON+FL)	
		Q4	(ON+FL) = (FL+FL)	**ja**
		Q5	(ON+FL) > (ON+ON)	**ja**
Beratungs-orientierung			**Single-Channel-Nutzung**	
		B1	(FL+FL) = (BS+BS)	**ja**
		B2	(FL+FL) > (LS+LS) (BS+BS) > (LS+LS)	**teilweise**
		B3	Distanz-K. < Stationärer K.	**nein**
		B4	(ON+ON) = (KT+KT)	**ja**
			Multi-Channel-Nutzung (ON+FL)	
		B5	(ON+FL) < (FL+FL)	**ja**
		B6	(ON+FL) = (ON+ON)	**ja**

FL = Filiale, **LS** = Shop im Lebensmitteleinzelhandel, **BS** = Shop in Bäckerei, **KT** = Katalog, **ON** = Online-Shop.

Lesebeispiele:

- Die Hypothese $\mathbf{H_{E6}}$ sagt aus, dass Kunden, die sich im Online-Shop informieren und in der Filiale kaufen (ON+FL), weniger erlebnisorientiert sind als die Kunden, die sich in der Filiale informieren und dort auch kaufen (FL+FL).
- „**Distanz-K. < Stationärer K.**“ sagt aus, dass das betreffende Einkaufsmotiv bei den Single-Channel-Nutzern der Distanzkanäle schwächer ausgeprägt ist als bei den Single-Channel-Nutzern der stationären Kanäle.

Abbildung 83: Zusammenfassung der Ergebnisse der Überprüfung der Hypothesen zur Wirkung der Einkaufsmotive

6.3.2.3 Wirkung der soziodemographischen Merkmale

In Kapitel 4.2.2 wurde die Hypothese **H_{SD}** aufgestellt, die postuliert, dass die soziodemographischen Kundenmerkmale (als unabhängige Variablen) einen signifikanten Einfluss auf die Einkaufsmotive (als abhängige Variablen) der Kunden haben. Folgende soziodemographischen Merkmale wurden erhoben: Alter, Geschlecht, Haushaltsgröße, Anzahl der Kinder, Beruf, Nettoeinkommen, Bildungsabschluss und Größe des Wohnorts (siehe hierzu auch Kapitel 5.2).

Um den Zusammenhang zwischen den soziodemographischen Merkmalen und den Einkaufsmotiven zu überprüfen, wurden einfaktorielle Varianzanalysen (ANOVA) durchgeführt. Mit Hilfe der einfaktoriellen Varianzanalyse lässt sich prüfen, ob sich unterschiedliche Werte einer (metrischen) abhängigen Variablen auf die Wirkung einer oder mehrerer (nominal skalierten) unabhängigen Variablen zurückführen lassen.[667] Dazu wird die Gesamtvariation der abhängigen Variable in die systematische Streuung zwischen den gruppierten unabhängigen Variablen und der zufallsbedingten Variation innerhalb dieser Gruppen zerlegt. Bestehen statistisch signifikante Abweichungen zwischen den Gruppen, dann bringt dies zum Ausdruck, dass ein überzufälliger Varianzanteil der abhängigen Variablen durch die unabhängige(n) Variable(n) erklärt wird.

Die zu testende Nullhypothese lautet: „Die Einkaufsmotive sind unabhängig von den soziodemographischen Merkmalen". Da in der Hypothese **H_{SD}** keine Wirkungsrichtung formuliert wurde, wird die Analyse zweiseitig ausgeführt.[668] Die durchgeführten einfaktoriellen Varianzanalysen ergeben, dass die acht untersuchten soziodemographischen Merkmale einen signifikanten Einfluss auf neun der zehn Einkaufsmotive haben (s. Abbildung 84). Als Ausnahme gilt die Qualitätsorientierung, die von keinem der acht soziodemographischen Merkmale abhängig ist. Die Hypothese **H_{SD} muss aufgrund dieser Ausnahme zum Teil abgelehnt werden.**

Die detaillierten Ausprägungen der Einkaufsmotive (Mittelwerte) in Abhängigkeit von den einzelnen soziodemographischen Merkmalen werden in Anhang A.4.6 dargestellt.

---

[667] Für eine ausführliche Darstellung der Varianzanalyse vgl. Backhaus et al. (2003), S. 117 ff.
[668] Siehe zur Formulierung der Alternativhypothese auch die Ausführungen in Kapitel 4.2.2.

Soziodemographische Merkmale / Einkaufsmotive	Alter	Geschlecht	Haushaltsgröße	Kinderzahl	Berufstätigkeit	Einkommen	Ausbildung	Wohnortsgröße
EO	***	n.s.	n.s.	n.s.	***	*	**	n.s.
CO	***	n.s.	**	n.s.	**	n.s.	**	***
UO	***	n.s.	***	**	***	**	n.s.	n.s.
RA 1	n.s.	***	*	n.s.	n.s.	n.s.	**	n.s.
RA 2	**	n.s.	n.s.	n.s.	**	***	n.s.	n.s.
RA 3	n.s.	n.s.	n.s.	n.s.	*	n.s.	n.s.	n.s.
PO	n.s.	n.s.	n.s.	n.s.	n.s.	**	*	n.s.
SO	n.s.	n.s.	n.s.	n.s.	n.s.	n.s.	***	n.s.
QO	n.s.	n.s.	n.s.	n.s.	n.s.	n.s.	n.s.	n.s.
BO	n.s.	***	n.s.	n.s.	n.s.	n.s.	n.s.	n.s.

EO = Erlebnisorientierung, **CO** = Convenienceorientierung, **UO** = Unabhängigkeitsorientierung, **RA1** = abwicklungsbezogene Risikoabneigung, **RA2** = produktbezogene Risikoabneigung, **RA3** = personenbezogene Risikoabneigung, **SO** = Smart-Shopping-Orientierung, **PO** = Preisorientierung i.e.S., **QO** = Qualitätsorientierung, **BO** = Beratungsorientierung.

*** signifikant p < 0,01; ** signifikant p < 0,05; * signifikant p < 0,10; n.s. nicht signifikant

Abbildung 84: Zusammenhang zwischen den soziodemographischen Merkmalen und den Einkaufsmotiven (ANOVA)

Die Wirkung der soziodemographischen Merkmale auf die Einkaufsmotive kann wie folgt zusammengefasst werden:

- *Alter, Berufstätigkeit, Ausbildung* und *Einkommen* bestimmen am stärksten die Einkaufsmotive (wobei die Merkmale nicht unabhängig sind). Sie beeinflussen vier bzw. fünf der Einkaufsmotive.
- Die meisten Unterschiede in den soziodemographischen Merkmalen weisen die Einkaufsmotive *Erlebnisorientierung*, *Convenienceorientierung* und *Unabhängigkeitsorientierung* auf. Sie unterscheiden sich hinsichtlich vier bzw. fünf Merkmalen.

Anzumerken ist, dass die soziodemographischen Merkmale nicht unkorreliert sind. So hängt natürlich die Größe des Haushalts mit der Anzahl der Kinder unter 18 Jahren, die im Haushalt wohnen, zusammen. Das Einkommen hängt im großen Maße von der Ausbildung sowie von der Berufstätigkeit ab.

6.3.3 Zusammenfassung des Kapitels Einkaufsmotive

Das Untersuchungsziel dieses Kapitels bestand zum einen in der Operationalisierung eines validen und reliablen Messmodells für die Einkaufsmotive sowie zum anderen in der Analyse der Wirkung der Einkaufsmotive auf die Kanalwahl im untersuchten Mehrkanalsystem.

Als Erstes wurde das Messmodell des Konstrukts Einkaufsmotive anhand des Datensatzes empirisch validiert (Kapitel 6.3.1). Das Konstrukt Einkaufsmotive weist eine zehnfaktorielle Struktur auf. Folgende zehn Einkaufsmotive treiben das Kundenverhalten in einem Multi-Channel-System an: Erlebnisorientierung, Convenienceorientierung, Streben nach Unabhängigkeit, abwicklungsbezogene Risikoabneigung (RA1), produktbezogene Risikoabneigung (RA2) sowie personenbezogene Risikoabneigung (RA3), Preisorientierung i.e.S., Smart-Shopping-Orientierung, Qualitätsorientierung und Beratungsorientierung.

Des Weiteren wurden in Kapitel 6.3.2 die Hypothesen zur Wirkung der Einkaufsmotive auf die Kanalwahl im untersuchten Mehrkanalsystem überprüft. Das Ergebnis bestätigte die Annahme, dass die Einkaufsmotive erklären, warum Kunden sich in einer bestimmten Situation für einen Kanal zur Information und für denselben oder einen anderen zum Kauf entscheiden. Dies gilt nicht nur bei einer Entscheidung zwischen den beiden Kontaktprinzipien (Residenz vs. Distanz), sondern auch innerhalb eines Kontaktprinzips.

Kapitel 6.3.2.3 untersuchte den Einfluss der acht soziodemographischen Merkmale Alter, Geschlecht, Haushaltsgröße, Anzahl der Kinder, Beruf, Nettoeinkommen, Bildungsabschluss und Größe des Wohnorts auf die Einkaufsmotive. Der angenommene Einfluss konnte zum Teil empirisch bestätigt werden: Die untersuchten soziodemographischen Merkmale haben einen signifikanten Einfluss auf neun der zehn Einkaufsmotive.

6.4 Einstellungen

In diesem Kapitel wird als Erstes das Einstellungskonstrukt operationalisiert und beurteilt. Anschließend werden die aufgestellten Hypothesen zum Zusammenhang zwischen den Einstellungen gegenüber den Kanälen und dem Nutzungsverhalten der Kanäle statistisch überprüft.

6.4.1 Operationalisierung der Konstrukte

Aufgrund der in Kapitel 4.3.4.2 dargestellten Vor- und Nachteile der unterschiedlichen Messmodelle wurden die Einstellungen gegenüber den Kanälen sowohl mono- als auch multiattributiv gemessen.

a) Monoattributive Messung der Einstellung gegenüber den Kanälen

Die monoattributive Einstellung gegenüber einem Kanal wurde als eine umfassende, globale Bewertung des Kanals gemessen (affektive Komponente). Sie wurde mit der Frage erhoben „Wie gefallen Ihnen folgende Einkaufsstätten?“[669]. Die Einstellung zu den Vertriebskanälen wurde auf einer 5er-Ratingskala von 1 („sehr gut“) bis 5 („überhaupt nicht gut“) gemessen. Um Verzerrungen zu vermeiden, wurde vorab erhoben, welche Kanäle des untersuchten Mehrkanalsystems die Befragten kennen. Anschließend wurden nur Kunden zu ihrer Einstellung gegenüber eines Kanals befragt, die diesen Kanal auch kannten („awareness set“) und eine Meinung dazu hatten.

b) Multiattributive Messung der Kanal-Einstellung

Bei der Konkretisierung des multiattributiven Messmodells wurde auf eine differenzierte Erhebung der affektiven und kognitiven Komponente verzichtet. Stattdessen wurde nach der Bewertung der einzelnen Kanaleigenschaften durch den Kunden gefragt. Die Erfassung der einstellungsrelevanten Kanaleigenschaften erfolgte mit der Frage „Wie bewerten Sie die Eigenschaft X in dem Kanal Z?“[670]. Die Befragten konnten auf einer Ratingskala mit „sehr gut“ (1), „gut“ (2), „mittel“ (3), „weniger gut“ (4) und „überhaupt nicht gut“ (5) antworten.

---

[669] Siehe Frage 6 im Fragebogen (Anhang A.6).
[670] Siehe Frage 7 im Fragebogen (Anhang A.6.).

Wie bewerten Sie die ...	im **Laden**	im **Supermarkt**	in der **Bäckerei**	im **Internet**	im **Versand**
1. Einkaufsatmosphäre	( )	( )	( )	( )	( )
2. Warenpräsentation	( )	( )	( )	( )	( )
3. Beratungskompetenz des Verkaufspersonals	( )	( )	( )	( )	( )
4. Freundlichkeit des Verkaufspersonals	( )	( )	( )	( )	( )
5. Auswahl an Gebrauchsartikeln	( )	( )	( )	( )	( )
6. Service-Leistungen	( )	( )	( )	( )	( )
7. Öffnungszeiten	( )	( )	( )	( )	( )
8. Bequemlichkeit des Einkaufens	( )	( )	( )	( )	( )

Abbildung 85: Erfassung der einstellungsrelevanten Kanaleigenschaften

Für die stationären Kanäle wurde noch zusätzlich die Erreichbarkeit des Kanals mit der Frage „Wie gut können Sie Geschäfte mit einem Angebot von Gebrauchsartikeln der untersuchten Unternehmung erreichen?" erhoben.[671]

c) Konstruktbestimmung und -beurteilung

Dieses Kapitel widmet sich den Ergebnissen der beiden Einstellungsmessungen (mono- und multiattributiv). In einem ersten Schritt werden die Dimensionalität sowie die Güte der Messung des multiattributiven Einstellungsmodells überprüft.[672] Um die Validität der Messungen zu beurteilen, werden anschließend die beiden Messmodelle miteinander verglichen (Analyse einer Multimerkmals-Multimethoden-Matrix).

Anzumerken gilt für beide Messmodelle, dass es sich bei der Untersuchung der Einstellungen gegenüber den Kanälen um eine einzige Handelsunternehmung mit mehreren Kanälen handelt. Da alle Befragten mindestens einmal in einem der Kanäle gekauft haben, muss man davon ausgehen, dass die Einstellung gegenüber dem untersuchten Multi-Channel-Retailer im Allgemeinen eher positiv ist. Aus diesem Grund ist keine große Spreizung der Einstellungswerte zu erwarten. Dies wurde durch einen Kolgomorof-Smirnoff-Test bestätigt, der mit einer Irrtumswahrscheinlichkeit von 0,000 ergab, dass die Variablen keiner Normalverteilung folgen.

---

671 Siehe Frage 28 im Fragebogen (Anhang A.6.).

672 Wenn vom „multiattributiven Einstellungsmodell" die Rede ist, werden auch die Begriffe „Bewertung der Kanal-Eigenschaften", „Detail-Einstellungen" oder „Einstellung gegenüber den Kanal-Eigenschaften" benutzt. Ist von dem „allgemeinen, monoattributiven Einstellungsmodell" die Rede, dann wird auch der Begriff „Einstellung gegenüber den Kanälen" angewandt.

I. Überprüfung der Dimensionalität der multiattributiven Einstellungsmessung

Um die Dimensionalität des multiattributiven Einstellungskonstrukts zu überprüfen, wurden zunächst explorative Faktorenanalysen durchgeführt.[673] Für alle Kanäle ergab die Überprüfung der Stichprobeneignung für die Faktorenanalyse mittels KMO- und Bartlett-Test eine „verdienstvolle" Eignung für die Faktorenanalyse.[674] Abbildung 86 fasst die Ergebnisse der Faktorenanalysen zusammen.

	FL	LS		BS	ON		KT	
KMO-Kriterium	*0,861*	*0,842*		*0,893*	*0,803*		*0,838*	
Bartlett-Test *ungef. Chi²* *df* *Sign.*	 *509,5* *28* *0,000*	 *478,3* *28* *0,000*		 *490,00* *28* *0,000*	 *263,41* *28* *0,000*		 *354,11* *28* *0,000*	
	Faktor 1	**Faktor 1**	**Faktor 2**	**Faktor 1**	**Faktor 1**	**Faktor 2**	**Faktor 1**	**Faktor 2**
Einkaufsatmosphäre	0,703	0,778		0,807	0,823	0,474	0,823	
Warenpräsentation	0,716	0,776		0,833	0,629	0,775	0,730	0,537
Beratung	0,653	0,613	-0,751	0,789	0,903		0,821	0,430
Freundlichkeit des Pers.	0,771	0,646	-0,663	0,823	0,913		0,620	0,514
Auswahl	0,634	0,747		0,760	0,546	0,649	0,711	0,568
Service-Leistungen	0,718	0,754		0,788	0,746	0,584	0,713	
Öffnungszeiten	0,539	0,556	0,545	0,708		0,909		0,885
Bequemlichkeit	0,668	0,730		0,679		0,911		0,858
Eigenwert des Faktors	*3,72*	*4,07*	*1,16*	*4,80*	*4,49*	*1,42*	*4,00*	*1,05*
Varianzerklärungsanteil	*46,52%*	*50,82%*	*13,95%*	*60,05%*	*56,11%*	*17,73%*	*50%*	*13,13%*
Kum. Varianzanteil	*46,52%*		*64,77%*	*60,05%*		*73,83%*		*63,13%*
Cronbach's Alpha	**0,83**	**0,87**		**0,91**	**0,87**		**0,85**	

Anmerkung: Faktorladungen < |0,4| wurden aus Übersichtlichkeitsgründen nicht dargestellt.

Abbildung 86: Ergebnisse der exploratorischen Faktorenanalyse zur Bewertung der Kanaleigenschaften

Für zwei Kanäle (Filialen und Shops in Bäckereien) wurde nur ein Faktor extrahiert. Für die übrigen drei Kanäle (Shops im Lebensmitteleinzelhandel, Online-Shop und Katalogversand) wurden je zwei Faktoren extrahiert. Mit einer Ausnahme (Filialen) erklären die extrahierten Faktoren alleine bzw. gemeinsam über 50% der Gesamtvarianz. Die Anforderungen an die *Konvergenzvalidität* sind für alle fünf Kanäle erfüllt: Alle Indikatoren laden ausreichend hoch auf den einen extrahierten Faktor (Filialen

---

[673] Die Faktorenanalysen wurden mit folgenden Einstellungen durchgeführt: Zur Faktorenextraktion wurde die Hauptkomponentenanalyse gewählt. Als Rotationsverfahren wurde das schiefwinklige Verfahren „Oblimin mit Kaiser-Normalisierung" eingesetzt. Dieses Rotationsverfahren ist in diesem Fall sinnvoller als das orthogonale Verfahren, weil davon auszugehen ist, dass die Bewertungen der Kanaleigenschaften nicht unabhängig voneinander sind (es wird ein Kanal bewertet). Die Anzahl der zu extrahierenden Faktoren wurde mithilfe des Kaiser-Kriteriums bestimmt.

[674] Zur Beurteilung der Werte vgl. Backhaus et al. (2003), S. 274 ff. sowie Abbildung 46.

und Bäckereien) bzw. auf einen der beiden Faktoren (Lebensmitteleinzelhandel, Internet-Shop und Katalogversand).

Die *Diskriminanzvalidität* kann nur für die drei Kanäle beurteilt werden, welche eine mehrfaktorielle Struktur aufweisen. Das Kriterium der Diskriminanzvalidität ist nicht erfüllt: Für die meisten Kanäle gibt es eine hohe Anzahl von Querladungen (mit Differenzen < 0,200). Dies lässt sich dadurch erklären, dass die jeweiligen Indikatoren dasselbe zu Grunde liegende Konstrukt messen: die Bewertung des jeweiligen Kanals. Aufgrund der niedrigen Diskriminanzvalidität sowie der Tatsache, dass für zwei Kanäle nur ein Faktor extrahiert werden konnte, soll für die weiteren inferenzstatistischen Betrachtungen je Kanal ein Gesamt-Index anstelle der beiden Faktorenwerte berücksichtigt werden. Eine Reliabilitätsanalyse der Bewertungsskalen (mit allen acht Indikatoren pro Kanal) bestätigt, dass die Items dasselbe Konstrukt messen: Die Werte für Cronbach's Alpha liegen zwischen 0,83 und 0,91 und attestieren die sehr hohe Reliabilität der Skalen zur Bewertung der Kanäle. Eine Aggregation der Bewertungswerte der acht Eigenschaften zu einem Gesamt-Index für die jeweiligen Kanäle ist aufgrund der hohen Reliabilität der Skalen zulässig.[675] Die Bildung des Gesamt-Einstellungsindexes ist notwendig, um die Validität der allgemeinen, monoattributiven Einstellungsmessung zu überprüfen (Außenkriterium). Der Index für die Bewertung des jeweiligen Kanals (B_{Kanal}) wurde berechnet, indem die Werte der acht Bewertungsdimensionen addiert wurden. Um eine einheitliche Skala (von 1 bis 5) beizubehalten, wurden die Summen durch die Anzahl von Eigenschaften geteilt. Die Ergebnisse sind in Abbildung 87 dargestellt.

$$B_{Kanal} = \frac{1}{8}\sum_{k=1}^{n} \mathrm{B}_{\mathrm{ijk}}$$

B_{ijk} = Bewertung der Eigenschaft i beim Kanal j durch Person n

[675] Vgl. Nunnally (1978), S. 245.

Kanal	n	Mittelwert (B_{Kanal})	Standardabweichung
FL	487	**1,86**	0,65
LS	486	**2,68**	0,87
BS	340	**2,75**	1,01
ON	270	**1,86**	0,96
KT	327	**1,85**	0,79

FL = Filiale, **LS** = Shop im Lebensmitteleinzelhandel, **BS** = Shop in Bäckerei, **KT** = Katalog, **ON** = Online-Shop.

Nur Auskunftsperson, die den Kanal kennen (sowohl Käufer als auch Nicht-Käufer)
Skala von 1 (= sehr gut) bis 5 (= überhaupt nicht gut)

Abbildung 87: Indexierter Mittelwert der Bewertungen der Kanaleigenschaften

II. Prüfung der Validität der Einstellungsmessungen

Die Validität der Einstellungsmessung mit den beiden ausgewählten Modellen (allgemeine (monoattributive) Einstellungsmessung vs. multiattributive Messung) soll durch die Analyse einer **Multimerkmals-Multimethoden-Matrix** (MM-Matrix) überprüft werden.[676] Eine MM-Matrix wird gebildet, wenn Messungen verschiedener Merkmale oder Objekte (im vorliegenden Fall mehrere Einstellungsobjekte = Kanäle) mit mehreren, unterschiedlichen Messinstrumenten vorliegen. Die *Konvergenz*- und *Diskriminanzvalidität* wird durch die Überprüfung der Korrelationskoeffizienten der Messreihen und des Musters der MM-Matrix bestimmt.[677]

Die **Korrelationsanalyse** ist eine Methode zur Bestimmung der wahrscheinlichen Strenge der Beziehung zwischen jeweils zwei Variablen, indem sie den Grad der gemeinsamen Variation der Variablen ermittelt.[678] Der *Korrelationskoeffizient* gibt die Stärke eines linearen Zusammenhangs zwischen zwei Variablen wieder. Er nimmt einen (positiven oder negativen) Wert zwischen 0 und 1 an. Der am häufigsten gebrauchte Korrelationskoeffizient, der *Pearson*-Korrelationskoeffizient, ist für die vorliegende Stichprobe nicht sinnvoll. Voraussetzung für seine Berechnung und die Durchführung der Hypothesentests sind normalverteilte Variablen.[679] Ein Kolmogorov-Smirnoff-Test ergab bei der vorliegenden Stichprobe für alle Einstellungsindizes

676 Vgl. Churchill (1979), S. 70 ff. Die Methode (Multitrait-Multimethod-Matrix) wurde ursprünglich von Campbell und Fiske (1959) entwickelt.

677 Vgl. Hildebrandt (1998), S. 91 f.

678 Vgl. Berekoven/Eckert/Ellenrieder (2004), S. 202 f.

679 Vgl. Brosius (2000), S. 510.

eine im 5%-Intervall signifikante Abweichung von der Normalverteilungsprämisse. Der *Spearman*-Rangkorrelationskoeffizient setzt keine Normalverteilung der Variablen voraus. Er wird nicht direkt über die Merkmalsausprägungen berechnet, sondern über Rangplätze, die den einzelnen Werten gegeben werden.[680]

Abbildung 88 gibt die Multiobjekt-Multimethoden-Matrix wieder, mit den unterschiedlichen Kanälen als Objekte und den zwei Einstellungsmess-Methoden. Die *Konvergenzvalidität* bestimmt sich über den Übereinstimmungsgrad mehrerer Messungen mit verschiedenen unabhängigen Messmethoden.[681] Für das Vorhandensein der Konvergenzvalidität gilt, dass die Korrelation gleicher Objekte (im vorliegenden Fall = Kanäle) gemessen mit verschiedenen Methoden signifikant von null verschieden und „hinreichend groß" sein muss (Hauptdiagonale in Abbildung 88).[682] Diese Bedingung für die Konvergenzvalidität ist erfüllt: Die Korrelationen auf der Hauptdiagonale sind hoch signifikant (p = 0,000) und weisen mit Werten des Korrelationskoeffizienten zwischen 0,5 und 0,7 eine mittlere bis starke Korrelation auf.[683] Die Tatsache, dass keine sehr starke Korrelation vorliegt, könnte einerseits dadurch erklärt werden, dass in der Gesamtbewertung der Kanäle durch die Kunden auch andere Eigenschaften und Merkmale eine Rolle spielen, die mit der multiattributiven Messung nicht berücksichtigt wurden. Andererseits könnte es sein, dass der Kunde erst bei der detaillierten Erhebung der Kanaleigenschaften überhaupt über manche Vor- und Nachteile der Kanäle nachgedacht hat, die er bei der allgemeinen Bewertung der Kanäle nicht bedacht hatte.

Die *Diskriminanzvalidität* wird durch den Grad bestimmt, im dem sich Messungen verschiedener Merkmale oder Objekte mit gleichen Messmodellen unterscheiden.[684] Ist die Bedingung der Konvergenzvalidität erfüllt, dann gilt als Nachweis für die Diskriminanzvalidität (für den Fall einer Zwei-Methoden-Matrix):[685]

---

680 Vgl. Bühl/Zöffel (2000), S. 322 f.
681 Vgl. Hildebrandt (1998), S. 91 f.
682 Vgl. Churchill (1979), S. 70, Hildebrandt (1998), S. 93.
683 Es gibt keine allgemein gültigen Klassifizierungsregeln für die Stärke der Korrelationen. Wir orientieren uns an dem Klassifizierungsvorschlag von Brosius (2000, S. 503):
„keine Korrelation": $r_S = 0$; „sehr schwache Korrelation": $0 < r_S \leq 0,2$;
„schwache Korrelation": $0,2 < r_S \leq 0,4$; „mittlere Korrelation": $0,4 < r_S \leq 0,6$;
„starke Korrelation": $0,6 < r_S \leq 0,8$; „sehr starke Korrelation": $0,8 < r_S < 1$;
„perfekte Korrelation": $r_S = 1$.
684 Vgl. Hildebrandt (1998), S. 91 f.
685 Vgl. Churchill (1979), S. 70, Hildebrandt (1998), S. 93, hier angepasst auf den Fall einer Zwei-Methoden-Matrix.

- Die Korrelationen für Konvergenzvalidität (Hauptdiagonale) sollten größer sein als die Korrelationen, die in der gleichen Zeile und Spalte liegen und von Messungen stammen, die weder in Methode noch in Merkmal übereinstimmen (Felder unterhalb und oberhalb der Hauptdiagonale).
- In den Blöcken der Merkmalsinterkorrelationen (Felder unterhalb und oberhalb der Hauptdiagonale) sollte ein ähnliches Muster vorliegen.

Wie aus der Abbildung 88 ersichtlich, ist auch das Kriterium der Diskriminanzvalidität erfüllt.

			Index <u>multi</u>attributiver Messung der Einstellung gegenüber dem Kanal ...				
			FL	**LS**	**BS**	**ON**	**KT**
<u>Mono</u>attributive Messung der Einstellung gegenüber dem Kanal ...	**FL**	r_S	**,537**	,172	,258	,261	,198
		p	,000	,000	,000	,000	,001
		n	*(482)*	*(449)*	*(318)*	*(254)*	*(300)*
	LS	r_S	,168	**,566**	,307	,124	,131
		p	,000	,000	,000	,051	,022
		n	*(450)*	*(482)*	*(314)*	*(249)*	*(305)*
	BS	r_S	,230	,348	**,664**	,046	,096
		p	,000	,000	,000	,546	,176
		n	*(303)*	*(299)*	*(318)*	*(171)*	*(202)*
	ON	r_S	,255	,111	,063	**,593**	,314
		p	,000	,088	,416	,000	,000
		n	*(239)*	*(235)*	*(167)*	*(249)*	*(178)*
	KT	r_S	,204	,192	,202	,370	**,534**
		p	,001	,001	,004	,000	,000
		n	*(282)*	*(285)*	*(199)*	*(178)*	*(304)*

FL = Filiale, **LS** = Shop im Lebensmitteleinzelhandel, **BS** = Shop in Bäckerei, **KT** = Katalog, **ON** = Online-Shop.

r_{S}: Rangkorrelationskoeffizient nach *Spearman* / die Korrelationskoeffizienten auf der Hauptdagonale sind in „fett" dargestellt

p: zweiseitiges Signifikanzniveau / nicht signifikante Korrelationen sind grau hinterlegt

Abbildung 88: Multiobjekt-Multimethoden-Matrix für die allgemeine Einstellungsmessung und die indexierte multiattributive Bewertung der Kanäle

<u>Zusammenfassend</u> kann festgehalten werden, dass sowohl die mono- als auch die multiattributive Einstellungsmessung als valide anzusehen sind. Die Überprüfung der Konstruktvalidität erfolgte, indem das jeweils „andere" Messmodell als Außenkriterium diente, und ergab sehr gute Werte.

6.4.2 Hypothesenprüfung

In Kapitel 4.3.4.5 wurden mehrere Hypothesen zum Zusammenhang zwischen den Einstellungen gegenüber den Kanälen und dem Nutzungsverhalten der Kanäle des Multi-Channel-Retailers formuliert. Bei der Überprüfung dieser Hypothesen werden als Erstes diejenigen Hypothesen betrachtet, die sich auf die Einstellung zu einem Kanal im Allgemeinen beziehen. Zur Überprüfung dieser Hypothesen $\mathbf{H_{Ein.1}}$ bis $\mathbf{H_{Ein.6}}$ wird die allgemeine, monoattributive Einstellung eingesetzt (Kapitel 6.4.2.1). In einem zweiten Schritt findet die Überprüfung der Hypothese $\mathbf{H_{Bew.1}}$ statt, die sich auf die Bewertungen der Kanaleigenschaften bezieht. Zu ihrer Überprüfung dienen die multiattributiven Detail-Einstellungen in nichtaggregierter Form (Kapitel 6.4.2.2).

6.4.2.1 Allgemeine Einstellungen gegenüber den Kanälen

Betrachtet man die allgemeinen Einstellungen gegenüber den Kanälen des untersuchten Mehrkanalsystems über alle Kunden hinweg (sowohl Käufer als auch Nichtkäufer in dem Kanal), dann erreichen die Einstellungen gegenüber den Filialen, den Online-Shops und dem Katalogversand die besten Werte (siehe die „Durchschnitt“-Spalte der Mittelwerte in Abbildung 89). Eine Begründung dieser Ergebnisse könnte darin liegen, dass es sich dabei auch um die Kanäle handelt, die der Multi-Channel-Retailer in Eigenregie betreibt und auch die größte Auswahl an Artikeln bieten. Die Einstellung gegenüber den Shops in Bäckereien weist die höchsten Unterschiede zwischen Käufern und Nichtkäufern auf: Dieser Kanal scheint am meisten zwischen Käufern und Nichtkäufern zu polarisieren. Allgemein ist anzumerken, dass die Einstellungswerte für alle Kanäle (auch bei Nichtkäufern) relativ positiv ausfallen. Verwunderlich ist es nicht, wenn man bedenkt, dass es sich dabei um eine Handelsunternehmung handelt, die Produkte unter einer einheitlichen Marke vermarktet. Das heißt, dass die Kunden, unabhängig von dem Kanal, in dem sie kaufen, eine positive Einstellung der Unternehmung gegenüber haben. Bei der Bewertung dieser Aussage sollte berücksichtigt werden, dass nur Kunden des untersuchten Mehrkanalsystems befragt wurden. Es ist durchaus möglich, dass Nichtkunden eine schlechtere Einstellung dieser Unternehmung gegenüber haben.

a) Nutzung der Kanäle im Rahmen mehrerer Kaufakte

Die Hypothese $\mathbf{H_{Ein.1}}$ postuliert, dass „Käufer (d.h. Kunden, die in dem Kanal mindestens einmal gekauft haben) eine bessere Einstellung gegenüber diesem Kanal haben als Nichtkäufer“. Zur inferenzstatistischen Beurteilung der Mittelwertunterschiede bezüglich der Einstellungen zu den Kanälen zwischen den Käufern und Nichtkäufern eignet sich auch in diesem Fall der nichtparametrische U-Test nach Mann und Whitney. Dafür sprechen die Ergebnisse des Kolmogorov-Smirnoff-Tests.[686]

In Abbildung 89 sind die nach Käufergruppen differenzierten Mittelwerte der Einstellungen (monoattributive Messung) sowie die Ergebnisse der entsprechenden einseitigen Signifikanztests (Mann-Whitney-Test) dargestellt. Die ausgewiesenen Ergebnisse zeigen, dass die Mittelwertausprägungen der Käufer für alle Kanäle signifikant bzw. hoch signifikant höher sind als die der Nichtkäufer. Dadurch **kann die Hypothese $H_{Ein.1}$ nicht abgelehnt werden** und wird beibehalten.

Kanal	**Durchschnitt** (sowohl Käufer als auch Nichtkäufer)	**Käufer**[a]	**Nichtkäufer**[b]	**Signifikanz des U-Tests** (einseitig)
FL	**1,86** *(n = 487)*	**1,84** *(n = 431)*	**2,00** *(n = 56)*	0,021 (**)
LS	**2,68** *(n = 486)*	**2,52** *(n = 364)*	**3,10** *(n = 121)*	0,000 (***)
BS	**2,75** *(n = 340)*	**2,26** *(n = 160)*	**3,18** *(n = 180)*	0,000 (***)
ON	**1,86** *(n = 270)*	**1,56** *(n = 166)*	**2,33** *(n = 104)*	0,000 (***)
KT	**1,85** *(n = 327)*	**1,89** (n = 214)	**2,22** (n = 113)	0,000 (***)

FL = Filiale, **LS** = Shop im Lebensmitteleinzelhandel, **BS** = Shop in Bäckerei, **KT** = Katalog, **ON** = Online-Shop.

a: hat in den letzten 12 Mo. in diesem Kanal gekauft
b: hat in den letzten 12 Mo. in diesem Kanal nicht gekauft, kennt aber diesen Kanal
Skala von 1 (= sehr gut) bis 5 (= überhaupt nicht gut)

Lesebeispiel: Der durchschnittliche Wert der Einstellung gegenüber der Filiale beträgt über alle Kunden, die die Filiale kennen (sowohl Käufer als auch Nichtkäufer), 1,86. Bei Kunden, die in den letzten 12 Monaten in der Filiale gekauft haben, beträgt der Mittelwert der Einstellung gegenüber der Filiale 1,84 und unterscheidet sich signifikant von dem Wert der Einstellung, die diejenigen Kunden gegenüber der Filiale haben, die diese kennen, dort aber in den letzten 12 Monaten nicht gekauft haben (2,00).

Abbildung 89: Einstellung gegenüber den Kanälen in Abhängigkeit von der Kanalnutzung in den letzten 12 Monaten

[686] Zur Begründung siehe auch die Ausführungen in Kapitel 6.3.2.2.1. Da in diesem Fall die Stichprobengröße in den einzelnen Gruppen bei über 50 liegt, käme auch die alternative Durchführung von t-Tests in Frage. Aus Gründen der Übersicht und Einheitlichkeit wurde darauf verzichtet.

b) Nutzung der Kanäle im Rahmen eines Kaufprozesses (Information und Kauf)

Die Hypothese $\mathbf{H_{Ein.1}}$ bezog sich auf die Nutzung der Kanäle zum Kauf im Rahmen mehrerer Kaufakte. Die Hypothesen $\mathbf{H_{Ein.2}}$ bis $\mathbf{H_{Ein.13}}$ beziehen sich hingegen auf die Nutzung der Kanäle im Rahmen eines Kaufprozesses. Die Hypothese $\mathbf{H_{Ein.2}}$ betrifft die Single-Channel-Kunden (FL+FL), (LS+LS), (BS+BS), (KT+KT) und (ON+ON) und die Hypothesen $\mathbf{H_{Ein.3}}$ bis $\mathbf{H_{Ein.13}}$ die Multi-Channel-Kunden (ON+FL) und (FL+ON).

I. Single-Channel-Kunden

Die Hypothese $\mathbf{H_{Ein.2}}$ postuliert, dass „die Single-Channel-Kunden (FL+FL), (LS+LS), (BS+BS), (KT+KT) und (ON+ON) sich in den Kanälen informieren und kaufen, denen gegenüber sie die beste Einstellung haben".

Auch zur Überprüfung dieser Hypothese wird die allgemeine, monoattributiv gemessene Einstellung eingesetzt. Abbildung 90 beschreibt die Kundengruppen (Kanalnutzung zwecks Information und Kauf) anhand ihrer Einstellung gegenüber den Kanälen des Multi-Channel-Retailers. Um das Lesen zu erleichtern, wurden die Einstellungswerte gegenüber den Kanälen für die einzelnen Kundengruppen in Abbildung 91 auch graphisch dargestellt. Abbildung 92 gibt die Ergebnisse der ein- bzw. zweiseitigen Signifikanztests (Mann-Whitney-Test) wieder.

	Einstellung gegenüber dem Kanal									
	FL		**LS**		**BS**		**ON**		**KT**	
Segment	*n*	**MW**	*n*	**MW**	*n*	**MW**	*n*	**MW**	*n*	**MW**
FL + FL	*156*	**1,74**	*144*	**2,96**	*101*	**3,00**	*71*	**2,01**	*69*	**2,23**
LS + LS	*51*	**1,98**	*66*	**2,23**	*36*	**2,69**	*21*	**2,10**	*33*	**2,18**
BS + BS	*30*	**1,77**	*27*	**2,56**	*32*	**1,94**	*11*	**3,18**	*17*	**2,06**
ON + FL	*31*	**1,81**	*26*	**3,04**	*22*	**3,27**	*30*	**1,63**	*21*	**1,67**
ON + ON	*38*	**1,89**	*38*	**2,82**	*26*	**2,77**	*38*	**1,61**	*30*	**1,67**
KT + KT	*51*	**2,04**	*55*	**2,51**	*33*	**2,73**	*23*	**1,87**	*59*	**1,46**
Gesamt	*357*	**1,84**	*356*	**2,71**	*250*	**2,78**	*194*	**1,93**	*229*	**1,89**

FL = Filiale, **LS** = Shop im Lebensmitteleinzelhandel, **BS** = Shop in Bäckerei, **KT** = Katalog, **ON** = Online-Shop; **MW** = Mittelwert

Skala von 1 (= sehr gut) bis 5 (= überhaupt nicht gut)

Lesebeispiel: Die Kunden, die sich vor dem Kauf in der Filiale informieren und anschließend auch in der Filiale kaufen (FL+FL), haben gegenüber den Filialen einen durchschnittlichen Einstellungswert von **1,74**. Die durchschnittliche Einstellung der (FL+FL)-Kunden gegenüber den Depots im Lebensmitteleinzelhandel liegt bei **2,96**.

Abbildung 90: Beschreibung der Kundengruppen (Kanalnutzung zwecks Information und Kauf) anhand ihrer Einstellung gegenüber den Kanälen des Multi-Channel-Retailers

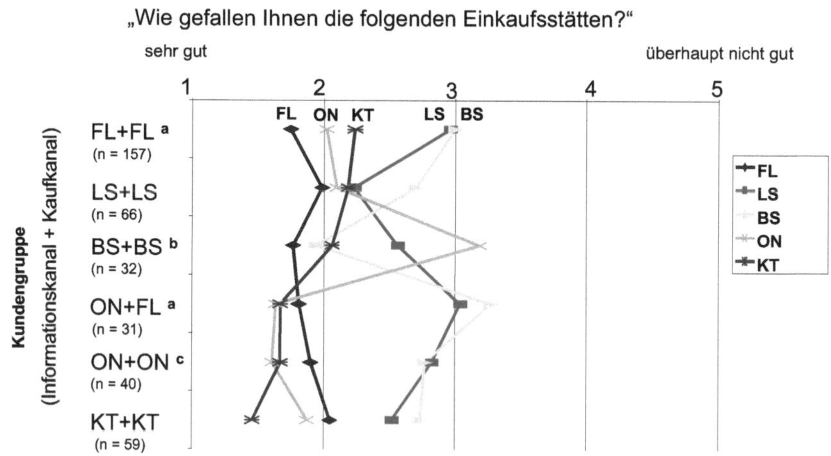

Lesebeispiel:

[a] FL+FL bedeutet, dass diese Kunden sich in der Filiale vor dem Kauf informieren und dann auch in der Filiale kaufen. Entsprechend verteilen die (ON+FL)-Kunden die Information auf den Online-Shop und den Kauf auf die Filiale.

[b] Die (BS+BS)-Kunden haben gegenüber dem Online-Shop die schlechteste Einstellung.

[c] Die (ON+ON)-Kunden haben gegenüber dem Online-Shop die beste Einstellung.

Abbildung 91: Graphische Darstellung der Einstellungen der Kundengruppen (Kanalnutzung zwecks Information und Kauf) gegenüber den Kanälen des Multi-Channel-Retailers

Aus Abbildung 90 wird deutlich, dass die **Hypothese $H_{Ein.2}$ teilweise abgelehnt werden muss**: Nur für drei der sechs Kundengruppen (FL+FL), (ON+ON) und (KT+KT) erklärt das Einstellungskonstrukt die Nutzung der jeweiligen Kanäle zur Information und zum Kauf in einer bestimmten Situation. Diese drei Gruppen haben die besten Einstellungen gegenüber den Kanälen, in denen sie sich informieren und kaufen.

- **Filial-Kunden** (FL+FL) haben die beste Einstellung der Filiale gegenüber, auch wenn sie sich diesbezüglich nicht signifikant von den Bäckerei-Kunden (BS+BS) und den Online-Kunden (ON+ON) unterscheiden. Im Vergleich zu den Lebensmitteleinzelhandel-Kunden (LS+LS) und Katalog-Kunden (KT+KT) bestehen signifikante bzw. hoch signifikante Unterschiede bezüglich der Einstellung zu den Filialen (siehe Abbildung 92). Für die Kundengruppe (FL+FL) kann die Hypothese **$H_{Ein.2}$** nicht abgelehnt werden.

- **Lebensmitteleinzelhandel-Kunden** (LS+LS) haben zwar von allen Kunden-Segmenten die beste Einstellung gegenüber den Depots im Lebensmitteleinzelhandel (LS). Dieser Unterschied ist auch signifikant (Abbildung 92). Betrachtet man aber nur das Segment der (LS+LS)-Kunden, dann stellt sich heraus, dass diese Kunden die Filialen, den Online-Shop und den Katalog besser beurteilen als die Depots im Lebensmitteleinzelhandel, die erst den 4. Platz belegen. Für die Gruppe der Lebensmitteleinzelhandel-Kunden erklärt das Einstellungskonstrukt nicht, warum die Kunden sich im Lebensmitteleinzelhandel informierten und auch hier gekauft haben. Dementsprechend muss die Hypothese $\mathbf{H_{Ein.2}}$ für dieses Verhaltensmuster abgelehnt werden.
- Bei den **Bäckerei-Kunden** (BS+BS) belegt die Einstellung gegenüber den Depots in Bäckereien den 2. Rang nach der Einstellung gegenüber der Filiale. Dieser Unterschied ist auch hoch signifikant bzw. signifikant (Abbildung 92). Auch für dieses Segment wird aufgrund des Einstellungskonstrukts nicht erklärt, warum die Kunden sich nicht in der Filiale informiert und auch nicht hier gekauft haben. Dementsprechend muss die Hypothese $\mathbf{H_{Ein.2}}$ auch für dieses Verhaltensmuster abgelehnt werden.
- Die Einstellung gegenüber dem Online-Shop belegt bei dem Segment der **Online-Kunden** (ON+ON) den ersten Rang (MW = 1,61), unterscheidet sich aber nicht von der Einstellung der Online-Kunden dem Versandkatalog gegenüber (MW = 1,67). Die (ON+ON)-Kunden unterscheiden sich gegenüber den stationären Single-Channel-Kunden signifikant bezüglich ihrer Einstellung zum Online-Shop (Abbildung 92). In diesem Fall kann das Einstellungskonstrukt erklären, warum die Kunden im Online-Shop gekauft haben. Es kann aber nicht erklären, warum sie nicht im Versand gekauft haben. Für die Kundengruppe (ON+ON) kann die Hypothese $\mathbf{H_{Ein.2}}$ nicht abgelehnt werden.
- Die Einstellung gegenüber dem Katalogversand belegt bei den **Katalog-Kunden** (KT+KT) den ersten Rang. Sie unterscheiden sich im Hinblick auf ihre Einstellung zum Katalogversand hoch signifikant bzw. signifikant von den stationären Single-Channel-Kunden und von den Online-Kunden (Abbildung 92). Dementsprechend kann die Hypothese $\mathbf{H_{Ein.2}}$ für die (KT+KT)-Kunden nicht abgelehnt werden.

	LS+LS			BS+BS			ON+ON			KT+KT		
		p	Signif.		p	Signif.		p	Signif.		p	Signif.
FL+FL	FL	0,015	**	FL	0,461	n.s.	FL	0,104	n.s.	FL	0,004	***
	LS	0,000	***	LS	0,046	**	LS	0,487	n.s.	LS	0,001	***
	BS	0,192	n.s.	BS	0,000	***	BS	0,307	n.s.	BS	0,158	n.s.
	ON	0,518	n.s.	ON	0,051	*	ON	0,015	**	ON	0,102	n.s.
	KT	0,746	n.s.	KT	0,278	n.s.	KT	0,001	***	KT	0,000	***
LS+LS				FL	0,182	n.s.	FL	0,645	n.s.	FL	0,536	n.s.
				LS	0,047	**	LS	0,001	***	LS	0,051	*
				BS	0,001	***	BS	0,963	n.s.	BS	0,823	n.s.
				ON	0,157	n.s.	ON	0,009	***	ON	0,066	*
				KT	0,377	n.s.	KT	0,002	***	KT	0,000	***
BS+BS							FL	0,443	n.s.	FL	0,109	n.s.
							LS	0,274	n.s.	LS	0,756	n.s.
							BS	0,001	***	BS	0,001	***
							ON	0,005	***	ON	0,037	**
							KT	0,26	n.s.	KT	0,011	**
ON+ON										FL	0,355	n.s.
										LS	0,079	*
										BS	0,828	n.s.
										ON	0,396	n.s.
										KT	0,043	**

FL = Filiale, **LS** = Shop im Lebensmitteleinzelhandel, **BS** = Shop in Bäckerei, **KT** = Katalog, **ON** = Online-Shop.

*** signifikant p < 0,01; ** signifikant p < 0,05; * signifikant p < 0,10; n.s. nicht signifikant

Die Ergebnisse des einseitigen Tests sind grau hinterlegt. Sonst wurde zweiseitig getestet.

Lesebeispiel:
Die Kunden, die sich vor dem Kauf in der Filiale informieren und anschließend auch in der Filiale kaufen (FL+FL), unterscheiden sich signifikant von den Kunden, die sich im Lebensmitteleinzelhandel informieren und dort auch kaufen (LS+LS) bezüglich ihrer Einstellung gegenüber den Filialen (p = 0,015) und dem Lebensmitteleinzelhandel (p = 0,000). Bezüglich ihrer Einstellung gegenüber den übrigen Kanälen (BS, ON, KT) unterscheiden sich die beiden Kundengruppen nicht signifikant.

Abbildung 92: Ergebnisse der Signifikanzprüfung (Mann-Whitney-Test) der Einstellung gegenüber den Kanälen für die Single-Channel-Kunden

Fazit: Alle Single-Channel-Kunden der stationären Kanäle haben die beste Einstellung gegenüber den Filialen, zwei Kundengruppen (LS+LS) und (BS+BS) informieren sich aber und kaufen in anderen Kanälen. Offenbar sind schlechtere Einstellungen gegenüber bestimmten Kanälen eines Multi-Channel-Retailers kein Hindernis, in diesen Kanälen zu kaufen, wenn die Einstellung gegenüber (mindestens) einem Kanal dieses Anbieters besonders positiv ist. Das Einstellungskonstrukt erklärt nicht die Nutzung der stationären Kanäle Shop-in-Shop im Lebensmitteleinzelhandel und in Bäckereien zur Information und zum Kauf in einer bestimmten Situation. Eine mögliche Erklärung dafür, dass die Einstellungen das konkrete Kundenverhalten in diesen

Fällen nicht erklären können, kann darin liegen, dass in der vorliegenden Untersuchung über 70% der Kaufakte nicht kognitiv gesteuert werden (s. auch die Ergebnisse der empirischen Untersuchung in Kapitel 6.2.2). Wie in Kapitel 4.3.4.2 dargestellt, liegen genau in diesem Bereich die Grenzen der Verhaltenswirksamkeit von Einstellungen. Auch der Aspekt des One-Stop-Shoppings ist in diesem Zusammenhang von Bedeutung: Befindet sich der Kunde bereits im Lebensmitteleinzelhandel oder in einer Bäckerei, wo er das gewünschte Produkt kaufen kann, dann ist es unter dem Convenience-Apekt auch sinnvoll, das Produkt in diesem Kanal zu kaufen.

II. Multi-Channel-Kunden

Die Hypothesen $\mathbf{H_{Ein.3}}$ bis $\mathbf{H_{Ein.13}}$ beziehen sich auf die beiden Muster der Multi-Channel-Nutzung der Kanäle (ON+FL) und (FL+ON). Da die Gruppe der Multi-Channel-Kunden, die einen stationären Kanal zur Information und einen nichtstationären Kanal zum Kauf nutzen (FL+ON), für statistische Auswertungen nicht hinreichend vertreten ist, können die Hypothesen $\mathbf{H_{Ein.8}}$ bis $\mathbf{H_{Ein.13}}$ nicht überprüft werden. Abbildung 93 wiederholt die Hypothesen $\mathbf{H_{Ein.3}}$ bis $\mathbf{H_{Ein.7}}$ für die Gruppe der (ON+FL)-Multi-Channel-Kunden.

Multi-Channel-Kunden (ON+FL)	
$\mathbf{H_{Ein.3}}$	Die Einstellungen gegenüber den Filialen und gegenüber dem Online-Shop sind bei den Kunden, die sich im Online-Shop informieren und in der Filiale kaufen (ON+FL), besser als die Einstellungen gegenüber den anderen Kanälen.
$\mathbf{H_{Ein.4}}$	Bezüglich ihrer Einstellung gegenüber den Filialen unterscheiden sich die Multi-Channel-Kunden (ON+FL) nicht von den (FL+FL)-Kunden.
$\mathbf{H_{Ein.5}}$	Die Einstellung gegenüber den Filialen ist bei Kunden, die sich im Online-Shop informieren und in der Filiale kaufen (ON+FL), besser als bei den (ON+ON)-Kunden.
$\mathbf{H_{Ein.6}}$	Bezüglich ihrer Einstellung gegenüber dem Online-Shop unterscheiden sich die Multi-Channel-Kunden (ON+FL) nicht von den (ON+ON)-Kunden.
$\mathbf{H_{Ein.7}}$	Die Einstellung gegenüber dem Online-Shop ist bei Kunden, die sich im Online-Shop informieren und in der Filiale kaufen (ON+FL), besser als bei den (FL+FL)-Kunden.

Abbildung 93: Hypothesen zum Zusammenhang zwischen den Einstellungen und der Kanalnutzung für die Multi-Channel-Kunden (ON+FL)

Die Einstellung der Multi-Channel-Kunden (ON+FL) gegenüber den Kanälen des Multi-Channel-Retailers zeigen Abbildung 90 und Abbildung 91. Abbildung 94 gibt die Ergebnisse der ein- bzw. zweiseitigen Signifikanztests (Mann-Whitney-Test) wieder.

		FL+FL			ON+ON	
		p	Signif.		p	Signif.
ON+FL	FL	0,692	n.s.	FL	0,294	n.s.
	LS	0,676	n.s.	LS	0,426	n.s.
	BS	0,186	n.s.	**BS**	**0,072**	*
	ON	0,055	*	ON	0,552	n.s.
	KT	**0,003**	***	KT	0,973	n.s.

FL = Filiale, **LS** = Shop im Lebensmitteleinzelhandel, **BS** = Shop in Bäckerei, **KT** = Katalog, **ON** = Online-Shop.

*** signifikant p < 0,01; ** signifikant p < 0,05; * signifikant p < 0,10; n.s. nicht signifikant

Die Ergebnisse des einseitigen Tests sind grau hinterlegt. Sonst wurde zweiseitig getestet.

Abbildung 94: Ergebnisse der Signifikanzprüfung (Mann-Whitney-Test) der Einstellung gegenüber den Kanälen für die Single-Channel- und Multi-Channel-Kunden

Die **Hypothese $H_{Ein.3}$ muss abgelehnt werden**: Die Einstellung gegenüber dem Online-Shop belegt bei dieser Kundengruppe zwar den ersten Rang (MW = 1,63). Den zweiten Rang belegt aber nicht die Einstellung gegenüber den Filialen, sondern gegenüber dem Versandkatalog (MW = 1,67). Die Einstellung gegenüber den Filialen belegt erst den 3. Rang (MW = 1,81).

Die **Hypothese $H_{Ein.4}$ kann nicht abgelehnt werden** und wird beibehalten: Die Multi-Channel-Kunden (ON+FL) unterscheiden sich bezüglich ihrer Einstellung gegenüber der Filiale nicht signifikant von den Single-Channel-Filial-Kunden (FL+FL).

Die **Hypothese $H_{Ein.5}$ muss abgelehnt werden**: Die Multi-Channel-Kunden (ON+FL) unterscheiden sich nicht signifikant von den Single-Channel-Online-Kunden (ON+ON) im Hinblick auf ihre Einstellung gegenüber der Filiale.

Die **Hypothesen $H_{Ein.6}$ und $H_{Ein.7}$ können nicht abgelehnt werden** und werden beibehalten: Die Multi-Channel-Kunden (ON+FL) haben die beste Einstellung gegenüber dem Online-Shop. Sie unterscheiden sich nicht signifikant von der Single-Channel-Gruppe (ON+ON) und unterscheiden sich schwach signifikant von den Single-Channel-Filial-Kunden (FL+FL). In diesem Fall erklärt das Einstellungskonstrukt, warum die (ON+FL)-Kunden den Online-Shop zur Information genutzt haben.

Zusammenfassend kann festgehalten werden, dass mithilfe des Einstellungskonstrukts das Verhalten der Multi-Channel-Kunden (Information in dem Online-Shop und Kauf in der Filiale) nicht eindeutig erklärt werden kann. Vor allem kann nicht erklärt werden, weshalb die Kunden nach der Information im Online-Shop nicht auch im Online-Shop kaufen, sondern in der Filiale. Hier ist denkbar, dass die Kunden, wie in Kapitel 6.3.2.2 empirisch festgestellt wurde, aufgrund ihrer Einkaufsmotive handeln: Sie empfinden im Vergleich zu den (ON+ON)-Kunden eine höhere abwicklungsbezogene Risikoabneigung (RA 1) beim Kauf im Distanzhandel sowie eine höhere Qualitätsorientierung. Auch sind die (ON+FL)-Kunden weniger unabhängigkeitsorientiert.

6.4.2.2 Bewertung der Eigenschaften der Kanäle

Für die Gestaltung des Handelsmarketing-Instrumentariums in den verschiedenen Kanälen ist es wichtig zu wissen, wie die Kunden die unterschiedlichen Eigenschaften der Kanäle bewerten (Detail-Einstellungen). In Abbildung 95 werden die detaillierten Einstellungen der Kunden bezüglich der acht bzw. neun Kanaleigenschaften[687] dargestellt. Betrachtet wurden die Mittelwerte nur für Käufer (d.h. die Kunden, die im Laufe eines Jahres in dem Kanal gekauft haben, wobei sie auch in anderen Kanälen gekauft haben können). Eine gesonderte Betrachtung über alle Kunden, die diese Kanäle kennen (unabhängig davon, ob sie in diesem Kanal schon gekauft haben oder nicht) ergibt ein ähnliches Bild (vgl. hierzu auch Anhang A.5).

Die Gegenüberstellung der Imageprofile in Abbildung 95 lässt erkennen, dass entweder beide oder nur ein Distanzkanal bei allen Eigenschaften am besten bewertet wird. Von den stationären Kanälen sind es die Filialen, die mit Ausnahme der Kriterien Öffnungszeiten und Erreichbarkeit am besten beurteilt werden. Bezüglich zweier Kriterien, der Öffnungszeiten und der Erreichbarkeit, wurde der Kanal Shop im Lebensmitteleinzelhandel besser beurteilt als die beiden übrigen stationären Kanäle.

Hypothese $\mathbf{H_{Bew.1}}$ postuliert, dass „Kunden, die in dem Kanal schon gekauft haben (Käufer), die relevanten Eigenschaften eines Kanals besser bewerten als Nichtkäufer". Zur inferenzstatistischen Beurteilung der Mittelwertunterschiede bezüglich der Bewertung der Kanaleigenschaften (Detail-Einstellungen) zwischen den Käufern und Nichtkäufern wurde auch in diesem Fall (aufgrund der Ergebnisse des Kolmogorov-Smirnoff-Tests) der U-Test nach Mann und Whitney angewandt.[688] Eine Übersicht der Mittelwerte der Detail-Einstellungen von Käufern und Nichtkäufern für alle Kanäle sowie der dazugehörenden Ergebnisse der einseitigen Signifikanztests (U-Test nach Mann und Whitney) befindet sich in Anhang A.5. Im Folgenden sollen die Ergebnisse der Überprüfung für jeden der fünf Kanäle besprochen werden. Da es den Rahmen

[687] Für die stationären Kanäle wurde zusätzlich die Bewertung der Erreichbarkeit der Outlets erhoben (Frage 28).

[688] Zur Begründung siehe auch die Ausführungen in Kapitel 6.3.2.2.1.

der vorliegenden Arbeit sprengen würde, wird an dieser Stelle darauf verzichtet, auf jede einzelne Eigenschaft im Detail einzugehen und sie detailliert für jeden Kanal zu besprechen.

„Wie bewerten Sie folgende Eigenschaften der Einkaufsstätten?“

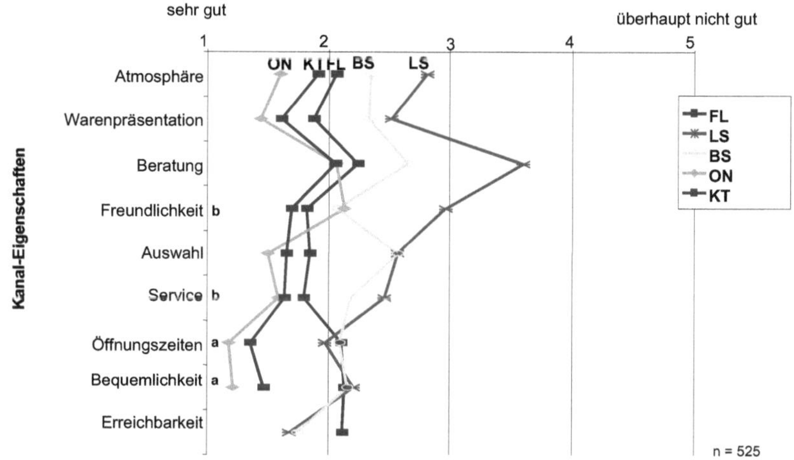

Lesebeispiel:

a Die Kunden, die in den letzten 12 Monaten im Online-Shop gekauft haben, bewerten von allen Eigenschaften dieses Kanals die Öffnungszeiten und die Bequemlichkeit des Einkaufens am positivsten.

b Die Kunden, die in den letzten 12 Monaten in der Filiale gekauft haben, bewerten von allen Kanal-Eigenschaften die Service-Leistungen und die Freundlichkeit des Verkaufspersonals am besten.

Abbildung 95: Detail-Einstellungen der Käufer gegenüber den Kanälen

Filialen

Abbildung 96 gibt die Mittelwerte der Detail-Einstellungen von Käufern und Nichtkäufern für die Filiale wieder sowie die Ergebnisse der einseitigen Signifikanztests (U-Test nach Mann und Whitney). Für den Filial-Kanal **muss Hypothese $H_{Bew.1}$ abgelehnt werden.** Für die Filiale wird die Hypothese mit Ausnahme von drei Kriterien widerlegt: Sowohl Käufer als auch Nichtkäufer schätzen bei sechs der neun Kanaleigenschaften die Filialen gleich gut ein. Filial-Käufer bewerten, wie in $H_{Bew.1}$ postuliert, nur die Erreichbarkeit, die Bequemlichkeit des Einkaufens und die Auswahl in der Filiale hoch signifikant bzw. schwach signifikant besser als Nichtkäufer.

Die unterschiedlichen Werte zwischen Käufern und Nichtkäufern bei der Bewertung der Erreichbarkeit könnten erklären, weshalb manche LS- oder BS-Käufer trotz der besseren Einstellung gegenüber den Filialen nicht die Filiale, sondern die Shops im Lebensmitteleinzelhandel oder in den Bäckereien zur Information und zum Kauf benutzt haben. Sie konnten die Filialen nicht so gut erreichen.

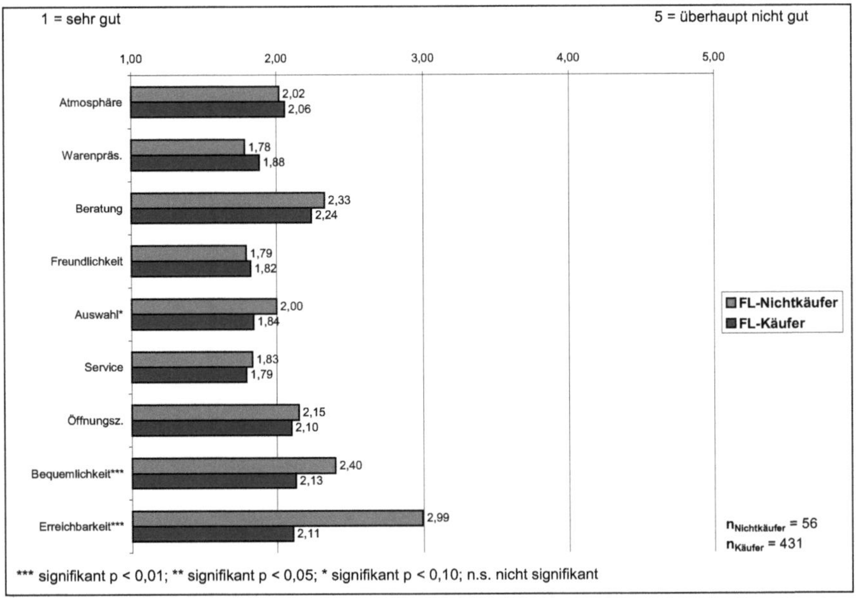

Abbildung 96: Vergleichende Betrachtung der Bewertung der Eigenschaften der Filiale durch Käufer und Nichtkäufer

Shop-in-Shop-Systeme im Lebensmitteleinzelhandel

Abbildung 97 gibt die Mittelwerte der Detail-Einstellungen von Käufern und Nichtkäufern für den Kanal Shop-in-Shop-Systeme im Lebensmitteleinzelhandel wieder sowie die Ergebnisse der einseitigen Signifikanztests (U-Test nach Mann und Whitney). Für die Shop-in-Shop-Systeme im Lebensmitteleinzelhandel **muss Hypothese $H_{Bew.1}$** aufgrund einer Ausnahme **teilweise abgelehnt werden**: Die Beratungskompetenz des Verkaufspersonals wurde sowohl von Käufern als auch von Nichtkäufern gleich negativ bewertet. Bei der Bewertung dieses Kriteriums erreicht der Kanal Shop-in-Shop-Systeme im Lebensmitteleinzelhandel von allen Eigenschaften über alle Kanäle den schlechtesten Wert (MW = 3,60) (siehe Abbildung 95). Von allen Kanaleigenschaften werden sowohl von Käufern als auch von Nichtkäufern diejenigen am besten bewertet, die Aspekte der Convenience betreffen (Erreichbarkeit, Öffnungszeiten sowie die Bequemlichkeit des Einkaufens).

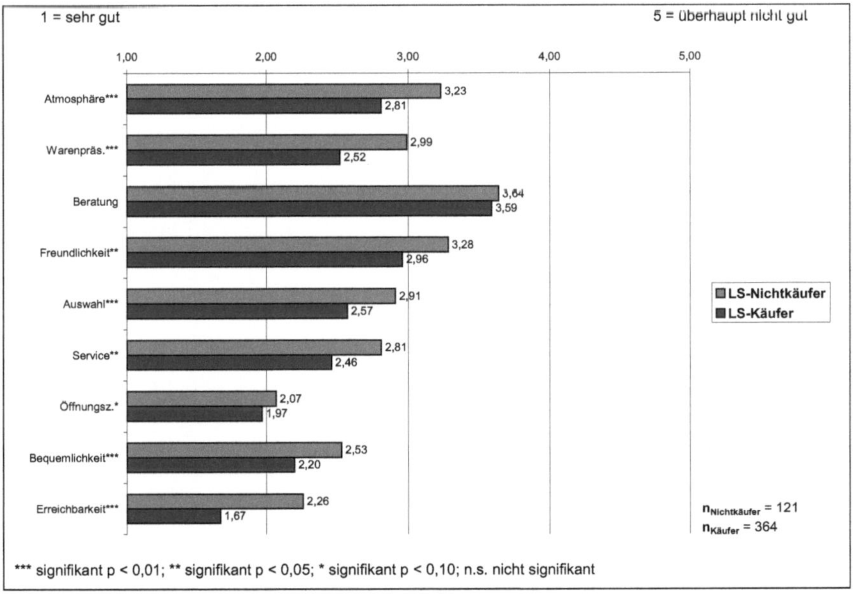

Abbildung 97: Vergleichende Betrachtung der Bewertung der Eigenschaften des Lebensmitteleinzelhandels durch Käufer und Nichtkäufer

Shop-in-Shop-Systeme in der Bäckerei

Abbildung 98 gibt die Mittelwerte der Detail-Einstellungen von Käufern und Nichtkäufern für die Shop-in-Shop-Systeme in Bäckereien wieder sowie die Ergebnisse der einseitigen Signifikanztests. Dieser Kanal ist der einzige, für den die **Hypothese $H_{Bew.1}$** für alle Kanaleigenschaften **nicht abgelehnt werden kann**. Aus der Gegenüberstellung der Bewertungen der Eigenschaften ist zu erkennen, dass dieser Kanal sehr stark zwischen Käufern und Nichtkäufern polarisiert: Die absoluten Mittelwertunterschiede sind für diesen Kanal am größten. Die Käufer bewerten von allen Kanaleigenschaften einen Convenience-Aspekt am besten, die Erreichbarkeit. Am schlechtesten werden die Beratung durch das Verkaufspersonal sowie die Auswahl bewertet.

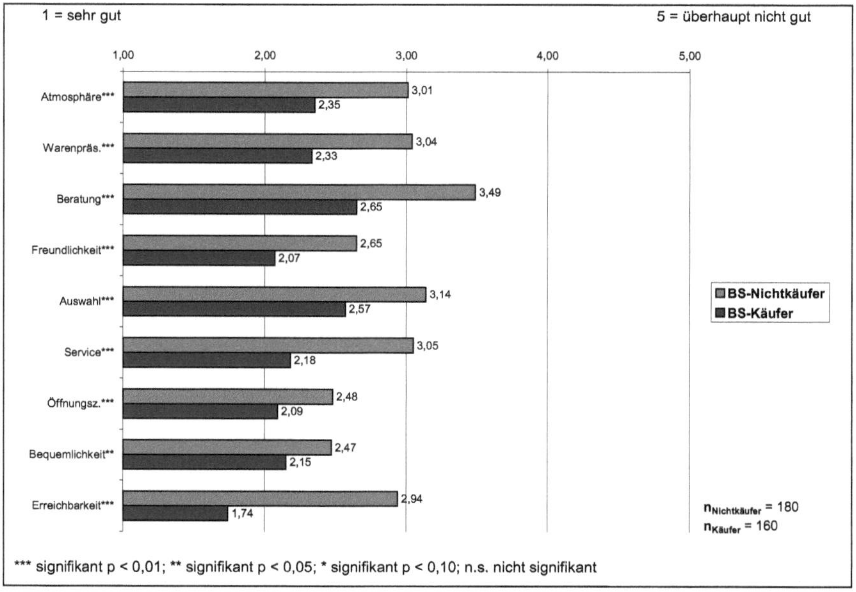

Abbildung 98: Vergleichende Betrachtung der Bewertung der Eigenschaften der Bäckereien durch Käufer und Nichtkäufer

Katalogversand

Abbildung 99 gibt die Mittelwerte der Detail-Einstellungen von Käufern und Nichtkäufern für den Katalogversand wieder sowie die Ergebnisse der einseitigen Signifikanztests. Auch für diesen Kanal **muss die Hypothese $H_{Bew.1}$ teilweise abgelehnt werden**. Bei der Bewertung zweier Eigenschaften, der Öffnungszeiten und der Auswahl, besteht Einigkeit zwischen den Katalog-Käufern und den Nichtkäufern. Bemerkenswert ist, dass bezüglich der beiden Eigenschaften Freundlichkeit und Beratungskompetenz des Verkaufspersonals dieser Distanzhandelskanal besser bewertet wird als die Filialen, die den unmittelbaren Kontakt zum Verkaufspersonal ermöglichen (siehe Abbildung 95). Eine Erklärung könnte darin liegen, dass ca. 80% der Bestellungen des Versand-Kanals per Telefon getätigt werden. Dies ermöglicht den Kontakt zum Verkaufspersonal im Call-Center.

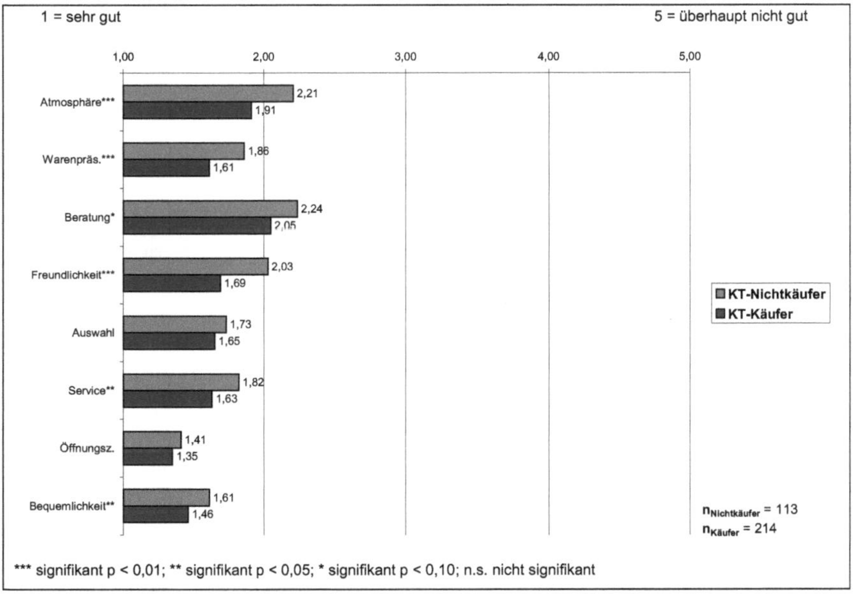

Abbildung 99: Vergleichende Betrachtung der Bewertung der Eigenschaften des Versand-Katalogs durch Käufer und Nichtkäufer

Online-Shop

Die Mittelwerte der Detail-Einstellungen von Käufern und Nichtkäufern für den Online-Shop sowie die Ergebnisse der einseitigen Signifikanztests sind in Abbildung 100 dargestellt. Für diesen Kanal **muss die Hypothese $H_{Bew.1}$ teilweise abgelehnt werden**. Ein Kriterium, die Öffnungszeit (bzw. die „Rund-um-die-Uhr-Verfügbarkeit") des Online-Shops wird sowohl von Käufern als auch von Nichtkäufern als sehr gut bewertet. Beachtenswert ist, dass der Online-Shop bei fünf von acht Eigenschaften – Öffnungszeiten, Bequemlichkeit, Warenpräsentation, Auswahl und Einkaufsatmosphäre – von allen Kanälen sowohl von den Online-Käufern als auch von Nichtkäufern am besten bewertet wird (siehe Abbildung 95).

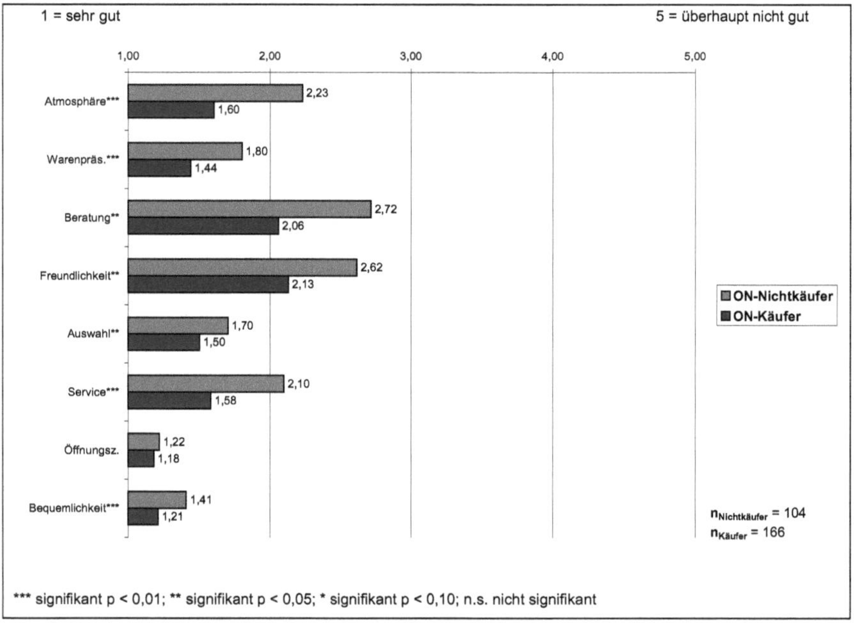

Abbildung 100: Vergleichende Betrachtung der Bewertung der Eigenschaften des Online-Shops durch Käufer und Nichtkäufer

Fazit: Auch wenn die Hypothese $H_{Bew.1}$ zum Teil abgelehnt werden konnte, wird sie als Tendenzaussage beibehalten: Für den BS-Kanal konnte sie für alle neun Eigenschaften nicht widerlegt werden. Für den LS-Kanal konnte sie nur für eine (von neun) Eigenschaften, für den ON-Kanal nur für eine und für den KT-Kanal für zwei (von acht) Eigenschaften abgelehnt werden. Für den FL-Kanal wurde sie für die Mehrheit (sechs von neun) der Eigenschaften abgelehnt.

6.4.2.3 Zusammenfassende Bewertung der Hypothesenprüfung

Abbildung 101 fasst die Ergebnisse der Hypothesenprüfung zum Zusammenhang zwischen den Einstellungen gegenüber den Kanälen und der Kanalnutzung zusammen. Insgesamt kann das Fazit gezogen werden, dass Einstellungen gegenüber den Vertriebskanälen nur bedingt geeignet sind, um die Nutzung der Vertriebskanäle dieses Multi-Channel-Retailers im Rahmen eines Kaufprozesses zu erklären. Vor allem, wenn das Verhalten nicht kognitiv gesteuert wird (wie im Falle von impulsiven oder habitualisierten Kaufentscheidungen), könnte die Verhaltenswirksamkeit (V) von Einstellungen (E) beschränkt sein.

Während die Kundengruppen (FL+FL), (ON+ON) und (KT+KT) die besten Einstellungen gegenüber den jeweiligen Kanälen haben, in denen sie sich informierten und kauften, ist dies für die Gruppen (LS+LS), (BS+BS) sowie den Multi-Channel-Kunden (ON+FL) nicht der Fall. Zwei Aspekte, die mit der Besonderheit des Untersuchungsobjekts zusammenhängen, könnten die Ergebnisse beeinflusst haben: Zum einen handelt es sich um das Image der **Storebrand**. Interne Untersuchungen der Unternehmung haben gezeigt, dass die Kunden eine positive Einstellung zu der Storebrand haben. Damit geht auch ein großes Vertrauen in das Gesamtsystem einher.[689] Zum anderen gibt es die Problematik der Überlagerung des Images des untersuchten Mehrkanalsystems durch die Storebrands im Lebensmitteleinzelhandel und Bäckereien. Dies könnte erklären, weshalb beide Depot-Typen (im Lebensmitteleinzelhandel und Bäckereien) schlechter beurteilt werden als die Kanäle, die in Eigenregie geführt werden (Filialen, Online-Shop und Katalogversand).

Ferner kann festgehalten werden, dass Käufer sowohl die Kanäle im Allgemeinen als auch die relevanten Kanaleigenschaften besser bewerten als Nichtkäufer. Allerdings kann an dieser Stelle unter Berücksichtigung des Erhebungsdesigns keine Aussage über die Kausalität dieses Zusammenhangs getroffen werden (EV- oder VE-Hypothese). Es könnte auch sein, dass die Käufer erst durch den Kauf die bessere Einstellung gewonnen haben (= VE-Hypothese).

---

[689] Vgl. hierzu auch die Ergebnisse der Untersuchung von Schramm-Klein (2003), S. 266.

Hyp.-Nr.	Aussage der Hypothese	Empirisch gestützt?
$H_{Ein.1}$	Käufer haben eine bessere Einstellung gegenüber diesem Kanal als Nichtkäufer.	**ja**
$H_{Bew.1}$	Käufer bewerten die relevanten Eigenschaften eines Kanals besser als Nichtkäufer.	**teilweise**
	Single-Channel-Kunden	
$H_{Ein.2}$	Die Single-Channel-Kunden (FL+FL), (LS+LS), (BS+BS), (KT+KT) und (ON+ON) informieren sich und kaufen in den Kanälen, denen gegenüber sie die beste Einstellung haben.	**teilweise**
	Multi-Channel-Kunden (ON+FL)	
$H_{Ein.3}$	Die Einstellungen gegenüber den Filialen und gegenüber dem Online-Shop sind bei den Kunden, die sich im Online-Shop informieren und in der Filiale kaufen (ON+FL), besser als die Einstellungen gegenüber den anderen Kanälen.	**nein**
$H_{Ein.4}$	Bezüglich ihrer Einstellung gegenüber den Filialen unterscheiden sich die Multi-Channel-Kunden (ON+FL) nicht von den (FL+FL)-Kunden.	**ja**
$H_{Ein.5}$	Die Einstellung gegenüber den Filialen ist bei Kunden, die sich im Online-Shop informieren und in der Filiale kaufen (ON+FL), besser als bei den (ON+ON)-Kunden.	**nein**
$H_{Ein.6}$	Bezüglich ihrer Einstellung gegenüber dem Online-Shop unterscheiden sich die Multi-Channel-Kunden (ON+FL) nicht von den (ON+ON)-Kunden.	**ja**
$H_{Ein.7}$	Die Einstellung gegenüber dem Online-Shop ist bei Kunden, die sich im Online-Shop informieren und in der Filiale kaufen (ON+FL), besser als bei den (FL+FL)-Kunden.	**ja**

FL = Filiale, LS = Shop im Lebensmitteleinzelhandel, BS = Shop in Bäckerei, KT = Katalog, ON = Online-Shop.

Abbildung 101: Ergebnisse der Hypothesenprüfung zum Zusammenhang zwischen den Einstellungen gegenüber den Kanälen und der Kanalnutzung

7 Zusammenfassung und Implikationen der Untersuchung

7.1 Zusammenfassung der Untersuchung

Den Ausgangspunkt vorliegender empirischer Arbeit bildete die Feststellung, dass Untersuchungen fehlen, die einen Multi-Channel-Retailer als ein System komplementärer Kanäle begreifen und die das Kundenverhalten entlang des Kaufprozesses in diesem System analysieren. Vor diesem Hintergrund bestand die zentrale Zielsetzung der verhaltenswissenschaftlichen Arbeit in der Beantwortung folgender Untersuchungsfragen:

1. Auf welche Kanäle verteilen die Kunden eines Multi-Channel-Retailers die Phasen „Information vor dem Kauf" und „Kauf", wenn sie zwischen mehreren stationären Kanälen, Online-Shop und Katalogversand wählen können?
2. Wie nutzen Kunden die Kanäle eines Multi-Channel-Retailers über mehrere Kaufprozesse hinweg?
3. Wie lassen sich die verschiedenen Verhaltensmuster erklären? Welche Determinanten des Kundenverhaltens beeinflussen die Nutzung der verschiedenen Kanäle eines Multi-Channel-Retailers?

Als Objekt der vorliegenden Untersuchung wurde <u>ein</u> Multi-Channel-Retailer ausgewählt, um Verzerrungen zu vermeiden, die sich durch abweichende Marktauftritte anderer Händler sowie abweichendes Kundenverhalten ergeben können. Das Untersuchungsobjekt kann wie folgt charakterisiert werden: ein integriertes Mehrkanalsystem im Einzelhandel, unter einer Geschäftsbezeichnung mit zwei Kontaktprinzipien und fünf Vermarktungskonzepten (Filialen, Shop-in-Shop-Systeme im Lebensmitteleinzelhandel und Bäckereien, Katalogversand und Online-Shop). Zur Beschreibung des Marketingkonzepts des untersuchten Mehrkanalsystems dienen die Merkmale: Partievermarktung, jede Woche neue Angebote, identische Preise in allen Kanälen, weitgehend identische Sortimente in den Kanälen und fixe Lieferkosten im Distanzhandel.

Bei der Untersuchung der Fragestellungen sind wir in drei Schritten vorgegangen: Im Mittelpunkt des ersten Schrittes stand eine von theoretischen und sachlogischen Überlegungen geleitete **Konzeptualisierung des Modells**, die zur Konkretisierung des Untersuchungsanliegens beitrug. Neben der Auswertung der relevanten Fachliteratur führten wir im Rahmen der qualitativen Phase des Forschungsdesigns Gespräche mit vierzehn Experten aus Wissenschaft und Praxis, vier Fokusgruppengespräche und dreißig explorative Interviews (mit Endverbrauchern) durch. Diese Ergebnisse bildeten die Basis für die Entwicklung eines Bezugsrahmens zur Erklärung des Informations- und Kaufverhaltens der Kunden eines Multi-Channel-Retailers. In einem zweiten Schritt fand die **Konzeptualisierung der Modellvariablen** statt: Für die einzelnen Erklärungsvariablen (Stimuli, Konstrukte und Reaktionsvariablen) beleuchtete die Arbeit die wichtigsten begrifflichen und konzeptionellen Aspekte. Für die drei Konstrukte Involvement, Einkaufsmotive und Einstellungen gegenüber den Kanälen stellten wir verschiedene Messmodelle sowie die Ergebnisse von empirischen Untersuchungen dar und schlugen ein eigenes Messmodell vor. Anschließend leiteten wir Wirkungshypothesen ab. Aus diesen Überlegungen resultierte das theoretische Modell der Untersuchung.

Zum Zweck der empirischen Analyse befragten wir in einem dritten Schritt 525 Kunden des ausgewählten Multi-Channel-Retailers telefonisch. Die **quantitative Untersuchung** bildete die Basis für alle quantitativen deskriptiven und explikativen Auswertungen. Anschließend fand die **Modell- und Hypothesenüberprüfung** statt. Die zu diesem Zweck entwickelten Messinstrumente wurden unter Verwendung statistischer Verfahren auf die Kriterien Reliabilität und Validität geprüft. Diese validen und reliablen Messmodelle erlaubten die empirische Überprüfung der Hypothesen. Abbildung 102 gibt den Bezugsrahmen der Untersuchung nach der quantitativen Analyse wieder.

Basierend auf diesem methodischen und empirischen Forschungsdesign konnten alle zentralen Fragen der Untersuchung beantwortet werden.

Zur Forschungsfrage 1: Die meisten Kunden des untersuchten Multi-Channel-Retailers (ca. 67% der Befragten) benutzen für Information und Kauf denselben Kanal, sowohl im stationären als auch im nichtstationären Bereich. Bei den Kunden, die ihren Kaufprozess auf zwei Kanäle verteilen, dominiert das Muster „Information im Online-Shop" und „Kauf in der Filiale". Der Wechsel von Kanälen innerhalb eines Kaufprozesses spielt bei dem untersuchten Multi-Channel-Retailer eine geringere Rolle, als vielfach angenommen wird. Von größerer Bedeutung scheint es für die Kunden zu sein, zwischen den Kaufprozessen die Kanäle wechseln zu können.

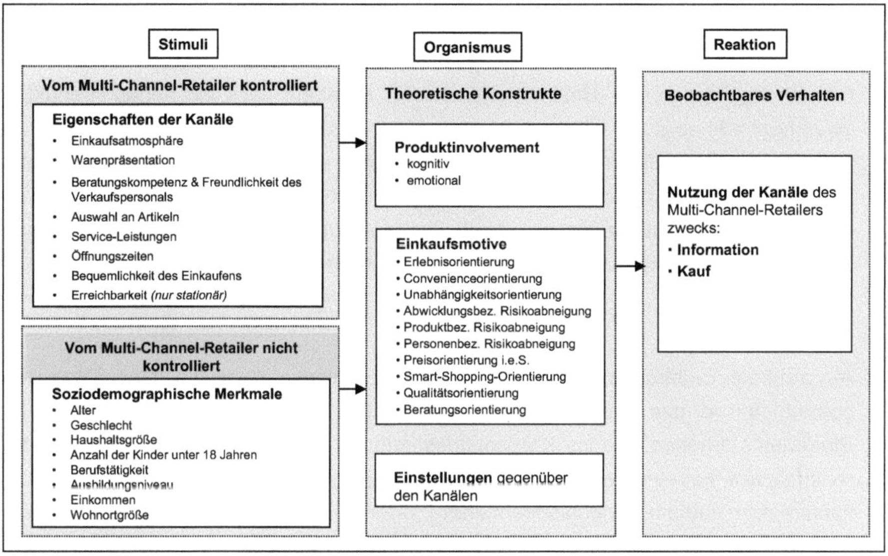

Abbildung 102: Bezugsrahmen der Untersuchung

Zur Forschungsfrage 2: Die Mehrzahl der Kunden des untersuchten Multi-Channel-Retailers (82% der Befragten) hat in den letzten 12 Monaten vor dem Untersuchungszeitpunkt in mehr als einem Kanal eingekauft: Ca. 31% der Kunden haben in zwei Kanälen, rund 29% in drei, rund 17% in vier und rund 5% haben sogar alle fünf Kanäle des Multi-Channel-Retailers zum Kauf genutzt.

Zur Forschungsfrage 3: Die Nutzung der Kanäle des untersuchten Mehrkanalsystems wird von drei psychographischen Faktoren beeinflusst: Involvement, Einkaufsmotive und Einstellungen gegenüber den Kanälen.

a) Involvement und Kaufprozess-Typ

Als Erstes untersuchten wir den Einfluss des Involvementkonstrukts auf die Anzahl der genutzten Kanäle im Rahmen eines Kaufprozesses. Das **Produktinvolvement** wurde in Anlehnung an LAURENT/KAPFERER (1985) durch sechs Statements operationalisiert. Die Konstruktbestimmung mithilfe der explorativen Faktorenanalyse ergab eine zweidimensionale Struktur des Involvementkonstrukts: das kognitive und emotionale Produktinvolvement. Zur Bestimmung des **Kaufprozess-Typs** diente die Stärke des Produktinvolvements kombiniert mit der Informationsverarbeitungstiefe. Die Tiefe der Informationsverarbeitung beim Kauf eines bestimmten Produkts wurde durch drei Statements erhoben.

Die durchgeführten Chi^2-Unabhängigkeitstests ergaben, dass ein hohes Produktinvolvement alleine noch keinen Grund für die Nutzung unterschiedlicher Kanäle im Rahmen eines Kaufprozesses darstellt, wohl aber der Typ des Kaufprozesses. Im Falle extensiver Kaufentscheidungen nutzen die Kunden eher mehrere Kanäle im Rahmen eines Kaufprozesses (Multi-Channel-Nutzung). Hier bietet das Multi-Channel-System dem Kunden die Möglichkeit zur umfassenderen Information.

b) Einkaufsmotive

Als zentrale Erklärungsvariable des Kundenverhaltens im Multi-Channel-Retailing betrachteten wir das **Einkaufsmotiv**-Konstrukt. Die Einkaufsmotive wurden durch 31 Statements erhoben. Die zur Konstruktbestimmung durchgeführte explorative Faktorenanalyse weist eine zehnfaktorielle Struktur der Einkaufsmotive auf. Die zehn Einkaufsmotive lauten: Erlebnisorientierung, Convenienceorientierung, Unabhängigkeitsorientierung, abwicklungsbezogene (RA1), produktbezogene (RA2) sowie personenbezogene (RA3) Risikoabneigung, Preisorientierung i.e.S., Smart-Shopping-Orientierung, Qualitätsorientierung und Beratungsorientierung. Zwei Einkaufsmotive weisen eine zweifaktorielle (Preisorientierung) bzw. dreifaktorielle (Risikoabneigung) Struktur auf.

Die Betrachtung der Einkaufsmotive über alle Kunden des untersuchten Multi-Channel-Retailers ergab folgende Rangfolge (nach abnehmender Stärke der Durchschnittswerte): Smart-Shopping-Orientierung, personenbezogene Risikoabneigung (RA3), Convenienceorientierung, Qualitätsorientierung, Erlebnisorientierung, produktbezogene Risikoabneigung (RA2), Unabhängigkeitsorientierung, Preisorientierung i.e.S., Beratungsorientierung und abwicklungsbezogene Risikoabneigung (RA1). Diese Reihenfolge wird zum Teil durch die Besonderheiten der untersuchten Unternehmung (Partievermarktung) beeinflusst.

Die Hypothesenprüfung mithilfe ein- bzw. zweiseitiger U-Tests nach Mann und Whitney und der Diskriminanzanalyse bestätigte die Annahme, dass das Einkaufsmotiv-Konstrukt erklären kann, warum die Kunden des Multi-Channel-Retailers dessen Kanäle im Rahmen eines bestimmten Kaufprozesses für die Informationsbeschaffung und zum Kauf nutzen. Sie wählen den Kanal aus, der ihre Einkaufsmotive in der jeweiligen Phase am besten befriedigen kann. Die Einkaufsmotive variieren nicht nur zwischen den Kundengruppen, die zwei Kanäle nutzen, welche auf unterschiedlichen Kontaktprinzipien basieren (stationärer Kanal versus Distanzkanal), sondern auch innerhalb des stationären bzw. des nichtstationären Kanals.

Diese Erkenntnisse zeigen, dass Pauschalaussagen hinsichtlich der Unterschiede zwischen den stationären und nichtstationären Kanälen empirisch nicht haltbar sind. Auf der Basis dieser Untersuchung kann nur eine einzige allgemeine Aussage für motivationale Unterschiede zwischen den Kundengruppen, die ausschließlich einen stationären Kanal bzw. einen nichtstationären Kanal nutzen, gemacht werden: Kunden, die einen nichtstationären Kanal für die Informationsbeschaffung und zum Kauf benutzen (Online-Shop oder Katalogversand), sind stärker unabhängigkeitsorientiert als die stationären Kunden. Weitere Aussagen, wie z.B., dass stationäre Kunden stärker erlebnisorientiert oder beratungsorientiert seien als die Distanzkunden bzw. dass Distanzkunden stärker convenienceorientiert oder preisorientiert seien als die stationären Kunden, können so allgemein nicht gemacht werden. Vielmehr gibt es motivationale Unterschiede innerhalb des stationären bzw. des nichtstationären Kanals. Zwei Beispiele: Die Filial-Kunden (FL+FL) sind stärker erlebnisorientiert und beratungsorientiert als die Lebensmitteleinzelhandel-Kunden (LS+LS). Die Online-Shop-Kunden (ON+ON) werden mehr durch Unabhängigkeit zur Nutzung des Kanals motiviert als die Katalog-Kunden (KT+KT) und haben eine geringere abwicklungsbezogene Risikoabneigung (RA 1).

Auch die Multi-Channel-Kunden (ON+FL) unterscheiden sich signifikant von den beiden Gruppen der Single-Channel-Kunden (FL+FL) und (ON+ON):

- Im Vergleich zu den stationären Single-Channel-Kunden (FL+FL) sind die Multi-Channel-Kunden (ON+FL) weniger stark erlebnis- und beratungsorientiert, aber stärker convenience- und unabhängigkeitsorientiert.
- Im Vergleich zu den Online-Single-Channel-Kunden (ON+ON) empfinden die Multi-Channel-Kunden (ON+FL) eine stärkere abwicklungsbezogene Risikoabneigung (RA1) sowie eine stärkere Qualitätsorientierung. Auch sind sie weniger unabhängigkeitsorientiert und weniger preisorientiert als die Single-Channel-Kunden (ON+ON). Multi-Channel-Kunden verknüpfen die Unabhängigkeit der Information im Online-Shop mit der Reduzierung des abwicklungsbezogenen Risikos (RA1) durch den Kauf in der Filiale, die ihnen Ansicht und Prüfung der Produkte ermöglicht.

Abbildung 103 gibt eine Übersicht, welche Einkaufsmotiv-Kombinationen für die Nutzung der Kanäle im Rahmen eines Kaufprozesses (Information + Kauf) ausschlaggebend sind (das heißt signifikant stärker ausgeprägt sind als bei anderen Kundengruppen).

Einkaufsmotiv \ Kundengruppe	FL+FL	LS+LS	BS+BS	KT+KT	ON+ON	ON+FL
Erlebnisorientierung	✓		✓			
Convenienceorientierung		✓	✓	✓	✓	✓
Unabhängigkeitsorientierung				✓	✓	
Abwicklungsbez. Risikoabneigung (RA1)	✓	✓	✓			✓
Produktbezogene Risikoabneigung (RA2)	✓	✓	✓			✓
Personenbez. Risikoabneigung (RA3)						
Preisorientierung i.e.S.			✓	✓		
Smart-Shopping-Orientierung			✓			
Qualitätsorientierung	✓	✓	✓			✓
Beratungsorientierung	✓					

FL = Filiale, **LS** = Shop im Lebensmitteleinzelhandel, **BS** = Shop in Bäckerei, **KT** = Katalog, **ON** = Online-Shop.

Abbildung 103: Ausschlaggebende Einkaufsmotive bei der Nutzung der Kanäle im Rahmen eines Kaufprozesses

- Die Kunden nutzen die **Filialen** zur Information und zum Kauf (FL+FL) aufgrund der Einkaufsmotive: Erlebnisorientierung, abwicklungsbezogene (RA 1) sowie produktbezogene Risikoabneigung (RA 2), Qualitätsorientierung und Beratungsorientierung.
- Die Entscheidung für die Nutzung der **Depots im Lebensmitteleinzelhandel** zur Information und zum Kauf (LS+LS) basiert auf den Einkaufsmotiven: Convenienceorientierung, abwicklungsbezogene (RA 1) sowie produktbezogene Risikoabneigung (RA 2) und Qualitätsorientierung.
- Die Kunden nutzen die **Depots in den Bäckereien** zur Information und zum Kauf (BS+BS) aufgrund der Einkaufsmotive: Erlebnisorientierung, Convenienceorientierung, abwicklungsbezogene (RA 1) sowie produktbezogene Risikoabneigung (RA 2), Preisorientierung i.e.S., Smart-Shopping-Orientierung und Qualitätsorientierung.
- Die Entscheidung für die Nutzung des **Katalogversandes** zur Information und zum Kauf (KT+KT) kann durch folgende Einkaufsmotive erklärt werden: Convenienceorientierung, Unabhängigkeitsorientierung und Preisorientierung i.e.S.
- Die Nutzung des **Online-Shops** zur Information und zum Kauf (ON+ON) lässt sich durch die Einkaufsmotive Convenienceorientierung und Unabhängigkeitsorientierung erklären.
- Die **Multi-Channel-Kunden (ON+FL)** nutzen den Online-Shop zur Information und die Filialen zum Kauf aufgrund der Einkaufsmotive: Convenienceorientierung, abwicklungsbezogene (RA1) sowie produktbezogene Risikoabneigung (RA2) und Qualitätsorientierung.

Ein Einkaufsmotiv, die *personenbezogene Risikoabneigung (RA3)*, differenziert nicht zwischen den Gruppen. Dieses Einkaufsmotiv ist bei allen Kundengruppen hoch, auch bei den sonst weniger risikoabgeneigten Online-Kunden (ON+ON).

Auch der angenommene Einfluss der **soziodemographischen Merkmale** auf die Einkaufsmotive konnte mithilfe einfaktorieller Varianzanalysen bestätigt werden. Acht soziodemographische Merkmale, nämlich Alter, Geschlecht, Haushaltsgröße, Anzahl der Kinder, Beruf, Nettoeinkommen, Bildungsabschluss und Größe des Wohnorts, beeinflussen die meisten Einkaufsmotive (mit Ausnahme der Qualitätsorientierung).

c) Einstellungen

Als dritten psychographischen Faktor untersuchten wir das Einstellungskonstrukt. Die Einstellungen gegenüber den Kanälen wurden sowohl mono- als auch multiattributiv gemessen, um die Vor- und Nachteile beider Messmodelle zu berücksichtigen. Sieben bzw. (für die stationären Kanäle) acht Kanaleigenschaften dienten der multiattributiven Einstellungsmessung.

Die monoattributive Betrachtung des Einstellungskonstrukts ergab, dass Einstellungen gegenüber den Kanälen nur bedingt geeignet sind, die Nutzung der Kanäle des Multi-Channel-Retailers im Rahmen eines Kaufprozesses zu erklären. Vor allem, wenn das Verhalten nicht kognitiv gesteuert wird (wie im Falle von impulsiven oder habitualisierten Kaufentscheidungen), scheint die Verhaltenswirksamkeit von Einstellungen beschränkt zu sein. Zu berücksichtigen ist, dass in dieser Untersuchung alle Kanäle einer Unternehmung angehören. Die Kunden haben eine positive Einstellung zu der Storebrand im Allgemeinen und damit geht auch ein großes Vertrauen in das Gesamtsystem einher. Dies könnte die Entscheidung der Kunden beeinflussen, einen Kanal der Unternehmung im Rahmen eines Kaufprozesses zu nutzen, auch wenn sie eine schlechtere Einstellung gegenüber diesem Kanal haben.

Weiterhin konnte mithilfe von ein- bzw. zweiseitigen U-Tests nach Mann und Whitney bestätigt werden, dass Käufer sowohl die Kanäle im Allgemeinen (monoattributive Einstellungsmessung) als auch die relevanten Kanaleigenschaften (multiattributive Einstellungsmessung) besser bewerten als Nichtkäufer.

Die Detail-Einstellungen gegenüber den Kanälen (Bewertung der Kanaleigenschaften) zeigen deutlich, bei welchen Kanaleigenschaften die Stärken und Schwächen des Kanals liegen und wo die Meinungen der Käufer und Nichtkäufer auseinander gehen. Abbildung 104 gibt die Stärken und Schwächen der Kanäle des untersuchten Multi-Channel-Retailers zusammenfassend wieder:

- Die besten Beurteilungen erzielen die Kanäle, die die untersuchte Unternehmung in Eigenregie führt (Filialen, Online-Shop und Katalogversand).
- Die Distanzkanäle werden hinsichtlich aller Eigenschaften gut bewertet.
- Der Kanal Shop im Lebensmitteleinzelhandel (LS) wurde hinsichtlich zweier Kriterien, der Öffnungszeiten und der Erreichbarkeit, besser beurteilt als die Filialen.
- Der Kanal Shop in Bäckereien (BS) wurde lediglich bezüglich der Eigenschaft Erreichbarkeit besser beurteilt als die Filialen.

	FL	LS	BS	ON	KT
Einkaufsatmosphäre	+	-	-	+	+
Warenpräsentation	+	-	-	+	+
Freundlichkeit des Verkaufspersonals	+	-	+	+	+
Beratungskompetenz des Personals	+	-	-	+	+
Auswahl an Gebrauchsartikeln	+	-	-	+	+
Service-Leistungen	+	-	-	+	+
Öffnungszeiten	-	+	-	+	+
Bequemlichkeit des Einkaufens	-	-	-	+	+
Erreichbarkeit	-	+	+	n.e.	n.e.

+ / - Stärke / Schwäche dieses Kanals aus Sicht der Kunden (haben in den letzten 12 Monaten in dem Kanal gekauft)
n.e. nicht erhoben

Abbildung 104: Vergleich der Kanaleigenschaften aus Kundensicht

Die Detail-Einstellungen gegenüber den Kanälen liefern wertvolle Hinweise für das Management des Mehrkanalsystems bzw. der Kanäle. Darauf basieren zum Teil die Empfehlungen für das Marketing im Multi-Channel-Retailing in Kapitel 7.2.2.

7.2 Implikationen der Untersuchung für die Forschung und das Marketing in Mehrkanalsystemen

Die vorliegende Untersuchung brachte sowohl in wissenschaftlicher als auch in praxisbezogener Hinsicht Erkenntnisfortschritte. In diesem Kapitel sollen die Implikationen für die Forschung und das Marketing in Mehrkanalsystemen aufgezeigt werden.

7.2.1 Implikationen für die Forschung

Aus wissenschaftlicher Sicht liefert die vorliegende Arbeit folgende methodische, inhaltliche und theoretische Erkenntnisse:

1. Die Analyse basiert auf einem differenzierten Forschungsdesign, das in der Form bei keiner der in dieser Arbeit besprochenen wissenschaftlichen oder praxisorientierten Untersuchungen zu finden ist. Wir führten sowohl eine qualitative als auch eine quantitative Untersuchung durch und im Rahmen der qualitativen Untersuchung kamen drei verschiedene Erhebungsmethoden zur Anwendung (Expertengespräche, Gruppendiskussionen sowie explorative Kundeninterviews). Dieses differenzierte Forschungsdesign garantiert eine gleichermaßen theoretisch wie empirisch fundierte Vorgehensweise bei der Konzeptualisierung und Operationalisierung der Modellvariablen.

2. Wir untersuchten nicht nur, wie die meisten vorgestellten empirischen Arbeiten, das Kundenverhalten bei der Wahl zwischen einem stationären Kanal und einem Distanzkanal (meistens der Online-Shop). Die vorliegende Untersuchung analysiert und erklärt das Verhalten der Kunden, wenn sie die Wahl zwischen mehreren stationären Kanälen (drei) und mehreren Distanzkanälen (zwei) haben, um sich zu informieren und zu kaufen.

3. In der vorliegenden Untersuchung wurden parallel zu den U-Tests nach Mann und Whitney auch t-Tests durchgeführt. Wir konnten zeigen, dass auch bei Verletzung der Normalitätsprämisse der (ein- oder zweiseitigen, je nach Fragestellung) t-Test kaum Unterschiede zum U-Test nach Mann und Whitney aufweist, wenn die Fallzahl größer 30 ist.

4. Die Untersuchung berücksichtigt auch solche Kaufprozesse, die nicht kognitiv gesteuert sind, wie dies bei impulsiven bzw. habitualisierten Käufen der Fall ist. Diese Art von Kaufprozessen wird in den meisten verhaltenswissenschaftlichen Untersuchungen, vor allem bei solchen, die sich auf die Konstrukte Einstellungen und Präferenzen konzentrieren, ausgeblendet.

5. Die Konzeptualisierung und Operationalisierung des Involvementkonstrukts durch LAURENT/KAPFERER konnten durch die eigene Untersuchung bestätigt werden.
6. Das Kernstück der Arbeit bildet die Konzeptualisierung und Operationalisierung des Konstrukts Einkaufsmotive, das nach Kenntnis der Autorin den letzten Stand der Forschung auf diesem Gebiet bildet. Darin wurde der Status quo in der vorhandenen wissenschaftlichen Literatur mit den Erkenntnissen aus den eigenen empirischen Untersuchungen verschmolzen. Aus Sicht der Verfasserin empfiehlt es sich, in weiterführenden Untersuchungen die Verhaltenswirksamkeit der Einkaufsmotive auch bei anderen Fragestellungen des Handelsmarketings zu überprüfen.
7. Bei der Konzeptualisierung und Operationalisierung des Einstellungskonstrukts wählten wir eine Vorgehensweise, die die Kritik an den verschiedenen Messverfahren des Konstrukts berücksichtigt.

Mit dem Untersuchungsdesign der vorliegenden Analyse ist auch eine Reihe von Restriktionen verbunden, die Anknüpfungspunkte für weitere Forschungsaktivitäten bieten. Erstens ist die größte Stärke des Forschungsdesigns auch eine der wichtigsten Restriktionen der Untersuchung: Als Objekt dieser Untersuchung wurde ausschließlich ein Multi-Channel-Retailer ausgewählt. Dadurch sollten Verzerrungen vermieden werden, die sich durch abweichende Marktauftritte anderer Händler und abweichendes Kaufverhalten der Kunden ergeben. Das heißt aber auch, dass strenggenommen die Ergebnisse nur für die Kunden dieses Multi-Channel-Retailers gelten. Ihn charakterisieren insbesondere folgende Merkmale: fünf Absatzkanäle, Partievermarktung, jede Woche neue Angebote, identische Preise in allen Kanälen, weitgehend identische Sortimente in den Kanälen und fixe Lieferkosten im Distanzhandel. Eine mögliche Aufgabe für weitere wissenschaftliche Arbeiten wäre daher zu untersuchen, ob die Kunden anderer Multi-Channel-Retailer in gleicher Weise Information und Kauf auf bestimmte Kanäle verteilen. Auch wäre zu überprüfen, ob für das Kundenverhalten bei anderen Multi-Channel-Retailern dieselben Konstrukte der Erklärung dienen. Sind es dieselben zehn Einkaufsmotive? Erachten diese Kunden dieselben Kanaleigenschaften als einstellungsrelevant? Haben Käufer auch im Falle dieser Unternehmungen eine bessere Einstellung gegenüber den Kanälen als Nichtkäufer? Nutzen auch diese Kunden im Rahmen extensiver Kaufentscheidungsprozesse eher unterschiedliche Kanäle?

Zweitens wurde der Kaufprozess eines Kunden bei einem bestimmten Produkt analysiert. Wechselnde Verhaltensweisen und andere Verhaltensmuster bei einer Person wurden nicht berücksichtigt. Zwar zeigte eine einfache Varianzanalyse keine Unterschiede zwischen Einkaufsmotiven und Produkten auf. Doch kann nicht ausgeschlossen werden, dass eine Person auf verschiedene Weise Information und Kauf auf die Kanäle verteilt und dass dies mit den Produkten variiert.

Drittens wurde ein Teil der Einkaufsmotive (Erlebnisorientierung, Convenienceorientierung, Unabhängigkeitsorientierung und Risikoabneigung) unabhängig von dem konkreten Kaufprozess erhoben. Es wurde also von den allgemeinen Einkaufsmotiven auf das Einkaufsmotiv in einem konkreten Fall geschlossen. Es wäre zu prüfen, ob und inwieweit sich für einen konkreten Kaufprozess die Einkaufsmotive aufdecken lassen. Dies wäre z.B. durch einen begleitenden Einkauf möglich.

Viertens wurden nur zwei Phasen des Kaufprozesses betrachtet: die Informations- und die Kaufphase. Es ist nicht auszuschließen, dass für die Kanalwahl in der After-Sales-Phase weitere Motive verantwortlich sind, die in der vorliegenden Untersuchung nicht berücksichtigt wurden.

Fünftens hat sich in der bisherigen Forschung zur Einkaufsstättenwahl das Vertrauen als eine wichtige Determinante herausgestellt. In der vorliegenden Studie wurde nicht untersucht, inwieweit das Vertrauen zu dem betrachteten Multi-Channel-Retailer ausschlaggebend für seine Wahl im Allgemeinen und die Wahl bestimmter Kanäle für bestimmte Phasen des Kaufprozesses im Speziellen ist. Der untersuchte Multi-Channel-Retailer gilt als erfolgreicher im Distanzhandel als andere deutsche Multi-Channel-Retailer, die ebenfalls originär aus dem stationären Einzelhandel kommen. Empirische Studien zeigen, dass der untersuchte Multi-Channel-Retailer ein sehr hohes Vertrauen bei seinen Kunden in Deutschland genießt. Es ist daher nicht ausgeschlossen, dass sich dies auf die Befriedigung bestimmter Bedürfnisse in bestimmten Kanälen auswirkt, wie etwa eine geringere Risikoabneigung gegenüber dem Distanzhandel.

Diese durch die Restriktionen des vorliegenden Untersuchungsdesigns aufgeworfenen Fragestellungen können den Ausgangspunkt weiterer wissenschaftlicher Untersuchungen bilden.

7.2.2 Implikationen für das Marketing im Multi-Channel-Retailing

Ein häufiges Problem, das am Schluss vieler empirischer Arbeiten anzutreffen ist, liegt darin, dass den Ergebnissen aus Untersuchungen mit hoher Spezifität Aussagen höherer Reichweite zugesprochen werden. Diesen Fehler möchte die Verfasserin vermeiden. Wie bereits erwähnt, unterliegt das Forschungskonzept der vorliegenden Arbeit einer Reihe von Restriktionen, die in weiteren wissenschaftlichen Arbeiten aufgegriffen werden sollten. Diese Restriktionen müssen auch bei der Erarbeitung von Empfehlungen für das Marketing in Mehrkanalsystemen des Einzelhandels berücksichtigt werden. Empirisch gesicherte Empfehlungen auf Basis der Ergebnisse der vorliegenden Untersuchung können strenggenommen nur für die untersuchte Multi-Channel-Unternehmung abgeleitet werden. Dies wird an dieser Stelle unter Berücksichtigung der Unternehmensziele auch geschehen. Allerdings werden im Folgenden nur einige Beispiele genannt. Die vielfältigen Implikationen der Untersuchung in aller Breite auszuführen würde den Rahmen der Arbeit sprengen.

Die Implikationen für das Marketing in dem untersuchten Mehrkanalsystem können wie folgt systematisiert werden: Es ergeben sich erstens Implikationen auf der Ebene des Gesamtunternehmens und zweitens auf der Ebene der einzelnen Kanäle.

a) Implikationen für das Gesamtunternehmen

Wenn der Multi-Channel-Retailer die Verhaltensmuster seiner Kunden kennt, kann er kunden- und kanalspezifische Maßnahmen ergreifen. Zunächst ist es als Ergebnis der Untersuchung für ihn wichtig zu wissen, dass die meisten Kunden für einen Kaufprozess denselben Kanal, für verschiedene Kaufprozesse durchaus andere Kanäle nutzen. Damit werden weniger Anforderungen gestellt, einzelne Kaufprozesse zwischen den Kanälen zu koordinieren, als vielmehr Kundengruppen nach den von ihnen bevorzugten Kanälen zu steuern.

Eine stärkere Koordination zwischen den Kanälen empfiehlt sich vor allem bei Produkten, von denen anzunehmen ist, dass sie bei den meisten Kunden einen extensiven Kaufentscheidungsprozess hervorrufen (z.B. Schmuck im Wert von über 1.000 Euro oder teure und komplexe Elektronikprodukte etc.). Hier empfiehlt es sich zu berücksichtigen, dass Kunden bei extensiven Kaufentscheidungen mehrere Kanäle nutzen möchten. In diesem Fall sollte besonders auf eine über alle Kanäle integrierte Kommunikation und Beratung geachtet werden. Im Online-Shop oder im Versandkatalog würden Hinweise auf die Möglichkeit, sich über die Ware auch in der Filiale zu informieren und sich dort beraten zu lassen, den Kunden entgegenkommen.

Die vorliegende Untersuchung hat auch gezeigt, dass die stationären Kanäle die Konkurrenz der Distanzkanäle (Kannibalisierung) nicht zu befürchten haben, da die Kunden, wenn sie eine starke Risikoabneigung empfinden, trotz der Information im Online-Shop im stationären Kanal kaufen. Die Distanzkanäle könnten im Rahmen einer integrierten, kanalübergreifenden Kommunikation eine wichtige Rolle spielen. Möchte die Unternehmung z.B. die Vorabinformation im Internet forcieren, dann bietet es sich an, die URL in den stationären Kanälen zu kommunizieren. Und dies vor allem in denjenigen stationären Formaten, die wenig Beratung bieten können (wie die Shop-in-Shop-Depots im Lebensmitteleinzelhandel und in Bäckereien). Des Weiteren bietet sich die Ansprache der Kunden in den stationären Kanälen an, um Adressen für das Direktmarketing in den Distanzkanälen (Newsletter oder Versandkatalog) zu erhalten.

Die Möglichkeit, zwischen mehreren Kanälen zu wählen, scheint durchaus ein Vorteil für die Kunden zu sein, wenn 82% der Kunden für verschiedene Kaufprozesse unterschiedliche Kanäle nutzen. Auch sind die Kunden des untersuchten Mehrkanalsystems im Allgemeinen stark convenienceorientiert (dieses Einkaufsmotiv rangiert auf Platz drei, nach den Einkaufsmotiven Smart-Shopping-Orientierung und personenbezogene Risikoabneigung). Daher empfiehlt es sich, den Kunden diesen Vorteil aktiv zu kommunizieren. Die Hauptaussage könnte lauten: „Wir sind überall in Ihrer Nähe."

b) Implikationen für die Kanäle

Die aufgedeckten Einkaufsmotive in Verbindung mit den Verhaltensmustern zeigen die Stärken und Schwächen der Kanäle auf. Auch die Betrachtung der Detail-Einstellungen für die einzelnen Kanäle gibt deutlich an, wo diese Stärken liegen und wo die Meinungen der Käufer und der Nichtkäufer auseinander gehen. Sie liefern dem Multi-Channel-Retailer Hinweise zur Gestaltung des Handelsmarketing-Instrumentariums in den einzelnen Kanälen.

Die **Filialen** erfreuen sich von allen stationären Kanälen der höchsten Beliebtheit sowohl bei Käufern als auch bei Nichtkäufern, während die **Depots in Bäckereien** sehr stark zwischen Käufern und Nichtkäufern polarisieren. Die Stärke dieser beiden Kanäle liegt in der besseren Befriedigung der Einkaufsmotive Erlebnisorientierung (beide Kanäle) und Beratungsorientierung (Filialen). Daher ist darauf zu achten, dass die bestehenden Voraussetzungen hierfür erhalten bleiben. Soweit das Personal eine Quelle des Spaßes und der Freude am Einkaufen ist und es Beratungsleistungen erbringt, wäre es nicht zielführend, das Personal zu reduzieren.

Der **Lebensmitteleinzelhandel** erfüllt mit seinem Shop-Konzept bestimmte Einkaufsmotive schlechter als andere Kanäle. Der Vorteil dieses Kanals liegt in der besseren Befriedigung der Convenienceorientierung, die sich vor allem aus dem One-Stop-Shopping, der guten Erreichbarkeit und den günstigen Öffnungszeiten ergibt. Spaß und Freude lassen sich hier allenfalls durch eine attraktivere Warenpräsentation erreichen, nicht aber durch die Förderung sozialer Beziehungen, da in diesem Kanal das Selbstbedienungsprinzip gilt und kaum Personal zur Beratung bereitsteht. Eine Verbesserung der Beratung könnte durch Hinweise auf die Möglichkeit, sich im Internet oder bei der Beratungshotline des Versandkanals zu informieren, erzielt werden.

Der **Katalogversand** befriedigt das Bedürfnis nach Unabhängigkeit nicht so gut wie der Online-Shop. In diesem Fall könnte versucht werden, motivationale Barrieren abzubauen, die z.B. bei der Benutzung des Telefons vorhanden sind. Diese Maßnahme greift aber nicht bei Kunden, die den direkten Kontakt am Telefon scheuen. Bezüglich ihrer Einkaufsmotive sind die Katalogversand-Kunden den Lebensmitteleinzelhandels-Kunden sehr ähnlich. Daher sind auch Cross-Selling-Maßnahmen zwischen den beiden Kanälen am erfolgversprechendsten. So könnten die Kunden im Lebensmitteleinzelhandel darauf hingewiesen werden, dass sie weitere oder ausverkaufte Artikel im Internet oder unter der Rufnummer 01805 – 28 85 finden. Des Weiteren könnten Versandkataloge in den Depots im Lebensmitteleinzelhandel ausgelegt werden.

Der **Online-Shop** befriedigt die Unabhängigkeits- und Convenienceorientierung der Kunden in der Informations- oder der Kaufphase. Er hat sich als eine wichtige Informationsquelle auch für die Kunden der stationären Kanäle erwiesen. Circa 9% der Kunden, die sich im Rahmen eines Kaufprozesses im Online-Shop informieren, nutzen anschließend einen stationären Kanal zum Kauf. Sollte das Ziel des Multi-Channel-Retailers sein, den Anteil der Kaufabschlüsse im Online-Shop zu steigern, ist zu prüfen, welche motivationalen Barrieren bestehen und wie diese überwunden werden können. Vor allem die produktbezogenen Risiken dürften eine solche Barriere bilden. Der betrachtete Multi-Channel-Retailer kommuniziert seinen Kunden beim Distanzkauf das gesetzlich vorgeschriebene Widerrufsrecht und er räumt seinen Kunden die Bestellung auf Rechnung ein. Beide Maßnahmen sind grundsätzlich geeignet, produktbezogene Risiken zu reduzieren. Bislang findet der Besucher des Online-Shops den Hinweis auf Zahlung per Rechnung auf jeder Seite im Rahmen, allerdings recht klein, und die Angaben zum kostenlosen Umtausch- oder Rückgaberecht nur unter den Allgemeinen Geschäftsbedingungen. Es wäre zu prüfen, ob und in-

wieweit die Kunden des Online-Shops diese Information wahrnehmen und kennen. Sollten sich hier Defizite zeigen, wäre zu empfehlen, diese Kaufbedingungen deutlicher als bisher herauszustellen.
Darüber hinaus kann es für Kunden, die sich im Online-Shop informieren und in der Filiale kaufen wollen, hilfreich sein zu erfahren, ob und in welcher Stückzahl die gewünschten Artikel in einer Filiale vorrätig sind. Denn diese Kunden legen Wert darauf, die Ware vor dem Kauf zu prüfen, könnten aber enttäuscht sein, wenn die Ware nicht vorrätig ist. Das Warenwirtschaftssystem des Multi-Channel-Retailers könnte die Information über den Warenvorrat an den Online-Shop melden.

Abschließend sei noch einmal betont, dass diese Implikationen für das Marketing im Multi-Channel-Retailing nur für die untersuchte Unternehmung gelten. Die Erkenntnisse können aber auch für das Management weiterer Multi-Channel-Retailer von Interesse sein, wenn dabei die Gegebenheiten der Unternehmung berücksichtigt werden. Für sie bietet die vorliegende Untersuchung Hinweise zum Aufbau der Untersuchung (insbesondere des Forschungsdesigns), zu den Determinanten des Informations- und des Kaufverhaltens sowie zur Operationalisierung der Konstrukte.

VERZEICHNIS DER ANHÄNGE

A.1 Diskussionsleitfaden für die Gruppendiskussionen

Kursiv sind die „Regieanweisungen" an die Moderatorin eingetragen.

Frage	Ziel
A. Warming up:	
o Eröffnungsfrage: Kurzvorstellung (Vorname, Alter, Beruf, Kinder, Hobbies) und „meine interessanteste, witzigste,... Shoppingerfahrung beim Kauf von Gebrauchsgütern".	o Vorstellung der Auskunftspersonen o entspannte Atmosphäre
B. Hinführungsfrage:	
o Ich denke, Sie kennen alle XX, was fällt Ihnen spontan dazu ein? (freie Assoziationen) *(Auf Flip-Chart sammeln)*	o Einstieg in das Thema
o Wo kann man XX-Produkte kaufen? *(falls nicht alle Vertriebskanäle schon spontan genannt wurden)*	o Auseinandersetzen mit dem Unternehmen
o Wenn XX ein eigenes Universum wäre und die Kanäle einzelne Planeten, wie könnte man diese charakterisieren? *(Auf Flip-Chart sammeln)*	
C. Schlüsselfragen	
1. Kaufverhalten beim Kauf von XX Produkten	
o Haben Sie schon mal bei XX gekauft? Seit wann kaufen Sie bei XX ein? Wann haben Sie das letzte mal bei XX gekauft? Wie häufig kaufen Sie bei XX ein? Welche Produkte haben Sie gekauft?	o Produkte
o Wie würden Sie die Produkte (Nonfood) von XX charakterisieren? Welche Marken gibt es bei XX?	o Handelsmarke vs. Herstellermarke
o Welche Produkte würden Sie nie bei XX kaufen? Warum?	
2. Vertriebskanal-Nutzung beim Kauf über mehrere Kaufakte	
o Wo haben Sie diese Produkte bei XX gekauft? *(Runde jede Auskunftsperson. An dieser Stelle noch nicht detaillierte Fragen zu den Kanälen stellen. Ziel ist „nur" das Profil der einzelnen Teilnehmer heraus zu bekommen)*	o Profil der Auskunftsperson anhand der Vertriebskanal-Nutzung beim Kauf <u>über mehrere Kaufakte</u>
o Wo sonst noch? *(Vertiefen - nur für die Gruppen 2, 3 und 4).*	
o *Bei Internet-Nutzer:* Nutzung von zu Hause oder am Arbeitsplatz?	
o *Frage für Mehrkanal-Käufer (Nur für die Gruppen 2, 3 und 4)*: Sie kaufen nicht nur in einem Vertriebskanal sondern auch anderswo, warum?	o Gründe für die MK-Nutzung beim Kauf (Determinanten)

Frage	Ziel
3. Verhalten beim letzten Kauf bei XX	
Jetzt möchte ich, dass Sie nur an Ihrem letzten Kauf von Gebrauchsartikeln bei XX denken.	
o Was haben Sie gekauft? Für wen haben Sie es gekauft?	o Produkte
o Hatten Sie vorher geplant, diesen Artikel oder etwas anderes bei XX zu kaufen oder einfach o vorbei gegangen? im Internet nachgeschaut? Im Katalog geblättert? o Wollten was anderes kaufen	o Plan- vs. Spontankauf o Verbundkauf
o Gehen Sie öfters bei XX „einfach nur vorbei, um zu schauen" (bzw. Internet bzw. Katalog)? Wie häufig?	o Informationsverhalten bei XX
o Wie sind Sie auf dieses Produkt aufmerksam geworden? *(z.B. Werbung TV, Freunde, Versand-Katalog, Internet, Newsletter, Schaufenster, im Regal gesehen)*	o Anregungsphase
o Haben Sie dann gleich beschlossen, den Artikel zu kaufen oder haben Sie sich vorher mehr darüber informiert? *(z.B. über die Produkteigenschaften, Preis bei XX und anderswo)* Warum?	o Kaufentscheidungsprozess
o Informieren Sie sich bei allen Produkten so? Oder nur bei diesem Produkt?	o Kaufentscheidungsprozess in Abhängigkeit von den Produkten
o Welche Rolle spielt es für Sie, dass man die Produkte nur eine begrenzte Zeit kaufen kann? Beeinflusst es Ihre Entscheidung? Wie?	o Partienvermarktung o XX als Absender
o Spielt es eine Rolle, dass Sie dieses Produkt bei/von XX gekauft haben, oder wäre es bei Karstadt, Otto etc. auch so gewesen? Welche? Warum?	o Produktinvolvement
o Ist das ein wichtiges Produkt für Sie? Machen Sie sich viele Gedanken / verwenden viel Zeit dafür vor dem Kauf?	
4. Vertriebskanalnutzung beim letzten Kauf bei XX	
o Wo haben Sie sich informiert? Warum in diesem Vertriebskanal?	o Kanal-Nutzung Info.
o Haben Sie auch dort gekauft? Wo haben Sie gekauft?	o Kanal-Nutzung Kauf
o Einige von Ihnen informieren sich in einem Vertriebskanal und kaufen dann anderswo, warum?	o Determinanten der Mehrkanal-Nutzung
5. Charakterisierung der Vertriebskanäle von XX	
Wie wir sehen, gibt es durchaus unterschiedliche Meinungen zu den verschiedenen Vertriebskanälen.	
o Was sind aus Ihrer Sicht die Vor- und Nachteile der einzelnen Vertriebskanäle? *(Einzelne Vertriebskanäle durchgehen, auf Flip-Chart sammeln)*	o Vor- und Nachteile der Vertriebskanäle
o Warum ist das ein Vorteil/Nachteil?	o Wichtigsten Beurteilungs-dimensionen
o Gilt das für alle Produkte? Was kaufen Sie gerne in diesem Vertriebskanal? Warum? Was würden Sie nie in diesem Vertriebskanal kaufen?	o Nutzen der Vertriebskanäle / Einkaufsmotive
o Ist dieser Aspekt wichtig für Sie? Warum? Was ist für Sie sonst	

noch wichtig bei der Beurteilung der Vertriebskanäle? o Wie würden Sie den „idealen" Vertriebskanal von XX gestalten? Anforderungen an die einzelnen Vertriebskanäle? o Wie sieht aus Ihrer Sicht der typische Kunde/Einkäufer in den einzelnen Kanäle aus?	
6. Allgemeine Einkaufsmotive (Einstellungen zum Einkaufen, unabhängig von dem XX-Kauf)	
Denken Sie jetzt bitte an Ihr typisches Kauf- und Entscheidungsverhalten, wenn Sie solche Artikel kaufen. o Ich möchte wissen, was Einkaufen für Sie bedeutet. Warum tun Sie es? *(Freie Assoziationen, auf Flip Chart sammeln)*	o Einkaufsmotive

Vorlage der vorläufigen Statements als Fragebogen
Ich gebe Ihnen jetzt einen Fragebogen und bitte Sie,
o spontan anzukreuzen, ob Sie den Aussagen zustimmen oder sie ablehnen (5er Rating Skala)
o die Fragen durchzustreichen,
    o zu denen Sie keine Meinung haben,
    o die Sie nicht verstehen
    o die für Sie schwer zu beantworten sind
	o Bewertung der Relevanz der einzelnen Dimensionen, Faktoren und Statements

D. Schlussfragen: o Welche ist Ihre Lieblingseinkaufsmöglichkeit bei XX für Information und Kauf *(Kanal-Kombinationen)* o Zusammenfassen und Feedback einholen	• Letzte Präferenz

XX = untersuchte Unternehmung

A.2 Quantitative Datenerhebung

A.2.1. Struktur der Stichprobe

			Geschlecht		
			Männlich	Weiblich	Gesamt
Altersgruppe	18-29 Jahre	Anzahl	21	52	73
		% von Altersgruppe	28,8%	71,2%	100,0%
		% von Geschlecht	18,9%	12,6%	13,9%
	30-39 Jahre	Anzahl	23	107	130
		% von Altersgruppe	17,7%	82,3%	100,0%
		% von Geschlecht	20,7%	25,8%	24,8%
	40-49 Jahre	Anzahl	23	88	111
		% von Altersgruppe	20,7%	79,3%	100,0%
		% von Geschlecht	20,7%	21,3%	21,1%
	50-59 Jahre	Anzahl	18	74	92
		% von Altersgruppe	19,6%	80,4%	100,0%
		% von Geschlecht	16,2%	17,9%	17,5%
	60-69 Jahre	Anzahl	20	66	86
		% von Altersgruppe	23,3%	76,7%	100,0%
		% von Geschlecht	18,0%	15,9%	16,4%
	70 Jahre und älter	Anzahl	6	27	33
		% von Altersgruppe	18,2%	81,8%	100,0%
		% von Geschlecht	5,4%	6,5%	6,3%
Gesamt		Anzahl	111	414	525
		% von Altersgruppe	21,1%	78,9%	100,0%
		% von Geschlecht	100,0%	100,0%	100,0%

A.2.2. Kanalnutzung im Rahmen eines Kaufprozesses

Informationskanal	Kombination der Kanäle für Information + Kauf	Anzahl Personen	Anteil (in %)
Filiale (FL)	FL + FL	157	29,90
	FL + LS	11	2,10
	FL + BS	3	0,57
	FL + ON	5	0,95
	FL + KT	5	0,95
Depots im Lebensmitteleinzelhandel (LS)	LS + FL	1	0,19
	LS + LS	66	12,57
	LS + BS	1	0,19
Depots in Bäckereien (BS)	BS + BS	32	6,10
	BS + ON	1	0,19
Online-Shop im Internet (ON)	ON + FL	31	5,90
	ON + LS	14	2,67
	ON + BS	4	0,76
	ON + ON	40	7,62
	ON + KT	1	0,19
Katalog (KT)	KT + FL	11	2,10
	KT + LS	14	2,67
	KT + BS	2	0,38
	KT + ON	6	1,14
	KT + KT	59	11,24
Sonstige Informationsquellen (Freunde, Werbung, etc.)	SO + FL	27	5,14
	SO + LS	18	3,43
	SO + BS	9	1,71
	SO + ON	3	0,57
	SO + KT	4	0,76
	Gesamt	525	100

FL = Filiale, **LS** = Shop im Lebensmitteleinzelhandel, **BS** = Shop in Bäckerei, **KT** = Katalog, **ON** = Online-Shop, SO = Sonstige

A.2.3. Kanalnutzung über mehrere Kaufprozesse

Kundengruppen in der Stichprobe des Multi-Channel-Retailers

(Kanalnutzung über mehrere Kaufprozesse in den letzten 12 Monaten)

Anzahl der genutzten Kanäle	Kombination der Kanäle	Anzahl Personen	Anteil (in %)
1 Kanal	FL	62	11,81
	LS	19	3,62
	KT	9	1,71
	ON	4	0,76
	BS	3	0,57
	Summe 1 Kanal		**18,48**
2 Kanäle	FL + LS	78	14,86
	FL + BS	20	3,81
	FL + ON	16	3,05
	LS + KT	15	2,86
	FL + KT	11	2,10
	LS + BS	7	1,33
	LS + ON	7	1,33
	ON + KT	6	1,14
	BS + KT	3	0,57
	Summe 2 Kanäle		**31,05**
3 Kanäle	FL + LS + BS	49	9,33
	FL + LS + KT	39	7,43
	FL + LS + ON	27	5,14
	FL + ON + KT	13	2,48
	LS + ON + KT	8	1,52
	LS + BS + KT	7	1,33
	FL + BS + KT	4	0,76
	FL + BS + ON	3	0,57
	Summe 3 Kanäle		**28,57**
4 Kanäle	FL + LS + ON + KT	37	7,05
	FL + LS + BS + KT	31	5,90
	FL + LS + BS + ON	14	2,67
	FL + BS + ON + KT	5	0,95
	LS + BS + ON + KT	2	0,38
	Summe 4 Kanäle		**16,95**
5 Kanäle	FL + LS + BS + ON + KT	26	4,95
Gesamt		**525**	**100,00**

FL = Filiale, **LS** = Shop im Lebensmitteleinzelhandel, **BS** = Shop in Bäckerei, **KT** = Katalog, **ON** = Online-Shop

A.3 Involvement

A.3.1. Reliabilitätsanalyse des Involvementkonstrukts

Reliabilitätsanalyse des kognitiven Involvements

Items	*Korrig. Item-to-Total-Korrelation*	*Alpha bei Item-Elimination*
Dieser Artikel ist für mich eine teure Anschaffung.	0,21	0,47
Beim Kauf kann man auch eine falsche Wahl treffen.	0,35	0,22
Ich finde es ärgerlich, wenn ich beim Kauf einen „Fehlgriff" mache.	0,30	0,33
Cronbach's Alpha	**0,46**	

Reliabilitätsanalyse des emotionalen Involvements

Items	*Korrig. Item-to-Total-Korrelation*	*Alpha bei Item-Elimination*
Der Kauf dieses Artikels machte mir Spaß.	0,39	0,28
Dieser Artikel ist für mich wichtig.	0,27	0,46
Der Besitz dieses Artikels ist Ausdruck der Persönlichkeit.	0,29	0,46
Cronbach's Alpha	**0,49**	

A.3.2. Reliabilitätsanalyse der Informationsverarbeitungstiefe

Items	*Korrig. Item-to-Total-Korrelation*	*Alpha bei Item-Elimination*
gründlich informieren	0,462	0,567
Information in mehreren Geschäften	0,440	0,580
Suche nach einem Produkt, das 100% überzeugt	0,439	0,581
Zeit für die Kaufentscheidung	0,400	0,608
Cronbach's Alpha	**0,65**	

A.4 Einkaufsmotive

A.4.1. Überblick über die Hypothesen zur Wirkung der Einkaufsmotive

Überblick über die Hypothesen zur Wirkung der Einkaufsmotive auf das Informations- und das Kaufverhalten der Kunden eines Multi-Channel-Retailers

	Hyp.-Nr.	**Single-Channel-Nutzung**	*Hyp.-Nr.*	**Multi-Channel-Nutzung 1 (ON+FL)**	*Hyp.-Nr.*	**Multi-Channel-Nutzung 2 (FL+ON)**
EO	*E1*	(FL+FL) = (BS+BS)	*E5*	(ON+FL) = (ON+ON)	*E7*	(FL+ON) = (FL+FL)
	E2	(FL+FL) > (LS+LS) (BS+BS) > (LS+LS)	*E6*	(ON+FL) < (FL+FL)	*E8*	(FL+ON) > (ON+ON)
	E3	(ON+ON) < (FL+FL) (ON+ON) < (BS+BS) (ON+ON) < (LS+LS) (KT+KT) < (FL+FL) (KT+KT) < (BS+BS) (KT+KT) < (LS+LS)				
	E4	(ON+ON) > KT+KT)				
CO	*C1*	(FL+FL) < (BS+BS) (FL+FL) < (LS+LS) (FL+FL) < (KT+KT) (FL+FL) < (ON+ON)	*C5*	(ON+FL) = (ON+ON)	*C7*	(FL+ON) = (ON+ON)
	C2	(BS+BS) = (LS+LS)	*C6*	(ON+FL) > (FL+FL)	*C8*	(FL+ON) > (FL+FL)
	C3	(ON+ON) = (KT+KT)				
	C4	(ON+ON) > (FL+FL) (ON+ON) > (BS+BS) (ON+ON) > (LS+LS) (KT+KT) > (FL+FL) (KT+KT) > (BS+BS) (KT+KT) > (LS+LS)				

	Hyp.-Nr.	**Single-Channel-Nutzung**	*Hyp.-Nr.*	**Multi-Channel-Nutzung 1 (ON+FL)**	*Hyp.-Nr.*	**Multi-Channel-Nutzung 2 (FL+ON)**
UO	*U1*	(FL+FL) = (BS+BS) = (LS+LS)	*U4*	(ON+FL) < (ON+ON)	*U6*	(FL+ON) = (ON+ON)
	U2	(ON+ON) > (FL+FL) (ON+ON) > (BS+BS) (ON+ON) > (LS+LS) (KT+KT) > (FL+FL) (KT+KT) > (BS+BS) (KT+KT) > (LS+LS)	*U5*	(ON+FL) > (FL+FL)	*U7*	(FL+ON) > (FL+FL)
	U3	(ON+ON) = (KT+KT)				
RA	*R1*	(FL+FL) = (BS+BS) = (LS+LS)	*R4*	(ON+FL) > (ON+ON)	*R6*	Produktbezogene RA. (FL+ON) = (FL+FL)
	R2	(ON+ON) < (FL+FL) (ON+ON) < (BS+BS) (ON+ON) < (LS+LS) (KT+KT) < (FL+FL) (KT+KT) < (BS+BS) (KT+KT) < (LS+LS)	*R5*	(ON+FL) = (FL+FL)	*R7*	Produktbezogene RA. (FL+ON) > (ON+ON)
	R3	(ON+ON) = (KT+KT)			*R8*	abwicklungs-, personen- & zahlungsbezogene Risikoabneigung (FL+ON) = (ON+ON)
					R9	abwicklungs-, personen- & zahlungsbezogene Risikoabneigung (FL+ON) < (FL+FL)
PO	*P1*	(FL+FL) = (LS+LS)	*P5*	(ON+FL) = (FL+FL)	*P7*	(FL+ON) = (ON+ON)
	P2	(BS+BS) < (FL+FL) (BS+BS) < (LS+LS)	*P6*	(ON+FL) < (ON+ON)	*P8*	(FL+ON) > (FL+FL)
	P3	(ON+ON) > (FL+FL) (ON+ON) > (BS+BS) (ON+ON) > (LS+LS) (KT+KT) > (FL+FL) (KT+KT) > (BS+BS) (KT+KT) > (LS+LS)				
	P4	(ON+ON) = (KT+KT)				

	Hyp.-Nr.	**Single-Channel-Nutzung**	*Hyp.-Nr.*	**Multi-Channel-Nutzung 1 (ON+FL)**	*Hyp.-Nr.*	**Multi-Channel-Nutzung 2 (FL+ON)**
QO	*Q1*	(FL+FL) = (BS+BS) = (LS+LS)	*Q4*	(ON+FL) = (FL+FL)	*Q6*	(FL+ON) = (FL+FL)
	Q2	(ON+ON) < (FL+FL) (ON+ON) < (BS+BS) (ON+ON) < (LS+LS) (KT+KT) < (FL+FL) (KT+KT) < (BS+BS) (KT+KT) < (LS+LS)	*Q5*	(ON+FL) > (ON+ON)	*Q7*	(FL+ON) > (ON+ON)
	Q3	(ON+ON) = (KT+KT)				
BO	*B1*	(FL+FL) = (BS+BS)	*B5*	(ON+FL) < (FL+FL)	*B7*	(FL+ON) = (FL+FL)
	B2	(FL+FL) > (LS+LS) (BS+BS) > (LS+LS)	*B6*	(ON+FL) = (ON+ON)	*B8*	(FL+ON) > (ON+ON)
	B3	(ON+ON) < (FL+FL) (ON+ON) < (BS+BS) (ON+ON) < (LS+LS) (KT+KT) < (FL+FL) (KT+KT) < (BS+BS) (KT+KT) < (LS+LS)				
	B4	(ON+ON) = (KT+KT)				

FL = Filiale, **LS** = Shop im Lebensmitteleinzelhandel, **BS** = Shop in Bäckerei, **KT** = Katalog, **ON** = Online-Shop.

EO = Erlebnisorientierung, **CO** = Convenienceorientierung, **UO** = Unabhängigkeitsorientierung, **RA** = Risikoabneigung, **PO** = Preisorientierung, **BO** = Beratungsorientierung, **QO** = Qualitätsorientierung

Lesebeispiele:

Hypothese $\boldsymbol{H_{E6}}$ sagt aus, dass Kunden, die sich im Online-Shop informieren und in der Filiale kaufen (ON+FL), weniger erlebnisorientiert sind als die Kunden, die sich in der Filiale informieren und dort auch kaufen (FL+FL).

A.4.2. Reliabilitätsanalyse der Einkaufsmotive

Reliabilitätsanalyse des Einkaufsmotivs „Erlebnisorientierung“

Item	*Korrig. Item-to-Total-Korrelation*	*Alpha bei Item-Elimination*
Spaß am Einkaufen	0,63	0,64
Kontakt zu Menschen	0,57	0,65
Einkaufen als Freizeitbeschäftigung	0,43	0,68
Unterhaltung mit dem Verkaufspersonal	0,35	0,70
Freunde treffen	0,42	0,69
Anregung über Neues	0,30	0,71
Einkaufen als Stress (umkodiert)	0,32	0,71
Cronbach's Alpha	**0,72**	

Reliabilitätsanalyse des Einkaufsmotivs „Convenienceorientierung“

Item	*Korrig. Item-to-Total-Korrelation*	*Alpha bei Item-Elimination*
wenig Zeit mit Einkaufen verbringen	0,58	0,58
etwas Bestimmtes kaufen wollen	0,48	0,61
klare Vorstellungen über den Kauf	0,31	0,66
mehrere Einkäufe auf einem Weg	0,23	0,68
Einkaufen als Freizeitbeschäftigung (umk.)	0,40	0,63
keine lange Wege beim Einkaufen	0,33	0,65
Einkaufen als Stress	0,35	0,65
Cronbach's Alpha	**0,67**	

Reliabilitätsanalyse des Einkaufsmotivs „Unabhängigkeitsorientierung“

Item	*Korrig. Item-to-Total-Korrelation*	*Alpha bei Item-Elimination*
von zu Hause aus einkaufen	0,36	-
rund um die Uhr einkaufen	0,36	-
Cronbach's Alpha	**0,53**	

Reliabilitätsanalyse der „abwicklungsbezogenen Risikoabneigung“ (RA1)

Item	*Korrig. Item-to-Total-Korrelation*	*Alpha bei Item-Elimination*
Nichtlieferung der Ware	0,62	0,68
Rechnung stimmt nicht	0,55	0,71
falsch gelieferte Ware	0,58	0,70
Ware wird zu spät geliefert	0,51	0,74
Cronbach's Alpha	**0,76**	

Reliabilitätsanalyse der „produktbezogenen Risikoabneigung“ (RA2)

Item	*Korrig. Item-to-Total-Korrelation*	*Alpha bei Item-Elimination*
Produkt passt nicht	0,62	-
Produkt entspricht nicht der Abbildung	0,62	-
Cronbach's Alpha	**0,76**	

Reliabilitätsanalyse der „personenbezogenen Risikoabneigung“ (RA3)

Item	*Korrig. Item-to-Total-Korrelation*	*Alpha bei Item-Elimination*
keine Angabe von persönlichen Daten	0,32	0,26
keine Angabe der Kreditkartennummer im Internet	0,28	0,33
keine langen Wege beim Einkaufen	0,22	0,43
Cronbach's Alpha	**0,44**	

Reliabilitätsanalyse des Einkaufsmotivs „Smart-Shopping- Orientierung“

Item	*Korrig. Item-to-Total-Korrelation*	*Alpha bei Item-Elimination*
Kauf von Sonderangeboten	0,31	0,45
Schnäppchen-Suche	0,44	0,24
gutes Preis-Leistungsverhältnis	0,24	0,51
Cronbach's Alpha	**0,50**	

Reliabilitätsanalyse des Einkaufsmotivs „Qualitätsorientierung“

Item	*Korrig. Item-to-Total-Korrelation*	*Alpha bei Item-Elimination*
Qualität wichtiger als Preis	0,29	0,34
bereit, für bessere Qualität zu zahlen	0,37	0,19
Produkt vor dem Kauf anfassen / anprobieren	0,19	0,54
Cronbach's Alpha	**0,45**	

Reliabilitätsanalyse des Einkaufsmotivs „Beratungsorientierung“

Item	*Korrig. Item-to-Total-Korrelation*	*Alpha bei Item-Elimination*
ist mir Beratung wichtig	0,23	-
Bereit für eine entsprechende Beratung zu zahlen	0,23	-
Cronbach's Alpha	**0,37**	

A.4.3. Vergleich der Segmente bezüglich ihrer Einkaufsmotive (Mann-Whitney-Test)

	Kundengruppe														
	LS+LS (n = 66)			BS+BS (n = 32)			KT+KT (n = 59)			ON+ON (n = 40)			ON+FL (n = 31)		
		p	SN		p	SN		p	SN		p	SN		p	SN
FL+FL (n = 157)	**E**	**0,022**	**	E	0,974	n.s.	**E**	**0,001**	***	**E**	**0,002**	***	**E**	**0,011**	**
	C	**0,01**	**	**C**	**0,021**	**	**C**	**0,001**	***	**C**	**0,020**	**	**C**	**0,023**	**
	U	0,254	n.s.	U	0,628	n.s.	**U**	**0,018**	**	**U**	**0,000**	***	**U**	**0,079**	*
	R1	0,684	n.s.	R1	0,344	n.s.	R1	0,158	n.s.	**R1**	**0,003**	***	R1	0,978	n.s.
	R2	0,97	n.s.	R2	0,398	n.s.	R2	0,356	n.s.	**R2**	**0,021**	**	R2	0,63	n.s.
	R3	0,362	n.s.	R3	0,286	n.s.	R3	0,309	n.s.	R3	0,359	n.s.	R3	0,615	n.s.
	S	0,544	n.s.	S	0,138	n.s.	S	0,138	n.s.	S	0,384	n.s.	S	0,553	n.s.
	P	0,375	n.s.	P	0,129	n.s.	**P**	**0,021**	**	P	0,308	n.s.	P	0,207	n.s.
	Q	0,608	n.s.	Q	0,65	n.s.	**Q**	**0,015**	**	**Q**	**0,001**	***	Q	0,525	n.s.
	B	**0,004**	***	B	0,249	n.s.	**B**	**0,011**	**	B	0,149	n.s.	**B**	**0,071**	*
LS+LS (n = 66)				E	0,113	n.s.	E	0,218	n.s.	E	0,300	n.s.	E	0,81	n.s.
				C	0,817	n.s.	C	0,163	n.s.	C	0,447	n.s.	C	0,84	n.s.
				U	0,807	n.s.	U	0,188	n.s.	**U**	**0,002**	***	U	0,673	n.s.
				R1	0,24	n.s.	R1	0,347	n.s.	**R1**	**0,011**	**	R1	0,774	n.s.
				R2	0,448	n.s.	R2	0,388	n.s.	**R2**	**0,038**	**	R2	0,68	n.s.
				R3	0,677	n.s.	R3	0,379	n.s.	R3	0,172	n.s.	R3	0,851	n.s.
				S	**0,076**	*	S	0,347	n.s.	S	0,224	n.s.	S	0,896	n.s.
				P	**0,066**	*	**P**	**0,011**	**	P	0,16	n.s.	P	0,636	n.s.
				Q	0,499	n.s.	**Q**	**0,016**	**	**Q**	**0,001**	***	Q	0,404	n.s.
				B	0,271	n.s.	B	0,373	n.s.	**B**	**0,08**	*	B	0,557	n.s.
BS+BS (n = 32)							**E**	**0,038**	**	E	**0,052**	*	E	0,168	n.s.
							C	0,346	n.s.	C	0,402	n.s.	C	0,95	n.s.
							U	0,178	n.s.	**U**	**0,007**	***	U	0,561	n.s.
							R1	**0,071**	*	**R1**	**0,003**	***	R1	0,437	n.s.
							R2	0,182	n.s.	**R2**	**0,018**	**	R2	0,342	n.s.
							R3	0,268	n.s.	R3	0,138	n.s.	R3	0,697	n.s.
							S	**0,045**	**	S	0,235	n.s.	S	0,174	n.s.
							P	0,376	n.s.	P	0,285	n.s.	**P**	**0,08**	*
							Q	0,221	n.s.	**Q**	**0,045**	**	Q	0,848	n.s.
							B	0,28	n.s.	B	0,393	n.s.	B	0,841	n.s.
KT+KT (n = 31)										E	0,197	n.s.	E	0,604	n.s.
										C	0,497	n.s.	C	0,528	n.s.
										U	**0,049**	**	U	0,707	n.s.
										R1	**0,085**	*	R1	0,454	n.s.
										R2	0,117	n.s.	R2	0,864	n.s.
										R3	0,505	n.s.	R3	0,878	n.s.
										S	0,285	n.s.	S	0,839	n.s.
										P	0,296	n.s.	**P**	**0,015**	**
										Q	0,239	n.s.	Q	0,601	n.s.
										B	0,335	n.s.	B	0,71	n.s.

	Kundengruppe													
	LS+LS (n = 66)			BS+BS (n = 32)			KT+KT (n = 59)			ON+ON (n = 40)			ON+FL (n = 31)	
		p	SN		p	SN		p	SN		p	SN		p	SN
ON+ON (n = 40)													E	0,675	n.s.
													C	0,963	n.s.
													U	**0,019**	**
													R1	**0,020**	**
													R2	0,118	n.s.
													R3	0,237	n.s.
													S	0,221	n.s.
													P	**0,089**	*
													Q	**0,082**	*
													B	0,683	n.s.

FL = Filiale, **LS** = Shop im Lebensmitteleinzelhandel, **BS** = Shop in Bäckerei, **KT** = Katalog, **ON** = Online-Shop. Mit **(ON+FL)** werden diejenigen Kunden bezeichnet, die sich im Rahmen eines Kaufprozesses im Online-Shop informieren und anschließend in der Filiale kaufen.

E = Erlebnisorientierung, **C** = Convenienceorientierung, **U** = Unabhängigkeit, **R1** = abwicklungsbezogene Risikoabneigung, **R2** = produktbezogene Risikoabneigung, **R3** = personenbezogene Risikoabneigung,**S** = Smart-Shopping-Orientierung, **P** = Preisorientierung i.e.S., **Q** = Qualitätsorientierung, **B** = Beratungsorientierung.

*** signifikant p < 0,01; ** signifikant p < 0,05; * signifikant p < 0,10; n.s. nicht signifikant

Die Ergebnisse des einseitigen Tests sind grau hinterlegt. Sonst wurde zweiseitig getestet.

A.4.4. Vergleich der Segmente bezüglich ihrer Einkaufsmotive (t-Test)

	Kundengruppe														
	LS+LS (n = 66)			BS+BS (n = 32)			KT+KT (n = 59)			ON+ON (n = 40)			ON+FL (n = 31)		
		p	SN		p	SN		p	SN		p	SN		p	SN
FL+FL (n = 157)	**E**	**0,039**	**	E	0,924	n.s.	**E**	**0,001**	***	**E**	**0,002**	***	***E***	***0,007***	***
	C	**0,017**	**	**C**	**0,018**	**	***C***	***0,010***	**	**C**	**0,019**	**	**C**	**0,03**	**
	U	0,249	n.s.	U	0,538	n.s.	**U**	**0,014**	**	**U**	**0,000**	***	**U**	**0,087**	*
	R1	0,543	n.s.	R1	0,311	n.s.	R1	0,135	n.s.	***R1***	***0,025***	**	R1	0,942	n.s.
	R2	0,969	n.s.	R2	0,338	n.s.	R2	0,442	n.s.	**R2**	**0,01**	**	R2	0,717	n.s.
	R3	0,441	n.s.	R3	0,4	n.s.	R3	0,336	n.s.	R3	0,317	n.s.	R3	0,598	n.s.
	S	0,381	n.s.	S	0,117	n.s.	S	0,130	n.s.	S	0,342	n.s.	S	0,43	n.s.
	P	0,401	n.s.	P	0,103	n.s.	**P**	**0,016**	**	P	0,334	n.s.	P	0,184	n.s.
	Q	0,609	n.s.	Q	0,752	n.s.	**Q**	**0,029**	**	**Q**	**0,001**	***	Q	0,524	n.s.
	B	**0,002**	***	B	0,152	n.s.	***B***	***0,003***	***	B	0,112	n.s.	***B***	***0,023***	**
LS+LS (n = 66)				E	0,114	n.s.	E	0,218	n.s.	E	0,248	n.s.	E	0,619	n.s.
				C	0,681	n.s.	C	0,137	n.s.	C	0,408	n.s.	C	0,816	n.s.
				U	0,834	n.s.	U	0,176	n.s.	***U***	***0,01***	**	U	0,663	n.s.
				R1	0,165	n.s.	R1	0,315	n.s.	**R1**	**0,012**	**	R1	0,712	n.s.
				R2	0,391	n.s.	R2	0,464	n.s.	**R2**	**0,026**	**	R2	0,769	n.s.
				R3	0,819	n.s.	R3	0,395	n.s.	R3	0,171	n.s.	R3	0,965	n.s.
				S	**0,056**	*	S	0,416	n.s.	S	0,165	n.s.	S	0,917	n.s.
				P	**0,061**	*	***P***	***0,009***	***	P	0,180	n.s.	P	0,578	n.s.
				Q	0,53	n.s.	**Q**	**0,024**	**	**Q**	**0,001**	***	Q	0,43	n.s.
				B	0,233	n.s.	B	0,392	n.s.	**B**	**0,088**	*	B	0,627	n.s.
BS+BS (n = 32)							**E**	**0,031**	**	*E*	***0,046***	**	E	0,128	n.s.
							C	0,179	n.s.	C	0,425	n.s.	C	0,877	n.s.
							U	***0,051***	*	**U**	**0,006**	***	U	0,592	n.s.
							R1	**0,051**	*	**R1**	**0,002**	***	R1	0,406	n.s.
							R2	0,172	n.s.	***R2***	***0,009***	***	R2	0,31	n.s.
							R3	0,33	n.s.	R3	0,17	n.s.	R3	0,818	n.s.
							S	0,035	**	S	0,228	n.s.	S	0,128	n.s.
							P	0,371	n.s.	P	0,249	n.s.	**P**	**0,062**	*
							Q	0,179	n.s.	**Q**	**0,03**	**	Q	0,849	n.s.
							B	0,306	n.s.	B	0,322	n.s.	B	0,821	n.s.
KT+KT (n = 31)										E	0,459	n.s.	E	0,819	n.s.
										C	0,444	n.s.	C	0,502	n.s.
										U	**0,05**	**	U	0,732	n.s.
										R1	**0,083**	*	R1	0,475	n.s.
										R2	0,058	n.s.	R2	0,824	n.s.
										R3	0,478	n.s.	R3	0,863	n.s.
										S	0,232	n.s.	S	0,946	n.s.
										P	0,231	n.s.	***P***	***0,009***	***
										Q	0,185	n.s.	Q	0,513	n.s.
										B	0,268	n.s.	B	0,797	n.s.

	Kundengruppe														
	LS+LS (n = 66)			BS+BS (n = 32)			KT+KT (n = 59)			ON+ON (n = 40)			ON+FL (n = 31)		
		p	SN		p	SN		p	SN		p	SN		p	SN
ON+ON (n = 40)													E	0,885	n.s.
													C	0,983	n.s.
													U	**0,019**	**
													R1	**0,015**	**
													R2	*0,075*	*
													R3	0,227	n.s.
													S	0,171	n.s.
													P	**0,092**	*
													Q	**0,055**	*
													B	0,47	n.s.

FL = Filiale, **LS** = Shop im Lebensmitteleinzelhandel, **BS** = Shop in Bäckerei, **KT** = Katalog, **ON** = Online-Shop. Mit **(ON+FL)** werden diejenigen Kunden bezeichnet, die sich im Rahmen eines Kaufprozesses im Online-Shop informieren und anschließend in der Filiale kaufen.

E = Erlebnisorientierung, **C** = Convenienceorientierung, **U** = Unabhängigkeit, **R1** = abwicklungsbezogene Risikoabneigung, **R2** = produktbezogene Risikoabneigung, **R3** = personenbezogene Risikoabneigung,**S** = Smart-Shopping-Orientierung, **P** = Preisorientierung i.e.S., **Q** = Qualitätsorientierung, **B** = Beratungsorientierung.

*** signifikant p < 0,01; ** signifikant p < 0,05; * signifikant p < 0,10; n.s. nicht signifikant

Die Ergebnisse des einseitigen Tests sind grau hinterlegt. Sonst wurde zweiseitig getestet.
Die Änderungen im Vergleich zum Mann-Whitney-Test sind *kursiv* hervorgehoben.

A.4.5. Ergebnisse der Diskriminanzanalyse (Hypothese H_{EKM1})

Gleichheitstest der Gruppenmittelwerte

	Wilks-Lambda	F	df1	df2	Signifikanz
Erlebnisorientierung	,954	3,494	5	362	,004
Convinienceorientierung	,959	3,107	5	362	,009
Unabhängigkeitsorientierung	,959	3,098	5	362	,009
Abwicklungsbezogene Risikoabneigung (RA 1)	,970	2,269	5	362	,047
Produktbezogene Risikoabneigung (RA 2)	,981	1,437	5	362	,210
Personenbezogene Risikoabneigung (RA 3)	,991	,652	5	362	,660
Smart-Shopping-Orientierung	,986	1,008	5	362	,413
Qualitätsorientierung	,971	2,147	5	362	,059
Preisorientierung	,976	1,796	5	362	,113
Beratungsorientierung	,966	2,584	5	362	,026

Zusammenfassung der kanonischen Diskriminanzfunktionen

Eigenwerte

Funktion	Eigenwert	% der Varianz	Kumulierte %	Kanonische Korrelation
1	,145[a]	56,2	56,2	,355
2	,067[a]	26,1	82,3	,251
3	,029[a]	11,3	93,6	,168
4	,013[a]	5,2	98,7	,114
5	,003[a]	1,3	100,0	,058

a. Die ersten 5 kanonischen Diskriminanzfunktionen werden in dieser Analyse verwendet.

Wilks' Lambda

Test der Funktion(en)	Wilks-Lambda	Chi-Quadrat	df	Signifikanz
1 bis 5	,782	88,079	50	,001
2 bis 5	,896	39,577	36	,313
3 bis 5	,956	16,205	24	,881
4 bis 5	,984	5,930	14	,968
5	,997	1,199	6	,977

Standardisierte kanonische Diskriminanzfunktionskoeffizienten

	Funktion				
	1	2	3	4	5
Erlebnisorientierung	,293	-,149	,337	,356	,195
Convinienceorientierung	-,412	,171	,452	,485	-,242
Unabhängigkeitsorientierung	-,617	-,083	-,200	,212	,136
Abwicklungsbezogene Risikoabneigung (RA 1)	,318	,321	,107	,456	-,477
Produktbezogene Risikoabneigung (RA 2)	,036	,204	,263	-,162	-,055
Personenbezogene Risikoabneigung (RA 3)	,120	,201	-,190	,031	,237
Smart-Shopping-Orientierung	,133	-,332	,031	,712	,323
Qualitätsorientierung	,278	,493	-,237	-,285	,479
Preisorientierung	-,138	-,057	,772	-,499	,258
Beratungsorientierung	,267	-,631	,021	-,160	-,373

A.4.6. Wirkung der soziodemographischen Merkmale auf die Einkaufsmotive

Ausprägungen der Einkaufsmotive (Mittelwerte) in den einzelnen soziodemographischen Klassen sowie Ergebnisse der Signifikanzprüfung mittels einfaktorieller Varianzanalysen.

	n	EO	CO	UO	RA1	RA2	RA3	SO	QO	PO	BO
Alter		***	***	***	n.s.	**	n.s.	n.s.	n.s.	n.s.	n.s.
18-29 Jahre	73	2,65	**2,51**	**2,90**	3,78	**2,57**	2,22	1,69	2,33	2,75	3,80
30-39 Jahre	130	**2,83**	2,26	3,02	3,82	2,96	2,23	1,71	2,36	2,92	3,64
40-49 Jahre	111	2,79	2,25	3,04	3,69	2,88	2,23	1,60	2,25	2,71	3,82
50-59 Jahre	92	2,76	**2,10**	3,17	3,71	2,84	2,07	1,71	2,29	3,08	3,67
60-69 Jahre	86	2,49	2,24	3,55	3,84	2,59	2,30	1,67	2,12	2,99	3,69
≥ 70 Jahre	33	**2,26**	2,45	**3,94**	4,14	**3,00**	2,13	1,84	2,31	2,94	3,67
Geschlecht		n.s.	n.s.	n.s.	***	n.s.	n.s.	n.s.	n.s.	n.s.	***
Männlich	111	2,72	2,24	3,11	**3,56**	2,77	2,27	1,70	2,23	2,90	**3,47**
Weiblich	414	2,69	2,28	3,20	**3,85**	2,82	2,19	1,68	2,29	2,89	**3,78**
Haushaltsgröße		n.s.	**	**	*	n.s.	n.s.	n.s.	n.s.	n.s.	n.s.
1 Person	60	2,59	2,24	3,28	**4,00**	2,96	2,21	1,83	2,39	2,73	3,71
2 Personen	203	2,64	2,30	3,35	3,69	2,70	2,19	1,72	2,19	3,00	3,76
3 Personen	112	2,69	**2,35**	2,99	3,89	2,85	2,30	1,62	2,37	2,71	3,72
4 Personen	111	2,80	2,30	**2,98**	3,82	2,86	2,25	1,65	2,27	2,91	3,74
≥ 5 Personen	37	2,86	**1,95**	**3,36**	**3,59**	2,90	1,85	1,57	2,32	3,08	3,41
Anzahl der Kinder		n.s.	n.s.	***	n.s.	n.s.	n.s.	n.s.	n.s.	n.s.	n.s.
kein Kind	307	2,64	2,26	**3,33**	3,75	2,74	2,19	1,71	2,26	2,94	3,69
1 Kind	105	2,73	2,37	3,03	3,87	2,88	2,31	1,68	2,30	2,80	3,79
2 Kinder	96	2,81	2,25	**2,83**	3,86	2,89	2,16	1,63	2,31	2,86	3,80
≥ 3 Kinder	17	2,73	1,96	3,32	3,55	3,10	1,92	1,57	2,22	2,82	3,29
Beruf		***	**	***	n.s.	**	*	n.s	n.s.	n.s.	n.s.
Student / Azubi	32	2,62	**2,52**	3,34	3,60	**2,41**	2,13	1,78	2,35	2,72	3,83
Rentner	94	**2,40**	2,36	**3,72**	3,83	2,69	2,26	1,72	2,22	2,94	3,72
nichtberufstätig	113	2,71	**2,15**	**2,99**	3,87	**2,88**	**2,00**	1,61	2,19	2,83	3,74
berufstätig	282	**2,80**	2,26	3,06	3,76	2,87	**2,27**	1,69	2,32	2,92	3,70
Einkommen		*	n.s.	**	n.s.	***	n.s.	n.s.	n.s.	**	n.s.
unter 500 €	10	**2,37**	2,53	2,90	3,53	**2,20**	2,28	1,67	2,10	**2,40**	3,45
500 bis 1.500 €	72	2,53	2,25	3,20	3,81	2,62	2,09	1,69	2,26	2,81	3,59
1.501 bis 2.500 €	139	2,71	2,27	**3,32**	3,67	2,77	2,16	1,67	2,30	2,74	3,80
2.501 bis 3.500 €	103	2,66	2,33	3,12	3,84	**3,08**	2,31	1,59	2,32	2,92	3,73
über 3.500 €	94	**2,81**	2,24	**2,77**	3,83	2,82	2,21	1,72	2,16	**3,16**	3,72
Ausbildung		**	**	n.s.	**	n.s.	n.s.	***	n.s.	*	n.s.
Studium	62	2,74	2,34	2,90	3,76	2,77	2,38	1,78	2,30	**3,23**	3,65
Abitur	82	**2,82**	**2,39**	3,20	3,67	2,65	2,09	**1,84**	2,25	2,90	3,66
abgeschl. Lehre	279	2,71	**2,20**	3,19	**3,88**	2,89	2,22	**1,60**	2,24	2,88	3,78
Haupt- o. Realsch.	93	**2,51**	2,38	3,33	**3,60**	2,70	2,12	1,74	2,39	**2,72**	3,60

Wohnortsgröße	n	EO	CO	UO	RA1	RA2	RA3	SO	QO	PO	BO
		n.s.	***	n.s.	n.s.	n.s.	n.s.	n.s.	n.s.	n.s.	n.s.
in einer Großstadt	135	2,64	**2,45**	3,18	3,76	2,82	2,23	1,67	2,30	2,96	3,78
in einer Kleinstadt	196	2,68	2,27	3,18	3,79	2,71	2,14	1,73	2,28	2,83	3,74
auf dem Land	192	2,75	**2,16**	3,19	3,81	2,91	2,26	1,65	2,26	2,91	3,65
Gesamt / MW	*525*	*2,69*	*2,27*	*3,18*	*3,79*	*2,81*	*2,20*	*1,69*	*2,28*	*2,89*	*3,72*

Skala: **1 = sehr stark ausgeprägt** ... **5 = sehr schwach ausgeprägt** => Ein hoher Wert bedeutet eine schwache Ausprägung des Einkaufsmotivs.

EO = Erlebnisorientierung, **CO** = Convenienceorientierung, **UO** = Unabhängigkeitsorientierung, **RA1** = abwicklungsbezogene Risikoabneigung, **RA2** = produktbezogene Risikoabneigung, **RA3** = personenbezogene Risikoabneigung, **SO** = Smart-Shopping- Orientierung, **PO** = Preisorientierung i.e.S., **QO** = Qualitätsorientierung, **BO** = Beratungsorientierung.

*** signifikant p < 0,01; ** signifikant p < 0,05; * signifikant p < 0,10; n.s. nicht signifikant

Ist der Zusammenhang signifikant, dann sind der höchste und der niedrigste Wert pro Einkaufsmotiv fett dargestellt und grau hinterlegt.

A.5 Einstellungen gegenüber den Kanälen des Multi-Channel-Retailers

Vergleichende Betrachtung der Detail-Einstellungen gegenüber den Kanälen von Käufern und Nichtkäufern

Filiale	Atmo-sphäre	Waren-präs.	Bera-tung	Freund-lichkeit	Aus-wahl	Service	Öff-nungsz.	Be-quem-lichkeit	Erreich-barkeit
Nichtkäufer	**2,02**	**1,78**	**2,33**	**1,79**	**2,00**	**1,83**	**2,15**	**2,40**	**2,99**
n	*49*	*48*	*26*	*41*	*49*	*16*	*46*	*50*	*83*
Käufer	**2,06**	**1,88**	**2,24**	**1,82**	**1,84**	**1,79**	**2,10**	**2,13**	**2,11**
n	*421*	*422*	*319*	*412*	*419*	*219*	*418*	*416*	*422*
Signifikanz[a]	0,407 (n.s.)	0,235 (n.s.)	0,248 (n.s.)	0,302 (n.s.)	0,050 (*)	0,337 (n.s.)	0,123 (n.s.)	0,004 (***)	0,000 (***)

LEH	Atmo-sphäre	Waren-präs.	Bera-tung	Freund-lichkeit	Aus-wahl	Service	Öff-nungsz.	Be-quem-lichkeit	Erreich-barkeit
Nichtkäufer	**3,23**	**2,99**	**3,64**	**3,28**	**2,91**	**2,81**	**2,07**	**2,53**	**2,26**
n	*105*	*105*	*74*	*87*	*104*	*40*	*104*	*100*	*126*
Käufer	**2,81**	**2,52**	**3,59**	**2,96**	**2,57**	**2,46**	**1,97**	**2,20**	**1,67**
n	*372*	*371*	*224*	*284*	*370*	*134*	*371*	*364*	*373*
Signifikanz[a]	0,000 (***)	0,000 (***)	0,498 (n.s.)	0,019 (**)	0,000 (***)	0,022 (**)	0,050 (*)	0,001 (***)	0,000 (***)

Bäckerei	Atmo-sphäre	Waren-präs.	Bera-tung	Freund-lichkeit	Aus-wahl	Service	Öff-nungsz.	Be-quem-lichkeit	Erreich-barkeit
Nichtkäufer	**3,01**	**3,04**	**3,49**	**2,65**	**3,14**	**3,05**	**2,48**	**2,47**	**2,94**
n	*155*	*153*	*109*	*136*	*152*	*59*	*151*	*154*	*272*
Käufer	**2,35**	**2,33**	**2,65**	**2,07**	**2,57**	**2,18**	**2,09**	**2,15**	**1,74**
n	*161*	*160*	*114*	*150*	*161*	*65*	*160*	*159*	*164*
Signifikanz[a]	0,000 (***)	0,000 (***)	0,000 (***)	0,000 (***)	0,000 (***)	0,000 (***)	0,000 (***)	0,001 (***)	0,000 (***)

Online-Shop	Atmo-sphäre	Waren-präs.	Bera-tung	Freund-lichkeit	Aus-wahl	Service	Öff-nungsz.	Be-quem-lichkeit	
Nichtkäufer	**2,23**	**1,80**	**2,72**	**2,62**	**1,70**	**2,10**	**1,22**	**1,41**	
n	*78*	*85*	*33*	*28*	*85*	*30*	*81*	*82*	
Käufer	**1,60**	**1,44**	**2,06**	**2,13**	**1,50**	**1,58**	**1,18**	**1,21**	
n	*133*	*143*	*46*	*44*	*143*	*63*	*138*	*141*	
Signifikanz[a]	0,000 (***)	0,004 (***)	0,035 (**)	0,038 (**)	0,082 (*)	0,004 (***)	0,479 (n.s.)	0,018 (**)	

Katalog	Atmo-sphäre	Waren-präs.	Bera-tung	Freund-lichkeit	Aus-wahl	Service	Öff-nungsz.	Be-quem-lichkeit	
Nichtkäufer	**2,21**	**1,86**	**2,24**	**2,03**	**1,73**	**1,82**	**1,41**	**1,61**	
n	*79*	*99*	*42*	*61*	*100*	*44*	*95*	*98*	
Käufer	**1,91**	**1,61**	**2,05**	**1,69**	**1,65**	**1,63**	**1,35**	**1,46**	
n	*171*	*188*	*114*	*153*	*185*	*108*	*184*	*183*	
Signifikanz[a]	0,001 (***)	0,002 (***)	0,092 (*)	0,003 (***)	0,118 (n.s.)	0,029 (**)	0,262 (n.s.)	0,032 (**)	

[a]: einseitige Signifikanz (U-Test nach Mann und Whitney)

*** signifikant p < 0,01; ** signifikant p < 0,05; * signifikant p < 0,10; n.s. nicht signifikant

Lesebeispiel: Konsumenten, die in den letzten 12 Monaten in der Filiale gekauft haben, bewerten die Atmosphäre in der Filiale mit 2,06 und unterscheidet sich nicht signifikant von den Konsumenten, die die Filiale kennen, dort aber in den letzten 12 Monaten nicht gekauft haben (2,02).

Kumulierte Detail-Einstellungen

(Mittelwert über alle Konsumenten, die den Kanal kennen, sowohl Käufer als auch Nichtkäufer)

	Atmo-sphäre	**Waren-präs.**	**Bera-tung**	**Freund-lichkeit**	**Auswahl**	**Service**	**Öff-nungsz.**	**Bequem-lichkeit**
Filiale	2,05	1,87	2,25	1,82	1,86	1,80	2,10	2,16
LEH	2,90	2,62	3,60	3,03	2,65	2,54	2,00	2,27
Bäcker	2,68	2,68	3,06	2,34	2,85	2,59	2,28	2,31
Online	1,83	1,57	2,33	2,32	1,58	1,74	1,19	1,28
Katalog	2,00	1,70	2,10	1,79	1,68	1,68	1,37	1,51

Marketing und Handel
Univ.-Prof. Dr. Hendrik Schröder

Universität
Essen

(Tel.-Nummer: ______________________________)

KUNDENBEFRAGUNG

Guten Tag, mein Name ist ____________________________________

In Zusammenarbeit mit der Universität Essen (Lehrstuhl für Marketing und Handel) führen wir zur Zeit eine Studie über das Einkaufverhalten in Deutschland durch. Ihre Meinung ist dabei für uns sehr wichtig. Darf ich Ihnen dazu einige Fragen stellen? Es dauert bestimmt nicht lange und wir garantieren Ihnen selbstverständlich **absolute Vertraulichkeit.**

1. Sagen Sie mir bitte, wie alt Sie sind.

________ Jahre

(Int.: wenn unter 18 Jahren → Ende (+ Danke)

2. Treffen Sie in Ihrem Haushalt die Kaufentscheidungen für Lebensmittel und Gebrauchsartikel bzw. sind Sie daran beteiligt?

Ja ( ) → *Weiter*
Nein ( ) → *Ende (+ Danke)*

Zu Beginn würden wir gerne Ihre grundsätzliche Meinung zum Einkaufen erfahren. Dabei geht es ausschließlich um den Kauf von **Gebrauchsartikeln**. **Gebrauchsartikel** sind z.B: Bekleidung, Schmuck, Bad- und Haushaltsartikel, Sportartikel, Elektrogeräte u.v.m. Nicht gemeint sind Lebensmittel!

3. Ich nenne Ihnen jetzt einige Firmen. Bitte sagen Sie mir, ob Sie in den letzten 12 Monaten bei diesen Firmen Gebrauchsartikel gekauft haben.

Karstadt	Quelle	Kaufhof	**XX**	Otto
Ja ( )	**Ja ( )**	**Ja ( )**	**Ja ( )** → *Weiter*	**Ja ( )**
Nein ( )	**Nein ( )**	**Nein ( )**	**Nein ( )** → *Ende (+ Danke)*	**Nein ( )**

4. Ich lese Ihnen nun einige allgemeine Sätze vor, die sich auf das Einkaufen beziehen. Bitte sagen Sie mir zu jeder dieser Aussage, inwieweit sie für Sie persönlich zutrifft.

Vergeben Sie bitte einen Wert zwischen **1** und **5,** wobei die Zahlen Folgendes bedeuten:
1 = „trifft voll und ganz zu"
2 = „trifft überwiegend zu"
3 = „trifft teils zu, teils nicht"
4 = „trifft überwiegend nicht zu"
5 = „trifft überhaupt nicht zu"

Auch bei dieser Frage geht es ausschließlich um den Kauf von **Gebrauchsartikeln.** Nicht gemeint sind Lebensmittel!

	Beantworten Sie bitte alle Aussagen spontan!	**trifft voll und ganz zu**				**trifft überhaupt nicht zu**
1.	Einkaufen ist für mich auch Freizeitbeschäftigung	(1)	(2)	(3)	(4)	(5)
2.	Ich gehe nur dann in ein Geschäft, wenn ich etwas Bestimmtes kaufen möchte	(1)	(2)	(3)	(4)	(5)
3.	Ich gebe ungern beim Einkaufen meine persönlichen Daten (wie Name und Adresse) an	(1)	(2)	(3)	(4)	(5)
4.	Ich mag beim Einkaufen keine langen Wege	(1)	(2)	(3)	(4)	(5)
5.	Ich habe genaue Vorstellungen von den Sachen, die ich kaufen will	(1)	(2)	(3)	(4)	(5)
6.	Ich finde es angenehm, von zu Hause einzukaufen (z.B. per Katalog, Fernseh-Shopping oder Internet)	(1)	(2)	(3)	(4)	(5)
7.	Beim Einkaufen lege ich Wert auf eine ansprechende Einkaufsatmosphäre	(1)	(2)	(3)	(4)	(5)
8.	Beim Einkaufen hole ich mir Anregungen darüber, was es Neues gibt	(1)	(2)	(3)	(4)	(5)
9.	Ich möchte so wenig Zeit wie möglich mit Einkaufen verbringen	(1)	(2)	(3)	(4)	(5)
10.	Ich finde es gut, beim Einkaufen unter Menschen zu kommen	(1)	(2)	(3)	(4)	(5)
11.	Mir macht Einkaufen an sich Spaß, unabhängig von den Dingen, die ich besorgen muss	(1)	(2)	(3)	(4)	(5)
12.	Ich erledige gerne mehrere Einkäufe auf einem Einkaufsweg	(1)	(2)	(3)	(4)	(5)
13.	Es ist mir zu unsicher, meine Kreditkartennummer im Internet anzugeben	(1)	(2)	(3)	(4)	(5)
14.	Einkaufen bedeutet für mich Stress	(1)	(2)	(3)	(4)	(5)
15.	Ich unterhalte mich gerne mit den Verkäuferinnen / dem Verkaufspersonal	(1)	(2)	(3)	(4)	(5)
	Bei einer Bestellung (z.B. im Internet oder aus dem Versand-Katalog) ist das Risiko groß, dass...					
16.	das Produkt nicht der Abbildung entspricht	(1)	(2)	(3)	(4)	(5)
17.	das Produkt nicht passt	(1)	(2)	(3)	(4)	(5)
18.	ich die falsche Ware erhalte	(1)	(2)	(3)	(4)	(5)
19.	die Ware nicht geliefert wird	(1)	(2)	(3)	(4)	(5)
20.	die Ware zu spät geliefert wird	(1)	(2)	(3)	(4)	(5)
21.	die Rechnung nicht stimmt	(1)	(2)	(3)	(4)	(5)

Im zweiten Teil der Befragung möchten wir Ihnen einige Fragen zu Ihren Einkaufsgewohnheiten bei XX stellen. Dabei geht es um den Kauf von **Gebrauchsartikeln.**

Gebrauchsartikel von XX kann man in folgenden Einkaufsstätten kaufen:

- in einem der eigenen **Läden** *(Int.: auch Filiale oder Shop genannt)*
- im **Supermarkt**
- in einer **Bäckerei** mit XX Angebot
- im **Internet**
- über den **Versand-Katalog**
- manchmal sogar beim Zeitschriftenhändler oder in einer Drogerie.

Darüber hinaus besteht die Möglichkeit, sich über das aktuelle Angebot von XX Gebrauchsartikeln auch in der **Fernseh-Werbung** oder in den im Laden ausliegenden **Prospekten** zu informieren

Denken Sie jetzt bitte an die Gebrauchsartikel von XX, die Sie in den letzten 12 Monaten gekauft haben.

5. Welche der folgenden Einkaufsstätten mit XX Angebot kennen Sie persönlich? Wo haben Sie in den letzten 12 Monaten bereits Gebrauchsartikel von XX gekauft?

A.

a. Kennen Sie einen **XX Laden?**	Ja ( )	Nein ( )
b. Haben Sie bereits in einem **XX Laden** Gebrauchsartikel **gekauft?**	Ja ( )	Nein ( )
c. Kennen Sie den **Prospekt** aus dem XX Laden?	Ja ( )	Nein ( )

B.

a. Kennen Sie einen **Supermarkt** mit XX Angebot?	Ja ( )	Nein ( )
b. Haben Sie bereits in einem **Supermarkt** Gebrauchsartikel von XX **gekauft**?	Ja ( )	Nein ( )
c. Kennen Sie den XX **Prospekt** aus dem Supermarkt mit XX Angebot?	Ja ( )	Nein ( )

C.

a. Kennen Sie eine **Bäckerei** mit XX Angebot?	Ja ( )	Nein ( )
b. Haben Sie bereits in einer **Bäckerei** Gebrauchsartikel von XX **gekauft?**	Ja ( )	Nein ( )
c. Kennen Sie den XX **Prospekt** aus der Bäckerei?	Ja ( )	Nein ( )

D.

a. Kennen Sie die **Internet-Seite** von XX?	Ja ( )	Nein ( )
b. Haben Sie bereits im Internet Gebrauchsartikel von XX **gekauft?**	Ja ( )	Nein ( )
c. Kennen Sie den **Newsletter** von XX?	Ja ( )	Nein ( )

E.

a. Kennen Sie den **Versand-Katalog** von XX?	Ja ( )	Nein ( )
b. Haben Sie bereits Gebrauchsartikel aus dem **Versand-Katalog** von XX **gekauft?**	Ja ( )	Nein ( )

F.

a. Haben Sie bereits Gebrauchsartikel von XX anderswo **gekauft?**	Ja ( )	Nein ( )
b. und zwar...		

(Int.: Falls Frage 5.F.a. mit Ja beantwortet wurde, dann bitte bei Frage 6.6. beachten).

6. Jetzt bitte ich Sie, die einzelnen Einkaufsmöglichkeiten bei XX zu bewerten. Wie gefallen Ihnen die Einkaufsstätten von XX?

Nehmen Sie bitte auch hier eine Bewertung vor mit einer Zahl zwischen **1** und **5**. Die Zahlen bedeuten:

1 = „sehr gut"

2 = „gut"

3 = „mittel"

4 = „weniger gut"

5 = „überhaupt nicht gut"

Wie gefallen Ihnen die folgenden Einkaufsstätten von XX?	**sehr gut**	**gut**	**mittel**	**weniger gut**	**überhaupt nicht gut**
1. die **Läden**	(1)	(2)	(3)	(4)	(5)
2. die Depots im **Supermarkt**	(1)	(2)	(3)	(4)	(5)
3. die Depots in der **Bäckerei**	(1)	(2)	(3)	(4)	(5)
4. der **Internet-Shop**	(1)	(2)	(3)	(4)	(5)
5. der **Katalog-Versand**	(1)	(2)	(3)	(4)	(5)
6. Sonstiges.. *(Int.: nur fragen, falls bei Frage 5.F.a., „Ja" beantwortet wurde. Bitte eintragen!)*	(1)	(2)	(3)	(4)	(5)

7. Und nun bitte ich Sie die Eigenschaften dieser Einkaufsstätten von XX zu bewerten.

Vergeben Sie auch hier eine Zahl zwischen **1** und **5,** mit der gleichen Bedeutung wie eben.

Int.: Bei Bedarf Skala aus Frage 6 vorlesen

Int.: Tragen Sie in jeder Spalte die Zahl ein.

Wie bewerten Sie die ...	im **Laden**	im **Supermarkt**	in der **Bäckerei**	im **Internet**	im **Versand**	in Sonstige *(Fr. 6)*
1. Einkaufsatmosphäre	( )	( )	( )	( )	( )	( )
2. Warenpräsentation *(Int.: z.B. Übersichtlich)*	( )	( )	( )	( )	( )	( )
3. Beratungskompetenz des Verkaufspersonals	( )	( )	( )	( )	( )	( )
4. Freundlichkeit des Verkaufspersonals	( )	( )	( )	( )	( )	( )
5. Auswahl an Gebrauchsartikeln	( )	( )	( )	( )	( )	( )
6. Service-Leistungen (wie z.B. Umtausch und Reklamation von Artikeln)	( )	( )	( )	( )	( )	( )
7. Öffnungszeiten	( )	( )	( )	( )	( )	( )
8. Bequemlichkeit des Einkaufens	( )	( )	( )	( )	( )	( )

Der dritte Teil der Befragung beschäftigt sich mit Ihren Einkaufsgewohnheiten bei **XX**. Dabei geht es wieder um den Kauf von **Gebrauchsartikeln**.

8. Wann haben Sie das letzte Mal Gebrauchsartikel von XX gekauft?

1.	letzten Monat	( )	4.	vor **7 – 9** Monaten	( )
2.	vor **2 – 3** Monaten	( )	5.	vor **10 – 12** Monaten	( )
3.	vor **4 – 6** Monaten	( )	6.	weiß nicht	( )

9. Wie oft haben Sie in den letzten 12 Monaten Gebrauchsartikel von XX gekauft?

1.	1 - 3 mal	( )
2.	4 - 6 mal	( )
3.	7 - 9 mal	( )
4.	10 mal und mehr	( )
5.	weiß nicht	( )

10. Ist Ihnen bekannt, dass alle Gebrauchsartikel bei XX nur über einen begrenzten Zeitraum und nur so lange, wie der Vorrat reicht, angeboten werden?

Ja ( ) → *Weiter Frage 11*
Nein ( ) → *Weiter Frage 12*

11. Welchen Einfluss hat diese Begrenzung auf Ihr Informations- und Kaufverhalten bei XX?

A. Diese Beschränkung führt dazu, dass ich mich im Voraus darüber informiere, was es bei XX demnächst gibt.

Ja ( ) ↓	**Nein** ( )
Und wie häufig informieren Sie sich darüber? 1. jede Woche ( ) 2. ein mal im Monat ( ) 3. gelegentlich ( )	

B. Bitte sagen Sie mir jetzt, inwieweit folgende Aussagen auf Sie zutreffen, indem Sie einen Wert zwischen 1 und 5 vergeben. Die Zahlen bedeuten Folgendes: **1 = „trifft voll und ganz zu"** **2 = „trifft überwiegend zu"** **3 = „trifft teils zu, teils nicht"** **4 = „trifft überwiegend nicht zu"** **5 = „trifft überhaupt nicht zu"**					
Diese zeitliche und mengenmäßige Beschränkung des Angebots...	**trifft voll und ganz zu**				**trifft überhaupt nicht zu**
1. führt dazu, dass ich bei XX eine schnelle Kaufentscheidung treffe	(1)	(2)	(3)	(4)	(5)
2. hat auf mich überhaupt keinen Einfluss. Ich verhalte mich genau so, wie bei anderen Anbietern/ in anderen Geschäften auch.	(1)	(2)	(3)	(4)	(5)

12. Wie bewerten Sie im allgemeinen die Gebrauchsartikel von XX? Bitte sagen Sie mir, inwieweit folgende Aussagen auf Sie zutreffen, indem Sie auch hier einen Wert zwischen **1** und **5** vergeben. *(Int.: Bei Bedarf Skala aus Frage 11.B vorlesen)*					
Ich bin überzeugt, dass bei XX	**trifft voll und ganz zu**				**trifft überhaupt nicht zu**
1. die Qualität der Gebrauchsartikel immer gut ist	(1)	(2)	(3)	(4)	(5)
2. die Gebrauchsartikel immer preiswert sind	(1)	(2)	(3)	(4)	(5)
3. das Preis-Leistungsverhältnis der Gebrauchsartikel immer gut ist	(1)	(2)	(3)	(4)	(5)

13. Aus welchen der folgenden Bereiche haben Sie bei XX <u>Gebrauchsartikel</u> innerhalb der letzten 12 Monate gekauft? Und welcher war Ihr letzter Kauf?

Int.: Lesen Sie alle Produkt-Bereiche (I.) vor. Wenn ein Bereich genannt wird, dann stellen Sie die Fragen (II.) und (III.).

I.			II. Und welchen Artikel haben Sie genau gekauft?	III. Was hat der Artikel gekostet (ungefähr)?
1.	**Küche**	( )	....	€ ....
2.	**Haushalt**	( ) →	.... →	€ ....
3.	**Bad**	( )	....	€ ....
4.	**Sportartikel** (inkl. Sporttextilien und –wäsche)	( ) →	.... →	€ ....
5.	**Bekleidung** (inkl. Wäsche und Kinderbekleidung)	( )	....	€ ....
6.	**Bettwäsche** und **Wohntextilien** (z.B. Decken, Vorhänge)	( ) →	.... →	€ ....
7.	**Schuhe**	( )	....	€ ....
8.	**Gesundheitsartikel** (z.B. Pulsmesser, Nackenkissen)	( ) →	.... →	€ ....
9.	**Schmuck**	( )	....	€ ....
10.	**Büroartikel**	( ) →	.... →	€ ....
11.	**Elektrogeräte**	( )	....	€ ....
12.	**Computer und Zubehör**	( ) →	.... →	€ ....
13.	**Einrichtungsgegenstände** (z.B. Möbel, Lampen)	( )	....	€ ....
14.	Andere, und zwar	( ) →	.... →	€ ....

Int.: Schreiben Sie bitte <u>zwei Artikel</u> auf:

<u>Artikel A</u> (LETZTER KAUF): ....

<u>Artikel B</u> (teurerer als 45 € bzw. billiger als 25 €, abhängig vom Preis von A): ....

Im nächsten Teil der Befragung möchten wir von Ihnen erfahren, wie Sie sich bei XX über <u>Gebrauchsartikel</u> informieren und wo Sie sie dann kaufen. Konkret möchten wir dies am Beispiel von zwei Artikeln wissen und zwar am Beispiel von **A** *(Int.: Artikel A nennen)* und **B** *(Int.: Artikel B nennen)*

A. Denken Sie bitte an den Kauf von .... *(Int.: LETZTGE KAUFTER Artikel)*

14. Wie würden Sie diesen Artikel für sich persönlich einstufen? Bitte sagen Sie mir zu jeder dieser Aussage, inwieweit sie für Sie persönlich zutrifft.

Vergeben Sie bitte auch hier einen Wert zwischen **1** und **5** , wobei die Zahlen Folgendes bedeuten:
1 = „trifft voll und ganz zu"
2 = „trifft überwiegend zu"
3 = „trifft teils zu, teils nicht"
4 = „trifft überwiegend nicht zu"
5 = „trifft überhaupt nicht zu"

		trifft voll und ganz zu				trifft überhaupt nicht zu
a.	Der Kauf dieses Artikels machte mir Spaß	(1)	(2)	(3)	(4)	(5)
b.	Dieser Artikel ist für mich wichtig	(1)	(2)	(3)	(4)	(5)
c.	Dieser Artikel ist für mich eine teure Anschaffung	(1)	(2)	(3)	(4)	(5)
d.	Der Besitz dieses Artikels ist für mich auch Ausdruck meiner Persönlichkeit	(1)	(2)	(3)	(4)	(5)
e.	Bevor ich diesen Artikel kaufte, habe ich mich gründlich darüber informiert	(1)	(2)	(3)	(4)	(5)
f.	Beim Kauf dieses Artikels kann man auch eine falsche Wahl treffen	(1)	(2)	(3)	(4)	(5)
g.	Ich finde es ärgerlich, wenn ich beim Kauf eines solchen Artikels einen „Fehlgriff" mache	(1)	(2)	(3)	(4)	(5)

Beim Kauf eines solchen Artikels *(Int.: Artikel A nennen)* ....

22.	ist mir Beratung wichtig	(1)	(2)	(3)	(4)	(5)
23.	kommt es mir vor allem auf ein gutes Preis-Leistungsverhältnis an	(1)	(2)	(3)	(4)	(5)
24.	suche ich so lange, bis ich ein Produkt finde, dass mich 100%-ig überzeugt	(1)	(2)	(3)	(4)	(5)
25.	ist es für mich wichtig zu sehen, wie ich den Artikel kombinieren kann (z.B. Farben, Muster, Materialien).	(1)	(2)	(3)	(4)	(5)
26.	achte ich in erster Linie auf Qualität und weniger auf den Preis	(1)	(2)	(3)	(4)	(5)
27.	finde ich es gut, beim Einkaufen Freunde oder Bekannte zu treffen	(1)	(2)	(3)	(4)	(5)
28.	ist es mir wichtig, rund um die Uhr einkaufen zu können (unabhängig von den Öffnungszeiten der Geschäfte)	(1)	(2)	(3)	(4)	(5)
29.	kaufe ich am liebsten spontan ein	(1)	(2)	(3)	(4)	(5)
30.	finde ich es lästig, vom Verkaufspersonal angesprochen zu werden	(1)	(2)	(3)	(4)	(5)
31.	ist es für mich wichtig, diesen Artikel vor dem Kauf anzufassen und aus- *(oder an-)* probieren zu können	(1)	(2)	(3)	(4)	(5)
32.	kaufe ich gerne Sonderangebote	(1)	(2)	(3)	(4)	(5)
33.	lasse ich mir Zeit für meine Kaufentscheidung	(1)	(2)	(3)	(4)	(5)
34.	bin ich auch bereit, für eine bessere Qualität mehr zu zahlen	(1)	(2)	(3)	(4)	(5)
35.	ist der Preis das ausschlaggebende Argument beim Kauf	(1)	(2)	(3)	(4)	(5)
36.	schaue ich mich vor dem Kauf in mehreren Geschäften um	(1)	(2)	(3)	(4)	(5)

		trifft voll und ganz zu				trifft überhaupt nicht zu
37.	gehe ich am liebsten in Begleitung einkaufen	(1)	(2)	(3)	(4)	(5)
38.	finde ich es toll, wenn ich ein Schnäppchen machen kann	(1)	(2)	(3)	(4)	(5)
39.	bin ich bereit, für eine entsprechende Beratung einen höheren Preis zu bezahlen	(1)	(2)	(3)	(4)	(5)
40.	stört es mich, die Einkaufstüten tragen zu müssen	(1)	(2)	(3)	(4)	(5)
41.	kaufe ich am liebsten in Geschäften mit einer übersichtlichen Warenpräsentation	(1)	(2)	(3)	(4)	(5)

15. Wo haben Sie diesen Artikel gekauft?		
1.	in einem **Laden**	( )
2.	in einem Depot im **Supermarkt**	( )
3.	in einem Depot in einer **Bäckerei**	( )
4.	über die **Internet-Seite**	( )
5.	über den **Katalog-Versand**	( )
6.	Sonstiges, und zwar	( )

16. Wussten Sie bevor Sie in diese Einkaufsstätte gegangen sind, dass Sie diesen bestimmten Artikel kaufen wollten? Wählen Sie bitte nur eine der folgenden Aussagen!		
1.	**Ja**, ich wollte genau diesen Artikel kaufen	( )
2.	**Nein**, ich war gerade dabei etwas anderes einzukaufen, als ich diesen Artikel entdeckte	( )
3.	**Nein**, beim Blättern im Versandkatalog habe ich diesen Artikel entdeckt	( )
4.	**Nein**, ich wollte mich einfach nur umschauen, was es bei XX zur Zeit gibt	( )
5.	**Nein**, beim Surfen im Internet sah ich diesen Artikel	( )
6.	**Nein**, beim Bummeln habe ich diesen Artikel entdeckt	( )
7.	Sonstiges, und zwar	( )

17. Und was war der Grund, weswegen Sie diesen Artikel gerade in dieser XX Einkaufsstätte *(Int.: Einkaufsstätte aus Frage 15 nennen)* **gekauft haben?** *(Int.: Mehrfachnennungen sind möglich)*

	Ich habe diese Einkaufsstätte von XX ausgewählt, weil sie ...	
1.	die ansprechendste Einkaufsatmosphäre hat	( )
2.	die beste Warenpräsentation hat	( )
3.	die kompetenteste fachliche Beratung bietet	( )
4.	das freundlichste Personal hat	( )
5.	die größte Auswahl an Gebrauchsartikel bietet	( )
6.	die besten Öffnungszeiten hat	( )
7.	für mich am leichtesten zu erreichen ist	( )
	Ich habe diese Einkaufsstätte von XX ausgewählt, weil ich hier....	
8.	sowieso dabei war, etwas anderes einzukaufen	( )
9.	mir in Ruhe die Artikel anschauen kann, ohne dass ich unter Kaufdruck stehe	( )
10.	mehrere Einkäufe auf ein mal erledigen kann	( )
11.	rund um die Uhr einkaufen kann	( )
12.	die Artikel vor dem Kauf anfassen und aus- *(oder an-)* probieren kann	( )
13.	meine Einkäufe am schnellsten erledigen kann	( )
14.	keine Versandkosten zu bezahlen brauche	( )
15.	ich die Ware gleich mitnehmen kann (keine Lieferzeiten)	( )
	Ich habe diese Einkaufsstätte von XX ausgewählt, weil....	
16.	hier das Reklamieren und Umtauschen von Artikeln am leichtesten ist	( )
17.	ich nicht das Haus verlassen muss, um einzukaufen	( )
18.	ich es bequem finde, wenn der Artikel nach Hause geliefert wird	( )
19.	ich mich hier selbst bedienen kann	( )
20.	der Artikel zu groß / zu schwer war, um ihn selbst zu tragen	( )
21.	es diesen Artikel nur hier gab	( )
22.	das Geschäft, wo ich den Artikel zuerst gesehen habe, geschlossen war	( )
23.	dieser Artikel dort, wo ich ihn zuerst sah, ausverkauft war	( )
24.	Sonstiges, und zwar	( )

18. Wo bei XX können Sie sich sonst noch vorstellen, diesen Artikel zu kaufen?
(Int.: Mehrfachnennungen sind möglich)

1.	in einem **Laden**	( )
2.	in einem Depot im **Supermarkt**	( )
3.	in einem Depot in einer **Bäckerei**	( )
4.	über die **Internet-Seite**	( )
5.	über den **Katalog-Versand**	( )
6.	Sonstiges, und zwar	( )

19. Wie sind Sie auf dieses Produkt aufmerksam geworden? Ich lese Ihnen verschiedene Aussagen vor. Wählen Sie bitte nur eine davon aus!			
Durch die **Werbung**	im **Fernsehen**	(1)	→ *Weiter Frage 21*
	in dem **Prospekt** aus dem **Laden**	(2)	
	in dem **Prospekt** vom **Bäcker**	(3)	
Im **Laden** gesehen, nämlich...	im **Regal**	(4)	→ *Weiter Frage 20*
	im **Schaufenster**	(5)	
Beim **Bäcker** gesehen, nämlich...	im **Regal**	(6)	
	im **Schaufenster**	(7)	
Im **Supermarkt** gesehen		(8)	
Im **Internet** gesehen, nämlich...	auf der **Seite**	(9)	
	im **Newsletter**	(10)	→ *Weiter Frage 21*
Im **Versand-Katalog** gesehen		(11)	→ *Weiter Frage 20*
Empfehlung durch **Bekannte**		(12)	→ *Weiter Frage 21*
Sonstiges, und zwar..	....	(13)	→ *Weiter Frage 20*

20. Und was war der Grund, weswegen Sie sich über diesen Artikel gerade in dieser Einkaufsstätte *(Int.: Einkaufsstätte aus Frage 19 nennen)* **informiert haben?** *(Int.: Mehrfachnennungen sind möglich)*		
Ich habe diese Einkaufsstätte von XX ausgewählt, weil sie ...		
1.	die ansprechendste Einkaufsatmosphäre hat	( )
2.	die beste Warenpräsentation hat	( )
3.	die kompetenteste fachliche Beratung bietet	( )
4.	das freundlichste Personal hat	( )
5.	die größte Auswahl an Gebrauchsartikel bietet	( )
6.	die besten Öffnungszeiten hat	( )
7.	für mich am leichtesten zu erreichen ist	( )
Ich habe mich in dieser Einkaufsstätte von XX informiert, weil ich hier....		
8.	sowieso dabei war, etwas anderes einzukaufen	( )
9.	mir in Ruhe die Artikel anschauen kann, ohne dass ich unter Kaufdruck stehe	( )
10.	rund um die Uhr einkaufen / mich informieren kann	( )
11.	die Artikel vor dem Kauf anfassen und aus- *(oder an-)* probieren kann	( )
12.	meine Einkäufe am schnellsten erledigen kann	( )
Ich habe diese Einkaufsstätte von XX ausgewählt, weil....		
13.	ich nicht das Haus verlassen muss, um mich zu informieren	( )
14.	es diesen Artikel nur hier gab	( )
15.	ich mich hier selbst bedienen kann	
16.	Sonstiges, und zwar	( )

Int.: Falls es einen Artikel B gibt, dann wiederholen sich die Fragen 14 bis 20 für diesen Artikel (Fragen 21 bis 27)

28. Wie gut können Sie Geschäfte mit einem Angebot von XX Gebrauchsartikeln erreichen?
Vergeben Sie bitte auch hier einen Wert zwischen **1** und **5**, wobei die Zahlen Folgendes bedeuten:
1 = „sehr gut"
2 = „gut"
3 = „mittel"
4 = „schlecht"
5 = „sehr schlecht"

(Int.: Alle Einkaufsstätten abfragen !)	**sehr gut**	**gut**	**mittel**	**schlecht**	**sehr schlecht**
1. Einen **Laden** erreiche ich	(1)	(2)	(3)	(4)	(5)
2. Ein Depot im **Supermarkt** erreiche ich	(1)	(2)	(3)	(4)	(5)
3. Ein Depot in einer **Bäckerei** erreiche ich	(1)	(2)	(3)	(4)	(5)
4. Sonstiges, und zwar	(1)	(2)	(3)	(4)	(5)

29. Haben Sie einen Internet-Zugang?

1. Ja, zu Hause	( )	3. Nein	( ) → *Weiter Frage 31*
2. Ja, am Arbeitsplatz	( )	4. Sonstiges, und zwar	( )

30. Nutzen Sie das Internet zum Einkaufen (e-Shopping)?

1. Ja ( ) 2. Nein ( ) 3. Nein, aber ich plane es demnächst ( )

31. Haben Sie schon Mal einen Versand-Katalog von XX erhalten?

1. Ja ( ) 2. Nein ( ) 3. Weiß nicht ( )

Zum Schluss möchten wir Ihnen noch einige **Fragen zu Ihrer Person** stellen. Diese Informationen werden ausschließlich für statistische Zwecke benutzt und vertraulich behandelt.

32. Geschlecht *(Int.: NICHT fragen!!)*	1. weiblich ( )	2. männlich ( )

33. Wie viele Personen leben in Ihrem Haushalt, Sie selbst eingeschlossen?					
a.	1 Person	( )	d.	4 Personen	( )
b.	2 Personen	( )	e.	5 Personen und mehr	( )
c.	3 Personen	( )			

34. Wie viele Kinder unter 18 Jahren leben in Ihrem Haushalt?					
a.	keins	( )	d.	3	( )
b.	1	( )	e.	4 und mehr	( )
c.	2	( )			

35. In welche der folgenden Berufsgruppen ordnen Sie sich ein?			
1. Schüler (in) / Student (in) / Auszubildender	( )	5. Beamte(r)	( )
2. Rentner (in)	( )	6. Selbstständige(r)	( )
3. derzeit ohne Arbeit	( )	7.Arbeite(r)	( )
4. Angestellte(r)	( )	8.Hausfrau / Hausmann	( )

36. Wie hoch ist das Netto-Einkommen Ihres Haushaltes pro Monat (d.h. nach Abzug aller Steuern und Sozialversicherungsbeiträge)?					
1.	Unter **1.000 DM** (unter 500 €)	( )	4.	**5.001 – 7.000 DM** (2.501 – 3.500 €)	( )
2.	**1.000 – 3.000 DM** (500 – 1.500 €)	( )	5.	über 7**.000 DM** (über 3.500 €)	( )
3.	**3.001 – 5.000 DM** (1.501 – 2.500 €)	( )			( )

37. Welchen Bildungsabschluss haben Sie? *(Int.: Mehrfachnennungen sind möglich)*			
1. Haupt- oder Realabschluss	( )	4. Studienabschluß	( )
2. Abitur/Fachhochschulreife	( )	5. keinen	( )
3. abgeschlossene Lehre	( )		( )

38. Sie leben					
1. in einer Großstadt	( )	2. in einer Kleinstadt	( )	3. auf dem Land	( )

Ich bedanke mich für Ihre Unterstützung!

LITERATURVERZEICHNIS

Abrolat, J.; Heinick, H. (2003): Versandhandel / Spezialversandhandel, BBE-Trend- und Strategieanalyse, Köln.

Ahlert, D. (1987): Der Großhandelsbegriff im Spannungsfeld marketingwissenschaftlicher, wettbewerbspolitischer und wettbewerbsrechtlicher Betrachtungen, in: Betriebsberater, Beilage 15/1987 zu H. 23/1987, 2. Hj. S. 1-20.

Ahlert, D. (1996): Distributionspolitik: das Management des Absatzkanals, 3. Aufl., Stuttgart.

Ahlert, D.; Schröder, H. (1990): „Erlebnisorientierung" im stationären Einzelhandel, in: Marketing ZFP, H. 4, S. 221-228.

Ahlert, D.; Becker, J.; Kenning, P.; Schütte, R. (2000): Internet & Co. im Handel - Strategien, Geschäftsmodelle, Erfahrungen, Berlin u.a.

Akaah, I.P.; Korgaonkar, P.K.; Lund, D. (1995): Direct Marketing Attitudes, in: JoBR, Vol. 34, H. 3, S. 211-219.

Alba, J.; Lynch, J.; Weitz, B.; Janiszewski, C.; Lutz, R.; Sawyer, A.; Wood, S. (1997): Interactive Home Shopping: Consumer, Retailer and Manufacturer Incentives to participate in Electronic Marketplaces, in: JoM, 61. Jg., H. 3, S. 38-53.

Alpert, M.I. (1971): Identification of Determinant Attributes. A Comparison of Methods, in: JoMR, 8. Jg., H.2, S. 184-191.

Andritzky, K. (1976): Die Operationalisierbarkeit von Theorien zum Konsumentenverhalten, Berlin.

Armbruster, K.; Schober, F. (2002): Hybridstrategien im Mulitkanal-Vertrieb, in: WiSt, H. 6, S. 347-350.

Arnold, M.J.; Reynolds, K.E. (2003): Hedonic shopping motivations, in: JoR, 79. Jg., H. 3, 77-95.

Babin, B.J.; Darden, W.R.; Griffin, M. (1994): Work and/or Fun: Measuring Hedonic and Utilitarian Shopping Value, in: JoCR, 21. Jg., H. 2, S. 644-656.

Backhaus, K.; Erichson, B.; Plinke, W.; Weiber, R. (2000): Multivariate Analysemethoden: Eine anwendungsorientierte Einführung, 9. Aufl., Berlin u.a.

Backhaus, K.; Erichson, B.; Plinke, W.; Weiber, R. (2003): Multivariate Analysemethoden: Eine anwendungsorientierte Einführung, 10. Aufl., Berlin u.a.

Balderjahn, J. (1995): Einstellungen und Einstellungsmessung, in: Tietz, B.; Köhler, R.; Zentes, J. (Hrsg.): Handwörterbuch des Marketing, 2. Auflage, Stuttgart, Sp. 542-554.

Balabanis, G.; Vasileiou, S. (1999): Some Attitudinal Predictors of Home-Shopping through the Internet, in: Journal of Marketing Management,15. Jg., S. 361-385.

Bagozzi, R.; Phillips, L. (1982): Representing and Testing Organizational Theories: A Holistic Construal, in: Administrative Science Quarterly, 27. Jg., S. 459-489.

Bagozzi, R.; Yi, Y.; Phillips, L. (1991): Assessing Construct Validity in Organizational Research, in: Administrative Science Quarterly, 36. Jg., S. 421-458.

Barth, K.; Hartmann, M.; Schröder, H. (2002): Betriebswirtschaftslehre des Handels, 5. Aufl., Wiesbaden.

Baisch, M. (1993): Die Risikowahrnehmung in „Non-Store"-Kaufsituationen, Wien.

Baker, J.; Parasuraman, A.; Grewal, D.; Voss, G.B. (2002): The Influence of Multiple Store Environment Cues on Perceived Merchandise Value and Patronage Intentions, in: JoM, 66. Jg., H.2, S. 120-141.

Batra, R.; Ahtola, O.T. (1991): Measuring the Hedonic and Utilitarian Sources of Consumers Attitudes, in: Marketing Letters, 2. Jg., S. 159-170.

Batra, R.; Ray, M.L. (1983): Advertising Situations: The Implications of Differential Involvement and Accompanying Affect Responses, in: Harris, R.J. (Hrsg.): Information Processing Research in Advertising, Hilsdale, N.J., S. 127-151.

Bauer, H. H.; Huber, F.; Henneberg, S. C. M. (1999): Klick & Kauf – Electronic Commerce als strategische Option für den Handel, in: Texis, 16. Jg., S. 47-52.

Bauer, H. H.; Grether, M.; Borrmann, U. (2001): Die Erklärung des Nutzerverhaltens in elektronischen Medien mit Hilfe der Flow-Theorie, in: Marketing ZFP, 23. Jg., H. 1, S. 17-29.

Bauer, H. H.; Fischer, M.; Sauer, N. E. (2000): Barrieren des elektronischen Einzelhandels: Eine empirische Studie zum Kaufverhalten im Internet, in: ZfB, 70. Jg., S. 1133-1156.

Bauer, R.A. (1967): Consumer Behavior as Risk Taking, in: Cox, D. (Hrsg.): Risk Taking and Information Handling in Consumer Behavior, Boston, S. 23-33.

Bänsch, A. (1998): Käuferverhalten, 8. Aufl., München, Wien.

Becker, L.B. (1979): Measurement of Gratifications, in: Communication Research, 6. Jg., H.1, S. 54-73.

Becker, R. (2004): Was ist neu im Fernabsatzrecht? unter: http://www.versandhandelsrecht.de/index.php?url=beitraege&gl[beitragid]=19; Zugriff am 13.06.2005.

Bell, D.R.; Lattin, J.M. (1998): Shopping Behavior and Consumer Preference for Store Price Format: Why "Large Basket" Shoppers Prefer ELDP, in: Marketing Science, 17. Jg., H. 1, S. 66-88.

Bell, D.R.; Ho, T.-H.; Tang, C.S. (1998): Determining Where to Shop: Fixed and Variable Costs of Shopping, in: JMR, 35. Jg., H. 3, S. 352-369.

Bellenger, D.N.; Korgaonkar, P.K. (1980): Profiling the Recreational Shopper, in: JoR, 56. Jg., H. 3, S. 77-92.

Belk, R.W. (1974): An Explanatory Assessment of Situational Effects in Buyer Behavior, in: JoMR, 11. Jg., H. 2, S. 156-163.

Belk, R.W. (1975): Situational Variables and Consumer Behavior, in: JoCR, 2. Jg., H. 3, S. 168-178.

Benkenstein, M.; Bastian, A. (1997): Ansätze zur Profilierung von Einkaufszentren – Konzeptionelle Grundlagen und empirische Analysen, in: Trommsdorff, V. (Hrsg.): Handelsforschung 1997/98, Wiesbaden, S. 209-231.

Ben-Ur, J.; Winfield, C. (2002): Perceived Risk in the E-commerce Environment, unter: www.sbaer.uca.edu/Research/2000/SWMA/00swma15.htm, Zugriff am 15.01.2002.

Berekoven, L. (1995): Erfolgreiches Einzelhandelsmarketing, Grundlagen und Entscheidungshilfen, 2. Auflage, München.

Berekoven, L.; Eckert, W.; Ellenrieder, P. (2004): Marktforschung - Methodische Grundlagen und praktische Anwendung, 10. Aufl., Wiesbaden.

Bernskötter, H. (1991): Gehört die Zukunft den „hybriden" Verkaufs-Systemen?, in: Marketing-Journal, 24. Jg., H. 2, S. 122-129.

Berres, A. (1997): Marketing und Vertrieb mit dem Internet, Berlin u.a.

Betz, J. (2003): Die Akzeptanz der Online-Distribution in der Automobilwirtschaft: Ausmaß - Konsequenzen – Determinanten, Wiesbaden.

Bleicker, U. (1983): Produktbeurteilung der Konsumenten, Würzburg, Wien.

Bliemel, F.; Fassot, G.; Theobald, A. (2000): Electronic Commerce, 3. Aufl., Wiesbaden.

Bloch, P.H. (1982): Involvement Beyond the Purchase Process: Conceptual Issues and Empirical Investigations, in: Advances in Consumer Research, 9. Jg., S. 413-417.

Bloch, P.H.; Bruce, G.D. (1984): Product Involvement as Leisure Behaviour, in: Advances in Consumer Research, 11. Jg., S. 197-202.

Bohlmann, A. (2005): Zum wahrgenommenen Kaufrisiko der Kunden in Mehrkanalsystemen des Einzelhandels - Eine theoretische und empirische Analyse, Dissertation Essen (in Vorbereitung).

Bohrnstedt, G. (1970): Reliability and Validity Assessment in Attitude Measurement, in: Summers, G. (Hrsg.): Attitude Management, London, S. 80-99.

Bost, E. (1987): Ladenatmosphäre und Konsumentenverhalten, Heidelberg.

Böcker, F. (1986): Präferenzforschung als Mittel marktorientierter Unternehmensführung, in: zfbf, 38. Jg., H. 7-8, S. 543-574.

Breitung, A. (1979): Kritische Analyse der Validitätsproblematik von Verfahren der Einstellungsmessung. Ein methodischer Beitrag zum Design von Einstellungsskalierungen, in: Meffert, H.; Steffenhagen, H.; Freter, H. (Hrsg.): Konsumentenverhalten und Information, Wiesbaden, S. 209-224.

Brosius, F. (2002): SPSS 11.0, Bonn.

Bruchmann, K. (1990): Werte und Betriebsformenpräferenzen: Eine empirische Analyse der Verhaltensrelevanz individueller Werte für die Einkaufsstättenwahl im Lebensmittel-Einzelhandel, Erlangen, Nürnberg, Univ., Diss.

Bruhn, M.; Homburg, C. (2004): Lexikon Marketing, Wiesbaden.

Brynjolfsson, E.; Smith, M.D. (2000): Frictionless Commerce? A comparison of Internet and Conventional Retailers, in: Management Science, 46. Jg., H. 4, S. 563-585.

Bucklin, L.P. (1963): Retail Strategy and the Classification of Consumer Goods, in: JoM, 27. Jg., H. 1, S. 50-56.

Bungard, W. (1985): Konsumenten-Entscheidungen – Ein Vergleich ökonomischer und psychologischer Erklärungsansätze, in: Jahrbuch der Absatz- und Verbrauchsforschung, 31. Jg., H.1, S. 74-95.

BVH (1997): Bundesverband des Deutschen Versandhandels e.V.: Versandhandel in Deutschland – Eine Informationsschrift, 4. erweit., erg. und akt. Aufl., Frankfurt a.M.

Burke, R. (1997): Do you see what I see? The Future of Virtual Shopping, in: JAMS, 25. Jg., H. 4, S. 352-360.

Burke, R. (2000): Creating the ideal shopping experience – what consumers want in the physical and virtual store, an Indiana University-KPMG Study.

Bücker, R. (1997): Statistik für Wirtschaftswissenschaftler, 3. überarb. Aufl., München, Wien, Oldenburg.

Bühl, A.; Zöfel, P. (2000): SPSS Version 10 – Einführung in die moderne Datenanalyse unter Windows, München.

Calkins, J.D.; Farello, M.J.; Smith Shi, C. (2000): From retailing to e-tailing, in: McKinsey Quarterly, H.1, o.O.

Carmines, E.; Zeller, R. (1979): Reliability and Validity Assessment, Newbury Park u.a.

Childers, L.T.; Carr, C.L.; Peck, J.; Carson, S. (2001): Hedonic and utilitarian motivations for online retail shopping behavior, in: JoR, 77. Jg., H. 4, S. 511-535.

Christensen, C.M.; Tedlow, R.S. (2000): Patterns of disruption in retailing, in: HBR, 78. Jg., H. 1, S. 42-45.

Churchill, G. A. (1979): A Paradigm for Developing Better Measures of Marketing Constructs, in: JoMR, 16. Jg., S. 64-73.

Costley, C.L. (1988): Meta Analysis of Involvement Research, in: Advances in Consumer Research, 15. Jg., S. 554-562.

Cortina, J. M. (1993): What is Coefficient Alpha? An Examination of Theory and Applications, in: Journal of Applied Psychology, 78. Jg., H.2, S. 98-104.

Cox, D.F.; Rich, S.U. (1964): Perceived Risk and Consumer Decision-Making – The Case of Telephone Shopping, in: JMR, 1. Jg., H. 4., S. 32-39.

Cox, D.F. (1967): Risk Handling in Consumer Behavior, in: Cox, D. (Hrsg.): Risk Taking and Information Handling in Consumer Behavior, Boston, S. 34-81.

Crowley, A.E.; Williams, J.H. (1991): An Information Theoretic Approach to Understanding the Consideration Set/Awareness Set Proportion, in: Advances in Consumer Research, 18. Jg., S. 780-787.

Culnan, M.J.; Armstrong, P.K. (1999): Information Privacy Concerns, Procedural Fairness and Impersonal Trust: An empirical Investigation, in: Organization Science, 10. Jg., S. 104-116.

Dach, C. (2002a): Vorteile einer Multi-Channel-Strategie: Eine nüchterne Betrachtung - Synergien zwischen Ladengeschäften und Online-Shops aus Konsumentensicht, Institut für Handelsforschung an der Universität zu Köln, Köln.

Dach, C. (2002b): Internet Shopping versus stationärer Handel, Stuttgart.

Dammer, I.; Szymkowiak, F. (1998): Die Gruppendiskussion in der Marktforschung – Grundlagen, Moderation, Auswertung – Ein Praxisleitfaden, Wiesbaden.

Darian J.C. (1987): In Home shopping: Are there Consumer Segments?, in: JoR, 63. Jg., H. 2, S. 163-185.

Darden, W.R.; Ashton, D. (1975): Psychographic Profiles of Patronage Preference Groups, in: JoR,.50. Jg., H. 4, S. 99-112.

Dautzenberg, P.; Belz, C. (1993): Leistungssysteme im Einzelhandel, in: Trommsdorff, V. (Hrsg.): Handelsforschung 1993/94, Wiesbaden, S. 13-26.

Dawson, S.; Bloch, P.H.; Ridgway, N.M. (1990): Shopping Motives, Emotional States, and Retail Outcomes, in: JoR, 66. Jg., H. 4, S. 408-427.

De Kare-Silver, M. (2000): e-shock 2000 – The electronic shopping revolution: strategies for retailers and manufacturer, Houndmills u.a.

Deppisch, C.G. (1997): Dienstleistungsqualität im Handel, Wiesbaden.

Deimel, K. (1989): Grundlagen des Involvement und Anwendung im Marketing, in: Marketing ZFP, 11. Jg., H. 3, S. 153-161.

Depenbrock-Naumann, E.-M. (1982): Einzelhandel und Stadtentwicklung – Eine Merketingkonzeption für den City-Einzelhandel zur Förderung der Urbanität, München.

Dholakia, R. R. (1999): Going shopping: key determinants of shopping behaviors and motivations, in: IJRDM, 27. Jg., H. 4, S. 154-165.

Diehl, S. (2000): Verhaltenswirksame virtuelle Ladengestaltung, Arbeitspapier 26 der Forschungsgruppe Konsum und Verhalten, Saarbrücken.

Diehl, S. (2002): Erlebnisorientiertes Internetmarketing: Analyse, Konzeption und Umsetzung von Internetshops aus verhaltenswissenschaftlicher Perspektive, Wiesbaden.

Diller, H. (1990): Zielgruppen für den Erlebnishandel. Eine empirische Studie, in: Trommsdorff, V. (Hrsg.): Handelsforschung 1990, Wiesbaden, S. 139-156.

Diller, H. (2000): Preispolitik – 3. überarb. Aufl., Stuttgart, Berlin, Köln.

Diller, H.; Goerdt, T. (1998): Die integrierte Analyse der Marken- und Einkaufsstättenwahl für das Category Management - Eine empirische Analyse unter Einsatz der Adaptiven Conjoint Analyse (ACA), Arbeitspapier Nr. 71, Universität Nürnberg-Erlangen, Lehrstuhl für Marketing, Nürnberg-Erlangen.

Donthu, N.; Gilliland, D. (1996): The Infomercial Shopper, in: Journal of Advertising Research, 36. Jg., H. 2, S. 69-76.

Dreher, M.; Dreher, E. (1982): Gruppendiskussion, in: Huber, G.L.; Mandl, H. (Hrsg.): Verbale Daten, eine Einführung in die Grundlagen und Methoden der Erhebung und Auswertung, Weinheim, S. 140-164.

Dustmann, H. (1993): Profilierungsinstrument Ladengestaltung, in: Thexis, 10. Jg., H. 4, S. 25-31.

Eastlick, M. N.; Feinberg, R. A. (1999): Shopping Motives for Mail Catalog Shopping, in: JoBR, Vol. 45, S. 281-290.

Eggert, U. (1999): Der Handel im 21. Jahrhundert, in: Beisheim, O. (Hrsg.): Distribution im Aufbruch: Bestandsaufnahme und Perspektiven, München, S. 1063-1082.

EHI (2004): Handel aktuell 2004 – Struktur, Kennzahlen und Profile des deutschen und internationalen Handels, Köln.

Engel, J.F.; Blackwell, R.D.; Miniard, P.W. (1995): Consumer Behavior, Hinsdale.

Esch, F.-R.; Langner, T.; Jungen, P. (1998): Kundenorientierte Gestaltung von Verkaufsauftritten im Internet, in: Der Markt, 37. Jg., H. 146/147, S. 129-145.

Esch, F.-R. ; Thelen, E. (1997): Ein konzeptionelles Modell zum Suchtverhalten von Kunden in Einzelhandelsunternehmen, in: Trommsdorff, V. (Hrsg.): Handelsforschung 1997/98, Wiesbaden, S. 297-313.

Esch, F.-R.; Meyer, S. (1996): Umsetzung erlebnisbetonter Positionierungskonzepte in der Ladengestaltung von Handelsunternehmen, in: Trommsdorff, V. (Hrsg.): Handelsforschung 1995/96, Wiesbaden, S. 287-311.

Eckstein, P. P. (2000): Angewandte Statistik mit SPSS, Praktische Einführung für Wirtschaftswissenschaftler, 3. Aufl., Wiesbaden.

Fischer, E.; Arnold, S.J. (1990): More than a Labor of Love: Gender Roles and Christmas Shopping“ in: JoCR, 17. Jg., H. 4, S. 333-345.

Forman, A.M.; Sriram, V. (1991): The Depersonalization of Retailing: Its Impact on The “Lonely” Consumer, in: JoR, 67. Jg., H. 2, S. 226-243.

Freter, H. (1979): Interpretation und Aussagewert mehrdimensionaler Einstellungsmodelle im Marketing, in: Meffert, H.; Steffenhagen, H.; Freter, H. (Hrsg.): Konsumentenverhalten und Information, Wiesbaden, S. 163-184.

Freter, H. (1983): Marktsegmentierung, Stuttgart u.a.

Freter, H. (1995): Marktsegmentierung, in: Köhler, R.; Tietz, B.; Zentes, J. (Hrsg.): Handwörterbuch des Marketing, Stuttgart, Sp. 1802-1814.

Friedman, L.G.; Furey, T.R. (1999): The Channel Advantage – Going to market with multiple sales channels to reach more customers, sell more products, make more profit, Oxford u.a.

Fritz, W. (1995): Marketing-Management und Unternehmenserfolg: Grundlagen und Ergebnisse einer empirischen Untersuchung, 2. Aufl., Stuttgart.

Gehrt, N. (1999): Online Absatz: strategische Bedeutung, strukturelle Implikationen, Erfolgswirkungen, Ettlingen.

Gensler, S.; Skiera, B. (2002): Empfehlungssysteme als Grundlage zur Personalisierung im Electronic Retailing, in: Ahlert, D.; Olbrich, R.; Schröder, H. (Hrsg.): Jahrbuch zum Handelsmanagement 2002 – Electronic Retailing, Frankfurt a.M., S. 239-264.

Gerhard, A. (1995): Die Unsicherheit des Konsumenten bei der Kaufentscheidung, Wiesbaden.

Georg, B. (2000): Sicherheit, Recht und Steuer, in: Thome, R.; Schinzer, H. (Hrsg.): Electronic Commerce: Anwendungsbereiche und Potenziale der digitalen Geschäftsabwicklung, 2. Aufl., München, S. 255-289.

Gierl, H. (1991): Polarisierung des Handels, in: Jahrbuch der Absatz- und Verbrauchsforschung, 37. Jg., Band 4, S. 299-327.

Glöckner-Holme, I. (1988): Betriebsformen-Marketing im Einzelhandel, Schwerpunkt Marketing, Band 23, Augsburg.

Goerdt, T. (1999): Die Marken- und Einkaufsstättentreue der Konsumenten als Bestimmungsfaktoren des Beziehungsmarketing, Nürnberg.

Grabner-Kräuter, S. (2000): Konsumentenverhalten Online – Ansatzpunkte für eine Integration des Internet in das Handelsmarketing, in: Foscht, T.; Jungwirth, G.; Schnedlitz, P. (Hrsg.): Zukunftsperspektiven für das Handelsmanagement: Konzepte – Instrumente – Trends, Frankfurt am Main, S. 314-329.

Green, P.E.; Tull, D.S. (1982): Methoden und Techniken der Marketingforschung, 4. Aufl., Stuttgart.

Grimm, S.; Röhricht, J. (2003): Die Multichannel Company – Strategien und Instrumente für die integrierte Kundenkommunikation, Bonn.

Gronover, S.; Riempp, G. (2001): Kundenorientiertes Multi-Channel-Management – Konzepte und Techniken zur Einführung, St. Galen.

Gröppel, A. (1990): Erlebnisbetontes Handelsmarketing, in: Trommsdorff, V. (Hrsg.): Handelsforschung 1990, Wiesbaden, S. 121-137.

Gröppel, A. (1991): Erlebnisstrategien im Einzelhandel: Analyse der Zielgruppen, der Ladengestaltung und der Warenpräsentation zur Vermittlung von Einkaufserlebnissen, Heidelberg, zugl.: Paderborn, Univ., Diss., 1990.

Gröppel, A. (1993): Einkaufsmotive und ihre Betriebsformenrelevanz, in: Thexis, H. 4, S. 4-14.

Gröppel, A. (1994): Die Dynamik der Betriebsformen des Handels - Ein Erklärungsversuch aus Konsumentensicht, in: Forschungsgruppe Konsum und Verhalten (Hrsg.): Konsumentenforschung: gewidmet Werner Kroeber-Riel zum 60. Geburtstag, München, S. 379-397.

Gröppel-Klein, A. (1998): Wettbewerbsstrategien im Einzelhandel: Chancen und Risiken von Preisführerschaft und Differenzierung, Wiesbaden, zugl.: Paderborn, Univ., Habil.-Schr., 1996.

Gröppel-Klein, A.; Thelen, E.; Antretter, C. (1998): Der Einfluß von Einkaufsmotiven auf die Einkaufsstättenbeurteilung – Eine empirische Untersuchung am Beispiel des Möbeleinzelhandels, in: Trommsdorff, V. (Hrsg.): Handelsforschung 1998/99, Wiesbaden, S. 77-99.

Gupta, S.; Chatterjee, R. (1997): Consumer and Corporate Adoption of the World Wide Web as a Commercial Medium, in: Peterson R.A. (Hrsg.): Electronic Marketing and the Consumer, S. 123-137.

Hammann, P.; Erichson, B. (1994): Marktforschung, 3. Aufl., Stuttgart u.a.

Haedrich, G.; Hoffmann-Linhard, A.; Olavarria, M. (1997): Zielgruppenorientierte Kundenbindungsstrategien im Lebensmitteleinzelhandel – Ergebnisse einer empirischen Untersuchung, in: Trommsdorff, V. (Hrsg.): Handelsforschung 1997/98, Wiesbaden, S. 71-91.

Hansen, U. (1990): Absatz- und Beschaffungsmarketing des Einzelhandels: eine Aktionsanalyse, 2. Auflage, Göttingen.

Hätty, H. (1989): Der Markentransfer, Heidelberg.

Heinemann, G. (1989): Betriebstypenprofilierung und Erlebnishandel: eine empirische Analyse am Beispiel des textilen Facheinzelhandels, Wiesbaden, zugl.: Münster (Westfalen), Univ., Diss., 1988.

Heinemann, M. (1976): Einkaufsstättenwahl und Firmentreue des Konsumenten – Verhaltenswissenschaftliche Erklärungsmodelle und ihr Aussagewert für das Handelsmarketing, Münster, Univ., Diss.

Henry, H. (1960): Was der Verbraucher wünscht – Die Praxis der Motivforschung, Düsseldorf.

Hildebrandt, L. (1988): Store Image and the Prediction of Performance in Retailing, in: JoBR, Vol. 17, S. 91-100.

Hildebrandt, L. (1998): Kausalanalytische Validierung in der Marketingforschung, in: Hildebrand, L.; Homburg, C. (Hrsg.): Die Kausalanalyse: ein Instrument der empirischen betriebswirtschaftlichen Forschung, Stuttgart, S. 87-110.

Hildebrandt, L. (1999): Hypothesenbildung und empirische Überprüfung, in: Hermann/Homburg (Hrsg.): Marktforschung: Methoden, Anwendungen, Praxisbeispiel, Wiesbaden, S. 33-58.

Hirschmann, E.C. (1984): Experience Seeking: A Subjectivist Perspective of Consumption, in: JoBR, 12. Jg., H.2, S. 115-136.

Hirschmann, E.C.; Holbrook, M.B. (1982): Hedonic Consumption: emerging concepts, methods and propositions, in: JoM, 46. Jg., H. 3, S. 92-101.

Hochreiter, R. (1976): Erklärung von Konsumentenverhalten in verschiedenen wissenschaftlichen Theorien, in: Jahrbuch der Absatz- und Verbrauchsforschung, 22. Jg., H.1, S. 45-56.

Hoffmann, M. (1999): Risiko und Anreiz im Versandhandel. Eine Anwendung der Proncipal-Agent-Theorie auf das Sammelbestellergeschäft, Hamburg.

Hoffmann, F. R. (1977): Zur Problematik einer Systematisierung von Betriebsformen, Frankfurt (Main).

Hoffmann, D.; Novak, T. (1997): Measuring the Flow Experience Among Web Users, http://ecommerce.vanderbildt.edu/novak/flow.july.1997/flow.htm, Zugriff am 17.Juli 2001.

Homburg, C. (1998): Kundennähe von Industriegüterunternehmen: Konzeption - Erfolgsauswirkungen - Determinanten, 2. Aufl., Wiesbaden.

Homburg, C.; Giering, A. (1996): Konzeptualisierung und Operationalisierung komplexer Konstrukte. Ein Leitfaden für die Marketingforschung, in: Marketing ZFP, 18. Jg., H. 1, S. 5-24.

Hopf, M. (1983): Informationen für Märkte und Märkte für Informationen, Frankfurt am Main.

Hron, A. (1982): Interview, in: Huber, G.L.; Mandl, H. (Hrsg.): Verbale Daten, eine Einführung in die Grundlagen und Methoden der Erhebung und Auswertung, Weinheim, S. 119-140.

Huber, J.; Holbrook, M.B.; Schiffman, S. (1982): Situational Psychologics and the Vending-Machine Problem, in: JoR, 58. Jg., H. 1, S. 82-94 .

Huber, O. (1977): Zur Logik multidimensionaler Präferenzen in der Entscheidungstheorie, Berlin.

Hupp, O. (1998): Das Involvement als Erklärungsvariable für das Entscheidungs- und Informationsverhalten von Konsumenten, Arbeitspapier Nr. 22, Institut für Konsum- und Verhaltensforschung an der Universität Saarbrücken, Saar.

Hurth, J. (2001): Multi-Channel-Marketing, in: WiSt, H. 9, S. 463-469.

Hüttner, M.; Schwarting, U. (1999): Exploratorische Faktorenanalyse, in: Hermann, A.; Homburg, C. (Hrsg.): Marktforschung: Methoden, Anwendungen, Praxisbeispiele, Wiesbaden.

Hyde, L. (2001): Multi-Channel Integration –The New Retail Battleground, in: PriceWaterhouseCoopers (Hrsg.): Strategic Perspective, o.O.

Jagdish, N.S.; Rajendra, S.S. (1997): Consumer Behaviour in the Future, in: Peterson R.A. (Hrsg.): Electronic Marketing and the Consumer, Thousand Oaks.

Janmes, D.L.; Durand, R.M.; Dreves, R.A. (1976): The Use of a Multi-Attribute Attitude Model in a Store Image Study, in: JoR, 52. Jg., H. 2, S. 23-32.

Jarrat, D.G. (1996): A shopper taxonomy for retail strategy development, in: The International Review of Retail, Distribution and Consumer Research, 6. Jg., H. 2, S. 196-215.

Jarvenpaa, S. L.; Todd, P. A. (1997): Is There a Future for Retailing on the Internet?, in: Peterson, R. (Hrsg.): Electronic Marketing and the Consumer, Thousand Oaks, S. 139-154.

Jasper, C.R.; Lan, P.R. (1992): Apparel Catalog Patronage: Demographic, Lifestyle and Motivational Factors, in: Psychology / Marketing, 9. Jg., H. 4, S. 275-296.

Jeck-Schlottmann, G. (1987): Visuelle Informationsverarbeitung bei wenig involvierten Konsumenten, Diss., Saarbrücken.

Jones, M.A. (1999): Entertaining Shopping Experiences: An Exploratory Investigation, in: JRCS, 6. Jg., H. 6, S. 129-139.

Jungwirth, G. (1997): Geschäftstreue im Einzelhandel. Determinaten – Erklärungsansätze – Messkonzepte, Wiesbaden.

Jupiter MMXI (2001): Digital Media Audience Ratings, Nürnberg.

Kaas, K.-P. (1990): Marketing als Bewältigung von Informations- und Unsicherheitsproblemen im Markt, in: Die Betriebswirtschaft, 50. Jg., S. 539-548.

Kaas, K.-P.; Busch, A. (1996): Inspektions-, Erfahrungs- und Vertrauenseigenschaften von Produkten, in: Marketing-ZFP, 18. Jg., H. 4, S. 243-252.

Kaufman-Scarborough, C.; Lindquist, J.D. (2002): E-shopping in a multiple channel environment, in: JCM, 19. Jg., H. 4, S. 333-350.

Katalog E (1995): Ausschuß für Begriffsdefinitionen aus der Handels- und Absatzwirtschaft (Hrsg.): Katalog E – Begriffsdefinitionen aus der Handels- und Absatzwirtschaft, 4. Ausgabe, Köln.

Katz, R. (1983): Informationsquellen der Konsumenten, Wiesbaden.

Keaveny, S.M.; Hunt, K.A. (1992): Conceptualisation and Operationalisation of Retail Store Image: A Case of Rival Middle-Level Theories, in: JAMS, 20. Jg., H. 2, S. 165-175.

Kepper, G. (1993): Qualitative Marktforschung: Methoden, Einsatzmöglichkeiten und Beurteilungskriterien, 2., überarb. Aufl., Wiesbaden.

Kepper, G. (1999): Methoden der Qualitativen Marktforschung, in: Herrmann, A.; Homburg, C. (Hrsg.): Marktforschung: Methoden, Anwendungen, Praxisbeispiele, Wiesbaden, S. 159-202.

Kippax, S.; Murray, J.P. (1980): Using the Mass Media: Need Gratification and Perceived Utility, in: Communication Research, 7. Jg., H. 3, S. 335-360.

Klietmann, M. (2001): Der Online-Verbraucher – auf der Suche nach dem Yeti, in: Klietmann, M. (Hrsg.): Kunden im E-Commerce – Verbraucherprofile, Vertriebstechniken, Vertrauensmanagement, Düsseldorf, S. 11-28.

Köhler, F. W. (1990): Die „Dynamik der Betriebsformen des Handels" - Bestandsaufnahme und Modellerweiterung, in: Marketing ZFP, 12. Jg., H. 1, S. 59-64.

Konert, F.-J. (1986): Vermittlung emotionaler Erlebniswerte: eine Marketingstrategie für gesättigte Märkte, Heidelberg, Wien.

Korb, J.C. (2000): Kaufprozesse im Electronic Commerce: Einflüsse veränderter Kundenbedürfnisse auf die Gestaltung, Wiesbaden.

Korgaonkar, P.; Lund, D.; Price, B. (1985): A Structural Equations Approach toward Examination of Store Attitude and Store Patronage Behavior, in: JoR, 61. Jg., H. 2, S. 39-60.

Kotler, P. (1973): Atmospherics as a Marketing Tool, in: JoR, 49. Jg., H. 3, S. 48-64.

Kotler, P.; Armstrong, G.; Saunders, J.; Wong, V. (2001): Principles of Marketing, 3. European Edition, Harlow.

Krafft, M. (1999): Logistische Regression, in: Herrmann, A.; Homburg, C. (Hrsg.): Marktforschung: Methoden, Anwendungen, Praxisbeispiele, Wiesbaden, S. 237-264.

Kreller, P. (1998): Empirische Untersuchung zur Einkaufstättenwahl von Konsumenten am Beispiel der Stadt Leipzig, HHL-Arbeitspapier Nr. 23.

Kreller, P. (2000): Einkaufstättenwahl von Konsumenten: ein präferenztheoretischer Erklärungsansatz, Wiesbaden, zugl. Leipzig, Handelshochsch., Diss. 1999.

Kropff, H.F.J. (1960): Motivforschung – Methoden und Grenzen, Essen.

Kroeber-Riel, W.; Weinberg, P. (2003): Konsumentenverhalten, 8. Aufl., München.

Krueger, R.A. (1998): Analyzing & Reporting Focus Group Results, Focus Group Kit 6, in: Morgan, D.L.; Krueger, R.A. (Hrsg.): The focus group kit, Thousand Oaks, London, New Delhi.

Kunz, M. (1997): On-Line Customers: Identifying Store, Product and Consumer Attributes which Influence Shopping on the Internet, Diss., unter: www.geocities.com/dr_kunz/survey1/summary.html, Zugriff am 27.07.2000.

Kuß, A. (1987): Information- und Kaufentscheidung, Methoden und Ergebnisse empirischer Konsumentenforschung, Berlin, New York.

Kuß, A. ; Tomczak, T. (2000): Käuferverhalten: eine marketingorientierte Einführung, 2., völlig neu bearb. Aufl., Stuttgart.

Ladwig, F. (2002): Multi-Channel-Commerce im Vertrieb, Wiesbaden.

Lamnek, S. (1998): Gruppendiskussion –Theorie und Praxis, Weinheim.

Lastovicka, J.L.; Gardner, D.M. (1978): Low Involvement Versus High Involvement Cognitive Structures, in: Hunt, H.K. (Hrsg.): Advances in Consumer Research, 8. Jg., Ann Arbor, S. 15-19.

Laurent, G.; Kapferer, J.-N. (1985): Measuring Consumer Involvement Profiles, in: JMR, 22. Jg., H.2, S. 41-53.

Lausberg, I. (2002): Kundenpräferenzen für neue Angebotsformen im Einzelhandel - Eine Analyse am Beispiel von Factory Outlet Centern, Essen, zugl.: Essen, Univ., Diss.

Levy, M.; Weitz, B. (2001): Retailing Management, 4. Aufl., Chicago u.a.

Li, H.; Kuo, C.; Russell, M.G. (1999): The Impact of Perceived Channel Utilities, Shopping Orientations, and Demographics on the Consumer's Online Buying Behavior, in: Journal of Computer-Mediated Communication, 5. Jg., Nr. 2, unter: http://www.acusc.org/jcmc/vol5/issue2/hairong.html, Zugriff am 01.10.2003.

Liebmann, H.-P.; Zentes, J. (2001): Handelsmanagement, München.

Lichtentstein, D.R.; Ridgway, N.M.; Netemeyer, R.G. (1993): Price Perceptions and Consumer Shopping Behavior: A Field Study, in: JoMR, 30. Jg., H. 2, S. 234-245.

Lindquist, J.D. (1974): Meaning of Image, a Survey of Empirical and Hypothetical Evidence, in: JoR, 50. Jg., H. 4, S. 29-38.

Lingenfelder, M. (2001): E-Commerce: Substitution bestehender Vertriebslinien oder Zusatzumsatz im Spiegel einer empirischen Untersuchung, in: Diller, H. (Hrsg.): Der moderne Verbraucher – Neue Befunde zum Verbraucherverhalten, Nürnberg, S. 162-175.

Lingenfelder, M.; Loevenich, P. (2001a): Intertype Retailing Competition through Internet-Shopping: Determinants of Customer Substitution Behavior and its Impact on Retail Structure, Working Paper Nr. 16, Philipps-Universität Marburg Betriebswirtschaftliche Studien, Marburg.

Lingenfelder, M.; Loevenich, P. (2001b): Die Identifikation und Bearbeitung von Internet-Käufern, in: Diller, H. (Hrsg.): Der moderne Verbraucher – Neue Befunde zum Verbraucherverhalten, Nürnberg, S. 133-160.

Linkoln, D.J.; Samli, A.C. (1979): Definitions, Dimensions, and Measurement of Store Image: A Literature Summary and Synthesis, in: Franz, R.S. et al. (Hrsg.): Proceedings, Southern Marketing Association, S. 430-433.

Lindstrom, M. (2001): Clicks, Bricks & Brands, London.

Lusch, R.F.; Dunne, P.; Gable, M. (1990): Retail Management, Cincinnati.

Lumpkin, J.R.; Greenberg, B.A.; Goldstucker, J.L. (1985): Marketplace Needs of the Elderly: Determinant Attitudes and Store Choice, in: JoR, 61. Jg., H. 2, S. 75-105.

Lynch, J.G.; Srull, T.K. (1982): Memory and Attentional Factors in Consumer Choice: Concepts and Research Methods, in: JoCR, 9. Jg., H. 1, S. 18-37.

Marschner, H. (1981): Theorien zur Erklärung des Konsumentenverhaltens und ihre Bedeutung zur Erklärung geänderten Nachfrageverhaltens, in: Jahrbuch der Absatz- und Verbrauchsforschung, 27. Jg., H.3, S. 240-264.

Martineau, P. (1958): The Personality of the Retail Store, in HBR, 36. Jg., H. 1, S. 47-55.

Mattmüller, R.; Hauser, T. (1999): Typologie und Bedeutung des Versandhandels, in: Mattmüller, R. (Hrsg.): Versandhandels-Marketing: vom Katalog zum Internet, Frankfurt a.M.

Mayring, P. (1990): Qualitative Inhaltsanalyse – Grundlagen und Techniken, 2., durchgesehene Aufl., Weinheim und Basel.

Mathwick, C.; Malhotra, N.K.; Rigdon, E. (2002): The effect of dynamic retail experiences on experiential perceptions of value: an Internet an catalog comparison, in JoR, 78. Jg., H.3, S. 51-60.

Mazursky, D.; Jacoby, J. (1986): Exploring the Development of Store Images, in: JoR, 62. Jg., H. 2 , S. 145-165.

McGoldrick, P. J. (2002): Retail Marketing, London u.a.

McMahon, E. (2000): Bricks to Clicks, Toronto.

Meffert, H. (1992a): Marketingforschung und Käuferverhalten, 2. Aufl., Wiesbaden.

Meffert, H. (1992b): Das Produktmix, in: Der Betriebswirt, 33. Jg., H. 1, S. 16-23.

Meffert, H. (1999): Marketingwissenschaft in Wandel – Anmerkungen zur Paradigemendiskussion, in: Meffert, H. (Hrsg.): Marktorientierte Unternehmensführung im Wandel – Retrospektive und Perspektiven des Marketing, Wiesbaden, S. 37-66.

Meffert, H. (2000): Marketing: Grundlagen marktorientierter Unternehmensführung: Konzepte – Instrumente – Praxisbeispiele, 9. Aufl., Wiesbaden.

Mehler-Bicher, A.; Borhman, H. (1999): Electronic Commerce – eine zukunfstträchtige Distributionsform?, in: Mattmüller, R. (Hrsg.): Versandhandels-Marketing: vom Katalog zum Internet, Frankfurt a.M.

Merten, K.; Teipen, P. (1991): Empirische Kommunikationsforschung, München.

Meyer, P.W.; Mattmüller, R. (1987): Ein Einsatz zur Systematisierung des Handels, in: Trommsdorff, V. (Hrsg.): Handelsforschung 1987, Heidelberg, S. 130-143.

Miller, K.E.; Ginter, J.L. (1979): An Investigation of Situational Variation in Brand Choice Behaviour and Attitude, in: JMR, 16. Jg., H. 2, S. 111-112.

Mitchell, A.A. (1979): Involvement: A Potentially Important Mediator of Consumer Behaviour, in: Wilkie, W.L. (Hrsg.): Advances in Consumer Research, 6. Jg., Ann Arbor, S. 191-196.

M+M Eurodata (2001): M+M EuroTrade 2002, Frankfurt.

Molinari, G.F. (1971): Das Tiefeninterview in der Absatzforschung, Winterthur, zugl. St. Gallen, Diss.

Monhemius, K.C. (1992): Umweltbewusstes Kaufverhalten von Konsumenten, ein Beitrag zur Operationalisierung, Erklärung und Typologie des Verhaltens in der Kaufsituation, Frankfurt a.M.

Monheim, R. (1991): The Importance of Accessibility for downtown Retail and its Perception by Retailers and Consumers, in: Heinritz, G. (Hrsg.): The Attraction of Retail Locations, Regensburg, S. 19-46.

Morschett, D. (2002): Retail Branding und integriertes Handelsmarketing, Wiesbaden.

Morgan, D.L (1998): The Focus Group Guidebook, Focus Group Kit 1, in: Morgan, D.L.; Krueger, R.A. (Hrsg.): The focus group kit, Thousand Oaks, London, New Delhi.

Morganosky, A.M.; Cude, B.J. (2000): Consumer response to online grocery shopping, in: IJRDM, 28. Jg., H. 1, S. 17-26.

Moriarty, R. T.; Moran, U. (1990): Managing Hybrid Marketing Systems, in: HBR, 68. Jg., H. 6, S. 146-155.

Moriarty, R. T.; Moran, U. (1991): Die Absatzhybriden sind da. Was tun damit?, in: Harvard Business Manager, 13. Jg., H. 3, S. 97-108.

Mühlbacher, H. (1982): Selektive Werbung, Linz.

Müller, A. (2000): Unterschätzter Online-Handel, in: Handelsblatt vom 16.10.2000, S. 8.

Müller, S.; Beeskow, W. (1982): Einkaufsstättenimage und Einkaufsstättenwahl, in: Jahrbuch der Absatz- und Verbrauchsforschung, 28. Jg,, H. 4, S. 400-426.

Müller-Hagedorn, L. (1978): Das Problem des Nachfrageverbundes in erweiterter Sicht, in: zfbf, 30. Jg., S. 181-193.

Müller-Hagedorn, L. (1984): Die Erklärung von Käuferverhalten mit Hilfe des Lebenszykluskonzeptes, in: WiSt, 13. Jg., H. 11, S. 561-569.

Müller-Hagedorn, L. (1992): Geschäftsimage, in: Diller, H. (Hrsg.): Vahlens Großes Marketing Lexikon, München, S. 367-368.

Müller-Hagedorn, L. (1993): Handelsmarketing, 2. Auflage, Stuttgart u.a.

Müller-Hagedorn, L. (1998): Der Handel, Stuttgart u.a.

Müller-Hagedorn, L.; Dach, C.; Hudetz, K.; Kaapke, A. (2000): E-Commerce im Handel: Zentrale Problemfelder, in: Müller-Hagedorn, L. (Hrsg.): Zukunftsperspektiven des E-Commerce im Handel, Frankfurt a.M., S. 11-47.

Nicholson, M.; Clarke, I.; Blakemore, M. (2002): 'One brand, three ways to shop': situational variables and multichannel consumer behaviour, in: International Review of Retail, Distribution and Consumer Research, 12. Jg., H. 2, S. 131-148.

Nieschlag, R.; Dichtl, E.; Hörschgen, H. (1997): Marketing, 18. Aufl., Berlin.

Nunnally, J. (1978): Psychometric Theory, 2. Aufl., New York .

Oehme, W. (2001): Handels-Marketing, 3. Aufl., München.

Otnes, C.; McGarth, M.A. (2001): Perceptions and Realities of Male Shopping Behavior, in: JoR, 77. Jg., H. 1, S. 111-137.

o.V. (1991): Marktreport Versandhandel, Datenbasis Verbraucher Analyse 90, in: Verlagsgruppe Bauer (Hrsg.): Markt- und Mediaforschung, Hamburg.

o.V. (1994): Versandhandel, in: Axel Springer Verlag AG, Marketing Anzeigen Hamburg (Hrsg.): Märkte - Informationen für die Werbeplanung, Hamburg.

o.V. (1995): Bundesbürger als Schnäppchenjäger, LZ vom 8. Dezember, S. 50-51.

OC&C (2001): Strategische Einsichten – Multichannel Retailing der deutsche Einzelhandel steht noch am Anfang, Düsseldorf.

Opaschowski, H.W. (2000): Kathedralen des 21. Jahrhunderts: Erlebniswelten im Zeiten der Eventkultur, Hamburg.

Opaschowski, H.W. (1998): Vom Versorgungs- zum Erlebniskonsum: Die Folgen des Wertewandels, in: Nickel, O. (Hrsg.): Event Marketing. Grundlagen und Erfolgsbeispiele, München, S. 25-38.

Panzer, S. (1987): Branchenübergreifende Sortimentsveränderungen im Einzelhandel unter besonderer Berücksichtigung der Partievermarktung, Frankfurt (Main), zugl.: Erlangen, Nürnberg, Univ., Diss., 1986 .

Paraschiv, C.; Zaharia, C. (2000): Risk Perception, Risk Attitude and Demand for Risk Reduction: An empirical analysis of consumers' purchasing behavior on the Internet, Proceedings of The Third Berlin Internet Economics Workshop, Berlin.

Passenheim, O. (2003): Multi-Channel-Retailing - Entwicklung eines adaptiven und innovativen Konzeptansatzes zur Integration des Internet als Absatzkanal im deutschen Lebensmitteleinzelhandel, Hamburg, zugl.: Hamburg, Univ., Diss.

Perrey, J. (1998): Nutzenorientierte Marktsegmentierung: ein integrativer Ansatz zum Zielgruppenmarketing im Verkehrsdienstleistungsbereich, Wiesbaden, zugl.: Münster, Univ., Diss.

Peter, J. (1981): Construct Validity: A Review of Basic Issues and Marketing Practices, in: JoMR, 18. Jg., H. 2, S. 133-145.

Peterson, R.A. (1994): A Meta-Analysis of Cronbach´s Coefficient Alpha, in: JoCR, 21. Jg., H. 3, S. 381-391.

Petty, R.; Ostrom, T.; Brock, T. (1981): Cognitive Responses in Persuasion, Hillsdale.

Petty, R.E; Cacioppo, J.T.; Schumann, D. (1983): Central and Peripheral Routes to Advertising Effectiveness: The Moderating Role of Involvement, in: JoCR, 10. Jg., H. 2, S. 135-146.

Popkowski Leszczyc, P.T.L.; Timmermans, H. (2001): Experimental choice analysis of shopping strategies, in: JoR, 77. Jg., H. 3, S. 493-509.

Popkowski Leszczyc, P.T.L.; Timmermans, H. (1997): Store-Switching Behavior, in: Marketing Letters, 8. Jg., H. 2, S. 193-204.

Raffée, H.; Jacoby, J.; Hefner, M.; Schöler, M.; Grabicke, K. (1979): Informationsentscheidungen bei unterschiedlichen Entscheidungsobjekten – Empirische Untersuchung mittels einer neuen Methode zur Erfassung von Entscheidungsprozessen, in: Meffert, H.; Steffenhagen, H.; Freter, H. (Hrsg.): Konsumentenverhalten und Information, Wiesbaden, S. 113-146.

Rasch, S.; Lintner, A. (2001): The Multichannel Consumer. The Need to integrate Online and Offline Channels in Europe, unter: www.bcg.de, Zugriff am 25.08.2001.

Raijas, A.; Tuunainen, V.K. (2001): Critical factors in electronic grocery shopping, in: The International Review of Retail, Distribution and Consumer Research, 11. Jg., H. 3, S. 255-265.

Redwitz, G. (1999): Konsequenzen der sozio-demographischen Veränderung für den Handel, in: Otto Beisheim (Hrsg.): Distribution im Aufbruch: Bestandsaufnahme und Perspektiven, München, S. 260-279.

Reynolds, F. D. (1974): An Analysis of Catalog Buying Behaviour, in: JoM, 38. Jg., H. 3, S. 47-51.

Rohrbach, P. (1997): Interaktives Teleshopping: Elektronisches Einkaufen auf dem Informationshighway, Wiesbaden.

Roselius, T. (1971): Consumer Rankings of Risk Reduction Methods, in: JoM, 35. Jg., H. 1, S. 56-61.

Roßmanith, T. (2001): Informationsverhalten und Involvement im Internet, Diss. Karlsruhe.

Rook, D. (1987): The Buying Impulse, in: JoCR, 14. Jg., S. 189-199.

Rowley, J. (2000): Product search in e-shopping: a review and research propositions, in: Journal of Consumer Marketing, 17. Jg., H. 1, S. 74-93.

Salcher, E.F. (1995): Psychologische Marktforschung, 2., völlig neu bearb. Aufl., Berlin, New York.

Scharmacher, T. (2003): Multichannel Retailing – Status quo, Erfolgsfaktoren und Perspektiven, Köln.

Scheffler, H. (1999): Stichprobenbildung und Datenerhebung, in: Herrmann, A.; Homburg, C. (Hrsg.): Marktforschung: Methoden, Anwendungen, Praxisbeispiele, Wiesbaden, S. 59-77.

Schmalen, H. (1994): Das hybride Kaufverhalten und seine Konsequenzen für den Handel: Theoretische und empirische Betrachtungen, in: ZfB, 64 Jg., H. 10, S. 1221-1240.

Schmalen, H. (1999): Handel zwischen Gestern und Morgen: Ein Spannungsfeld von Kunden, Konkurrenz und Gesetzgeber, in: Beisheim, O. (Hrsg.): Distribution im Aufbruch: Bestandsaufnahme und Perspektiven, München, S. 469-488.

Schmalen, H.; Lang, H. (1998): Hybrides Kaufverhalten und das Definitionskriterium des Mehrproduktfalls: Theoretische Grundlegung, Problematik und empirischer Lösungsansatz, in: Marketing ZFP, 20. Jg., H. 1, S. 5-13.

Schmitz, C.A.; Kölzer, B. (1996): Einkaufsverhalten im Handel: Ansätze zu einer kundenorientierten Handelsmarketingplanung, München.

Schnedlitz, P.; Kotzab, H.; Cerha, C. (1999): Betriebstypenspezifische Einkaufsstättenwahl und Nahversorgungsproblematik – Ergebnisse empirischer Studien, in: Trommsdorff, V. (Hrsg.): Handelsforschung 1999/00, Wiesbaden.

Schneller, J. (2004): ACTA 2004 – Entwicklung des Internet als Transaktionsmedium und im E-Commerce, unter www.acta-online.de, Rubrik "Präsentation 2004".

Schögel, M. (1997): Mehrkanalsysteme in der Distribution, Diss., St. Gallen.

Schögel, M.; Tomczak, T. (1999): Alternative Vertriebswege – Neue Wege zum Kunden, in: Tomczak, T. (Hrsg.): Alternative Vertriebswege, St. Gallen, S. 12-38.

Schramm-Klein, H. (2003): Multi-Channel-Retailing – verhaltenswissenschaftliche Analyse der Wirkung von Mehrkanalsystemen im Handel, Wiesbaden.

Schröder, H. (1994): Erfolgsfaktorenforschung im Handel – Stand der Forschung und kritische Würdigung der Ergebnisse, in: Marketing ZFP, 16. Jg., H. 2, S. 89-105.

Schröder, H. (1999): Veränderung von Sortimentsstrukturen und Konsequenzen für das Handelsmarketing, in: Otto Beisheim (Hrsg.): Distribution im Aufbruch: Bestandsaufnahme und Perspektiven, München, S. 907-925.

Schröder, H. (2001): Intransparenz und Kaufrisiken beim Electronic Shopping – Was E-Retailer über die Kunden im B2C-Bereich wissen sollten – Arbeitspapier Nr. 9 des Lehrstuhls für Marketing und Handel an der Universität Essen, Essen.

Schröder, H. (2002): Handelsmarketing - Methoden und Instrumente im Einzelhandel, München.

Schröder, H. (2005): Multichannel-Retailing - Marketing in Mehrkanalsystemen des Einzelhandels, Berlin, Heidelberg, New York u.a.

Schröder, H.; Großweischede, M. (2002): Sortimentsgestaltung in Mehrkanal-Systemen des Einzelhandels, in: Der Markt, H. 2-3, S. 80-96.

Schröder, H.; Mehling, K. (2001): Handels- und Exklusivmarken als Gegenstand der Partievermarktung, in: Bruhn, M. (Hrsg.): Handelsmarken, Stuttgart, S. 395-414.

Schröder, H.; Zaharia, S. (2006): Kaufmotive und Nutzungsverhalten von Kunden in einem Mehrkanalsystem des Einzelhandels, in: Betriebswirtschaftliche Forschung und Praxis, H. 1, S. 77 - 93.

Schröder, H.; Zimmermann, G. (2002): Lieferkosten-Modelle im Electronic Retailing – Eine Bestandsaufnahme aus Sicht der Anbieter und der Nachfrager, in: Ahlert, D.; Olbrich, R.; Schröder, H. (Hrsg.): Jahrbuch zum Handelsmanagement 2002 – Electronic Retailing, Frankfurt a.M., S. 337-361.

Schüppenhauer, A. (1998): Multioptionales Konsumentenverhalten und Marketing, Wiesbaden.

Schwarz, G. (2000): Qualität statt Quantität – Motivforschung im 21. Jahrhundert, Opladen.

Schweiger, G.; Mazanec, J.; Wiegele, O. (1976): Das Modell des „erlebten Risikos" („perceived risk"): Struktur und Operationalisierungskonzepte, in: Der Markt, H. 6, S. 93-102.

Schweikl, H. (1985): Computergestützte Präferenzanalyse mit individuell wichtigen Produktmerkmalen, Berlin.

Shamdasani, P.N.; Yeov, O.G. (1995): An exploratory study of in-home shoppers in a concentrated retail market – The case of Singapore, in: JRCS, 2. Jg., H. 1, S. 15-23.

Shankar, V.; Winner, R.S. (2005): Interactive Marketing goes Multichannel, in: Journal of Interactive Marketing, 19. Jg., H. 2, S. 2-3.

Sherif, M.; Sherif, C.W. (1967): Social Psychology, 2. Aufl. New York.

Sherry, J.F.Jr.; McGrath, M.A.; Levy, S.J. (1993): The Dark Side of the Gift, in: JoBR, Vol. 28, H. 3, S. 225-245.

Sheth, J.N. (1983): An Integrative Theory of Patronage Preference and Behavior, in: Darden, W.R.; Lusch, R.F. (Hrsg.): Patronage Behavior and Retail Management, New York., S. 9-28.

Sheth, J.N.; Raju, P.S. (1979): Wahlentscheidungen und Prozessmodelle des Informationsverhaltens von Konsumenten, in: Meffert, H.; Steffenhagen, H.; Freter, H. (Hrsg.): Konsumverhalten und Information, Wiesbaden, S. 147-159.

Sheth, J.N.; Sisodia, R.S. (1997): Consumer Behaviour in the Future, in: Peterson R.A. (Hrsg.): Electronic Marketing and the Consumer, Thousands Oaks, S. 17-38.

Shim, S.; Eastlick, M.A.; Lotz, S.L.; Warrington, P. (2001): An online prepurchase intention model: The role of intention to search, in: JoR, 77. Jg., H. 4, S. 397-416.

Seiders. K.; Berry, L. L.; Gresham, L. G. (2001): Attention retailers! How convenient is your convenience strategy?, in Sloan Management Review, 41. Jg., H. 3, S. 79-89.

Sen, S.; Block, L.G.; Chandran, S. (2002): Windows displays and consumer shopping decisions, in: JRCS, 9. Jg., H. 5, S. 277-291.

Silberer, G. (1981): Das Informationsverhalten des Konsumenten beim Kaufentscheid – Ein analytisch-theoretischer Bezugsrahmen, in: Raffée, H.; Silberer, G. (Hrsg.): Informationsverhalten des Konsumenten, Wiesbaden, S. 27-60.

Silberberger, H. (2002): Multi Channel Commerce in Deutschland, Studie der Cambridge Technology Partners, o.O.

Sluiter, U. (1987): Der neue Konsument – Die alten Zielgruppen gelten nichts mehr, in: Marketing Journal, H. 1, S. 32-33.

Smith, M.D.; Bailey, J.; Brynjolfsson, E. (1999): Understanding Digital Markets: Review and Assessment, in: Brynjolfsson, E.; Kahim, B. (Hrsg.): Understanding the Digital Economy, MIT Press.

Späth, P. (2000): Strategische Vertriebswegeplanung bei Universalbanken, Wiesbaden.

Specht, G. (1998): Distributionsmanagement, 3. Aufl., Stuttgart, Berlin, Köln.

Spiggle, S.; Sewall, M.A. (1987): A Choice Sets Model of Retail Selection, in: JoM, 51. Jg., H. 2, S. 97-111.

Sproles, G.B. (1983): Conceptualisation and Measurement of Optimal Consumer Decision-Making, in: JoCA, 17. Jg., H. 2, S.421-438.

Sproles, G.B., Kendal, E.L. (1986): A Methodology for Profiling Consumers´ Decision-Making Styles, in: JoCA, 20. Jg., H.2, S. 267-279.

Stanley, T.; Sewall, M. (1976): Image Inputs to a Probabilistic Model: Predicting Retail Potential, in: JoM, 40. Jg., H. 7, S. 48-53.

Stäger, C. (1999): Multi Channel Management, Bern u.a.

Steenkamp, J.B.E.M.; Wedel, M. (1991): Segmenting Retail Markets on Store Image using a Consumer-Based Methodology, in JoR, 67. Jg., H. 3, S. 300-320.

Steffenhagen, H. (1978): Entscheidungsverhalten unter Zeitdruck – Zur Problematik von Entscheidungshilfen aus entscheidungstheoretischer und verhaltenswissenschaftlicher Sicht, in: Die Betriebswirtschaft, 38. Jg., S. 595-607.

Stern, L.W.; El Ansari A.I.; Cougphlan, A.T. (1996): Marketing Channels, 5. Auflage, New Jersey.

Stone, G.P. (1954): City Shoppers and Urban Identification: Observation on the Social Psychology of City Life, in: American Journal of Sociology, 60. Jg., H. 3, S. 36-45.

Swoboda, B. (1996): Interaktive Medien am Point of Sale, Wiesbaden.

Swoboda, B. (1999): Ausprägungen und Determinanten der zunehmenden Convenienceorientierung von Konsumenten, in: Marketing ZFP, 21. Jg., H. 2, S. 98-104.

Swoboda, B. (2000): Messung von Einkaufsstättenpräferenzen auf Basis der Conjoint-Analyse, in: DBW, 60. Jg., H. 2, S. 149-166.

Szymanski, D.M.; Hise, R.T. (2000): e-Satisfaction: An initial Examination, in: JoR, 76. Jg., H. 3, S. 309-322.

Tang, F.-F.; Xing, X. (2001): Will the growth of multi-channel retailing diminish the pricing efficiency of the web ?, in JoR, 77. Jg., S. 319-333.

Tauber, E.M. (1972): Why Do People Shop?, in: JoM, 36. Jg., H. 4, S. 46-59.

Thang, D.C.L.; Tan, B.L.B. (2003): Linking consumer perception to preference of retail stores: an empirical assessment of the multi-attributes of store-image, in: JRCS, 10. Jg., H. 4, S. 193-201.

Thelen, E.M.; Woodside, A.G. (1997): Ein gedächtnispsychologischer Ansatz zur Erklärung des Geschäftswahlverhaltens des Konsumenten, in: Trommsdorff, V. (Hrsg.): Handelsforschung 1998/99, Wiesbaden, S. 339-355.

Tiernan, B. (2001): The Hybrid Company, Chicago.

Tietz, B. (1993): Der Handelsbetrieb: Grundlagen der Unternehmenspolitik, 2. Aufl, München.

Torres, I. M.; Summers, T.A.; Belleau, B.D. (2001): Menn's Shopping Satisfaction and Store Preferences, in: JoRCS, 8. Jg., H. 4, S. 205-212.

Trommsdorff, V. (2004): Konsumentenverhalten, Stuttgart u.a., 6. Aufl.

Trommsdorff, V. (1986): Wertewandel und Wandel im Handel, in: Trommsdorff, V. (Hrsg.): Handelsforschung 1986, Jahrbuch der Forschungsstelle für den Handel, Band 1, Heidelberg.

Trommsdorff, V.; Bleicker, U.; Hildebrandt, L. (1980): Nutzen und Einstellung, in: WiSt, H. 6, S. 269-276 .

Überla, K. (1977): Faktorenanalyse – Eine systematische Einführung für Psychologen, Mediziner, Wirtschafts- und Sozialwissenschaftler, 2. Auflage, Berlin, Heidelberg, New York.

Tull, D.S.; Hawkins, D.J. (1990): Marketing Research. Measurement & Method, 5. Aufl., New York.

Tynan, K.B. (1994): Multi-Channel Marketing – Maximizing Market Share with an Integrated Marketing Strategy, Chicago.

Van den Poel, D.; Leunis, J. (1999): Consumer Acceptance of the Internet as a Channel of Distribution, in: JoBR, Vol. 45, S. 249-256.

Van Kehove, P.; De Wulf, K. (1999): Income and time pressure: a person-situation grocery retail typology, in: International Review of Retail, Distribution and Consumer Research, 10. Jg., H. 2, S. 149-166.

Van Kehove, P.; De Wulf, K.; Van Waterschoot, W. (1999): The Impakt of Task Definition on Store-Attribute Saliences an Store Choise, in: JoR, 75. Jg., H. 1, S. 125-138.

Verhoef, P.C.; Langerak, F. (2001): Possible determinants of consumer' adoption of electronic grocery shopping in the Netherlands, in: JRCS, 8. Jg., H. 5, S. 275-285.

Vellido, A.; Lisboa, P. J. G.; Meehan, K. (2000): Quantitative Characterization and Prediction of On-Line Purchasing Behavior: A Latent Variable Approach, in: International Journal of Electronic Commerce, 4. Jg., Nr. 4, S. 83-104.

Vogler, H. (1992): Die räumliche Verteilung von Versandhauskunden in einer Großstadt – Das Beispiel Hamburg, Hamburg, Univ., Diss.

Walsh, G.; Hennig-Thurau, T. (2001): Der Kaufentscheidungsstil von Konsumenten als Grundlage der Marktsegmentierung, in: Marketing ZFP, H. 4, S. 223-234.

Ward, M. R. (2001): Will Online Shopping Compete more with Traditional Retailing or Catalog Shopping?, in: Netnomics, 3. Jg., H. 2, S. 103-117.

Webb, G. (2001): The M-Bomb; riding the Multi-channel Whirlwind, Oxford.

Weiber, Rolf (1996): Was ist Marketing? Ein informationsökonomischer Erklärungsansatz in: Arbeitspapier Nr. 1 zur Marketingtheorie des Lehrstuhls für Marketing an der Universität Trier, 2. Aufl., Trier.

Weiber, R.; Adler, J. (1995): Informationsökonomisch begründete Typologisierung von Kaufprozessen, in zfbf, 47. Jg., H. 1, S. 54.

Weinberg, P. (1981): Das Entscheidungsverhalten der Konsumenten, Paderborn u.a.

Weinberg, P. (1986): Erlebnisorientierte Einkaufsstättengestaltung im Einzelhandel, in: Marketing ZFP, H. 2, S.97-102.

Weinberg, P. (1992): Erlebnismarketing, München.

Weinberg, P.; Purper, G. (2004): Die Merkmale der Betriebsformen des Einzelhandels aus Sicht der Konsumenten, in: Trommsdorff, V. (Hrsg.): Handelsforschung 2004: Neue Erkenntnisse für Praxis und Wissenschaft des Handels, Jahrbuch der FfH-Institut für Markt- und Wirtschaftsforschung GmbH, Köln, S. 43-63.

Westbrook, R.A.; Black, W.C. (1985): A Motivation-Based Shopper Typology, in: JoR, 61. Jg., H. 1, S. 78-103.

Wiedmann, K.-P.; Buxel, H.; Buckler, F. (2001): Hybrid-Commerce: Zukunftsoption für Anbietersysteme der „New- und Old-Economy", in: Der Markt, H. 1, S. 31-39.

Wilke, K. (2000): Die Eignung des Internet für die Reduktion von Preis- und Qualitätsrisiken im Kaufentscheidungsprozess des Konsumenten – Eine informationsökonomische Betrachtung, Köln.

Willcoks, L.; Sauer, C. (2000) (Hrsg.): Moving to E-Business, London.

Wiswede, G. (1973): Motivation und Verbraucherverhalten. - 2., neubearb. Aufl., München.

Wiswede, G. (1991): Der "neue Konsument" im Lichte des Wertewandels, in: Szallies, R.; Wiswede, G. (Hrsg.): Wertewandel und Konsum, Landsberg/Lech.

Woodside, A.G.; Tarppey, R.J. III (1992): Finding out why customers shop your store and buy your brand. Automatic Cognitive Processing Models of Primary Choice, in: Journal of Advertising Research, 32. Jg., H.4, S. 59-78.

Yulinsky, C. (2000): Multi-Channel Marketing - Making "Bricks and Clicks" Stick, McKinsey Marketing Practice, H. 8, o.O.

Zaichkowsky, J.L. (1984): Conceptualising and Measuring the Involvement Construct in Marketing, Los Angeles, Diss.

Zaichkowsky, J.L. (1985): Measuring the Involvement Construct, in: JoCR, 12. Jg., H. 4, S. 341-352.

Zaltman, G.; Pinson, C.; Angelmar, R. (1973): Metatheory and Consumer Research, New York.

Zentes, J. (1996): Convenience Shopping – Ein neuer Einkaufstrend?, in: Trommsdorff, V. (Hrsg.): Handelsforschung 1996/97, Wiesbaden, S. 227-236.

Zentes, J.; Schramm-Klein, H. (2002): Multi-Channel-Retailing – Perspektiven, Optionen, Befunde, in: WiSt., H. 8, S. 450-460.

Zentes, J.; Swoboda, B. (1998): Handelsmonitor I/98: Trends & Visionen. Wo wird im Jahre 2005 Handel „gemacht"?, Frankfurt am Main.

Zentes, J.; Morschett, D. (1998): Handelsmonitor II/98: Daten & Fakten. Wo wird im Jahre 2005 Handel „gemacht"?, Frankfurt am Main.

AUSGEWÄHLTE VERÖFFENTLICHUNGEN

EUL VERLAG

KUNDENORIENTIERTE UNTERNEHMENSFÜHRUNG

Herausgegeben von Prof. Dr. Hendrik Schröder, Essen

Band 1
Nadine Berghaus
Eye-Tracking im stationären Einzelhandel – Eine empirische Analyse der Wahrnehmung von Kunden am Point of Purchase
Lohmar – Köln 2005 • 310 S. • € 52,- (D) • ISBN 3-89936-366-3

Band 2
Silvia Zaharia
Multi-Channel-Retailing und Kundenverhalten – Wie sich Kunden informieren und wie sie einkaufen
Lohmar – Köln 2006 • 424 S. • € 57,- (D)
ISBN-13: 978-3-89936-508-5 • ISBN-10: 3-89936-508-9

MARKETING

Herausgegeben von Prof. Dr. Heribert Gierl, Augsburg, Prof. Dr. Roland Helm, Jena, Prof. Dr. Frank Huber, Mainz, und Prof. Dr. Henrik Sattler, Hamburg

Band 19
Boris Bartikowski
Kundenzufriedenheit – Verfahren zur Messung der Indifferenzzone
Lohmar – Köln 2002 • 206 S. • € 39,- (D) • ISBN 3-89012-942-0

Band 20
Claudia Bornemeyer
Erfolgskontrolle im Stadtmarketing
Lohmar – Köln 2002 • 292 S. • € 44,- (D) • ISBN 3-89012-964-1

Band 21
Thorsten Temme
Integrierte Entscheidungsfindung in der Marketingforschung – Ein Multi-Methoden-Ansatz zur Analyse a priori definierter Gruppen
Lohmar – Köln 2002 • 338 S. • € 46,- (D) • ISBN 3-89012-968-4

Band 22
Beatrix Esser
Smart Shopping – Eine theoretische und empirische Analyse des preis-leistungsorientierten Einkaufsverhaltens von Konsumenten
Lohmar – Köln 2002 • 314 S. • € 48,- (D) • ISBN 3-89936-030-3

Band 23
Christian Kleikamp
Performance Contracting auf Industriegütermärkten: Eine Analyse der Eintrittsentscheidung und des Vermarktungsprozesses
Lohmar – Köln 2002 • 258 S. • € 45,- (D) • ISBN 3-89936-035-4

Band 24
Tim Bolte
CRM und Call Center – Beziehungsorientiertes Controlling auf Basis medialer Interaktion
Lohmar – Köln 2002 • 298 S. • € 47,- (D) • ISBN 3-89936-037-0

Band 25
Johanna M. Janowski
Kundenbindung durch kundenindividuelle Logistik im Konsumgüterbereich
Lohmar – Köln 2003 • 262 S. • € 47,- (D) • ISBN 3-89936-161-X

Band 26
Claudia Verstraete
Virtuelle Marken-Communities – Newsgroups und Chats als Instrumente der Markenbindung
Lohmar – Köln 2004 • 406 S. • € 56,- (D) • ISBN 3-89936-193-8

Band 27
Joachim Henseler
Basisdüfte und Lebensstile – Eine empirische Studie
Lohmar – Köln 2005 • 320 S. • € 52,- (D) • ISBN 3-89936-356-6

Band 28
Michael Gehrer
Erster Eindruck und Vertrauen im Kaufentscheidungsprozess – Eine empirische Analyse
Lohmar – Köln 2005 • 352 S. • € 54,- (D) • ISBN 3-89936-358-2

Band 29
Michael Deutschendorf
Erfolgreiches Marketing mit Marketingcontrolling – Eine empirische Untersuchung
Lohmar – Köln 2006 • 270 S. • € 48,- (D) • ISBN 3-89936-446-5

Band 30
Jochen Panzer
Dynamische Kundenbewertung zur Steuerung von Kundenbeziehungen – Das Beispiel Kapitalanlagegesellschaft
Lohmar – Köln 2006 • 324 S. • € 52,- (D)
ISBN-13: 978-3-89936-498-9 • ISBN-10: 3-89936-498-8

MARKETING, HANDEL UND MANAGEMENT
Herausgegeben von Prof. Dr. Rainer Olbrich, Hagen

Band 1
Daniela Braun
Schnittstellenmanagement zwischen Handelsmarken und ECR
Lohmar – Köln 2002 • 360 S. • € 52,- (D) • ISBN 3-89012-979-X

Band 2
Martin Grünblatt
Warengruppenanalyse mit POS-Scanningdaten – Kennzahlengestützte Analyseverfahren für die Konsumgüterwirtschaft
Lohmar – Köln 2004 • 462 S. • € 59,- (D) • ISBN 3-89936-230-6

Band 3
Dirk Battenfeld
Delegation oder Zentralisation von Entscheidungskompetenzen – Erkenntnisfortschritte durch neue Verhaltensannahmen in der entscheidungstheoretischen Forschung?
Lohmar – Köln 2005 • 362 S. • € 54,- (D) • ISBN 3-89936-319-1

Band 4
Rolf G. Jakobi
Ganzheitliches Logistikmanagement – Schaffung von Erfolgspotenzialen
Lohmar – Köln 2004 • 170 S. • € 43,- (D) • ISBN 3-89936-194-6

Band 5
Hans-Georg Nollau und Marko Bucher
Geschäftsprozessoptimierung im Mittelstand
Lohmar – Köln 2004 • 204 S. • € 44,- (D) • ISBN 3-89936-222-5

Band 6
Hans-Georg Nollau und Sandra Schambeck
Die Struktogrammtechnik zur Darstellung von Geschäftsprozessen
Lohmar – Köln 2004 • 176 S. • € 43,- (D) • ISBN 3-89936-229-2

Band 7
Hans-Georg Nollau und Daniela Bennek
Qualitätsmanagement mit der Six Sigma-Methode
Lohmar – Köln 2004 • 216 S. • € 45,- (D) • ISBN 3-89936-296-9

Band 8
Hans-Georg Nollau, Josef Anton Keller, Torsten Merkel
Risikoprävention durch Logistik-Controlling
Lohmar – Köln 2005 • 276 S. • € 48,- (D) • ISBN 3-89936-343-4

Band 9
Eva Nollau
Ein Unternehmensmodell zur ganzheitlichen Gesundheitsberatung
Lohmar – Köln 2006 • 214 S. • € 45,- (D) • ISBN 3-89936-459-7

Band 10
Andreas Tiemann
Internetbasiertes Projektmanagement am Beispiel des Bauwesens
Lohmar – Köln 2006 • 212 S. • € 45,- (D)
ISBN-13: 978-3-89936-504-7 • ISBN-10: 3-89936-504-6

PLANUNG, ORGANISATION UND UNTERNEHMUNGSFÜHRUNG

Herausgegeben von Prof. Dr. Dr. h. c. Norbert Szyperski, Köln, Prof. Dr. Winfried Matthes, Wuppertal, Prof. Dr. Udo Winand, Kassel, Prof. (em.) Dr. Joachim Griese, Bern, PD Dr. Harald F. O. von Kortzfleisch, Kassel, Prof. Dr. Ludwig Theuvsen, Göttingen, und Prof. Dr. Andreas Al-Laham, Kaiserslautern

Band 100
Katharina Brigitte Rick
Corporate Governance and Balanced Scorecard – A Strategic Monitoring System for Swiss Boards of Directors
Lohmar – Köln 2004 • 288 S. • € 48,- (D) • ISBN 3-89936-273-X

Band 101
Jens D.-O. Heymans
Management der textilen Supply Chain durch den Bekleidungs-einzelhandel
Lohmar – Köln 2004 • 314 S. • € 52,- (D) • ISBN 3-89936-274-8

Band 102
Roland Rolles
Content Management in der öffentlichen Verwaltung
Lohmar – Köln 2004 • 268 S. • € 47,- (D) • ISBN 3-89936-287-X

Band 103
Erik Hofmann
Strategisches Synergie- und Dyssynergiemanagement
Lohmar – Köln 2004 • 406 S. • € 56,- (D) • ISBN 3-89936-289-6

Band 104
Hanns Martin Schindewolf
Organisches Wachstum internationaler Unternehmen – Eine empirische Exploration
Lohmar – Köln 2004 • 350 S. • € 54,- (D) • ISBN 3-89936-292-6

Band 105
Oliver Schwarz
Die Anwendung des Markt- und Ressourcenorientierten Ansatzes des Strategischen Managements – Dargestellt am Beispiel der IPOs am Neuen Markt
Lohmar – Köln 2004 • 442 S. • € 58,- (D) • ISBN 3-89936-304-3

Band 106
Leonhard von Metzler
Risikoaggregation im industriellen Controlling
Lohmar – Köln 2004 • 262 S. • € 47,- (D) • ISBN 3-89936-306-X

Band 107
Markus Welter
Informations-, Wissens- und Meinungsmanagement für Dienstleistungsunternehmen – Analyse und Entwurf unter besonderer Berücksichtigung informationsökonomischer Aspekte
Lohmar – Köln 2005 • 328 S. • € 52,- (D) • ISBN 3-89936-332-9

Band 108
Michael Krupp
Kooperatives Verhalten auf der sozialen Ebene einer Supply Chain
Lohmar – Köln 2005 • 252 S. • € 47,- (D) • ISBN 3-89936-379-5

Band 109
Markus A. Launer
Coordination of Foreign Subsidiaries in Multinational Enterprises
Lohmar – Köln 2005 • 132 S. • € 38,- (D) • ISBN 3-89936-397-3

Band 110
Ulrich Thomé
Kooperations-Engineering – Ein lernorientierter Gestaltungsansatz
Lohmar – Köln 2006 • 376 S. • € 55,- (D) • ISBN 3-89936-445-7

Band 111
Gerhard Sessing
Wissenstransfer zwischen Organisationen – Erfolgsfaktoren im interorganisationalen Lernprozess
Lohmar – Köln 2006 • 298 S. • € 49,- (D) • ISBN 3-89936-458-9

Band 112
Kai-Christian Muchow
Strategischer Wandel in Professional Service Firms – Eine prozeßorientierte Untersuchung am Beispiel deutscher Rechtsanwaltskanzleien
Lohmar – Köln 2006 • 314 S. • € 52,- (D)
ISBN-13: 978-3-89936-488-0 • ISBN-10: 3-89936-488-0

Band 113
Stefan Wittenberg
Gestaltung interner Märkte in Unternehmensnetzwerken
Lohmar – Köln 2006 • 256 S. • € 47,- (D)
ISBN-13: 978-3-89936-500-9 • ISBN-10: 3-89936-500-3

Weitere Schriftenreihen:

UNIVERSITÄTS-SCHRIFTENREIHEN

- Reihe: Steuer, Wirtschaft und Recht
Herausgegeben von vBP StB Prof. Dr. Johannes Georg Bischoff, Wuppertal, Dr. Alfred Kellermann, Vorsitzender Richter (a. D.) am BGH, Karlsruhe, Prof. (em.) Dr. Günter Sieben, Köln, und WP StB Prof. Dr. Norbert Herzig, Köln

- Reihe: Rechnungslegung und Wirtschaftsprüfung
Herausgegeben von Prof. (em.) Dr. Dr. h. c. Jörg Baetge, Münster, Prof. Dr. Hans-Jürgen Kirsch, Münster, und Prof. Dr. Stefan Thiele, Wuppertal

- Reihe: Informationsmanagement und Unternehmensführung – Schriften des IMU, Universität Osnabrück
Herausgegeben von Prof. Dr. Uwe Hoppe, Prof. Dr. Bodo Rieger, Jun.-Prof. Dr. Frank Teuteberg und Prof. Dr. Thomas Witte

- Reihe: Controlling
Herausgegeben von Prof. Dr. Volker Lingnau, Kaiserslautern, und Prof. Dr. Albrecht Becker, Innsbruck

- Reihe: Wirtschaftsinformatik
Herausgegeben von Prof. Dr. Dietrich Seibt, Köln, Prof. Dr. Hans-Georg Kemper, Stuttgart, Prof. Dr. Georg Herzwurm, Stuttgart, Prof. Dr. Dirk Stelzer, Ilmenau, und Prof. Dr. Detlef Schoder, Köln

- Reihe: Schriften zu Kooperations- und Mediensystemen
Herausgegeben von Prof. Dr. Volker Wulf, Siegen, Prof. Dr. Jörg Haake, Hagen, Prof. Dr. Thomas Herrmann, Dortmund, Prof. Dr. Helmut Krcmar, München, Prof. Dr. Johann Schlichter, München, Prof. Dr. Gerhard Schwabe, Zürich, und Prof. Dr.-Ing. Jürgen Ziegler, Duisburg

- Reihe: Telekommunikation @ Medienwirtschaft
Herausgegeben von Prof. Dr. Dr. h. c. Norbert Szyperski, Köln, Prof. Dr. Udo Winand, Kassel, Prof. Dr. Dietrich Seibt, Köln, Prof. Dr. Rainer Kuhlen, Konstanz, Dr. Rudolf Pospischil, Bonn, Prof. Dr. Claudia Löbbecke, Köln, und Prof. Dr. Christoph Zacharias, Köln

- Reihe: Electronic Commerce
Herausgegeben von Prof. Dr. Dr. h. c. Norbert Szyperski, Köln, Prof. Dr. Beat F. Schmid, St. Gallen, Prof. Dr. Dr. h. c. August-Wilhelm Scheer, Saarbrücken, Prof. Dr. Günther Pernul, Regensburg, Prof. Dr. Stefan Klein, Münster, Prof. Dr. Detlef Schoder, Köln, und Prof. Dr. Tobias Kollmann, Essen

- Reihe: E-Learning
Herausgegeben von Prof. Dr. Dietrich Seibt, Köln, Prof. Dr. Freimut Bodendorf, Nürnberg, Prof. Dr. Dieter Euler, St. Gallen, und Prof. Dr. Udo Winand, Kassel

- Reihe: InterScience Reports
Herausgegeben von Prof. Dr. Dr. h. c. Norbert Szyperski, Köln, PD Dr. Harald F. O. von Kortzfleisch, Kassel, und Prof. Dr. Dietrich Seibt, Köln

- Reihe: FGF Entrepreneurship-Research Monographien
Herausgegeben von Prof. Dr. Heinz Klandt, Oestrich-Winkel, Prof. Dr. Dr. h. c. Norbert Szyperski, Köln, Prof. Dr. Michael Frese, Gießen, Prof. Dr. Josef Brüderl, Mannheim, Prof. Dr. Rolf Sternberg, Hannover, Prof. Dr. Ulrich Braukmann, Wuppertal, und Prof. Dr. Lambert T. Koch, Wuppertal

- Reihe: Venture Capital und Investment Banking, Neue Folge
Herausgegeben von Prof. Dr. Klaus Nathusius

- Reihe: Technologiemanagement, Innovation und Beratung
Herausgegeben von Prof. Dr. Dr. h. c. Norbert Szyperski, Köln, vBP StB Prof. Dr. Johannes Georg Bischoff, Wuppertal, und Prof. Dr. Heinz Klandt, Oestrich-Winkel

- Reihe: Kleine und mittlere Unternehmen
Herausgegeben von Prof. Dr. Jörn-Axel Meyer, Flensburg

- **Reihe: Wissenschafts- und Hochschulmanagement**
  Herausgegeben von Prof. Dr. Detlef Müller-Böling, Gütersloh, und Prof. Dr. Reinhard Schulte, Lüneburg

- **Reihe: Personal, Organisation und Arbeitsbeziehungen**
  Herausgegeben von Prof. Dr. Fred G. Becker, Bielefeld, Prof. Dr. Jürgen Berthel †, Siegen, und Prof. Dr. Walter A. Oechsler, Mannheim

- **Reihe: Forum Finanzwissenschaft und Public Management**
  Herausgegeben von Prof. Dr. Kurt Reding, Kassel, und PD Dr. Walter Müller, Kassel

- **Reihe: Finanzierung, Kapitalmarkt und Banken**
  Herausgegeben von Prof. Dr. Hermann Locarek-Junge, Dresden, Prof. Dr. Klaus Röder, Regensburg, und Prof. Dr. Mark Wahrenburg, Frankfurt

- **Reihe: Marketing**
  Herausgegeben von Prof. Dr. Heribert Gierl, Augsburg, Prof. Dr. Roland Helm, Jena, Prof. Dr. Frank Huber, Mainz, und Prof. Dr. Henrik Sattler, Hamburg

- **Reihe: Marketing, Handel und Management**
  Herausgegeben von Prof. Dr. Rainer Olbrich, Hagen

- **Reihe: Kundenorientierte Unternehmensführung**
  Herausgegeben von Prof. Dr. Hendrik Schröder, Essen

- **Reihe: Produktionswirtschaft und Industriebetriebslehre**
  Herausgegeben von Prof. Dr. Jörg Schlüchtermann, Bayreuth

- **Reihe: Europäische Wirtschaft**
  Herausgegeben von Prof. Dr. Winfried Matthes, Wuppertal

- **Reihe: Katallaktik – Quantitative Modellierung menschlicher Interaktionen auf Märkten**
  Herausgegeben von Prof. Dr. Otto Loistl, Wien, und Prof. Dr. Markus Rudolf, Koblenz

- **Reihe: Quantitative Ökonomie**
  Herausgegeben von Prof. Dr. Eckart Bomsdorf, Köln, Prof. Dr. Wim Kösters, Bochum, und Prof. Dr. Winfried Matthes, Wuppertal

- **Reihe: Internationale Wirtschaft**
  Herausgegeben von Prof. Dr. Manfred Borchert, Münster, Prof. Dr. Gustav Dieckheuer, Münster, und Prof. Dr. Paul J. J. Welfens, Wuppertal

- **Reihe: Industrieökonomik**
  Herausgegeben von Prof. Dr. Frank C. Englmann, Stuttgart, Prof. Dr. Mathias Erlei, Clausthal, Prof. Dr. Ulrich Schwalbe, Hohenheim, und Prof. Dr. Bernd Woeckener, Stuttgart

- **Reihe: Studien zur Dynamik der Wirtschaftsstruktur**
  Herausgegeben von Prof. Dr. Heinz Grossekettler, Münster

- **Reihe: Versicherungswirtschaft**
  Herausgegeben von Prof. (em.) Dr. Dieter Farny, Köln, und Prof. Dr. Heinrich R. Schradin, Köln

- **Reihe: Wirtschaftsgeographie und Wirtschaftsgeschichte**
  Herausgegeben von Prof. Dr. Ewald Gläßer, Köln, Prof. Dr. Josef Nipper, Köln, Dr. Martin W. Schmied, Köln, und Prof. Dr. Günther Schulz, Bonn

- **Reihe: Wirtschafts- und Sozialordnung: FRANZ-BÖHM-KOLLEG – Vorträge und Essays**
  Herausgegeben von Prof. Dr. Bodo B. Gemper, Siegen

- **Reihe: WISO-Studientexte**
  Herausgegeben von Prof. Dr. Eckart Bomsdorf, Köln, und Prof. (em.) Dr. Dr. h. c. Dr. h. c. Josef Kloock, Köln

- Reihe: Europäisches Wirtschaftsrecht
Herausgegeben von Prof. Dr. Dieter Krimphove, Paderborn

- Reihe: Rechtswissenschaft

FACHHOCHSCHUL-SCHRIFTENREIHEN

- Reihe: Institut für betriebliche Datenverarbeitung (IBD) e. V. im Forschungsschwerpunkt Informationsmanagement für KMU
Herausgegeben von Prof. Dr. Felicitas Albers, Düsseldorf

- Reihe: FH-Schriften zu Marketing und IT
Herausgegeben von Prof. Dr. Doris Kortus-Schultes, Mönchengladbach, und Prof. Dr. Frank Victor, Gummersbach

- Reihe: Medienmanagement
Herausgegeben von Prof. Dr. Thomas Breyer-Mayländer, Offenburg

- Reihe: FuturE-Business
Herausgegeben von Prof. Dr. Michael Müßig, Würzburg-Schweinfurt

- Reihe: Controlling-Forum – Wege zum Erfolg
Herausgegeben von Prof. Dr. Jochem Müller, Ansbach

- Reihe: Unternehmensführung und Controlling in der Praxis
Herausgegeben von Prof. Dr. Thomas Rautenstrauch, Bielefeld

- Reihe: Economy and Labour
Herausgegeben von EUR ING Prof. Dr.-Ing. Hans-Georg Nollau MBCS, Regensburg

- Reihe: Institut für Regionale Innovationsforschung (IRI)
Herausgegeben von Prof. Dr. Rainer Voß, Wildau

- Reihe: Interkulturelles Medienmanagement
Herausgegeben von Prof. Dr. Edda Pulst, Gelsenkirchen

PRAKTIKER-SCHRIFTENREIHEN

- Reihe: Transparenz im Versicherungsmarkt
Herausgegeben von *ASSEKURATA* GmbH, Köln

- Reihe: Betriebliche Praxis
Herausgegeben von vBP StB Prof. Dr. Johannes Georg Bischoff, Wuppertal

- Reihe: Regulierungsrecht und Regulierungsökonomie
Herausgegeben von Piepenbrock ♦ Schuster, Düsseldorf